"十二五"职业教育国家规划教材
经全国职业教育教材审定委员会审定

环境化学

(第二版)

袁加程　蔡秀萍　主编

化学工业出版社
·北京·

全书共分八章，包括绪论、大气环境化学、水环境化学、土壤环境化学、污染物在生物体内的迁移转化、典型污染物在环境各圈层中的转归与效应、有害废物及放射性固体废物、环境化学研究方法与实验，并在每章后面附有与学科相关的阅读材料。

为进一步满足教学需要，本教材配套有电子教案、试题库、备课笔记、阅读材料等。

本书可作为高职院校环境保护相关专业的教学用书，也可供科技管理部门的相关人员以及相关企业的技术人员参考。

图书在版编目（CIP）数据

环境化学/袁加程，蔡秀萍主编．—2版．—北京：化学工业出版社，2014.7（2019.1重印）

“十二五”职业教育国家规划教材

ISBN 978-7-122-20861-3

Ⅰ.①环…　Ⅱ.①袁…②蔡…　Ⅲ.①环境化学-高等职业教育-教材　Ⅳ.①X13

中国版本图书馆CIP数据核字（2014）第119404号

责任编辑：旷英姿　　文字编辑：糜家铃

责任校对：宋　玮　　装帧设计：史利平

出版发行：化学工业出版社（北京市东城区青年湖南街13号　邮政编码100011）

印　　装：三河市延风印装有限公司

787mm×1092mm　1/16　印张15　字数364千字　2019年1月北京第2版第3次印刷

购书咨询：010-64518888　　售后服务：010-64518899

网　　址：http://www.cip.com.cn

凡购买本书，如有缺损质量问题，本社销售中心负责调换。

定　　价：30.00元

前言

《环境化学》自2010年出版以来，得到了许多老师和学生的认可，这是对我们最大的鼓励和支持，也鞭策我们在已有的基础上再接再厉，对教材进行不断的完善，以适应学科的发展与教学的需要。

本次修订在基本保持第一版总体框架、总体结构，发扬第一版的优点、长处外，以国家现行标准、法规为依据，对其进行了整合、拓展、更新和完善。增加了环境化学实验、生物化学基础知识、环境化学的新进展等内容；更新替换了有关的统计数据；强化了大气环境化学相关知识，尤其是颗粒物污染；整合了典型污染物环境行为的知识点；删减实用性不强的水质模型等相关内容；拓展了有害废物及放射性固体废物的内容。本书力求全面、系统地反映环境化学的现状及发展，力求为读者提供最新版本的教材。

此次修订的《环境化学》具有以下特点：

1. 工学结合培养人才。根据职业教育的特色和教改要求，进一步结合理论教学与实践教学，充分考虑中高职的衔接，使教学过程更适合“理实一体化”教学方式，如在“水环境化学”章节，让学生自制水质净化模型并分析净化原理，将项目化教学、任务驱动教学融入教学过程。

2. 力求产教结合。吸收有丰富经验的企事业单位人员参编，更注重与生产实际的结合，分析近几年热点环境问题，并将最新治理技术、分析方法以及最新使用的仪器设备编写进去，力求更贴近生产，更符合高职培养目标。

3. 力求精简、易懂、适用。根据职业教育的要求，对艰涩难懂的内容进行了详细化、具体化，可通过实验、案例学习知识点，然后分析其产生的化学原理，有效增强学习兴趣，提高学习效率，培养学习能力。

4. 创建数字化教学资源。创建课程资源库，提供电子教案、试题库、备课笔记、阅读材料等。在保证质量的基础上，使得学习的形式和数量更多、更丰富。

本书由江苏食品药品职业技术学院袁加程、蔡秀萍主编并统稿，泰州职业技术学院袁鹰、中山火炬职业技术学院杨懋勋、中科院水生生物研究所王启烁、淮安四季青污水处理厂张世其参加编写。本书所引用文献资料的原著已列入参考文献，在此一并表示感谢。

本书在编写的过程中，得到了化学工业出版社的大力支持和热情帮助，编者在此深表衷心感谢。由于编者水平有限，书中的疏漏和不妥之处在所难免，敬请广大读者指正。

编　者

2014年6月

前 言

第一版前言

本教材是以教育部有关高职高专教材建设的文件精神为指导，根据高职高专人才的培养目标，结合我们在教学和国家职业技能鉴定培训方面所积累的经验，以“够用、实用”为宗旨，突出技能，将理论知识和操作技能有机地结合在一起编写而成。

本书共分八章，重点介绍了环境化学的概念及主要内容和任务、大气环境化学、水环境化学、土壤环境化学、污染物在生物体内的迁移转化、典型污染物在环境各圈层中的转归与效应、有害废物及放射性固体废物及环境化学研究方法与实验等，总学时数为64学时。每章有学习指南、阅读材料、本章小结、复习思考题，有助于培养学生的理论与实践技能，便于教学使用。本书主要用作高职高专院校环境工程和环境化学类专业的教材，也适合化学及环境学科领域的科研工作者阅读，还可供科技管理部门的相关人员以及相关企业的决策者参考。

本书具有以下四个特点。

1. 根据高职教育人才培养目标和本课程应用性较强的特点，本着“实用、实际、实践”的原则，力求理论知识够用，实践技能实用，着重突出了学生实际应用能力的培养。

2. 内容简明精练，覆盖面广，通用性强。教材内容注重与生产实际的紧密联系，力求达到更贴近生产，使学生对本门课程的学习能更好地学以致用。编写时强调实用性、实践性和应用性，适度把握知识深度，以必需、够用为度。

3. 突出“新”字，强调先进性。本书介绍最新的化学污染问题和环境污染物最新治理及分析方法以及最新使用的仪器设备，力求做到技术应用性强、内容新，以适应当前技术发展的需要。

4. 根据学科理论的发展，针对高职教育人才培养的特点，精心选择实验内容。实验内容中介绍了原理、所用仪器设备准备要求、试剂的制备方法、详细的操作步骤、具体的结果计算方法以及操作中应该注意的问题等，以便培养学生运用所学知识解决问题和分析问题的能力。

本书由江苏食品职业技术学院袁加程主编并统稿，江苏食品职业技术学院蔡秀萍、泰州职业技术学院袁鹰、中山火炬职业技术学院杨懋勋参加编写。其中第一章、第五章由袁加程编写，第二章、第八章由蔡秀萍编写，第三章、第六章由袁鹰编写，第四章、第七章由杨懋勋编写。全书由淮阴师范学院尹起范教授审阅，并提出了许多宝贵的意见，在此深表谢意。本书所引用文献资料的原著已列入参考文献，在此一并表示感谢。

本书在编写的过程中，得到了化学工业出版社的大力支持和热情帮助，编者在此深表衷心感谢。

由于编者水平有限，书中的疏漏和不妥之处在所难免，热忱欢迎专家和读者给予批评指正。

编　者

2010年1月

目 录

第一章 绪论

【学习指南】

环境化学是环境科学的一门基础课程，是环境科学的核心组成部分。它以化学物质引起的环境问题为研究对象，以解决化学物质引起的环境问题为目标，是环境保护工作者必备的重要基础知识。

本章主要介绍环境问题、污染物、环境化学的几个基本概念，阐述了环境化学的发展历程及环境化学的主要内容和任务。通过这些基本知识的学习，将对环境化学有初步的了解，并为今后的学习打下良好的基础。

第一节 环境问题

一、人类活动和环境问题

一般将地球表面分为四个圈层，即大气圈、水圈、土壤-岩石圈以及散布于三圈交会处有生物生存的生物圈，也有将土壤-岩石圈细划为土壤圈和岩石圈，还有将人类活动的空间从生物圈中独立出来，称为人工圈。这些圈层主要在太阳能的作用下进行着物质循环和能量流动。

人体组织的组成元素及其含量在一定程度上同地壳的元素及其丰度之间具有相关关系，这表明人类与环境是一体的。人类通过生产和生活活动，从自然界获取物质资源，然后又将经过改造和使用的资源和各种废弃物返还自然界，从而参与自然界的物质循环和能量流动过程，不断地改变着自然环境。人类在改造环境以适宜于本身生存的过程中，自然环境也以自己的规律运动着并不断对人类产生反作用，相互间不能很好协调，结果就常常产生环境问题。

概括地讲，环境问题是指全球环境或区域环境中出现的不利于人类生存和发展的各种现象。环境问题是目前世界人类面临的几个主要问题之一。

环境问题是多方面的，但大致可分为两类：原生环境问题和次生环境问题。由自然力引起的为原生环境问题，也称为第一环境问题，如火山喷发、地震、洪涝、干旱、滑坡等引起的环境问题。由于人类的生产和生活活动引起生态系统破坏和环境污染，反过来又危及人类自身的生存和发展的现象，为次生环境问题，也叫第二环境问题。次生环境问题包括生态破坏、环境污染和资源浪费等方面，目前所说的环境问题一般是指次生环境问题。

地球表面各种环境因素及其相互关系的总和称为环境系统。环境因素包括非生物的和生物的。非生物因素有温度、光、解离辐射、水、大气、土壤、岩石以及其他如重力、压力、声音和火等。生物因素是指各种有机体，它们彼此作用，并同非生物环境密切联系着。

环境系统实际上是一个不可分割的整体，但通常把地球环境系统分为大气圈、水圈、土壤圈（或土壤-岩石圈）和生物圈。在这些圈层的交界面上，各种物质的相互渗透、相互依赖和相互作用的关系表现得尤其明显。

地球环境系统中，各种物质之间，由于成分不同和自由能的差异，在太阳能和地壳内部放射能的作用下，进行着永恒的能量流动和物质交换。各种生命元素如氧、碳、氮、硫、磷、钙、镁、钾等在地表环境中不断循环，并保持相对稳定的浓度。环境系统是一个开放系统，但能量的收入和支出保持平衡，因而地球表面温度相对恒定。环境系统在长期演化过程中逐渐建立起自我调节系统，维持它的相对稳定性。所有这些都是生命发展和繁衍必不可少的条件。

原始人群受能力所限，对环境的影响并不比其他动物大。但是随着劳动工具的改进，生产力的逐步提高，人类对环境的破坏能力逐渐增强，对自然环境的索求也逐渐增加，对环境的负面影响越来越大。为了口食而对生物大肆捕捉，造成了某些生物物种的灭绝，如曾经漫天盖地的北美旅鸽的消失；为了得到更多的耕地而对森林大加砍伐，造成沙漠化，如美国在20世纪经历的黑风暴、撒哈拉沙漠的扩张、中国西北的荒漠化等。由于人类不合理利用自然而引起自然的无情报复的例子是不胜枚举的。随着技术的进步，人类对环境的影响愈加深刻。

当前人类活动所引起的全球性环境影响主要有下列几个方面。

① 天然生态系统的逐渐消失，野生物种大量灭绝，生态系统简化。农业生态系统的高度发展，少数几种作物代替多样化植被。人类越来越借助化肥和农药来维持农业生态系统的稳定，给生态系统带来严重后果。

② 城市化进程加剧，农耕用地面积逐渐缩小，环境背景被破坏，全球性环境污染问题日趋严重。

③ 土地利用不合理，土壤侵蚀严重，土壤肥力下降，荒漠化成为全球问题。

④ 矿物燃料的燃烧和森林的减少，使大气层中CO_2含量正在增长，伴随着热带雨林面积的减少，全球气候将起重大变化。

⑤ 人类对地壳内部金属矿产的开采、利用和弃置，最终将造成这些金属元素在地表环境中浓度的增高。这些金属元素有不少对有机体是有毒害的，如汞、镉、铅等。它们通过食物链危害生态系统。

这些改变多数是不可逆的，如野生动物的灭绝和地表重金属元素浓度的增加；有的则需要较长时间才能复原，如植被、土壤和大气。

从环境系统演化历史来看，旧平衡的破坏、新平衡的建立是历史发展的正常规律，环境系统始终处于动态平衡之中。人类为谋求生存和发展，就会不断改造自然，打破原有的平衡，并企图建立新的平衡。但人类在改造自然的过程中，常常由于盲目或受到科学技术水平的限制，未能收到预期的效果，甚至得到相反的结果。

生态破坏是指人类活动直接作用于自然生态系统，造成生态系统的生产能力显著减少和结构显著改变，从而引起的环境问题，如过度放牧引起草原退化、滥采滥捕使珍稀物种灭绝和生态系统生产力下降、植被破坏引起水土流失等。环境污染则指人类活动的副产品和废弃物进入环境后，对生态系统产生的一系列扰乱和侵害，由此引起的环境质量的恶化反过来又影响人类自身的生活质量。环境污染不仅包括物质造成的直接化学污染，也包括由物质的物理性质和运动性质引起的污染，如热污染、噪声污染、电磁污染和放射性污染。环境污染还会衍生出许多环境效应，例如二氧化硫造成的大气污染，除了使大气环境质量下降，还会造成酸雨。

应当注意的是，原生环境问题和次生环境问题往往难以截然分开，它们之间常常存在着某种程度的因果关系和相互作用。

二、环境问题的出现与发展

从远古到现在，伴随着人类的发展，人类对环境的破坏也随之发生。但是在不同的历史阶段，由于人类改造环境的水平不同，环境问题的类型、影响范围和危害程度也不尽相同。根据问题发生的时间先后、轻重程度和影响范围，大致可分为三个类型，即早期环境问题、近现代环境问题和当代环境问题。

1. 早期环境问题

大约170万年前，从人类利用火开始，伴随着工具的制造，人类征服自然的能力得到一步一步地提高。当时，由于用火不慎，火灾时有发生。人类过度狩猎，使生物资源不断减少。人类生存地的生态平衡遭到破坏，不得不迁往其他地方寻找新的定居点。由于当时人口数量少，活动范围小，人类对自然环境的破坏能力也小。地球生态系统有足够的能力进行自我恢复。

随着农业和畜牧业的发展，出现了第一次人口膨胀，人类改变自然的能力越来越大，相应的环境问题也应运而生。农业革命时期，人们毁林毁草，过度放牧，引起草原退化，水土流失，土壤盐渍化，引发严重的地区性生态环境破坏，造成许多古代文明的衰落。发源于美索不达米亚平原的古巴比伦文明和创建于中美低地热带雨林的玛雅文化，都是因为农业的发展不当而消失的。诞生于尼罗河的古埃及文明和发祥于印度河流域的古印度文明也是由于片面发展农业引起生态环境失衡而衰落的。中华民族的发源地黄河流域，在4000年前，森林茂密，水草丰盛，气候温和，土地肥沃。由于大面积森林遭到砍伐，水土流失加剧，宋代黄河的含沙量已达50%，明代为60%，清代增加到70%，形成了悬河，给中华民族带来了很大的灾难。

2. 近现代环境问题

(1) 20世纪五六十年代的“八大公害事件”　从上述内容可以看出，早期的环境问题主要是生态的破坏。18世纪工业革命后，由于生产力迅速发展，机器广泛使用，在人类创造了大量财富的同时也造成了大气、水体、土壤环境要素的污染和噪声的出现。19世纪下半叶，世界最大工业中心之一的伦敦曾多次发生因排放煤烟引起的严重的烟雾事件，每次都有数百人死亡。20世纪以来，特别是第二次世界大战后，社会生产力和科学技术突飞猛进，工业现代化和城市现代化使工业过分集中，人口数量急剧膨胀，对环境形成巨大的压力。环境污染随着工业化的不断发展而深入，从点源污染扩大到区域性污染和多因素污染，最终引起20世纪五六十年代第一次环境问题的爆发。

20世纪五六十年代，在工业发达的国家，“公害事件”层出不穷，导致成千上万人患病，甚至有不少人丧生。其中，最引人注目的就是“世界八大公害事件”。

① 马斯河谷烟雾事件　1930年12月1～5日比利时马斯河谷工业区发生了持续5天的由燃煤有害气体和粉尘污染引起的烟雾事件。马斯河两侧高山矗立，许多重型工厂如炼焦、炼钢、电力、玻璃、炼锌、硫酸、化肥厂等鳞次栉比地分布在长24km的河谷地带。1930年12月初，这里气候反常，出现逆温层，整个工业区被烟雾覆盖，工厂排出的有害气体在靠近地面的浓雾层中积累。从第3天起，有几千人发生呼吸道疾病，不同年龄的人开始出现流泪、喉痛、声嘶、咳嗽、呼吸短促，胸口窒闷、恶心、呕吐等症状，有60人死亡，大多数是心脏病和肺病患者，同时大批家畜死亡。尸体解剖证实，刺激性化学物质二氧化硫损害呼吸道内壁是致死的主要原因。当时大气中二氧化硫的浓度为25～100mg/m^3，再加上空气中的氮氧化物和金属氧化物尘埃加速了二氧化硫向三氧化硫的转化，当这些气体渗入肺部

时，加剧了致病作用，造成了这次灾难。

② 多诺拉烟雾事件　1948 年 10 月 26～31 日美国宾夕法尼亚州多诺拉镇发生了烟雾事件。当时记者做了这样的记载："10 月 27 日早晨，烟雾笼罩着多诺拉。气候潮湿寒冷、阴云密布，地面处于死风状态，整整 2 天笼罩在烟雾之中，而且烟雾越来越稠厚，吸附凝结在一块。事先也仅仅能看到企业的对面，除了烟囱之外，工厂都消失在烟雾中。空气开始使人作呕，甚至有种怪味，是二氧化硫刺激性气味。每个外出的人都明显感觉到这点，但是并没有引起警觉。二氧化硫气味是在燃煤和熔炼矿物时放出的，在多诺拉的每次烟雾中都有这种污染物。这一次看来只是比平常更为严重。"在空气污染的 4 天内，1.4 万人的小镇发病者达 6000 人，占全镇总人口的 43%，20 多人死亡。

症状较轻的是眼痛、喉痛、流鼻涕、干咳、头痛、肢体酸乏；中度患者的症状是咳痰、胸闷、呕吐、腹泻；重症患者是综合性症状，共有 17 人死亡。根据死者的尸体解剖证明，肺部有急剧刺激引起的变化，如血管扩张出血、水肿、支气管含脓等。一些慢性心血管病人由于病情加剧、促成心血管病发作导致死亡。根据推断，由于二氧化硫浓度高，它与金属元素和某些化合物发生反应生成硫酸铵是这次事件的主要危害物，二氧化硫氧化作用产物与大气中烟尘颗粒结合是致害因素。

③ 洛杉矶光化学烟雾事件　1943 年 5～10 月，在美国滨海城市洛杉矶发生由汽车排放的尾气在日光作用下形成的毒物对人造成危害的事件。洛杉矶背山临海，三面环山，是 1 个口袋形的长 50km 的盆地，1 年中有 300 天会出现逆温现象。当时，洛杉矶有 250 万辆汽车，每天耗油 110t。汽车尾气在阳光作用下与空气中其他化学成分发生化学反应，产生一种淡蓝色烟雾。这种烟雾在逆温状态下扩散不出去，长期滞留在市内，刺激人的眼、鼻、喉，引起眼病、咽炎和不同程度的头痛，严重可造成死亡。同时也使家畜患病，妨碍农作物和植物生长，腐蚀材料和建筑物，使橡胶制品老化。由于烟雾使大气浑浊，降低了大气的能见度，影响了汽车和飞机的安全行驶，造成车祸和飞机坠毁事件增多等危害。经过研究，证明烟雾中含有臭氧、氮氧化物、乙醛、过氧化物和过氧乙酰硝酸酯等刺激性物质。

④ 伦敦烟雾事件　1952 年 12 月 5 日，伦敦处于大型移动型高压脊气象，使伦敦上方的空气处于无风状态，气温呈逆温状态，城市上空烟尘累积，持续 4～5 天烟雾弥漫，大气中烟尘浓度达到 $4.5mg/m^3$，二氧化硫浓度为 $3.8mg/m^3$，使几千市民胸口窒闷并发生咳嗽、咽喉肿痛、呕吐等症状。事故发生当天死亡率上升，到第 3 天和第 4 天，发病率和死亡率急剧增加。4 天中死亡人数比常年同期多 4000 多人，支气管炎、冠心病、肺结核、心脏衰竭、肺炎、肺癌、流感等病的死亡率均成倍增加。甚至在烟雾事件后 2 个月内，还陆续有 8000 人病死。这次事件之后才引起英国政府的重视，采取有力措施控制空气污染。

⑤ 水俣病事件　1953～1956 年，日本熊本县水俣镇发生了"水俣病事件"。水俣镇周围居住着 10000 多户渔民和农民。1925 年新日本氮肥公司在这里建立，后来扩建成合成醋酸厂，1949 年开始生产聚氯乙烯，并成为一个大企业。1950 年这里渔民发现"猫自杀"怪现象，即有些猫步态不稳，抽筋麻痹，最后跳入水中溺死。1953 年水俣镇渔村出现了原因不明的中枢神经性疾病患者，患者开始口齿不清，步态不稳，面部痴呆，后来耳聋眼瞎，全身麻木，继而精神异常，一会儿酣睡，一会儿异常兴奋，最后身体如弯弓，在高声尖叫中死去。1956 年这类患者增加至 96 人，其中死亡 18 人。1958 年新日本氮肥公司排放的废水导致水俣病，在 6~7 个月后，这个新的污染区出现 18 个同种症状的病人。1959～1963 年学者们才分离得到氯化甲基汞结晶这个导致"水俣病"的罪魁祸首，揭开了污染之谜。原来是新日本氮肥公司在生产聚氯乙烯和醋酸乙烯时，采用低成本的水银催化剂工艺，将含有汞的

催化剂和大量含有甲基汞的废水和废渣排入水俣湾中，甲基汞在鱼、贝中积累，通过食物链使人中毒致病。

⑥ 痛痛病事件　1955～1972 年，日本富士县神通川流域发生了“痛痛病事件”。锌、铅冶炼厂排放的含镉废水污染了神通川水体。两岸居民均采用河水灌溉农田，使稻米含镉，居民食用含镉稻米和饮用含镉废水而中毒。据记载，日本三井金属矿业公司于 1913 年就开始在神通川上游炼锌。

1931 年就出现过怪病，当时不知道是什么病，也不知道是怎样得的。1955 年神通川河里的鱼大量死亡，两岸稻田大面积死秧减产。1955 年以后又出现怪病，患者初期是腰、背、膝关节疼痛，随后遍及全身，身体各部分神经痛和全身骨痛，使人无法行动，以致呼吸都带来难以忍受的痛苦，最后骨骼软化萎缩、自然骨折，直到饮食不进，在衰弱和疼痛中死去。从患者的尸体解剖发现，有的骨折达到 70 多处，身长缩短 30cm，骨骼严重畸形。1961 年查明骨痛病与锌厂的废水有关。1965 年井冈大学教授发表论文阐述了骨痛病与上游矿山废水之间的关系，并用原子吸收光谱分析证实了骨痛病是三井金属矿业公司废水中的镉造成的。据统计，1963～1968 年，共有确诊患者 258 人，死亡 128 人。

⑦ 四日市气喘病事件　1961 年，日本四日市发生了气喘病事件。四日市位于日本东海的伊势湾，有近海临河的交通之便。1955 年这里建成第一座炼油厂，接着建成 3 个大的石油联合企业，三菱石油化工等 10 多个大厂和 100 多个中小企业都聚集在这里。石油工业和矿物燃料燃烧排放的粉尘和二氧化硫超过允许浓度的 5～6 倍。烟雾中含有有毒的铅、锰、钛等重金属粉尘。二氧化硫在重金属粉尘的催化作用下形成硫酸烟雾，被人吸入肺部后引起支气管炎、支气管哮喘以及肺气肿等许多呼吸道疾病。1961 年全市哮喘病大发作，1964 年严重患者开始死亡，1967 年有些患者不堪忍受痛苦而自杀，到 1970 年患者已经达到 500 多人，1972 年确认哮喘病人 817 人，死亡 10 多人。

⑧ 米糠油事件　1968 年 3 月，日本九州、四国等地有几十万只鸡突然死亡，经检验发现饲料中有毒，但没有引起人们注意。不久，在北九州、爱知县一带发现一种奇怪的病：起初患者眼皮发肿，手掌出汗，全身起红疙瘩，严重者呕吐不止，肝功能下降，全身肌肉疼痛，咳嗽不止，有的医治无效死亡。这种病来势很猛，患者很快达到 1400 多人，并且蔓延到北九州 23 个府县，当年 7 月、8 月达到高潮，患者达到 5000 多人，有 16 人死亡，实际受害者达 1.3 万多人。后来查明，这是九州大牟田市一家粮食加工公司食用油工厂在生产米糠油时为了降低成本，在脱臭工艺中使用多氯联苯作为热载体，因管理不善，这种化合物混进米糠油中，有毒的米糠油销往各地，造成许多人生病或者死亡。生产米糠油的副产品——黑油作为家禽饲料，又造成几十万只鸡死亡。

(2) 20 世纪 70 年代以来的“六大公害事件”　20 世纪 70 年代以来，发达国家的大气污染和水体污染事件还没有得到有效解决，不少发展中国家的经济也跟了上来，而且重复了发达国家发展经济的老路，使 20 世纪 70～90 年代的近 20 年的时间中，全球平均每年发生 200 多起较严重的环境污染事件。其中，最为严重的就是“六大公害事件”。

① 塞维索化学污染事件　1976 年 7 月 10 日，意大利北部塞维索地区，距米兰市 20km 的一家药厂的一个化学反应器发生放热反应，高压气体冲开安全阀发生爆炸，致使三氯苯酚大量扩散，引起附近农药厂 3500 桶废物泄漏。据检测，废物中含二噁英浓度达 40mg/kg。这次事件的严重污染面积达 $1.08km^2$，涉及居民 670 人，轻度污染区为 $2.7km^2$，涉及居民 4855 人。事故发生后 5 天，出现鸟、兔、鱼等死亡现象，发现儿童和该厂工人患上氯痤疮等炎症，当地污水处理厂的沉积物和花园土壤中均测出较高含量的毒物。事隔多年后，当地

居民的畸形儿出生率和以前相比大为增加。

② 三哩岛核电站泄漏事件　1979年3月28日，美国三哩岛核电站的堆芯熔化事故使周围80km内约200万人处于不安之中——停课，停工，人员纷纷撤离。事故后的恢复工作在10年间就耗资10多亿美元。

③ 墨西哥液化气爆炸事件　1984年11月19日，墨西哥国家石油公司液化气供应中心液化气爆炸，对周围环境造成严重危害，造成54座储气罐爆炸起火。该事件中，死亡1000多人，伤4000多人，毁房1400余幢，3万人无家可归，周围50万居民被迫逃难，给墨西哥城带来了灾难，社会经济及人民生命蒙受巨大的损失。

④ 博帕尔农药泄漏事件　1984年12月3日，印度博帕尔市的美国联合碳化物公司农药厂大约有45万吨农药剧毒原料甲基异氰酸甲酯泄漏，毒性物质以气体形态迅速扩散，1h后市区被浓烟笼罩，人畜尸体到处可见，植物枯萎，湖水浑浊。该事件导致2万人死亡，5万人失明，20万人不同程度遭到伤害。数千头牲畜被毒死，受害面积达$40km^2$。

⑤ 切尔诺贝利核电站泄漏事件　1986年4月26日，前苏联乌克兰基辅地区切尔诺贝利核电站4号反应堆爆炸，放射性物质大量外泄。3个月内31人死亡，到1989年底有237人受到严重放射伤害而死亡。截至2000年共有1.5万人死亡，5万人残疾。距电站7km内的树木全部死亡。预计半个世纪内，距电站10km内不能放牧，100km内放牧的牛不能生产牛奶。参与事后清理以及为发生爆炸的4号反应堆建设保护罩的60万人仍需接受定期体检。该事故产生的核污染飘尘使北欧、东欧等国大气层中放射性尘埃飘浮高达一周之久，是世界上第一次核电站污染环境的严重事故。

⑥ 莱茵河污染事件　1986年11月1日，瑞士巴塞尔市桑多兹化学公司一座仓库爆炸起火，使30t剧毒的碳化物、磷化物和含汞的化工产品随灭火剂进入莱茵河，酿成西欧10年来最大的污染事故。莱茵河顺流而下的150km内，60多万条鱼和大量水鸟死亡。沿岸法国、德国、芬兰等国家一些城镇的河水、井水和自来水禁用。预计该事故会使莱茵河“死亡”20多年。

3. 当代环境问题

20世纪80年代中期以来，全球环境仍在进一步恶化。1985年发现南极上空出现的“臭氧空洞”引发了新一轮环境问题的高潮。新一轮的环境问题由区域性环境问题变成全球性环境问题。其中与人类生存休戚相关的“三大核心问题”为“臭氧层破坏”、“全球变暖”和“酸雨蔓延”。

(1) 臭氧层破坏　1985年，英国科学家Farman等人报道了Halley Bay观测站自1975年以来每年10月份大气中臭氧浓度的减少大于30%这一观测结果，还指出1957～1975年大气中臭氧的浓度变化很小。1986年，Stolarski根据美国的“风云7号”卫星收集的数据，证实1979～1984年的10月份在南极地区确实出现了大气中臭氧浓度的减少。1985年仅为正常值的60%～70%，与周围相对较高浓度的臭氧相比，好像形成了一个“洞”。臭氧空洞(ozone hole)现象受到全世界的高度重视。

(2) 全球变暖　大气中的二氧化碳等气体能吸收地球释放出来的红外线辐射，阻止地球热量的散失，使地球气温升高。促使地球气温升高的气体称为“温室气体”。“温室气体”中数量最多的是二氧化碳，占大气总容量的0.03%左右。

大气中的二氧化碳浓度增加的原因主要有两个。首先，人口的剧增和工业化的发展，人类社会消耗的化石燃料急剧增加，燃烧产生的大量二氧化碳进入大气，使大气中的二氧化碳浓度增加；其次，森林毁坏使被植物吸收利用的二氧化碳的量减少，造成二氧化碳被消耗的速率降低，同样造成大气中的二氧化碳浓度升高。除二氧化碳以外，其他温室气体，如甲烷、卤烃化合物、一氧化二氮等的浓度增加也是非常值得重视的。

总体上说，全球的平均地面气温呈现出明显的上升趋势。20 世纪 50 年代开始的较为精确的大气气球观测表明，近地面 8km 以内的大气升温与地面空气温度情况相似，升幅为 0.1℃/10 年。1979 年开始了卫星观测，卫星和大气气球观测结果显示，地面空气温度升幅高达 (0.15+0.05)℃/10 年。20 世纪 80 年代的全球平均气温比 19 世纪下半叶升高了约 0.6℃。这种升温的趋势很可能继续下去，除非采取有效的措施加以控制。另外一些预测表明，二氧化碳含量增加到目前的 2 倍时，地面平均温度会上升 1.5～4.5℃。温室效应及全球变暖的趋势引起全世界高度的关注。

(3) 酸雨蔓延　“酸雨”一词是 1872 年由英国科学家 Smith 提出的，他在《空气和降雨：化学气候学的开端》一书中讨论了影响降水的许多因素，提出了降水化学的空间可变性，并对降水的组分 SO_4^{2-}、NH_4^+、NO_3^- 和 Cl^- 等进行了分析，指出了酸雨对植物和材料的危害。1930 年，Potter 最早采用 pH 来表示雨水、饮用水等的检测结果。1955 年，Gorham 指出，工业区附近的降水的酸性是由矿物燃料燃烧排放造成的；湖泊的酸化是由酸性降水造成的；土壤酸性是由降水中的硫酸造成的。这些研究为酸雨的研究发展奠定了基础。

20 世纪五六十年代，北欧的一些国家如瑞典、挪威等的酸雨问题比较严重，这主要是周围的一些工业发达国家排放的大量大气污染物造成的。20 世纪七八十年代，酸雨的范围扩大到中欧。在北美，美国东部和北部的五大湖，美、加交界区也形成了大面积酸雨区。20 世纪 80 年代以来，除北美和欧洲以外，东北亚，主要是日本、韩国和中国的酸雨区迅速扩展为世界第三大酸雨区。酸雨已经成了名副其实的全球性环境问题。

三、全球面临的重大环境问题

1. 资源紧缺

人口的剧增，人类消费水平的提高，使地球的资源变得紧缺。全球人口 1804 年只有 10 亿，1927 年突破 20 亿，1960 年接近 30 亿，1975 年达到 40 亿，1990 年达到 53 亿，1999 年超过 60 亿，2006 年已达 65 亿多。要供养如此多的人口，人类不得不掠夺式地开发自然资源。按照目前的开采速度，全球已经探明储量的煤炭还能持续 200 年左右，而石油和天然气分别只能维持大约 40 年和 70 年。发达的工业化国家，每人每年需要 45～85t 的自然资源。目前，生产 100 美元的产值却需要 300kg 的原始自然资源。全世界大约有 95 个国家的农村，近一半人口日常生活依赖生物质能源。这些人中，约有 60%靠砍伐树木取得柴薪，还有的地区以秸秆为柴，造成了森林的破坏和土地的沙化，使农业生态环境进一步恶化。

随着全球经济的发展，人类对淡水资源的需求也在不断增长。2000 年，人类用水量是 1975 年的 2～3 倍。目前，全球有 100 多个国家缺水，有 43 个国家严重缺水，约有 17 亿人得不到安全的饮用水。水体污染加剧，对解决水资源短缺问题更是雪上加霜。目前，全球污水已达到 $0.4\times10^{12}m^3$，约 $5.5\times10^{12}m^3$ 水体受到污染，占全球径流量的 14%以上。随着工业的飞速发展，海洋运输和海洋开采也得到不断发展。海洋污染越来越严重。农业灌溉对淡水的浪费，地下水超量开采，都使水资源成为 21 世纪最紧迫的资源问题。

2. 气候变化

全球变暖趋势越来越受到人们的关注。引起全球变暖的主要原因是“温室效应”。大气中具有温室效应的气体大约有 30 多种，二氧化碳起到了很大的作用。在人类社会实现工业产业化的19世纪，全球每年排放二氧化碳约900万吨，20世纪末年均排放量为230亿吨。1850年，大气中二氧化碳的浓度为280mL/m³，20世纪末，大气中二氧化碳的浓度增至375mL/m³，2005年已上升到390mL/m³。大气中二氧化碳的浓度正在以每年0.4%的速率增加。

温室效应增加了全球气象灾难事件的数量和危害程度。2006～2007年的暖冬，厄尔尼诺现象的频繁发生，拉尼娜现象接踵而来，给世界造成了巨大的损失。初步研究表明，全球气候变暖会引起温度带的北移，进而导致大气运动发生相应的变化。蒸发量增加将导致全球降水的增加，而且分布不均。一般而言，低纬度地区现有雨带的降水量会增加，高纬度地区冬季降雪量也会增加，而中纬度地区夏季降水量会减少。对于大多数干旱、半干旱地区，降水量增多是有利的，而对于降水较少的地区，如北美洲中部、中国西北内陆地区，则会因为夏季雨量的减少变得更加干旱，水源更加紧张。

在综合考虑海水热胀、极地降水增加导致的南极冰帽增大、北极和高山冰雪融化因素的前提下，当全球气温升高1.5～4.5℃时，海平面将可能出现明显上升。海平面的上升无疑会改变海岸线格局，给沿海地区带来巨大影响，海拔较低的沿海地区将面临被淹没的危险。海平面上升还会导致海水倒灌、排洪不畅、土地盐渍化等后果。

尽管存在着许多不确定性，但显而易见的是，全球气候变暖对气候带、降水量、海平面的影响以及由此导致的对人类居住地及生态系统的影响是极其复杂的，必须给予足够的重视。

3. 酸雨蔓延

1972年6月在第一次人类环境会议上瑞典政府提交了《穿越国界的大气污染：大气和降水中的硫对环境的影响》报告。1982年6月在瑞典斯德哥尔摩召开了“国际环境酸化会议”，这标志着酸雨污染已成为当今世界重要的环境问题之一。20世纪以来，酸雨污染范围已扩大到欧洲、北美洲、亚洲等，酸雨已成为全世界性的环境问题。

4. 臭氧层破坏

臭氧层存在于对流层上面的平流层中，臭氧在大气中从地面到70km的高空都有分布，其最大浓度在中纬度24km的高空，向极地缓慢降低。20世纪50年代末到70年代就发现臭氧浓度有减小的趋势。1985年英国南极考察队在南纬60°地区观测发现臭氧层空洞，引起世界各国极大关注。不仅在南极，在北极上空也出现了臭氧减少现象。特别是在1991年2月和1992年3月，北极某地区臭氧下降15%～20%。研究检测表明，1979～1994年中纬度地区，北半球每10年臭氧下降6%（冬季和春季）或3%（夏季和秋季）；南半球每10年臭氧下降4%～5%；热带地区没有观察到明显的臭氧下降。

1994年，南极上空的臭氧层破坏面积已达$2.4\times10^7km^2$，北极地区上空的臭氧含量也有减少，在某些月份比20世纪60年代减少了25%～30%；欧洲和北美上空的臭氧层平均减少了10%～15%；西伯利亚上空甚至减少了35%。1998年9月，南极的臭氧空洞面积已经扩大到$2.5\times10^7km^2$。2000年，南极上空的臭氧空洞面积达$2.8\times10^7km^2$。2003年臭氧空洞最大面积约为$2.9\times10^7km^2$。

2005年世界气象组织的臭氧专家Braathen告诉美联社记者：“2005年，臭氧层空洞正逐渐向2003年时的最大面积发展，但它可能不会打破这个纪录。”Braathen表示：“臭氧层空洞的变化正逐渐变得稳定，但现在说损耗情况已改善还为时过早。”一些科学家预言臭氧层停止变化将需要50年的时间。如果臭氧层破坏按照现在的速率进行下去，预计到2075年，全球皮肤癌患者将达到1.5亿人，白内障患者将达到1800万人，农作物将减产7.5%，水产资源将损失25%，人体免疫功能也将减退。

5. 生态环境退化

人类从环境攫取资源的同时，由于缺少合理的开发方式和相应的保护措施破坏了自然的生态平衡。大量的水土流失使土地的生产力退化甚至荒漠化。荒漠化作为一种自然现象，不再是一个单纯的生态问题，已经演变成严重的经济和社会问题，它使世界上越来越多的人失去了最基本的生存条件，甚至成为“生态难民”。目前，尽管各国人民都在进行着同荒漠化的抗争，但荒漠化仍以每年（5～7）$\times10^4\,km^2$的速率扩展，全球荒漠化面积达到$3.8\times10^7\,km^2$，占地球陆地总面积的1/4，使世界2/3的国家和1/5的人口受到其影响。

由于人口的膨胀，对粮食、树木和柴薪需求不断地增长，森林遭到严重的破坏。在人类历史过去的8000年中，有一半的森林被开辟成农田、牧场或作他用。1990～2000年全球年均净减少森林面积$8.9\times10^4\,km^2$，2000～2005年全球年均净减少森林面积$7.3\times10^4\,km^2$。2005年全球森林面积$3.95\times10^7\,km^2$，占陆地面积（不含内陆水域）的30.3%。全球森林主要集中在南美、俄罗斯、中非和东南亚。全球森林的破坏主要表现为热带雨林的消失。热带雨林大面积的滥伐将导致水土流失的加剧、灾害的增加和物种消失等一系列的生态环境问题。

森林的大面积减少、草原的退化、湿地的干枯、环境的污染和人类的捕杀使生物物种急剧减少，许多物种濒临灭绝。世界自然保护联盟发布的“2004年濒危物种红色名单”显示，1/3的两栖类动物、1/2以上的龟类、1/8的鸟类和1/4的哺乳类动物正面临生存威胁，全球1.5万个物种正在消失。研究过去500年历史发现，全世界每年有近100个物种消亡，但近年来，每年全世界都有约1000个物种消亡，物种消失的速率明显加快。

6. 城市环境恶化

目前，全球正处在城市化速率加快的时期，城市工业发展，基础建设推进，生活废弃物使城市环境污染越来越突出。大气污染使许多城市处于烟雾弥漫之中。全球城市废水量已达到几千亿吨。发展中国家95%以上的污水未经处理直接排入地表水体，严重污染了城市水体。由于城市人口的不断膨胀，造成居住环境压力日益增大。住房拥挤是当代世界各国普遍存在的重大社会问题。近期还发现，由混凝土、砖、石等建材中放射性元素镭蜕变产生的放射性氡污染严重。随着办公自动化的出现和家用电器的广泛使用，室内电磁辐射的污染也日趋增长。交通运输的发展和车辆保有量的不断增加，交通堵塞和交通噪声已成为城市环境污染的特征之一。城市发展造成资源的大量消耗，产生的垃圾与日俱增。垃圾围城已成为世界城市化的难题之一。大量堆放的垃圾，侵占土地，破坏农田，污染水体和大气，传播疾病，危害人类健康。工业化国家向发展中国家转移有害的生产和生活垃圾，造成了全球更广泛的环境污染。

7. 新的环境隐患

全球变暖，使病菌繁殖速率加快；经济全球化使得人员和产品流动频繁，病菌传播概率增加；城市环境恶化，现代病增多；抗菌素和杀虫剂的广泛使用，可能产生病菌变异，使人类在21世纪有可能遭到新旧传染病的围攻。世界卫生组织（WHO）发布报告：医学的发展赶不上疾病的变化，人类健康面临威胁。全球处在一个疾病传播速率最快、范围最广的时期。

第二节 环境污染物

一、环境污染

对环境产生各种危害的问题可归结为两类。第一类是自然界各因素间相互作用或自然界自身不断运动产生的那些危及人类生存的问题。如各种自然灾害：火山爆发、地震、滑坡、洪水、风暴等。第二类是人类生产和生活活动所引起的问题，对此又可归纳为四个方面：①在资源开发过程中过度地向自然索取物质和能量（特别是化石燃料、矿物和木材等）；②在物质生产和日常生活过程中向环境释放出废物和废能（特别是化学污染物和辐射能）；③经济建设（如农村城市化、围湖造田、兴建水坝等）引起对环境的干扰；④人口增殖引起单位时间和空间中人类活动频度增多。以上这些人类活动也都将导致环境污染和自然生态的破坏。

初期，人们将环境问题和环境污染联系起来。从本质上看，大多数环境问题由环境污染、特别是化学物质的污染引起的。就目前人们的认识水平来看，所谓环境污染，指的是由于自然的或人为的（生产、生活）原因，往原先处于正常状态的环境中附加了物质、能量或生物体，其数量或强度超过了环境的自净能力（自动调节能力），使环境质量变差，并对人或其他生物的健康或环境中某些有价值物质产生有害影响的现象。环境污染的概念可以简要表述如下：

自然因素或人类活动的冲击破坏－包括自净机能在内的自然界动态平衡恢复能力＝环境污染造成的危害

关于由物质（污染物）因素引起环境污染的概念可用图 1-1 示意。

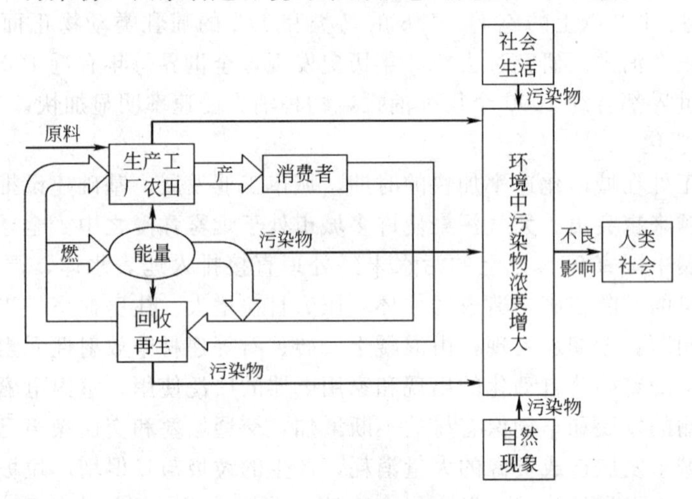

图 1-1 环境污染概念图

图中所说的自然原因即是指火山爆发、森林火灾、地震、有机物的腐烂等。以火山爆发为例，活动性火山喷发出的气体中含有大量硫化氢、二氧化硫、三氧化硫、硫酸盐等，严重污染了当地的区域环境；从一次大规模的火山爆发中喷出的气溶胶（火山灰），其影响有可能波及全球。首先，大量火山灰将遮蔽日光，使太阳光（能）反射，转回到宇宙空间，从而影响了那些需要阳光的地球生物类的生长。其次，火山灰在地球表层形成一层薄膜，使地面上各种形式的能量无法散发，这就如同二氧化碳造成的温室效应所起的作用一样。再则，大气中到处散满了火山灰，成为水滴的凝结核心，使雨云易于集结，造成某些地区降雨量“前所未有”的增多；由于地球表层进行循环的水量是大体恒定的，局部地区持久降雨，则必然造成另一些地区发生严重的干旱；有的地方大雨，有的地方大旱，这又扰乱了地球表层热能分布平衡状态，造成局部地区产生热流，另一些地区则产生寒潮。以上这些现象结合起来，就会严重影响人们正常生活，破坏农业生产，导致严重欠收。许多环境污染问题如同上述火山爆发情况一样，对于环境的质量能起“牵一发而动全身”的作用。

环境污染概念中所说的人为原因主要是指人类的生产活动，包括矿石开采和冶炼、化石燃料燃烧、人工合成新物质（如农药、化学药品）等。有关这方面的问题，将在后面的有关章节中陆续予以阐述。

近代，随着人类社会进步、生产发展和人们生活水平的不断提高，同时也造成了严重的环境污染现象，如大气污染、水体污染、土壤污染、生物污染、噪声污染、农药污染和核污染等。特别在20世纪的五六十年代，污染已成为世界范围的严重社会公害，许多人因患公害病而受苦难或死亡，许多人的健康受到环境污染的损害，环境污染已对人们生活和经济发展造成了严重危害。在对环境污染问题有了较深刻认识并经过痛苦反省后的人们逐渐认识到，作为自然的一部分，人不应作为与自然对立的事物而存在，从而应该改变历来以自体为中心来审视客观事物的习惯。现在已有很多人认为：从终极意义上说，“人定胜天”是不可能的，人与自然间只能和谐相处，即只能做到“天人合一”。而要达到这种“合一”，人类一方面要发现自身的智慧和能力，同时必须对自身的能动力和创造力有所抑制，在“自行其是”和“自我约束”之间行一条中庸之道。另一方面，人类又必须勇敢地面对现实，积极寻求解决环境污染问题的出路。

二、化学污染物

由于环境发生污染，当然会影响到环境的质量。自然环境的质量包括化学的、物理的和生物的三个方面。这三方面质量相应地受到三种环境污染因素的影响，即化学污染、物理污染和生物性污染。物理污染因素主要是一些能量性因素，如放射性、噪声、振动、热能、电磁波等。生物性污染物来自于人、动植物和微生物本身及其代谢产物。至于化学污染物其种类繁多，它们是环境化学研究的主要对象物。

水体中的主要化学污染物有如下几类：①有害金属或准金属，如Cd、Cr、Cu、Hg、Pb、Zn、As等；②有害阴离子，如CN^-、F^-、Cl^-、Br^-、S^{2-}、SO_4^{2-}等；③过量营养物，如NH_4^+、NO_2^-、NO_3^-、PO_4^{3-}等；④有机物，如酚、醛、农药、表面活性剂、多氯联苯、脂肪酸、有机卤化物等，1978年美国环境保护局（EPA）曾提出水体中129种应予优先考虑的污染物，其中有机污染物占114种；⑤放射性物质，如^{3}H、^{32}P、^{90}Sr、^{131}I、^{144}Ce、^{232}Th、^{238}U等核素。

大气中的主要化学污染物来自于化石燃料的燃烧。燃烧的直接产物H_2O和CO_2是基本无害的。污染物产生于这样一些过程：①燃料中含硫，燃烧后产生污染气体SO_2；②燃烧过程中，空气中的N_2和O_2通过链式反应等复杂过程产生各种氮氧化物（以NO_x表示）；③煤炭粉末或石油细粒未及燃烧而散逸；④燃烧不完全，产生CO等中间产物；⑤燃料使用过程中加入添加剂，如汽油中加入铅有机物，作为内燃机汽缸的抗震剂，经燃烧后，铅化合物进入大气。1990年美国清洁空气法修正案（CAAA）曾提出空气中应予以关注的189种有害空气污染物（HAPs），其中无机污染物占23种（类），其余为有机污染物。

土壤中的主要化学污染物是农药、肥料、重金属等。

在图1-1中已显示出生物圈与其他三个圈层是交互重叠的，由此可见，存在于自然环境中的各种化学污染物都有可能进入各种生物的机体之内。现有生物物种1000万种之多，它们生活在环境条件各异的空域、水域或地域之中，所以存在于生物体内的主要污染物随物种及它们的生活地而异，不可一概而论。

化学工业在最近数十年来有了长足的发展，为人类文明和社会经济繁荣做出了贡献。目前已知化学物质总数超过2000万种，且这个数字还在不断增长。其中6万～7万种是人们日常使用的，而约7000种是工业上大量生产的。到目前为止，在环境中已发现近10万不同种类的化合物。其中有很多对于各种生物具有一定的危害性，或是立即发生作用，或是通过长期作用而在植物、动物和人的生活中引起这样或那样不良的影响。进入环境的化学污染物数量也是惊人的，例如仅烧煤，世界范围内每年约有3000t汞进入大气。

三、化学污染物的迁移转化简介

化学污染物的环境行为十分多端，但可归结为以下两个方面：①进入环境的化学物质通过溶解、挥发、迁移、扩散、吸附、沉降等物理过程或物理化学过程，分配散布在各环境圈层（水体、大气、土壤）之中。与此同时，又与各种环境因子（主要是水、空气、光辐照、微生物和别的化学物质等）交互作用，并发生各种化学的、生物的变化过程。经历了这些过程的化学物质，就发生了形态和行为的变化。②化学物质在环境中形迹所到之处，也留下了它们的印记，使环境质量发生一定程度的变化，同时引起非常错综复杂的环境生态效应。对以上叙述可用图1-2表示。

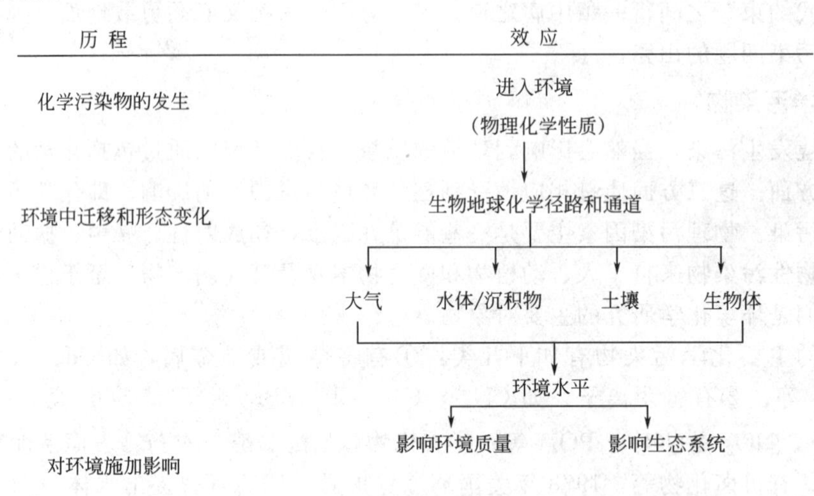

图1-2 环境化学污染物进入环境的历程与效应图

从污染源排放（释放）出的化学污染物进入大气、水体、土壤或生物体后，其污染物的化学形态可能保持原有状态，也可能在外界条件的作用下发生转化；其污染物本身或转化产物可能停留在排污源附近，或离开污染源，或转移到相邻的圈层中去。

污染物的迁移是指污染物在环境中所发生的空间位移及其引起的富集、分散和消失的过程。污染物在环境中的迁移主要有机械迁移、物理-化学迁移和生物迁移三种方式。其中物理-化学迁移和生物迁移是重要的迁移形式。物理-化学迁移可通过溶解-沉淀、氧化-还原、水解、吸附-解吸等理化作用实现迁移。生物迁移是通过生物体对污染物的吸收、代谢及其自身的生长、死亡，甚至通过食物链的传递产生放大积累作用而实现迁移。

污染物的转化是指环境中的污染物在物理、化学或生物的作用下，改变存在形态或转变为另一种物质的过程。例如，大气中的氮氧化物、烃类化合物在阳光的作用下，通过光化学氧化作用生成臭氧、过氧乙酰硝酸酯及其他光化学氧化剂，并在一定条件下形成光化学烟雾；汽车排出的NO在大气中被氧化转化为NO_2、HNO_3和MNO_3（M为金属元素）等新的污染物；水体中的二价汞，在某些微生物的作用下，转化为甲基汞和二甲基汞等。

污染物的迁移和转化常常是相伴进行的。另外，污染物可在原环境要素圈中迁移和转化，也可在不同的环境要素圈中实现多介质迁移、转化而形成循环。例如，水体中的有机物可通过蒸发进入大气，通过渗透进入土壤，通过生物的吸收进入生物体；而大气中的有机物可通过与水体的物质交换、通过大气降水或通过生物的吸收等作用而进入到水体、土壤或生物体中。污染物在环境中的迁移途径如图 1-3 所示。

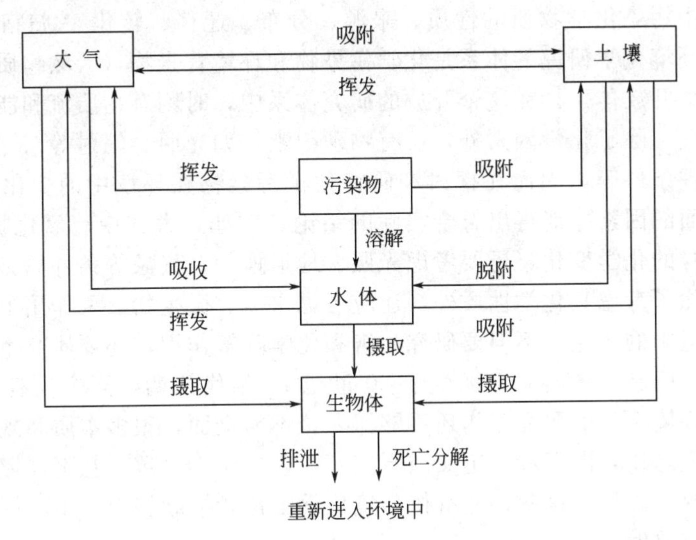

图 1-3 污染物在环境中的迁移途径

污染物在各环境要素圈中的迁移过程与污染物本身的物理性质、化学性质有关，与污染物所处的环境介质条件有关。污染物在环境介质中的迁移过程与主要环境因素的关系列于表 1-1中。

表 1-1 污染物在环境介质中的迁移过程与主要环境因素的关系

过 程	主要决定因素
水体中扩散迁移	水的流速、湍流、水量
大气中扩散迁移	风速、地形
生物摄取	生物累积因子
吸附	吸附介质中有机物含量
挥发	蒸气压、界面扩散系数
淋溶	吸附系数
径流	降雨速率
干沉降	颗粒大小、浓度、风速

污染物在环境中的迁移、转化和归宿以及它们对生态系统的效应是环境化学的重要研究内容。

第三节 环境化学

一、环境化学的概念

环境化学是环境科学的一门基础科学，是一门研究有害化学物质在环境介质中的存在、化学特性、行为和效应及其控制的化学原理和方法的科学。它是环境科学的核心组成部分，也是化学科学的重要分支学科。环境化学是在化学科学传统理论和方法基础上发展起来的，以化学物质引起的环境问题为研究对象，以解决环境问题为目标的一门新兴学科。

环境化学具有跨学科的综合性质。它不仅运用化学的理论和方法，也借用物理、数学、生物、气象、地理及土壤等多门学科的理论和方法研究环境中的化学现象和本质，研究大气、土壤及生物中污染化学物质的性质、来源、分布、迁移、转化 、归宿、反应及对人类的作用和影响。环境化学研究的体系是化学污染物和环境背景物（天然物质）构成的多组分综合体系，这是个开放体系。在这个开放的研究体系中，时刻有物质流和能量流的传输，所受的影响复杂多变。除了化学因素外，还有物理因素（如光照、辐射等）、生物因素、气象、水文、地质及地理条件等，因而在探讨和研究化学污染物在环境中的变化规律和影响危害时，应综合多方面的因素才能得出符合实际的结论。例如，大气中硫氧化物等的大气污染，不仅要考虑它本身的化学变化，还要考虑光照、地形地貌、气象等条件的影响；水体中重金属汞等的污染，除了考虑其化学性质外，还应考虑水文、微生物、酶作用下的迁移转化；有机物、农药在环境中的转化，不但要研究光解和化学降解作用，还要研究生物的降解作用。

环境化学是一门新兴学科。它诞生于 20 世纪 70 年代初期，至今仅有 40 多年的历史。作为新兴学科，环境化学的研究工作还不够深入、不够全面，很多本质和规律尚未被揭露和掌握，甚至许多概念还含混不清，定义尚不统一，表述还不一致，甚至环境化学本身的定义和范围都还未能统一。所有这些，还有待环境化学工作者继续努力、不断探索，为环境化学的发展、丰富和成熟做出贡献。

二、环境化学的发展历程

环境化学的发展大致可分为三个阶段：1970 年以前为孕育阶段，20 世纪 70 年代为形成阶段，80 年代以后为发展阶段。

第二次世界大战以后至 20 世纪 60 年代，发达国家经济从恢复逐步走向高速发展，由于当时只注意经济的发展而忽视了环境保护，污染环境和危害人体健康的事件接连发生，事实促使人们开始研究和寻找污染控制途径，力求人与自然的协调发展。20 世纪 60 年代初，由于当时有机氯农药污染的发现，农药中环境残留行为的研究就已经开始，这个阶段是环境化学的孕育阶段。

到了 20 世纪 70 年代，为推动国际重大环境前沿性问题的研究，国际科联 1969 年成立了环境问题专门委员会（SCOPE），1971 年出版了第一部专著《全球环境监测》，随后，在 20 世纪 70 年代陆续出版了一系列与环境化学有关的专著，这些专著在 20 世纪 70 年代环境化学研究和发展中起了重要作用。1972 年在瑞典斯德哥尔摩召开了联合国人类环境会议，成立了联合国环境规划署（UNEP），确立了一系列研究计划，相继建立了全球环境监测系统（GEMS）和国际潜在有毒化学品登记机构（IRPTC），并促进各国建立相应的环境保护机构和学术研究机构。

20 世纪 80 年代全面地开展了对各主要元素，尤其是生命必需元素的生物地球化学循环和各主要元素之间的相互作用、人类活动对这些循环产生的干扰和影响以及对这些循环有重大影响的种种因素的研究；重视了化学品安全性评价；开展了全球变化研究；涉及臭氧层破坏、温室效应等全球性环境问题，同时加强了污染控制化学的研究范围。

国际纯粹与应用化学联合会（IUPAC）于 1989 年制订了“化学与环境”研究计划，开展了空气、水、土壤、生物和食品中化学品测定分析等六个专题的研究。1991 年和 1993 年在中国北京召开的亚洲化学大会和 IUPAC 会议上，环境化学就是重要议题之一。1992 年在巴西里约热内卢召开的联合国环境与发展会议（UNCED），国际科联组织了数十个学科的国际学术机构开展环境问题研究。

1995 年诺贝尔化学奖第一次授予三位环境化学家 Crutzen、Rowland 和 Molina，他们首先提出平流层臭氧破坏的化学机制。Crutzen 于 1970 年提出了 NO_x 理论，Rowland 和 Molina于 1974 年提出了 CFCs 理论，这几位化学家的实验室模拟结果在现实环境中得到验证。从发现平流层中氧化氮可以被紫外辐射分解而破坏全球范围的臭氧层开始，追踪对流层大气中十分稳定的 CFCs 类化学物质扩散进入平流层的同样归宿，阐明了影响臭氧层厚度的化学机理，使人类可以对耗损臭氧的化学物质进行控制。这些理论的研究成果因 1985 年南极“臭氧洞”的发现而引起全世界的震动，从而导致 1987 年《蒙特利尔议定书》的签订。

我国环境化学研究已有近 40 年历史。20 世纪 70 年代，主要围绕工业“三废”处理、重金属污染、环境容量与环境背景值调查和污染源普查等开展工作。“八五”与“九五”期间，主要针对我国面临的重大环境污染问题开展研究，如光化学烟雾、区域酸雨的形成与控制、典型有机污染物环境行为、废水无害化与资源化等。最近 10 年，在国家自然科学基金、国家科技部等资助下，在有毒有害污染物的环境行为、迁移转化规律、环境风险评价、污染修复与治理等领域开展了较深入的研究，取得了一系列具有国际影响的创新性成果，为国家环境保护决策提供了重要科学数据。

三、环境化学的任务

环境化学的主要任务可归纳成以下六个方面：

① 研究环境的化学组成，建立环境化学物质的分析方法；

② 掌握环境的化学性质，从环境化学的角度揭示环境形成和发展规律，预测环境的未来；

③ 研究和掌握环境化学物质在环境中的形态、分布、迁移和转化规律；

④ 查清环境污染物的来源；

⑤ 研究污染物的控制和治理的原理及方法；

⑥ 研究环境化学物质对生态系统及人类的作用和影响等。

四、环境化学发展的总体态势

环境化学是一门快速发展的新兴交叉学科，其研究领域不断扩展，研究深度不断增加，研究焦点与人们关注的热点紧密结合，呈现出如下发展趋势。

1. 研究方法不断完善

环境化学工作者越来越多地应用化学、生物学、毒理学、流行病学及数学等其他学科的新思维、新方法和新技术研究环境问题，如在环境污染化学领域，应用大气科学的方法和数学模型研究污染物的长距离传输；在理论环境化学领域，应用定量结构-效应关系研究污染物的剂量-效应关系和结构-毒性之间的关系；在环境毒理学领域，应用基因组学、代谢组学、蛋白质组学、金属组学及环境组学等各种组学技术研究相关科学问题。此外，环境化学从传统的热力学平衡方法发展到应用动力学方法。

2. 研究内容不断丰富

关注的污染物不断增加，从重金属、常见有机污染物逐渐转向持久性有毒污染物和新型污染物，如溴代联苯醚、全氟辛烷化合物、内分泌干扰物、纳米颗粒物以及污染物的降解和代谢产物；研究体系更加接近真实环境，由单一污染发展到复合污染，由单一介质发展到多介质体系。

3. 研究深度不断增加

由传统的现状调查等表象研究发展到注重机制机理研究，从分子、细胞、个体、种群水平发展到生态系统研究；从研究高浓度、单一污染的短期生态效应转向研究低浓度、复合污染的长期效应。

4. 研究领域不断扩大

由室内环境发展到室外环境；由多介质界面行为研究发展到区域环境调控；由区域环境发展到全球环境；从生物有效性发展到毒性机制；从生态毒理学发展到健康效应；环境化学不断与其他学科交叉和渗透，形成环境与健康等新的重要研究方向。

五、环境化学的内容、 特点及研究方法

1. 环境化学主要的研究内容

（1）环境污染化学　环境污染化学是研究化学污染物在环境中的变化，包括迁移、转化过程中的化学行为、反应机理、积累和归宿等方面的规律。化学污染物在大气、水体、土壤中迁移，并伴随着发生一系列化学的、物理的变化，形成了大气污染化学、水污染化学、土壤污染化学和污染生态化学。

在环境这个开放体系中，参与反应的物质品种多，含量低，反应复杂，影响因素很多，促进反应的光能和热能又难以准确模拟，因此必须发展新的技术和理论来进行研究。如近年来运用系统分析方法，研究多元和多介质体系中污染物迁移和转化反应机理，就为进行环境污染的预测、预报，以及环境质量评价等提供了科学的依据。

（2）环境分析化学　环境分析化学是取得环境污染各种数据的主要手段，必须运用化学分析技术，测量化学物质在环境中的本底水平和污染现状。环境中污染物种类繁多，而且含量极低，相互作用后的情况则更为复杂，因此要求采取灵敏度高、准确度高、重现性好和选择性好的手段。不仅对环境中的污染物做定性和定量的检测，还对它们的毒性，尤其是长期低浓度效应进行鉴定；应用各种专门设计的精密仪器，结合各种物理和生物的手段进行快速、可靠的分析。为了掌握区域环境的实时污染状况及其动态变化，还应用自动连续监测和卫星遥感等新技术。

（3）污染物的生物效应　污染物的生物效应是当前环境化学研究领域里十分活跃的研究课题，它综合运用化学、生物、医学三方面的理论和方法，研究化学污染物造成的生物效应，如致畸、致突变、致癌的生物化学机理，化学物质的结构与毒性的相关性，多种污染物毒性的协同和拮抗作用的化学机理，污染物食物链作用的生物化学过程等。随着分析技术和分子生物学的发展，环境污染的生物化学研究取得很大进展，并与环境生物学、环境医学相互交叉渗透，成为当前生命科学的一个重要组成部分。

（4）污染控制化学　主要研究与污染控制和修复有关的化学机制与工艺技术中的化学问题，为开发经济、高效的污染控制及修复技术，发展清洁生产工艺提供理论依据。20 世纪 80 年代之前，污染控制化学主要围绕末端污染控制模式开展研究，对发展污染控制技术和治理环境污染产生了积极作用。之后，污染控制理念由污染源末端治理向“预防为主”、“综合利用”、“零排放”等过渡，污染控制化学开始在“清洁生产”、“绿色化学”、“生态工业”、“循环经济”等全过程控制模式中发挥重要作用。目前，污染控制化学面临着巨大挑战，需要从源头控制并减少污染物产生，也要提高末端污染治理效率，修复已被污染的环境。

（5）理论环境化学　应用物理化学、系统科学和数学的基本原理和方法以及计算机仿真技术，研究环境化学中的基本理论问题，主要包括环境系统热力学、动力学、化学污染物结构-活性关系以及环境化学行为与预测模型。早期理论环境化学主要研究有毒有机污染物的结构-活性关系。随着环境化学行为研究的不断深入，理论环境化学开始关注并研究环境污

染热力学和动力学、化学污染物在环境介质中的微观界面行为及反应机理、污染物的环境归趋和生态风险评价数学模型、污染物的界面效应和环境现象的非线性和非平衡理论、环境化学方法学体系等。

环境化学的研究成果已受到各国政府和科学界的高度重视。随着科学技术水平和人类环保意识的提高，环境化学研究将更加深入，其成果必将促进人类社会与自然的和谐发展。

2. 现代的环境化学研究的特点

(1) 从微观的原子、分子水平来阐明宏观的环境问题，以小见大，不再拘泥于对环境问题的宏观描述，而是从深层的机制去理解和解决问题。

(2) 综合性强，涉及方方面面的学科领域。环境化学学科本身是边缘科学，继承了各个前导学科的理论和技术，应用来解决实际的环境问题，并在发展过程中交流各学科的新思路、新理论、新方法。

(3) 量微，不仅是研究对象本身（污染物）在圈层中的含量极低，而且研究和分析手段也尽量采用低浓度和超低浓度的水平，以尽量贴近自然界的实际，并避免造成人为的再次污染。

(4) 研究体系复杂，体现在污染现象本身不是一种简单的过程，其因果关系也不是简单的单一机制，影响因素也是多方面的。

(5) 应用性强，涉及的都是与人类生存发展息息相关的实际问题。

(6) 学科发展还很年轻，基础数据还极为缺乏，理论构架的系统性相对较弱，更多的是沿用前导学科的已有理论，仍有极大的发展空间。

3. 环境化学的研究方法

环境化学的主要研究方法包括现场实测、实验室研究、模型模拟研究。

(1) 现场实测研究　在所研究区域直接布点采样，采集数据，了解污染物的时空分布，同步监测污染物变化规律，现场实测有地面监测、航测等，人力物力需求较大。

(2) 实验室研究　包括环境物质分析、基础研究，基础物性数据测定，实验模拟研究等。进行实验室模拟研究时可以排除气象、地形等物理影响因素，单纯研究化学因素部分；也可以仅对 1～2 个影响因素进行考察而把其他的一些影响因素暂时排除在外。

(3) 计算机模拟研究　计算机模拟研究主要通过建立数学模型，进行参数估值和模型检验，模拟化学物质在环境中的迁移、转化、归宿过程，证明实测结果的可信度，预测污染的发展趋势。

环境化学研究中，主要以化学方法为主，也配之以物理、生物、地学、气象学等其他学科的研究方法。

【阅读材料】

厄尔尼诺和拉尼娜

厄尔尼诺现象是指赤道太平洋中、东部每隔若干年发生一次大规模海水温度异常增高的现象。厄尔尼诺现象主要出现在南太平洋东岸，即南美洲的厄瓜多尔、秘鲁等国的西部沿海。那里是世界著名的渔场，渔业产量占世界总量的 1/5 左右。可是每隔 2～7 年，这里的海水温度便会异常升高，结果造成鱼死鸟亡，海洋动物迁移，渔业收成大幅下降的现象。这种现象为什么会出现目前还没有完全搞清楚。它的出现一般在圣诞节前后或稍后一两个月，于是讲西班牙语的当地人把它称作了“厄尔尼诺”，即“圣婴”。

拉尼娜现象正好与厄尔尼诺现象相反，是指赤道太平洋中、东部地区海水温度异常变冷的现象。为此，讲西班牙语的当地人就把它称作“拉尼娜”，即“圣女”的意思。

厄尔尼诺现象和拉尼娜现象都会引起全球气候系统的异常变化而形成气象灾害。厄尔尼诺现象导致海洋上空大气层气温升高，破坏了大气环流正常的热量、水蒸气等分布的动态平衡。这种海水和空气温度的异常升高的结果，往往是全球范围的异常天气变化。使得一些地区到了该冷的时候冷不下来，另一些地区该热的时候热不起来；那些原来是多晴少雨的地区却出现了雨量猛增而形成洪涝灾情，那些原来雨量充沛的地区反而烈日当空久旱缺雨。

发生厄尔尼诺现象的年份，赤道太平洋中部、东部地区降雨量通常都会大大增加，而澳大利亚、印度尼西亚等太平洋西部地区则干旱不雨；北半球的很多地区都会出现冬天气温偏高而夏季气温较低的暖冬凉夏现象。

拉尼娜现象一般会紧随厄尔尼诺现象出现。当厄尔尼诺现象出现时，赤道东太平洋表面海水温度异常升高，热量向空气扩散，热空气再被太平洋上空的大风吹走，上层海水的温度逐渐下降。这时海洋深处的冷海水再翻上来，使得海水表面温度进一步下降。如果大范围上层海水持续变冷达6个月以上，其温度低于常年0.5℃以上，就形成了拉尼娜现象。

厄尔尼诺现象发生的季节并不固定，持续时间短的为半年，长的为一两年。一般每隔2～7年会出现一次。可是，20世纪90年代以来，这种现象出现越来越频繁了，不仅周期在变短，而且持续时间在变长，对我国的影响也变得更明显了。虽然对厄尔尼诺现象和拉尼娜现象的探索研究还在进行中，但是科学家们普遍认为这种现象的愈演愈烈与全球变暖有密切联系，也就是与人类活动有一定的关系。

本章小结

本章主要介绍了环境化学的几个基本概念和一些基本知识。

一、基本概念

环境化学　环境化学是环境科学的一门基础科学，是一门研究有害化学物质在环境介质中的存在、化学特性、行为和效应及其控制的化学原理和方法的科学。

环境污染　环境污染指有害物质或有害因子进入环境，并在环境中扩散、迁移、转化，使环境系统的结构与功能发生变化，对人类或其他生物的正常生存和发展产生不利影响的现象。

污染物的迁移　污染物的迁移指污染物在环境中所发生的空间位移及其引起的富集、分散和消失的过程。

污染物的转化　污染物的转化指环境中的污染物在物理、化学或生物的作用下，改变存在形态或转变为另一种物质的过程。

二、基本知识

环境问题与人类活动存在密切关系，目前全球面临着多个重大的环境问题。

化学污染物其种类繁多，它们是环境化学研究的主要对象物，化学污染物在环境中的迁移、转化和归宿以及它们对生态系统的效应也是环境化学的重要研究内容。

环境化学的发展大致经历了孕育阶段、形成阶段和发展阶段，它们的主要任务主要有6个方面，研究内容主要是环境污染化学、环境分析化学和环境监测、污染物的生物效应等。

复习思考题

1. 如何认识现代环境问题的发展过程？
2. 环境污染物有哪些类别？主要的化学污染物有哪些？
3. 何谓环境化学？
4. 环境化学的任务与特点是什么？
5. 试举出目前较重要的环境化学研究项目。
6. 影响污染物在各环境要素圈中迁移过程的主要因素有哪些？

第二章　大气环境化学

【学习指南】

大气环境化学是环境化学的重要内容之一。在学习本章内容时，首先要了解大气的组成、结构，掌握大气污染的含义。在理解大气污染物迁移因素的基础上，了解大气污染的类型及其危害，理解影响大气污染的气象、地理等因素，理解大气污染物的转化，了解突出的大气环境问题。

第一节　大气组成及大气层的结构

大气是地球上一切生命赖以生存的气体环境。一个成年人每天大约要呼吸 $10\sim12m^3$ 空气，其质量约为每人每天摄取食物的 10 倍，饮水的 3～4 倍。充足洁净的空气对人类健康是不可缺少的。大气层的重要性还在于吸收来自太阳和宇宙空间的大部分高能宇宙射线和紫外辐射，是地球生命的保护伞。同时，大气层是地球维持热量平衡的基础，为生物创造了一个适宜的温度环境。

一、大气的组成

大气是由多种气体组成的混合气体。大气的总质量为 5.14×10^{18}kg。另外，大气中还含有少量的悬浮固体颗粒和液体微滴。大气中除去水汽、液体和固体杂质外的混合气体称为“干洁大气”，即干燥清洁的空气。干洁大气的组成包括的主要成分是氮、氧、氩三种气体，占大气总体积的 99.99%（体积分数），加上二氧化碳后，则占大气总体积的 99.996%（体积分数）。次要成分主要是稀有气体，还有微量的有毒气体（NO、NO_2、O_3、CO、SO_2、H_2S）。这些有毒气体的天然本底值一般小于百万分之一。在 90km 以下的大气层中，空气密度是随高度的增加而减小的，但大气中的主要成分的组成比例却几乎没有变化。这层“干洁大气”的组成如表 2-1 所示。

表 2-1　干洁大气的组成

成　分	相对分子质量	体积分数/%	成　分	相对分子质量	体积分数/%
氮(N_2)	28.01	78.09	甲烷(CH_4)	16.04	1.5×10^{-4}
氧(O_2)	32.00	20.95	氪(Kr)	83.80	1.0×10^{-4}
氩(Ar)	39.94	0.93	一氧化二氮(N_2O)	44.01	0.5×10^{-4}
二氧化碳(CO_2)	44.01	0.03	氢(H_2)	2.016	0.5×10^{-4}
氖(Ne)	20.18	18×10^{-4}	氙(Xe)	131.30	0.08×10^{-4}
氦(He)	4.003	5.3×10^{-4}	臭氧(O_3)	48.00	$(0.01\sim0.04)\times10^{-4}$

由于空气的垂直运动、水平运动以及分子扩散，使得干洁空气的组分比例直到距地面 90～100km 的高度还基本保持不变，因此可将其视为大气中的恒定组分。其主要原因是氮气和稀有气体的性质不活泼，而自然界中由于燃烧、氧化、岩石风化、呼吸、有机物腐解所消耗的氧基本上又由植物光合作用释放的氧所补偿。

大气中的水汽含量随时间、地域、气象条件的不同而变化。水汽在干旱地区可低到0.02%，而在温湿地带可高达6%。大气中的水汽含量虽然不大，但对天气变化却起着重要的作用，因而也是大气中的重要组分之一。

悬浮微粒是指由于自然因素而生成的颗粒物，如岩石的风化、火山爆发、宇宙落物以及海水溅沫等。无论是悬浮微粒的含量、种类，还是化学成分都是变化的。

根据上述组分含量可以很容易地判定大气中的外来污染物。若大气中某个组分的含量远远超过上述标准含量时，或自然大气中本来不存在的物质在大气中出现时，即可判定它们是大气的外来污染物。在上述各个组分中，一般不把水分含量的变化视为外来污染物。

二、大气层的结构

大气层的结构是指气象要素的垂直分布情况，如气压、气温、大气密度和大气组成等，其厚度大约为1×10^4km。由于受地心引力的作用，大气层中的大气分布是不均匀的，海平面上的大气最稠密，近地层的大气密度随高度增加而迅速变小，大气气温也随其与地面的垂直高度变化而改变。

根据1962年世界气象组织（WMO）执行委员会正式通过国际大地测量和物理联合会（IUGG）所建议的分层系统，即根据大气温度随高度垂直变化的特征，将大气层分为对流层、平流层、中间层、热层和逸散层。

1. 对流层

对流层是大气的最底层，它的厚度随纬度和季节而变化。在赤道附近，对流层厚度为16～18km；在中纬度地区，对流层厚度为10～12km；在两极附近，对流层厚度为8～9km。而且对流层厚度，夏季较厚，冬季较薄。对流层的特点有如下几条。

① 对流层中，底层的空气受热不均匀时，因气团受热膨胀上升、冷却收缩下沉的原因，出现气体的对流运动。对流强烈时，气体垂直上升速度可以达到30～40m/s。这样，可以使对流层上下的空气发生交换。这样的对流运动使污染源排放到大气中的污染物可以传输到远方，而且由于分散作用，使污染物的浓度下降。

② 气温随垂直高度的增大而降低，大约每上升100m，温度下降0.65℃。

③ 对流层平均厚度为10～12km，仅为大气层厚度的1%，但其空气密度很大，对流层空气质量为大气层总质量的75%，而且几乎所有的水蒸气都集中在对流层。

④ 对流层受地球表面的影响最大，存在着强烈的垂直对流作用和较大的水平运动。随着空气的上下对流和水平移动，雨、雪、云、雾、雹、霜等主要的天气现象和过程都发生在对流层。在对流层的靠近地面的1～2km的近地层（亦称摩擦层或边界层），由于受地形、生物的影响，局部空气现象更是复杂多变，也是大气污染物活跃的区域。

2. 平流层

平流层是对流层以上到距地面大约50km的大气层。在25km以下的底层，随垂直高度的增大，气温几乎保持不变，称作等温层。从25km高度开始，随垂直高度的增大，气温逐渐升高，到平流顶层，温度可接近273.15K，称作逆温层。在高约15～35km的范围内，有厚约20km的一层臭氧层。在离地表20～30km处，臭氧的浓度最大。平流层的特点有如下几条。

① 在平流层内，由于存在上热下冷，使上部气体的密度小于下部气体的密度，空气垂直对流运动很小，只能随地球自转而产生平流运动。

② 由于臭氧层能强烈地吸收太阳紫外辐射而分解为氧原子和氧分子，而当它们重新化

合为臭氧分子时，又释放出大量的热能，使平流层上部的大气温度明显上升。同时，臭氧层吸收了危害生命的大部分太阳紫外辐射，充当了地球生命的保护伞。

③ 进入平流层的污染物扩散速率较慢，停留时间较长，有的可达数十年。污染物会因平流运动在大气圈内形成一层薄层，使污染物蔓延分布在全球。

④ 没有对流层中的那些云、雨、风暴等天气现象，大气透明度好、气流稳定，现代超音速飞机多在平流层底部飞行。

3. 中间层

中间层是平流层顶以上距地面约 80km 高度的一层。其显著特点是气温随高度的增加而降低，在中间层顶部温度可降到 190.15～160.15K。这种温度分布下高上低的特点，使得中间层空气有强烈的垂直对流运动，垂直混合明显。在 60km 高度以上，受阳光照射，大气分子开始解离。

4. 热层

热层（又称暖层）是中间层顶以上距地球表面大约 800km 高度的一层。该层的下部主要由分子氮所组成，而上部是由原子氧所组成。由于太阳和宇宙射线的作用，热层中大气的垂直温度分布特征与平流层相似，其温度随高度增加而急剧上升，顶部可达到 1000K 以上。同时热层中的气体分子大都被解离，存在着大量的离子和电子，故热层也称为解离层。解离层能将地面发射的无线电波返回地面，对全球的无线电通信具有重要意义。

5. 逸散层

逸散层距地面在 800km 以上，是大气层的最外层，也称为外层。因为其远离地面，空气极为稀薄，气温高，气体分子受地球引力极小，因而大气质点会不断地向星际空间逃逸。逸散层也是从大气层逐步过渡到星际空间的一层，可以看作地球大气与外太空的交界区域。

三、大气温度层结

由于地球旋转作用以及距地面不同高度的各层次大气对太阳辐射吸收程度的差异，使得描述大气状态的温度等气象要素在垂直方向上呈不均匀的分布。人们通常把静大气的温度在垂直方向上的分布，称为大气温度层结，如图 2-1 所示。图中纵坐标用高度 Z 表示，横坐标以温度 T 表示，大气温度随高度的变化形状就像字母“W”向右倒的样子，即“⋞”。

1. 气温垂直递减率

气温随高度的变化特征可以用气温垂直递减率（Γ）来表示，它系指单位高差（通常取 100m）气温变化的负值。通常用下式表示：

$$\Gamma=-\frac{\mathrm{d}T}{\mathrm{d}Z} \tag{2-1}$$

式中　T——热力学温度，K；

　　　Z——高度，m。

若气温随高度增加是递减的，则 Γ 为正值，反之，Γ 为负值。

式(2-1) 可以表征大气的温度层结。在对流层中，平均来说$\frac{\mathrm{d}T}{\mathrm{d}Z}<0$，且 $\Gamma=0.6\mathrm{K}/100\mathrm{m}$，即每升高 100m，气温降低 0.6℃。

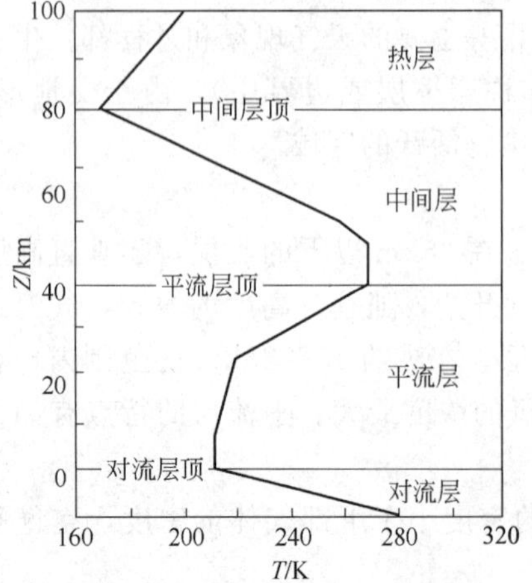

图 2-1　大气温度的垂直分布

2. 辐射逆温层

地球表面因接受来自太阳的辐射而升温，也可因向空中辐射而冷却。太阳向地球表面的辐射主要是短波辐射，而地面向空中的辐射则主要是长波辐射。大气吸收短波辐射的能力很弱，而吸收长波辐射的能力却很强。因此，在大气边界层内，空气温度的变化主要是受地表长波辐射的影响。近地层空气温度随着地面温度的升高而逐渐升高，而且是自下而上的升高；反之，近地层空气温度随着地表温度的降低而逐渐降低，也是自下而上的降低。

在对流层中，气温一般是随着高度增加而降低的，即 $\Gamma>0$，称为递减层结。但在一定条件下也会出现反常现象，这可由垂直递减率（Γ）的变化情况来判断。当 $\Gamma=0$ 时，称为等温气层；当 $\Gamma<0$ 时，称为逆温气层。逆温现象经常发生在较低气层中，这时气层稳定性特别强，对于大气垂直运动的发展起着阻碍作用。

逆温形成的过程是多种多样的。根据形成过程的不同，逆温可分为近地面层逆温和自由大气逆温两种。近地面层逆温又可分为辐射逆温、平流逆温、融雪逆温和地形逆温等；自由大气逆温可分为湍流逆温、下沉逆温和锋面逆温等。与大气污染关系密切的是辐射逆温。

地面因强烈的有效辐射而很快冷却，近地面气层冷却最为强烈，较高的气层冷却较慢，因而形成了自地面开始逐渐向上发展的逆温层，称为辐射逆温。辐射逆温最可能发生在夜间的静止空气，此时地球不再接受太阳辐射，近地面空气比高层空气先冷却，而高层空气保持温暖，密度小。逆温不利于空气对流，因而不利于污染物的扩散，使污染物滞留在局地，造成局地大气污染物的集聚。图 2-2 表示在一昼夜间辐射逆温从生成到消失的过程。图 2-2(a) 是下午时递减温度层结；图 2-2(b) 是日落前 1h 逆温开始生成的情况；随着地面辐射的增强，地面迅速冷却，使近地面气层由下而上温度降低，且离地越近，冷却越强。沿高度方向冷却作用逐渐减弱形成辐射逆温。逆温逐渐向上发展，黎明时达到最强［见图 2-2(c)］；日出后太阳辐射逐渐增强，地面逐渐升温，空气也随之自下而上升温，逆温也自下而上逐渐消失［见图 2-2(d)］；大约在上午 10 时左右逆温层完全消失［见图 2-2(e)］。

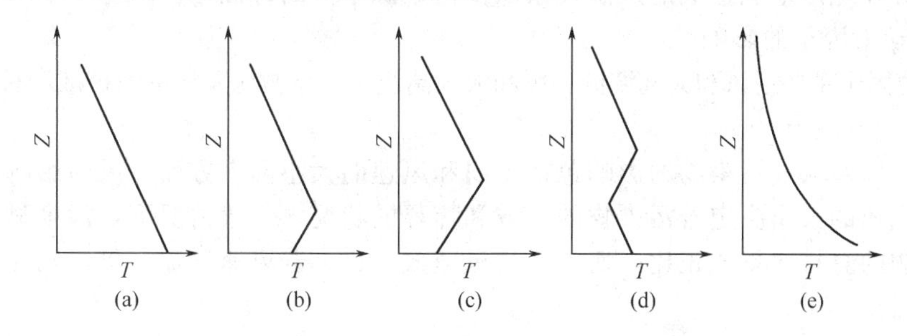

图 2-2　一昼夜间辐射逆温的生成至消失的过程

辐射逆温层多发生在距地面 100～150m 高度内。最有利于辐射逆温发展的条件是平静而晴朗的夜晚，有云和有风都能减弱逆温。如风速超过 2～3m/s 时，辐射逆温就不易形成了。

3. 气块的绝热过程

在大气中取一个微小容积的气块，称为空气微团，简称气块。假设它与周围的环境间没有发生热量交换，那么它的状态变化过程就可以认为是绝热过程。由污染源排入大气的污染气体，也可视为一个气块来研究。

固定质量的气块所经历的不发生水相变化的过程，通常称为干过程。不发生水相变化，即指气块内部既不出现液态水又不出现固态水。固定质量的气块在干过程中其内部的总质量

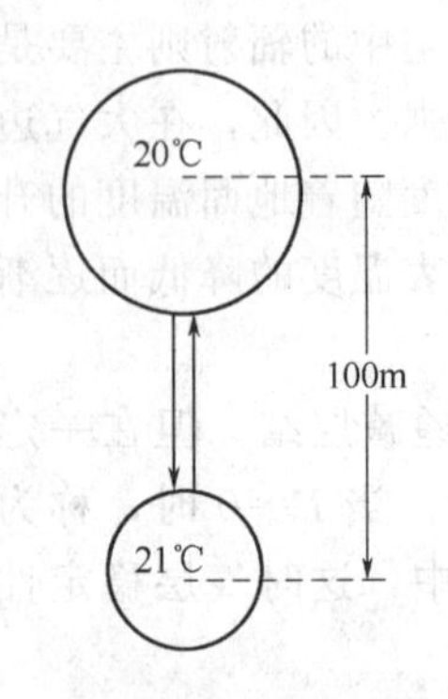

图 2-3　干空气微团升降时的绝热

不变，它也是一个绝热过程，因而也称为干绝热过程，这是一种可逆的绝热过程。干气块在绝热上升过程中，由于外界压力减小而膨胀，就要抵抗外界压强而做功，这个功只能依靠消耗本身的内能来完成，因而气块温度降低。相反，当这干空气从高处绝热下降时，由于外界压强增大，就要对其压缩而做功，这个功便转化为这块空气的内能，因而气块温度升高。气体在干绝热过程中，其温度随高度的变化称为干绝热垂直递减率，用 n 表示。根据理论推导，$\Gamma_d=0.98$℃/100m≈1℃/100m（见图 2-3）。

四、大气稳定度

大气稳定度是指在垂直方向上大气的稳定趋势，它与风速及空气温度随高度的变化有关。当大气中有一气块，由于某种原因受到外力的作用产生了上升或下降的垂直位移。当此外力消失后，该气块继续运动的趋势将存在三种情况：一是气块减速并有返回原来高度的趋势，则称这种大气是稳定的；二是气块仍按原方向加速运动，称这种大气是不稳定的；三是气块被外力推到哪里就停到哪里或做等速运动，称这种大气是中性的。

气块在大气中的稳定度与大气垂直递减率和干绝热垂直递减率两者有关。当 $\Gamma>\Gamma_d$时，大气不稳定；当 $\Gamma=\Gamma_d$时，大气为中性；当 $\Gamma<\Gamma_d$时，大气为稳定结构。一般地，大气温度垂直递减率越大，气块越不稳定；反之，气块就越稳定。如果垂直递减率很小甚至形成等温或逆温状态，这时对大气垂直对流运动形成巨大障碍，地面气流不易上升，使地面污染源排放出来的污染物难以借气流上升而扩散。

五、影响大气污染物迁移的因素

大气污染物在大气中迁移时受到多种因素的影响，主要有气象动力因子（如风和湍流）、由于天气形势和地形地貌造成的逆温现象以及污染源本身的特性等。

1. 气象动力因子的影响

气象动力因子主要指风和大气湍流。风和大气湍流对污染物在大气中的扩散和稀释起着决定性作用。

(1) 风　风对大气污染物的影响包括风向和风速的大小两个方面，风向影响污染物的扩散方向，而风速的大小决定着污染物的扩散和稀释的状况。一般情况下，污染物在大气中的浓度与污染物的总排放量成正比，而与平均风速成反比，若风速增加一倍，则在下风向污染物的浓度将减少一半。

(2) 大气湍流　大气湍流是指大气以不同的尺度做无规则运动的流体状态。风速的脉动和风向的摆动就是湍流作用的结果。风速有大小，具有阵发性，并在主导风向上还会出现上下左右无规则的阵发性搅动。污染物进入大气后，除随风做整体漂移外，湍流的混合作用不断将新鲜空气卷入污染烟气中，或将烟气卷入新鲜空气中，使污染物分散稀释。大气污染物的扩散主要是靠大气湍流作用。风速越大，湍流越强，污染物的扩散速率就越快，污染物的浓度就越低。

湍流尺度的大小对污染物的扩散、稀释有很大影响。当湍流的尺度比烟团的尺度小时，烟团向下风向移动，并进行缓慢的扩散，如图 2-4(a) 所示。当烟团被大尺度的大气湍流夹带时，烟团处于比它尺度大的大气湍流作用下的扩散状态，其本身截面尺度变化不大，如图 2-4(b) 所示。当湍流的尺度有大有小时，因为烟团同时受到多种尺度的湍流作用，烟团容易被湍流拉开、撕裂，烟团能很快扩散，如图 2-4(c) 所示。

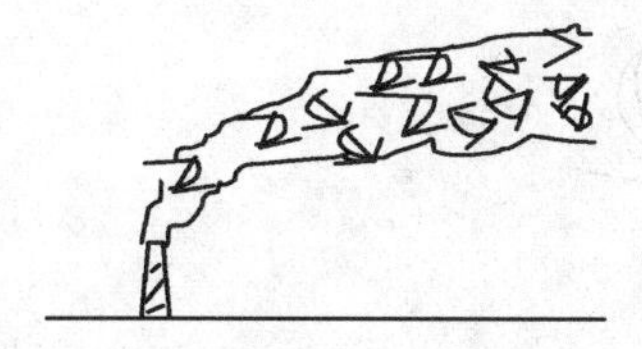
(a) 小尺度湍流作用下的烟云扩散

(b) 大尺度湍流作用下的烟云扩散

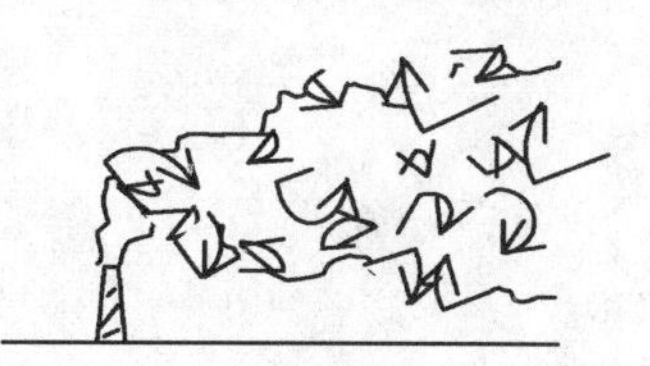
(c) 复合尺度湍流作用下的烟云扩散

图 2-4　不同尺度湍流时烟云扩散状态

2. 天气形势和地形地貌的影响

天气形势是指大范围气压分布的状况。局部地区的气象条件总是受天气形势的影响，因而局部地区大气污染物的扩散条件与大气的天气形势是互相联系的。不利的天气形势和地形特征结合在一起常使大气污染程度加重。例如，由于大气压分布不均，在高压区里存在着下沉气流，由此使气温绝热上升，于是形成上热下冷的逆温现象，这种逆温称下沉逆温。它具有持续时间长、分布广等特点，使从污染源排放出来的污染物长时间地积累在逆温层中而不能扩散。世界上一些较大的大气污染事件大多是在这种天气形势下形成的。

因地形地貌不同，从污染源排出的污染物的危害程度也不同。如高层建筑等体形大的建筑物背风区风速下降，在局部地区产生涡流，这样就阻碍了污染物的迅速排走，而使其停滞在某一地区内，从而加重污染。

地形地貌的差异，往往形成局部空气环流，对当地的大气污染起显著作用。典型的局部空气环流有海陆风、山谷风和城市热岛效应等。

(1) 海陆风　海陆风是海洋或湖泊沿岸常见的现象，是海风（或湖风）和陆风的总称。在白天，由于地表受太阳辐射后，陆地升温比海面快，陆地上的大气气温高于海面上的大气气温，产生了海陆大气之间的温度差、气压差。使低空大气由海洋流向陆地，形成海风，而高空大气从陆地流向海洋，它们同陆地上的上升气流和海洋上的下降气流一起形成了海陆风局地环流，如图 2-5 所示。

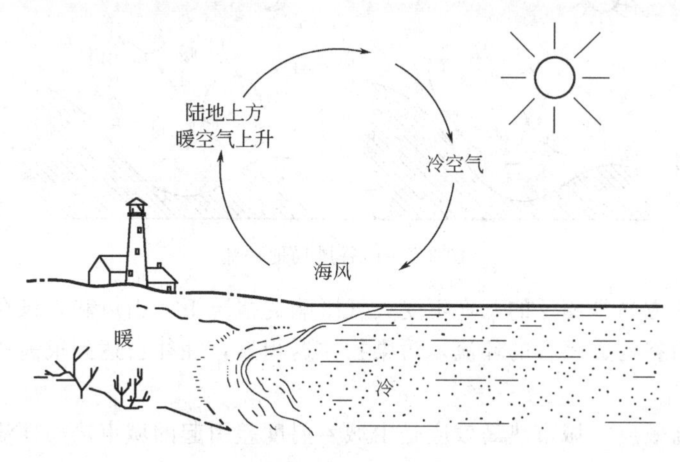

图 2-5　白天的海风

到了夜间，地表散热降温比海面快，在海陆之间产生了与白天相反的温度差、气压差。这使低空大气从陆地流向海洋，形成陆风，高空大气则从海洋流向陆地，它们与陆地下降气流和海面上升气流一起构成了海陆风局地环流，如图 2-6 所示。海陆风是以 24h 为周期的一种大气局地环流。

由上可知，建在海边排出污染物的工厂，必须考虑海陆风的影响，因为有可能出现在夜间随陆风吹到海面上的污染物，在白天又随海风吹回来，或者进入海陆风局地环流中，使污

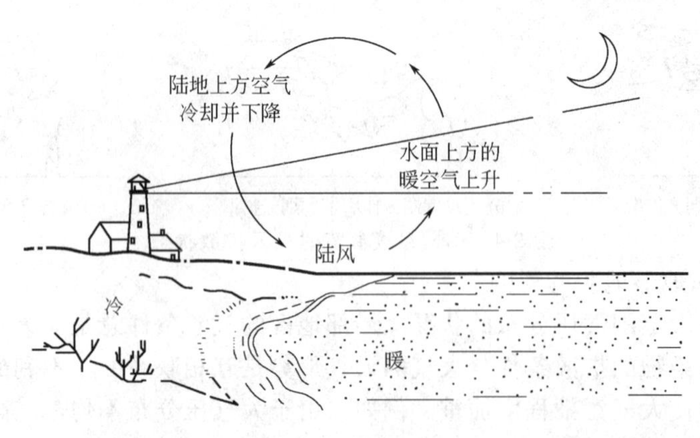

图 2-6 夜晚的陆风

染物不能充分地扩散稀释而造成严重的污染。

在江河湖泊的水陆交界地带也会产生水陆风局地环流，称为水陆风，但水陆风的活动范围和强度比海陆风要小。

（2）山谷风 山谷风是山区常见的现象，是山风和谷风的总称。它主要是由于山坡和谷地受热不均匀而产生的。在白天，太阳首先照射到山坡上，使山坡上大气比谷地上同高度的大气温度高，形成了由谷地吹向山坡的风，称为谷风。在高空，大气则由山坡流向山谷，它们同山坡上升气流和谷地下降气流一起形成了山谷风局地环流。在夜间，山坡和山顶比谷地冷却得快，使山坡和山顶的冷空气顺山坡下滑到谷底，形成山风。在高空，大气则从山谷流向山顶，它们同山坡下降气流和谷地上升气流一起构成了山谷风局地环流，如图 2-7 所示。

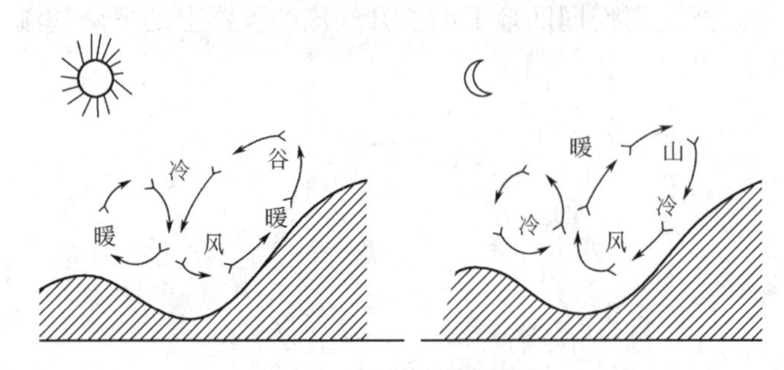

图 2-7 山谷风局地环流

山风和谷风的方向是相反的，在不受大气影响的情况下，山风和谷风在一定时间内进行转换，这样就在山谷构成闭合的环流，污染物往返积累，往往会达到很高的浓度，造成严重的大气污染。

（3）城市热岛效应 城市热岛效应是由城乡温度差引起的城市热岛环流或城郊风。产生城乡温度差异的主要原因是：城市工业集中、人口密集；城市热源和地面覆盖物（如建筑、水泥路面等）热容量大，白天吸收太阳辐射热，夜间放热缓慢，使低层空气冷却变缓，与郊区形成显著的差异。这种导致城市比周围地区热的现象称为城市热岛效应。

由于城市温度经常比郊区高，气压比郊区低，所以在晴朗平稳的天气下可以形成一种从周围郊区吹向城市的特殊的局地风，称为城郊风。这种风在市区汇合就会产生上升气流，如图 2-8 所示。因此，若城市周围有较多产生污染物的工厂，就会使污染物在夜间向市中心输送，造成严重污染，尤其是夜间城市上空有逆温存在时。

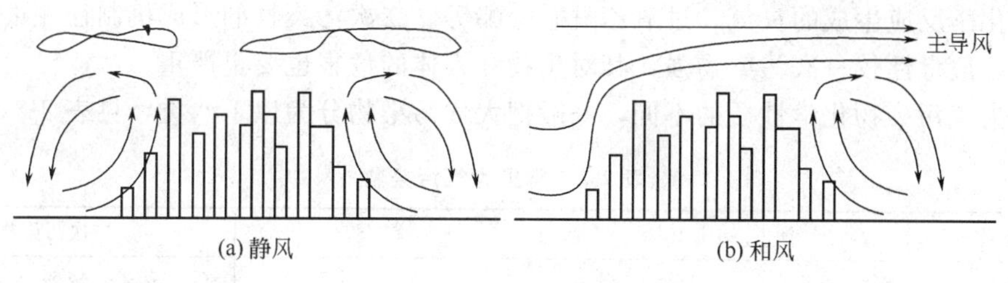

图 2-8 城市热岛环流

第二节 大气污染及其影响和危害

一、大气污染和大气污染物

1. 大气污染

大气污染是指由于人类活动或自然过程，改变了大气层中某些原有成分或增加了某些有毒有害物质，致使大气质量恶化，影响原来有利的生态平衡体系，严重威胁着人体健康和正常工农业生产，对建筑物和设备财产等造成损坏，这种现象称为大气污染，也称空气污染。在这一领域中，“空气”和“大气”常混用。但“大气”的范围比“空气”的范围大得多。通常，将近地面或低层大气的污染称为“空气污染”，高层大气及对流层的污染称为“大气污染”。狭义地也有将室外空气污染称为大气污染，室内空气污染称为空气污染，如室内、车间内、矿井内以及飞机内、车船内等的空气污染。

大气污染所波及的范围很广，按照大气污染的影响可以分为局部性污染、地方性污染、广域性污染和全球性污染。

① 局部性污染是指污染范围局限在污染源排出的局部区域，如某个工厂烟囱排出废气造成的影响；

② 地方性污染是指污染范围仅在有限的范围内，如一个工业区、一个城镇及其附近地区或整个城市大气受到污染；

③ 广域性污染是指污染范围扩展到较为广阔的地区，如大工业城市及附近地区，对于国土范围较小的国家，污染影响有时可波及数国；

④ 全球性污染则是指严重的大气污染，造成全球性的大气污染，如矿物燃料燃烧的二氧化碳和颗粒飘尘，可能造成全球性大气污染，受到世界各国的关注。

此分类方法中所涉及的范围是相对的，没有具体标准。如大工业城市及其附近地区的污染是地区性污染，但同样的污染情况对某些小国家来说可能产生国与国之间的广域性污染。

2. 大气污染物

(1) 一次污染物和二次污染物　大气污染物的种类很多，并且因污染源不同而有差异。在我国大气环境中，具有普遍影响的污染物，其最主要的来源是燃料燃烧。根据污染物的性质，可将大气污染物分为一次污染物与二次污染物。一次污染物是从污染源直接排入大气的污染物，它可分为反应性物质和非反应性物质。前者不稳定，还可与大气中的其他物质发生化学反应；后者比较稳定，在大气中不与其他物质发生反应或反应速率缓慢。二次污染物又称继发性污染物，是排入环境中的一次污染物在大气环境中经物理、化学或生物因素作用下发生变化或与环境中其他物质发生反应，转化而成的与一次污染物物理、化学性状不同的新污染物。如二氧化硫在大气中被氧化成硫酸盐气溶胶，汽车尾气中的一氧化氮、烃类化合物等发生光化学反应生成的臭氧、过氧乙酰硝酸酯等。二次污染物的形成机制往往很复杂，二次污染物一般毒性较一次污染物强，其对生物和人体的危害也要更严重。

根据大气污染物化学性质的不同，一般把大气污染物分为以下八类，见表 2-2。

表 2-2 常见大气污染物

污染物	一次污染物	二次污染物
含硫氧化物	SO_2、H_2S	SO_3、H_2SO_4、硫酸盐、硫酸酸雾
氮氧化合物	NO、NH_3	N_2O、NO_2、硝酸盐、硝酸酸雾
碳氧化合物	CO、CO_2	
烃类化合物	C_1～C_5 化合物、CH_4 等	醛、酮、过氧乙酰硝酸酯
卤素及其化合物	F_2、HF、Cl_2、HCl、$CFCl_3$、CF_2Cl_2、氟里昂等	
氧化剂	—	O_3、自由基、过氧化物
颗粒物	煤尘、粉尘、重金属微粒、烟、雾、石棉、气溶胶、纤维、多环芳烃等	
放射性物质	铀、钍、镭等	

对于局部地区特定污染源排放的其他危害较重的大气污染物，可作为该地区的主要大气污染物。

（2）挥发性有机污染物　近年来，大气中挥发性有机污染物对环境的影响日益引起人们的重视。挥发性有机污染物是具有高蒸气压和低水溶性的一类有机化合物，简称为 VOCs（volatile organic compounds），一般来说是指室温下饱和蒸气压超过了 133.32Pa 的有机物，其沸点在 50～260℃之间，在常温下有部分以水蒸气的形式存在于空气中，它的毒性、刺激性、致癌性和特殊的气味会影响皮肤和黏膜，对人体产生急性损害。一般条件下根据有机污染物的挥发速率可将有机污染物分为四类：极易挥发性有机物（VVOCs）、挥发性有机物（VOCs）、半挥发性有机物（SVOCs）和与颗粒或颗粒有机物有关的有机物（POM）。挥发性有机污染物包括挥发性的醚类、酮类、硝基类有机物、卤化有机化合物、烃类等。半挥发性有机物包括有机氯农药、PCBs、有机磷农药、多环芳烃类、氯苯类、硝基苯类、苯胺类、苯酚类等。由于它们一般都有毒性而且具有挥发性，因此，它们不仅会破坏水生生态环境，而且还会给大气环境造成一定的危害。

空气中挥发性有机污染物的种类繁多，来源广泛，主要来自以下四方面。

① 建筑装饰产生的 VOCs　装饰材料中除了本身释放出有机污染物外，还含有因建筑装修需要而加入的作为添加剂使用的许多有机化合物，在常温下即可向室内释放 VOCs，使室内挥发性有机污染加剧。这些材料主要有涂料、涂料溶剂、木材防腐剂、胶合板等。办公用品、生活用品也是 VOCs 的重要来源，越来越受到人们的关注。

② 人类活动产生的 VOCs　人类吸烟同样是 VOCs 的一个重要来源，专家测定了香烟烟雾中的挥发性有机物，共检出 78 种，这些挥发性有机污染物主要是低相对分子质量有机物。此外，人类自身的新陈代谢也是室内 VOCs 的一个来源，微生物也可产生多种 VOCs。日常生活中使用的清洁剂、化妆品和洗涤剂以及烹饪过程等都会释放出挥发性有机污染物。

③ 室外来源　汽车尾气、工业污染物的释放和燃料的燃烧都能产生许多 VOCs，它们进入室内造成室内 VOCs 的污染。由燃油汽车引起的室内空气污染主要是产生少量的橡胶基质和较多的烷烃及烷基苯。另外，意外失火也可产生大量的 VOCs。

④ 生产活动产生的 VOCs　这些污染物来源于印染、制药、农药生产、化工等企业排

放的废水。

常见的挥发性有机化合物包括以下几类。

① 苯系物　苯系物通常包括苯、甲苯、乙苯、邻二甲苯、间二甲苯、对二甲苯、异丙苯、苯乙烯八种化合物。除苯是已知的致癌物以外，其余七种化合物对人体和水生生物均有不同程度的毒性。苯系物的工业污染主要来自石油、化工、炼焦生产的废水。同时，苯系物作为重要溶剂和生产原料有着广泛的应用，在涂料、农药、医药、有机化工等行业的废水中也含有较高含量的苯系物。

② 挥发性卤代烃　挥发性卤代烃主要指三卤甲烷（即三氯甲烷、一溴二氯甲烷、二溴一氯甲烷及三溴甲烷）及四氯甲烷等挥发性卤代烃。挥发性卤代烃广泛用于化工、医药及实验室，其废水排入环境，污染水体。这些化合物沸点较低，易挥发，微溶于水，易溶于醇、苯、醚及石油醚等有机溶剂。各种卤代烃均有特殊气味并具有毒性，可通过皮肤接触、呼吸及饮水进入人体。

③ 氯苯类化合物　氯苯类化合物的物理化学性质稳定，不易分解，在水中的溶解度很小，易溶于有机溶剂中。这类化合物具有强烈气味，对人体的皮肤、结膜和呼吸器官产生刺激。进入人体内有蓄积作用，抑制神经中枢，严重中毒时，会损害肝脏和肾脏。氯苯类化合物的主要污染来源是染料、制药、农药、涂料和有机合成等工业排放的废水。

④ 邻苯二甲酸酯类　邻苯二甲酸酯类又称钛酸酯。一般为无色透明的油状液体，难溶于水，易溶于甲醇、乙醇、乙醚等有机溶剂。可通过呼吸、饮食和皮肤接触直接进入人和动物体内，其毒性随着分子中醇基碳原子数的增加而减弱。工业上，钛酸酯类主要用作塑料制品的改良性添加剂（增塑剂）。随着工业生产的发展及塑料制品的大量使用，钛酸酯已成为全球最普遍的一类污染物。我国优先污染物黑名单中包括邻苯二甲酸二甲酯、邻苯二甲酸二正丁酯和邻苯二甲酸二辛酯。

⑤ 有机氯农药　如六六六、滴滴涕（DDT）等物理化学性质稳定，不易分解，残留期长，难溶于水，易溶于脂肪，并易在生物体中蓄积。有机氯农药及其降解产物对水环境污染十分严重。

⑥ 有机磷农药　有机磷农药的特点是毒性剧烈，但在环境中较易分解，在水体中会随温度、pH 值的增高、微生物的数量、光照等增加而加快降解速率。因此，有机磷农药成为农药中品种最多、使用范围最广的杀虫剂。有机磷农药对人、畜毒性较大，易发生急性中毒，有些品种在环境中仍有一定的残留期。有机磷农药生产厂排放的废水常含有较高浓度的有机磷农药原体和中间产物、降解产物等，当排入水体或渗入地下后，极易造成环境污染。

⑦ 丙烯腈和三氯乙醛　丙烯腈蒸气毒性极大，可抑制细胞呼吸酶作用，为已知致癌物，毒性与氰化物类似。它可由皮肤吸收，并可能伴随氰化物在组织内形成。三氯乙醛是生产某些农药、医药和其他有机合成品的原料，主要存在于农药厂排放的污水中。它影响植物细胞的正常分裂，使植物生长畸形，尤其对小麦等农作物的危害最为严重。人类饮用受三氯乙醛轻度污染的水后，中枢神经系统会受到抑制作用，出现嗜睡、乏力等症状。

⑧ 稠环芳烃（PAHs）　稠环芳烃是石油、煤等燃料及木材、可燃气体在不完全燃烧或在高温处理条件下所产生的，稠环芳烃是环境中重要的致癌物质之一。已证实，在稠环芳烃化合物中许多种类均具有致癌或致突变作用。如接触含稠环芳烃较多的煤焦油和沥青的作业工人，可发生职业性致癌。致癌物中有蒽、苯并蒽、二苯并蒽、二苯并芘等，还有多种是属于助促癌剂如荧蒽、芘、苯并芘等。

⑨ 二噁英类　多氯代二苯并-对二噁英（PCDDs）和多氯代二苯并呋喃（PCDFs）通常

被称为二噁英类化合物。它们都是三环氯代芳香化合物，侧位（2,3,7,8-位）被氯取代的那些化合物具有很强的毒性，其中2,3,7,8-四氯代二苯并噁英（TCDD）是目前已发现的最毒的有机化合物之一。二噁英类化合物有很强的致癌、致畸、致突变效应和生殖毒性，已被列入干扰内分泌的环境激素类物质。

⑩ 多氯联苯　多氯联苯（PCBs）是一组化学稳定性极高的氯代烃类化合物。由于其在环境中不易降解，其进入生物体内也相当稳定，故一旦通过食物链富集而侵入机体就不易排泄，而易聚集在脂肪组织、肝和脑中，引起皮肤和肝脏损害。

⑪ 有机锡化合物　有机锡化合物的通式为 R_xSnX ($x<4$)，R 为烷基或苯基，X 可以是其他官能团如卤族元素等。它主要作为添加剂而存在于农药、船体外涂料、PVC 塑料稳定剂等商品中，其中三丁基锡来源于由船体外涂料释放的 TBT 及其降解的中间体 DBT（二丁基锡）与 MBT（单丁基锡），其中 TBT 和 TPHT（氢氧化三苯烯）对许多水生生物有毒害作用，对贝类的毒性强而且可以蓄积在鱼、贝类等生物体中，通过食物链对人类的健康产生影响。

挥发性有机污染物与人类健康密切相关，一般对人体危害较大的室内常见的 VOCs 有芳香烃（苯、甲苯、二甲苯、正丙基苯、1,2,4-三甲基苯、联苯、间二甲苯/对二甲苯、苯乙烯）、脂肪烃（环己烷、甲基环戊烷、己烷、辛烷等）、卤代烃、含氧烃（吡啶、甲基吡啶、尼古丁）、萜烃、醇、醛、酮和酯等。室内挥发性有机污染物对人体的污染基本可分为三种主要类型：气体和其他感觉效应（如刺激作用）、黏膜刺激和其他系统毒性导致的病变、基因毒性和致癌性。

研究表明暴露在高浓度挥发性有机污染物的工作环境中可导致人体的中枢神经系统、肝、肾和血液中毒，个别过敏者即使在低浓度下也会有严重反应，通常情况下表现的症状有：眼睛不适，感到赤热、干燥，沙眼、流泪；喉部不适，感到咽喉干燥；呼吸困难、气喘、支气管哮喘；头疼、难以集中精神、眩晕、疲倦、烦躁等。

二、大气污染的影响及其危害

根据污染物的来源、性质、浓度和持续的时间不同以及污染地区的气象条件、地理环境因素的差别等，大气污染对人体健康将产生不同的危害。从规模上分类，可分为微观、中型和宏观三种。如放射性建筑材料的自然辐射所引起的室内大气污染属于微观空气污染；工业生产及汽车排放所引起的室外周围大气污染属于中型大气污染；大气污染物远距离传输及对全球的影响属于宏观大气污染（如酸雨）。大气污染对人体健康影响较大的污染物有颗粒物、二氧化硫、一氧化碳和臭氧等。大气污染是当前世界最主要的环境问题之一，其对人类健康、工农业生产、动植物生长、社会财产和全球环境等都会造成很大的危害。

1. 大气污染对人体健康的危害

大气污染对人体健康的影响，一般可分为以下几种情况。

(1) 急性危害　人在高浓度污染物的空气中暴露一段时间后，马上就会引起中毒或者其他一些病状，这就是急性危害。最典型的是1952年12月伦敦烟雾事件和1984年12月的印度帕尔毒气泄漏事件。

(2) 慢性危害　慢性危害就是人在低浓度污染物中长期暴露，污染物危害的累积效应使人发生病状。由于慢性危害具有潜在性，往往不会立即引起人们的警觉，但一经发作，就会因影响面大、危害深而一发不可收拾。慢性危害一般可采取相应的防护措施减少其危害性。

例如，粒径在10μm以下的悬浮颗粒物——飘尘，经过呼吸道很容易沉积于肺泡上，其沉积量与人的呼吸量和呼吸次数紧密相关。沉积在肺部的污染物如被溶解，就会直接侵入血液，造成血液中毒；未被溶解的污染物有可能被细胞所吸收，造成细胞破坏，侵入肺组织或淋巴结可引起尘肺。尘肺的种类很多，它因所积的粉尘种类不同而异。人们如长期生活、工作在低浓度污染的空气中，就会导致慢性疾病率升高。如煤矿工人吸入煤灰、玻璃厂或石粉加工工人吸入硅酸盐粉尘、石棉工人吸入石棉导致肺沉埃沉着病。

颗粒物对人体健康的危害，有两个最重要的因素：一是化学成分，二是粒度。粒度不同，危害也不相同，如 0.5～5μm 的粒子可直接进入肺泡并在肺内沉积，其危害最大。

大气污染物侵入人体的途径有：通过呼吸道进入人体；通过饮食进入人体；通过皮肤毛孔进入人体。如图 2-9 所示。

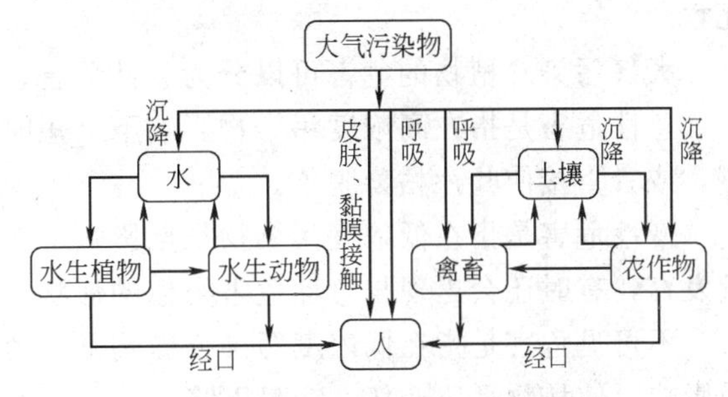

图 2-9　大气污染物侵入人体的途径

其中，以通过呼吸道进入人体危害最大。因为人们每时每刻都要呼吸空气，一般成人一天需要 13～15kg（10～12m^3）空气，相当于每天所需食物质量的 10 倍，饮水量的 5～6 倍；此外，肺泡表面积很大，毛细血管丰富，与气体交换功能强；再有，整个呼吸道富有水分，对有害物质黏附、溶解、吸收能力大，感受性强。大气中污染物种类很多，不同的污染物对人体健康所造成的危害程度、表现病状也各不相同。

① 颗粒物的吸入及滞留　呼吸系统主要由上呼吸道器官（鼻、咽、喉、气管）及下呼吸道器官（支气管及肺）所组成。空气污染物对上呼吸道主要影响嗅觉，且使原先可去痰及捕捉颗粒的纤毛的扫除动作迟钝。肺本身由成串葡萄状的囊（称为肺泡）所组成，其直径大约为 300μm，肺泡壁之间通过毛细管连接。二氧化碳从毛细管壁扩散至肺泡，而氧气则从肺泡扩散出去至红细胞。颗粒物侵入下呼吸道的程度主要受颗粒尺寸和呼吸速率的影响。5～10μm 的颗粒被鼻毛遮蔽，打喷嚏有助于这个遮蔽过程。1～2μm 范围大小的颗粒可侵入肺泡，这些颗粒物不被遮蔽并沉积在上呼吸道。直径 0.5μm 的颗粒，由于沉积速率太小而不能被有效去除，因而这类颗粒将扩散至肺泡壁。

② 硫氧化物　硫氧化物包括二氧化硫、三氧化硫，其对人体健康的主要影响是造成呼吸道内径狭窄，结果使空气进入肺部受到阻碍。浓度高时可使人出现呼吸困难，造成支气管炎和哮喘病，严重者可引起肺气肿，甚至死亡。

③ 一氧化碳　一氧化碳对人体的毒性作用，在于其同血液中血红素反应形成羧基血红素（COHb），血红素对一氧化碳的亲和力比它同氧气的亲和力大得多，大约为 210 倍。因此，人一旦吸入一氧化碳，它就和血红素结合起来，减少了血液载氧能力，使身体细胞得到的氧减少，最初危害中枢神经系统，发生头晕、头痛、恶心等症状，严重时窒息、死亡。

④ 氮氧化物（二氧化氮）　暴露在二氧化氮浓度超过 5μL/L 的空气中 15min，将导致咳嗽及呼吸道疼痛，持续暴露在这样的空气中将造成肺水肿。在烟草燃烧中产生的二氧化氮平均浓度大约为 5μL/L，而大约 0.10μL/L 的二氧化氮浓度，就可使呼吸道疾病加重，并使肺功能衰减。

⑤ 烃类化合物　碳氢两种元素组成的化合物总称为烃。烃类化合物的种类很多，大气中以气态形式存在的烃类化合物的碳原子数一般在 1～10 之间，它们是形成光化学烟雾的主要参与者。光化学反应产生的衍生物——丙烯醛、甲醛等对眼睛都有刺激作用，多环芳烃中

有不少是致癌物质，如苯并［a］芘等。

2. 大气污染对生物的危害

大气污染对农作物、森林、水产及陆地动物都有严重的危害。如因大气污染（以酸雨污染为主）造成我国农业粮食减产面积在 1993 年高达 530 万公顷。每年我国因大气污染、水体污染和固体废物污染造成的粮食减产量高达 120 亿千克。严重的酸雨会使森林衰亡和鱼类死亡。

大气污染对植物的危害可以分为急性危害、慢性危害和不可见危害三种。

急性危害是指在高浓度污染物影响下，短时间内产生的危害。如使植物叶子表面产生伤斑，或者直接使叶片枯萎脱落。

慢性危害是指在低浓度污染物长期影响下产生的危害。如使植物叶片褪绿，影响植物生长发育，有时还会出现与急性危害类似的症状。

不可见危害是指在低浓度污染物影响下，植物外表不出现受害症状，但植物生理机能已受影响，使植物品质变坏，产量下降。

大气污染除对植物的外观和生长发育产生上述直接影响外，还产生间接影响，主要表现为：由于植物生长发育减弱，降低了对病虫害的抵抗能力。

3. 大气污染对材料的影响

大气污染对材料的影响突出表现在对建筑物和暴露在空气中的流体输送管道的腐蚀，如工厂金属建筑物被腐蚀成铁锈，楼房自来水管表面的腐蚀等。大气污染对全球大气环境的影响目前亦已突显出来，如臭氧层消耗、酸雨、全球变暖等。如不及时控制，将对整个地球造成灾难性的危害。大气污染也给一些历史文物、艺术珍品带来不可挽回的损失。

大气污染对材料的影响主要表现为五个机制，分别为磨损、沉积和洗除、直接化学破坏、间接化学破坏以及电化学腐蚀。

大气中较大的固体颗粒在材料表面高速运动会引起材料表面磨损，如沙尘暴、暴风雨中的固体颗粒等。一般大多数大气中污染物的颗粒尺寸或是较小，或是运动速率慢，所以不易造成材料表面的磨损。沉积在材料表面的小液滴和固体颗粒会导致一些纪念碑和建筑物表面的损伤。溶解和氧化反应导致直接化学破坏，通常水为反应介质，如二氧化硫及三氧化硫在有水存在时，与石灰石（$CaCO_3$）反应生成石膏（$CaSO_4 \cdot 2H_2O$）和硫酸钙，而硫酸钙和石膏比碳酸钙易溶于水，易被雨水溶解。

当污染物吸附在材料表面且形成破坏性化合物时，则发生对材料的间接化学破坏。产生的破坏性化合物可能是氧化剂、还原剂或溶剂。这些化合物会破坏材料结构中的化学键，因而具有破坏性。氧化还原反应会使金属材料表面存在局部的化学和物理变化，而这些变化导致金属表面形成微观的阳极和阴极，这些微观电极的电位差的存在，导致电化学腐蚀发生。

三、大气污染物浓度表示法

常用的大气污染物浓度表示法有混合比单位表示法和单位体积内物质的质量表示法。

1. 混合比单位表示法

这是一种用污染物所占样品的体积比或质量比表示污染物浓度的方法，这种浓度表示法主要用于气态污染物，对于大气中低浓度物质是合适的。当表示浓度相对较高的物质时，如源排放的物质浓度时，可直接用百分数表示。

如大气中 O_3 的本底浓度是 $3\times10^{-6}\%$（此浓度等于 0.03μL/L 或 0.03μg/g）；CO_2 的

本底浓度是 $3.30\times10^{-4}\%$。

2. 单位体积内物质的质量浓度表示法

一般对气体常用质量浓度的单位为 mg/m^3 或 $\mu g/m^3$，颗粒物常用质量浓度的单位则为 $\mu g/m^3$ 或个/m^3。

$$x/(mg/m^3)=\frac{污染物的质量(g)}{空气的取样体积(m^3)}\times10^3$$

$$x/(\mu g/m^3)=\frac{污染物的质量(g)}{空气的取样体积(m^3)}\times10^6$$

部分气体检测仪器测得的气体浓度为体积浓度，在大气压为 101325Pa（标准气压）、温度为 25℃（298K）时，质量浓度与体积浓度的换算关系为：

$$mg/m^3=\frac{M}{22.4L/mol}\times10^{-6}$$

其中，22.4L/mol 是 101325Pa、298K 时 1mol 的理想气体的体积（L）；M 是气体的摩尔质量（g/mol）；10^{-6} 为百分体积的空气中所含污染物的体积数。

第三节 大气中重要的光化学反应

污染物在大气中的化学转化，除常规热化学反应外，更多的是与光化学反应有关，即大气污染往往是由光化学反应而引发所致。光化学反应是原子、分子、自由基或离子吸收光子引起的化学变化。对流层大气中进行的化学反应往往是由穿过平流层的太阳辐射所产生的光化学反应为原动力的。大气光化学是大气化学反应的基础。

一、光化学基本定律

光化学第一定律又称 Grotthus-Drapper 定律（1817 年），即只有被体系内分子吸收的光，才能有效地引起该体系的分子发生光化学反应。这一定律虽然是定性的，但却是近代光化学的重要基础。例如，理论上只需 184.5kJ/mol 的能量就可以使 H_2O 分解，这个能量相当于波长为 420nm 的光量子的能量。但是通常情况下 H_2O 并不被光解，因为 H_2O 不吸收波长为 420nm 的光。H_2O 的最大吸收在波长为 5000～8000nm 和波长大于 20000nm 两个频段。可见光和近紫外光都不能使 H_2O 分解。

大气中气体分子的光解往往可以引发许多大气化学反应。气态污染物通常可参与这些反应而发生转化。根据光化学第一定律，首先，只有当激发态分子的能量足够使分子内的化学键断裂时，即光子的能量大于化学键能时，才能引起光化学反应。其次，为使分子产生有效的光化学反应，光还必须被所作用的分子吸收，即分子对某特定波长的光要有特征吸收光谱，才能产生光化学反应。即光化学反应中，旧键的断裂和新键的生成都与光量子的能量有关。

1905 年 Einstein 提出了光化学第二定律。光化学第二定律指出，在光化学的初级过程中，被活化的分子数（或原子数）等于吸收的光量子数，也就是说，分子对光的吸收是单光子过程，即光化学的初级过程是由分子吸收光子开始的。光化学第二定律又称为 Einstein 光化学当量定律。这个定律的基础是电子激发态分子的寿命很短，小于或等于 10^{-8}s。在这样短的时间内，且辐射强度比较弱的情况下，再吸收第二个光子的概率很小。但若光很强，如高能量光子流的激光，即使在如此短的时间内，也可以产生多光子吸收现象，这时光化学第二定律就不适用了。对于大气污染化学而言，反应多数发生在对流层，只涉及太阳光，是符合光化学第二定律的。此定律对激光化学不适用。

根据光能量关系，一个光量子的能量 E 为：

$$E=h\nu=h\frac{C}{\lambda}$$

式中，h 为普朗克常数，6.626×10^{-34}J·s/光量子；C 为光速，2.9980×10^{8}m/s；λ 为波长，Å，1Å$=10^{-10}$m。按照 Einstein 光化学当量定律，活化 1mol 分子就需要吸收 1mol 光量子，其总能量为：

$$E=N_0h\nu=N_0h\frac{C}{\lambda}$$

式中，N_0 为阿伏伽德罗常数，$6.023\times10^{23}\,\text{mol}^{-1}$。

根据 Einstein 公式，1mol 分子吸收的总能量为：

$$E=N_0h\nu=N_0h\frac{C}{\lambda}=\frac{1.196\times10^{-1}\,\text{J}\cdot\text{m}}{\lambda}$$

表 2-3 列出了不同波长的光的能量。若 λ 为 400nm，则 E 为 299.1kJ/mol；若 λ 为 700nm，则 E 为 170.9kJ/mol。由于一般的化学键的键能大于 167.4kJ/mol，所以波长大于 700nm 的光量子不能引起光化学反应（激光等特强光源例外）。

表 2-3 不同波长的光的能量

波长/nm	能量/(kJ/mol)	区域范围	波长/nm	能量/(kJ/mol)	区域范围
100	1196	紫外线	700	170.9	可见光
200	598.2	紫外线	1000	119.6	红外线
300	398.8	紫外线	2000	5 9.8	红外线
400	299.1	可见光	5000	23.9	红外线
500	239.3	可见光	10000	11.9	红外线

二、光化学反应的初级过程和次级过程

分子、原子、自由基或离子吸收光子而发生的化学反应，称为光化学反应。化学物质吸收光量子后可发生光化学反应的初级过程和次级过程。

(1) 初级过程　化学物质吸收光量子形成激发态，其基本步骤为：

$$A\xrightarrow{h\nu}A^*$$

式中　A^*——物质 A 的激发态；

$h\nu$——光量子。

随后，激发态 A^* 可能发生如下几种变化。

① 辐射跃迁　$A^*\longrightarrow A+h\nu$

② 无辐射跃迁　$A^*+M\longrightarrow A+M$

③ 光解离　$A^*\longrightarrow B_1+B_2+\cdots$

④ 碰撞失活　$A^*+C\longrightarrow D_1+D_2+\cdots$

反应①为辐射跃迁，即激发态物质通过辐射荧光或磷光而失去活性。反应②为无辐射跃迁，即激发态物质通过与其他惰性分子 M 碰撞，将能量传递给 M，本身又回到基态。以上两种过程均为光物理过程并使分子回到初始状态。反应③为光解离，即激发态物质解离为两个或两个以上新物质。反应④为 A^* 与其他分子反应生成新的物质。这两种过程均为光化学过程。对于环境化学而言，光化学过程更为重要。受激发态物质会在什么条件下解离为新物质，以及与什么物质反应可产生新物质，对于描述大气污染物在光作用下的转化规律具有重

要意义。

(2) 次级过程　次级过程指在初级过程中反应物、生成物之间进一步发生的反应。如大气中氯化氢的光化学反应过程。

初级过程　$HCl \xrightarrow{h\nu} H\cdot + Cl\cdot$

次级反应

$$H\cdot + HCl \longrightarrow H_2 + Cl\cdot$$

$$Cl\cdot + Cl\cdot \xrightarrow{M} Cl_2$$

上述反应表明，HCl分子在光的作用下，发生化学键的断裂。断裂时，成键的一对电子平均分给氯和氢两个原子，使氯和氢各带有一个成单电子，这种带有一个成单电子的原子称为自由基，用相应的原子加上单电子“·”表示，如H·、Cl·等。自由基也可以是带成单电子的原子团，如·OH、·CH_3、R·等。

自由基是电中性的，自由基因有成单电子而非常活泼，它能迅速夺取其他分子中的成键电子而游离出新的自由基，或与其他自由基结合而形成较稳定的分子。

HCl经过初级过程产生H·和Cl·，由初级过程中产生的H·与HCl发生次级反应，或者初级过程所产生的Cl·之间发生次级反应（该反应必须有其他物质如O_2或N_2等存在下才能发生，式中用M表示）。次级过程大都是热反应。

三、大气中重要吸光物质的光解离

由于高层大气中的氧和臭氧有效地吸收了绝大部分$\lambda<290nm$的紫外辐射，因此，实际上已经没有$\lambda<290nm$的太阳辐射到达对流层。从大气环境化学的观点出发，研究对象应是可以吸收波长为300～700nm辐射光的物质。迄今为止，已经知道的较重要的吸收光辐射后可以光解的污染物有NO_2、N_2、O_3、HONO、H_2O_2、$RONO_2$、RONO、RCHO、RCOR′等。

(1) 氧分子的光解离　氧分子的键能为493.8kJ/mol。图2-10为氧分子在紫外波段的吸收光谱，图中ε为吸光系数。从图中可见，氧分子刚好在与其化学键裂解能相应的波长(243nm)时开始吸收。在200nm处吸收依然微弱，但在这个波段上光谱是连续的。在200nm以下吸收光谱变得很强，且呈带状。这些吸收带随波长的减小更紧密地集合在一起。在176nm处吸收带转变成连续光谱。147nm左右吸收达到最大。一般地240nm以下的紫外光可引起O_2的光解离：

$$O_2 \xrightarrow{h\nu} O\cdot + O\cdot$$

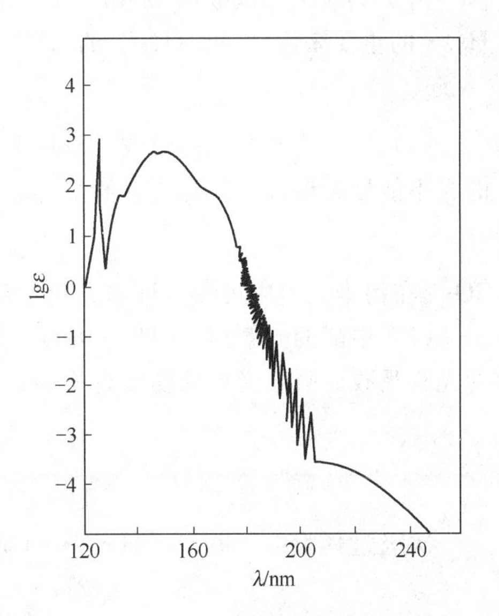

图2-10　氧分子在紫外波段的吸收光谱

(2) 氮分子的光解离　氮分子的键能较大，为939.4kJ/mol，对应的波长为127nm，它的光解离反应仅限于臭氧层以上。氮分子几乎不吸收120nm以上任何波长的光，只对低于120nm的光才有明显的吸收。波长低于120nm的紫外光在上层大气中被N_2吸收后，其解离的方式为：

$$N_2 \xrightarrow{h\nu} N\cdot + N\cdot$$

(3) 臭氧的光解离　臭氧的键能为101.2 kJ/mol。在低于1000km的大气中，由于气体分子密度比高空大得多，三个粒子碰撞的概率较大，O_2光解离而产生的O·可与O_2发生如下反应：

$$O\cdot + O_2 + M \longrightarrow O_3 + M$$

反应中M是第三种物质。这个反应是平流层中O_3的主要来源，也是消除O·的主要过程。它不仅吸收了来自太阳的紫外线而保护了地面的生物，同时也是上层大气能量的一个储库。

O_3的解离能较低，吸收240nm以下的紫外光后会发生如下解离反应：

$$O_3 \xrightarrow{h\nu} O\cdot + O_2$$

当波长大于290nm时，O_3对光的吸收就相当弱了。因此，O_3主要吸收的是来自太阳波长小于290nm的紫外光，而较长波长的紫外光则有可能透过臭氧层进入大气的对流层以至地面。

（4）二氧化氮的光解离　NO_2键能为300.5kJ/mol。在大气中它可参加许多光化学反应，是城市大气中重要的吸光物质。在低层大气中可以吸收来自太阳的紫外光和部分可见光。NO_2吸收小于420nm波长的光可发生解离。

$$NO_2 \xrightarrow{h\nu} N_2 + O\cdot$$

$$O\cdot + O_2 + M \longrightarrow O_3 + M$$

（5）亚硝酸和硝酸的光解离　亚硝酸HO—NO间的键能为201.1kJ/mol，H—ONO间的键能为324.0kJ/mol。HNO_2对200～400nm的光有吸收，吸光后发生光解离，其初级过程为：

$$HNO_2 \xrightarrow{h\nu} HO\cdot + NO$$

或

$$HNO_2 \xrightarrow{h\nu} H\cdot + NO_2$$

次级过程为：

$$HO\cdot + NO \longrightarrow HNO_2$$

$$HO\cdot + HNO_2 \longrightarrow H_2O + NO_2$$

$$HO\cdot + NO_2 \longrightarrow HNO_3$$

由于HNO_2可以吸收300nm以上的光而解离，因而认为HNO_2的光解可能是大气中HO·的重要来源之一。HNO_3的HO—NO_2键能为199.4kJ/mol。其光解机理为：

$$HNO_3 \xrightarrow{h\nu} HO\cdot + NO_2$$

（6）二氧化硫对光的吸收　SO_2的键能为545.1kJ/mol，由于其键能较大，240～400nm的光不能使其解离，只能生成激发态。

$$SO_2 \xrightarrow{h\nu} SO_2^*$$

SO_2^*在污染大气中可参与许多光化学反应。

（7）甲醛的光解离　H—CHO的键能为356.5kJ/mol，它对240～360nm波长范围内的光有吸收。吸收光后的初级过程为：

$$H—CHO \xrightarrow{h\nu} H\cdot + \cdot CHO$$

$$H—CHO \xrightarrow{h\nu} H_2 + CO$$

次级过程为：

$$H\cdot + \cdot CHO \longrightarrow H_2 + CO$$

$$2H\cdot + M \longrightarrow H_2 + M$$

$$2\cdot CHO \longrightarrow 2CO + H_2$$

在对流层中，由于 O_2 存在，可发生如下反应：

$$H\cdot + O_2 \longrightarrow HO_2\cdot$$

$$\cdot CHO + O_2 \longrightarrow HO_2\cdot + CO$$

因此在空气中甲醛光解可产生 $HO_2\cdot$（氢过氧自由基）。

(8) 卤代烃的光解离　在卤代烃中以卤代甲烷的光解对大气污染化学作用最大。卤代甲烷光解的初级过程可概括如下。

① 卤代甲烷在近紫外光照射下，其解离方式为：

$$CH_3X \xrightarrow{h\nu} \cdot CH_3 + X\cdot$$

式中　X——表示 Cl、Br、I 或 F。

② 如果卤代甲烷中含有一种以上的卤素，则断裂的是最弱的键，其键强弱顺序为：

$$F—CH_3 > H—CH_3 > Cl—CH_3 > Br—CH_3 > I—CH_3$$

如，CCl_3Br 光解首先生成 $\cdot CCl_3 + Br\cdot$ 而不是 $\cdot CCl_2Br + Cl\cdot$。

③ 高能量的短波长紫外光照射，可能发生两个键断裂，断裂处应为两个最弱键。

④ 即使是最短波长的光，三键断裂也不常见。

$CFCl_3$（氟里昂-11）、CF_2Cl_2（氟里昂-12）的光解为：

$$CFCl_3 \xrightarrow{h\nu} \cdot CFCl_2 + Cl\cdot$$

$$CFCl_3 \xrightarrow{h\nu} \cdot CFCl + 2Cl\cdot$$

$$CF_2Cl_2 \xrightarrow{h\nu} \cdot CF_2Cl + Cl\cdot$$

$$CF_2Cl_2 \xrightarrow{h\nu} \cdot CF_2 + 2Cl\cdot$$

第四节　大气中重要自由基的来源

自然界和人类活动排入大气的大多数微量气体往往是还原态的，如 SO_2、H_2S、NH_3、CH_4 等，而由大气回到地表的物质往往又是高氧化态的，如 H_2SO_4、HNO_3、SO_4^{2-}、NO_3^-、CO_2 等。但是，这些还原性气体并不是被空气中的 O_2 所氧化，因为氧分子中的 O—O 的键能相对较强（502kJ/mol），它在常温常压下不能与大多数还原性气体反应。20 世纪初期，人们认为这些还原性气体是被 O_3、H_2O_2 所氧化的，而现在人们已经认识到，主要起氧化作用的是大气中存在的高活性自由基。大气中的许多反应都与这些活性自由基有关。

一、自由基的特点

自由基也称游离基，是具有成单电子的原子或基团。自由基具有两个主要特性，一是化学反应活性高；二是具有磁矩。自由基由于其最外电子层有一个不成对的电子，因而有很高的活性，具有强氧化作用。在一个反应中或在外界条件（光、热等）影响下，分子中共价键断裂，使共用电子对由一方独占，则形成离子；若断裂的结果使共用电子对分属于两个原子（或基团），则形成自由基。

由于自由基在其电子外层有不成对的电子，它们对于增加第二个电子有很强的亲和力，能够起到强氧化剂的作用。自由基的反应活性很高，它是反应的中间产物，平均寿命仅为 10^{-3}s。

大气中存在的重要自由基有 $HO\cdot$（氢氧自由基或羟基自由基）、$HO_2\cdot$（氢过氧自由基)、R·(烷基)、RO·(烷氧基)和 RO_2·(过氧烷基)等。其中以 HO·和 HO_2·尤为重要。

二、大气中 HO·和 HO_2·的来源

清洁大气中 O_3的光解离是大气中 HO·的重要来源。

$$O_3 \xrightarrow{h\nu} O\cdot + O_2$$

$$O\cdot + H_2O \longrightarrow 2HO\cdot$$

当大气受到污染时，如有 HNO_2和 H_2O_2存在，它们的光解离也可产生 HO·。

$$HNO_2 \xrightarrow{h\nu} HO\cdot + NO$$

$$H_2O_2 \xrightarrow{h\nu} 2HO\cdot$$

其中，HNO_2的光解离是大气中 HO·的重要来源。

HO·的反应生成速率分别为 0.12 [HONO]/min 和 0.003 [H_2O_2]/min。

HO·是大气中重要的活性自由基，具有重要的转化作用，在大气中 HO·的主要转化反应是与 CO 和 CH_4的反应：

$$CO + HO\cdot \longrightarrow CO_2 + H\cdot$$

$$CH_4 + HO\cdot \longrightarrow \cdot CH_3 + H_2O$$

反应生成的 H·和·CH_3能很快与大气中的 O_2反应，生成相应的 HO_2·和 CH_3O_2·，而且，这些自由基通过与其他分子反应，再生成 HO·，如：

$$HO_2\cdot + NO \longrightarrow NO_2 + HO\cdot$$

$$HO_2\cdot + O_2 \longrightarrow 2O_2 + HO\cdot$$

这些反应是 HO·和 HO_2·相互转化的关键反应。另外，自由基也可以通过复合反应而去除，如：

$$HO_2\cdot + HO\cdot \longrightarrow H_2O + O_2$$

$$HO\cdot + HO\cdot \longrightarrow H_2O_2$$

$$HO_2\cdot + HO_2\cdot \longrightarrow H_2O_2 + O_2$$

大气中 HO·的全球平均值为 7×10^5个/cm^3。HO·的最高浓度出现在热带。在南北两个半球的大气中，HO·的分布是不均匀的，按理论计算，南半球比北半球多约 20%。一般地说，HO·浓度白天高于夜晚，夏季高于冬季。

HO·在大气均相反应中具有极其重要的地位，它能与大气中各种微量气体反应，几乎控制了这些气体的氧化和去除过程。

三、大气中 HO_2·

HO_2·是大气中除了 HO·以外的第二个重要的自由基，尤其在 NO_x的氧化转化中起着重要的作用。HO_2·的重要来源是大气中甲醛的光解离，一般以甲醛为主：

$$HCHO \xrightarrow{h\nu} H\cdot + \cdot CHO$$

$$H\cdot + O_2 + M \longrightarrow HO_2\cdot + M$$

$$\cdot CHO + O_2 \longrightarrow HO_2\cdot + CO$$

亚硝酸酯和 H_2O_2的光解也是 HO_2·的来源之一。

乙醛的光解离也可以生成 H·和 HCO·，也是 HO_2·的来源，但是，大气中乙醛的浓度比甲醛低得多。HO·对 CO 的氧化作用、H_2O_2的光解离也是大气中 HO_2·的重要来源：

$$HO\cdot + CO \longrightarrow CO_2 + H\cdot$$

$$H\cdot + O_2 \longrightarrow HO_2\cdot$$

$$H_2O_2 \xrightarrow{h\nu} 2HO\cdot$$

$$H_2O_2 + HO\cdot \longrightarrow HO_2\cdot + H_2O$$

四、R·、RO·和RO_2·等的来源

甲基是大气中存量最多的烷基，主要来源于乙醛和丙酮的光解离。

$$CH_3CHO \xrightarrow{h\nu} \cdot CH_3 + \cdot CHO$$

$$CH_3COCH_3 \xrightarrow{h\nu} \cdot CH_3 + CH_3-\overset{\overset{\displaystyle O}{\|}}{C}\cdot$$

乙醛和丙酮的光解离过程中除生成$\cdot CH_3$外，还分别生成了$\cdot CHO$和$CH_3CO\cdot$两个羰基自由基。

大气中甲氧基主要来源于甲基亚硝酸酯和甲基硝酸酯的光解，而过氧烷基都是由烷基与空气中的O_2结合而形成的。

$$CH_3ONO \xrightarrow{h\nu} CH_3O\cdot + NO$$

$$CH_3ONO_2 \xrightarrow{h\nu} CH_3O\cdot + NO_2$$

$$R\cdot + O_2 \longrightarrow RO_2\cdot$$

第五节　大气污染物的转化

污染物在大气中的迁移只是使其在空间分布上发生了变化，它们的化学组成并没有改变。但如果污染物在大气中发生了化学变化，如光解、氧化还原、酸碱中和以及聚合等反应，则可能转化为无毒化合物从而消除污染；或者转化为毒性更大的二次污染物从而加重污染。因此，研究污染物的转化对大气环境化学具有重要意义。

一、硫氧化物在大气中的化学转化

大气中的硫氧化物包括SO_2、SO_3、H_2SO_4、SO_4^{2-}，其中SO_2为一次污染物，其余均为SO_2氧化转化形成的二次污染物。SO_2主要来自矿物燃料的燃烧或炼制等，火山喷发是其主要天然来源。大气中的硫氧化物主要形成酸雨和硫酸烟雾型污染等。硫氧化物在大气中可发生气相或液相转化。

1. 二氧化硫的气相转化

大气中SO_2的转化首先是被氧化成SO_3，然后SO_3被水吸收而生成硫酸，从而形成酸雨或硫酸烟雾。硫酸与大气中的NH_4^+等阳离子结合生成硫酸盐气溶胶。

大气中SO_2直接氧化成SO_3的机制为：

$$SO_2 + O_2 \longrightarrow SO_4^2 \longrightarrow SO_3 + O\cdot$$

SO_2被自由基（以HO·为例）氧化：

$$HO\cdot + SO_2 \xrightarrow{M} HOSO_2\cdot$$

$$HOSO_2\cdot + O_2 \xrightarrow{M} HO_2\cdot + SO_3$$

$$SO_3 + H_2O \longrightarrow H_2SO_4$$

反应过程中生成的HO_2·，可通过下列反应使HO·再生：

$$HO_2\cdot + NO \longrightarrow HO\cdot + NO_2$$

2. 二氧化硫的液相转化

大气中存在着少量的水和颗粒物质，SO_2可溶于大气中的水，也可被大气中的颗粒物所吸附，并溶解在颗粒物表面所吸附的水中：

$$SO_2 + H_2O \rightleftharpoons SO_2\cdot H_2O$$

$$SO_2\cdot H_2O \rightleftharpoons H^+ + HSO_3^-$$

$$HSO_3^- \rightleftharpoons H^+ + SO_3^{2-}$$

溶于大气水中的O_3也可将SO_2氧化：

$$O_3 + SO_2\cdot H_2O \longrightarrow 2H^+ + SO_4^{2-} + O_2$$

$$O_3 + HSO_3^- \longrightarrow HSO_4^- + O_2$$

$$O_3 + SO_3^{2-} \longrightarrow SO_4^{2-} + O_2$$

3. 硫酸烟雾型污染

硫酸型烟雾也称伦敦烟雾，它是还原型烟雾，其主要污染源为使用燃煤的各类工矿企业，初生污染物是SO_2、CO和粉尘，次生污染物是硫酸和硫酸盐气溶胶。

硫酸型烟雾形成污染的典型是1952年12月5～8日的伦敦烟雾。当时，地处泰晤士河河谷地带的伦敦城市上空处于高压中心，一连几日无风。大雾笼罩着伦敦城，又值城市冬季大量燃煤，排放的煤烟、粉尘积蓄不散，在无风状态下烟和湿气积聚在大气层中，致使城市上空连续四五天烟雾弥漫，能见度极低。在这种气候条件下，飞机被迫取消航班，汽车即便白天行驶也要打开车灯，行人走路都只能沿着人行道摸索前行。由于大气中的污染物不断积蓄，不能扩散，许多人都感到呼吸困难，眼睛刺痛，流泪不止。伦敦医院由于呼吸道疾病患者剧增而一时爆满，伦敦城内到处都可以听到咳嗽声。仅仅4天时间，死亡人数达4000多人。2个月后，又有8000多人陆续丧生。这就是骇人听闻的“伦敦烟雾事件”。

伦敦烟雾事件主要的“凶手”有两个，一个是元凶，即工业燃煤和冬季取暖燃煤排放的烟雾，另一个是帮凶，就是当地出现的“逆温层”现象。伦敦工业燃料及居民冬季取暖使用煤炭，煤炭在燃烧时，会生成水、二氧化碳、一氧化碳、二氧化硫、二氧化氮和烃类化合物等物质。这些物质排放到大气中后，会附着在飘尘上，凝聚在雾气中。当时持续几天“逆温”现象，加上不断排放的烟雾，使伦敦上空大气中烟尘浓度比平时高10倍，二氧化硫的浓度是以往的6倍，整个伦敦城犹如一个令人窒息的毒气室一样。

硫酸型烟雾的显著特点就是还原性。二氧化硫易溶于水，当其通过鼻腔、气管、支气管时，多被管腔内膜水分吸收阻留，变成亚硫酸、硫酸和硫酸盐，使刺激作用增强。高浓度工业烟雾使人呼吸困难。二氧化硫和悬浮颗粒物一起进入人体，气溶胶微粒能把二氧化硫带到肺深部，使毒性增加3～4倍。此外，当悬浮颗粒物中含有三氧化二铁等金属成分时，可以催化二氧化硫氧化成酸雾，吸附在微粒的表面，被带入呼吸道深部。硫酸雾的刺激作用比二氧化硫强约10倍，可见二氧化硫和悬浮颗粒物的联合毒性作用。二氧化硫进入人体时，血中的维生素便会与之结合，使体内维生素C的平衡失调，从而影响新陈代谢。二氧化硫还能抑制和破坏或激活某些酶的活性，使糖和蛋白质的代谢发生紊乱，从而影响肌体的生长发育。动物实验证明，$10mg/m^3$的二氧化硫可加强致癌物苯并［a］芘的致癌作用。在二氧化硫和苯并［a］芘的联合作用下，动物肺癌的发病率高于单个致癌因子的发病率。

二、氮氧化合物在大气中的化学转化

大气中氮氧化合物主要有N_2O、NO和NO_2等，通常大气污染化学中所说的氮氧化物主要是指 NO 和 NO_2，可用 NO_x表示。

N_2O 是无色气体，是清洁空气的组分，是低层大气中含量最高的含氮化合物，主要是由环境中的含氮化合物在微生物作用下分解而产生的。N_2O 在对流层中十分稳定，几乎不参与任何化学反应。进入平流层后，由于吸收来自太阳的紫外光而光解产生 NO，对臭氧层起破坏作用。土壤中的含氮化肥经微生物分解可产生 N_2O，这是人为产生 N_2O 的原因之一。

$$NO_3^- \xrightarrow{\text{细菌}} N_2O\uparrow$$

$$(NH_4)_2SO_4 \xrightarrow{\text{细菌与 }O_2} 2HNO_3 + H_2SO_4 + H_2O$$

$$2HNO_3 \xrightarrow{\text{反硝化}} N_2O\uparrow$$

NO_x的天然来源主要是生物有机体腐败过程中微生物将有机氮转化为 NO，NO 继续被氧化成 NO_2。其人为来源主要是矿物燃料的燃烧。燃烧过程中，空气中的氮和氧在高温条件下化合生成 NO_x。

$$O_2 \longrightarrow O\cdot + O\cdot$$

$$O\cdot + N_2 \longrightarrow NO + N\cdot$$

$$N\cdot + O_2 \longrightarrow NO + O\cdot$$

$$2NO + O_2 \longrightarrow 2NO_2$$

上述反应中，前 3 个反应进行得很快，第 4 个反应进行得很慢，因而燃烧过程中产生的 NO_2含量较少。

在阳光照射下，NO 和 NO_2 发生下列光化学反应：

$$NO_2 \xrightarrow{h\nu} NO + O\cdot$$

$$O\cdot + O_2 + M \longrightarrow O_3 + M$$

$$O_3 + NO \longrightarrow NO_2 + O_2$$

由上述反应可见，NO_2经光解离而产生活泼的氧原子，它与空气中的 O_2结合生成 O_3。O_3又把 NO 氧化成 NO_2，因而产生了 NO、NO_2与 O_3之间的光化学反应循环。

三、烃类化合物在大气中的化学转化

大气中的烃类化合物主要有甲烷、石油烃、芳香烃和萜类等。

甲烷是大气中含量最高的烃类化合物，约占全世界烃类化合物排放量的 80%以上，是唯一由天然源排放造成大浓度的气体。甲烷化学性质稳定，不易发生光化学反应。但它是一种重要的温室气体，其温室效应要比 CO_2大 20 倍。近 100 年来，大气中甲烷浓度上升了一倍多。目前全球范围内甲烷浓度已达 1.5mL/m³。

石油烃是现代工业和交通运输的主要燃料，其组成以烷烃为主，含有少量烯烃、环烷烃和芳香烃。在原油开发、石油炼制、燃料燃烧和石油产品使用过程中均可向大气泄漏或排放石油烃，从而造成大气污染。

芳香烃广泛地用于工业生产过程中，可用作溶剂、合成原料等。同样由于使用过程中的泄漏或某些燃烧反应，而使大气中存在一些芳香烃类污染物。

萜类主要来自于植物生长过程中向大气释放的有机化合物。多数萜类分子中含有两个以上不饱和双键，在大气中活性较高，与 HO· 反应很快，也能与 O_3等发生反应。

下面着重介绍烷烃在大气中的化学转化。

烷烃可与大气中的 HO· 和 O· 发生氢原子摘除反应：

$$RH + HO\cdot \longrightarrow R\cdot + H_2O$$

$$RH+O\cdot \longrightarrow R\cdot +HO\cdot$$

上述两个反应的产物中都有烷基自由基，但另一个产物不同，前者是稳定的 H_2O，后者则是活泼的自由基 $HO\cdot$。经氢原子摘除反应所产生的烷基 $R\cdot$ 与空气中的 O_2 结合生成 $RO_2\cdot$，它可将 NO 氧化成 NO_2，并产生 $RO\cdot$。O_2 还可从 $RO\cdot$ 中再摘除一个 H，最终生成 $HO_2\cdot$ 和一个相应的稳定产物醛或酮。

如甲烷的氧化反应：

$$CH_4+HO\cdot \longrightarrow \cdot CH_3+H_2O$$
$$CH_4+O\cdot \longrightarrow \cdot CH_3+HO\cdot$$

反应中生成的 $\cdot CH_3$ 与空气中的 O_2 结合：

$$\cdot CH_3+O_2 \longrightarrow CH_3O_2\cdot$$

由于大气中的 $O\cdot$ 主要来自 O_3 的光解，通过上述反应，CH_4 不断消耗 $O\cdot$，可导致臭氧层的损耗。同时生成的 $CH_3O_2\cdot$ 是一种强氧化性的自由基，它可将 NO 氧化为 NO_2：

$$NO+CH_3O_2\cdot \longrightarrow NO_2+CH_3O\cdot$$
$$CH_3O\cdot +NO_2 \longrightarrow CH_3ONO_2$$
$$CH_3O\cdot +O_2 \longrightarrow HO_2\cdot +HCHO$$

四、光化学烟雾

20 世纪 40 年代初，光化学烟雾首先出现在美国加州的洛杉矶。以后，光化学烟雾污染事件在美国其他城市和世界各地相继出现，如日本的东京、大阪，英国的伦敦以及澳大利亚、联邦德国等地的大城市，1974 年以来，中国兰州西固石油化工区也出现了光化学烟雾，上海外滩也经常出现局部的光化学烟雾。

1. 光化学烟雾的特征

光化学烟雾是氮氧化物（NO_x）和烃类化合物（RH）等一次大气污染物，在阳光照射下发生光化学反应而产生的二次污染物。

光化学烟雾的特征是烟雾呈蓝色，具有强氧化性，能使橡胶开裂，刺激人的眼睛，伤害植物的叶子，并能使大气能见度降低。光化学烟雾形成的条件是大气中有氮氧化物和烃类化合物存在，大气相对湿度较低，大气温度较低（24～32℃），而且有强烈阳光照射。这样在大气中就会发生一系列复杂的光化学反应，产生 O_3（85%以上）、PAN（过氧乙酰硝酸酯，10%以上）、高活性自由基（$RO_2\cdot$、$HO_2\cdot$、$RCO\cdot$ 等）、醛和酮等二次污染物。这些一次污染物和二次污染物的混合物被称为光化学污染物，习惯上称为光化学烟雾。光化学烟雾具有很强的氧化性，属于氧化性烟雾。光化学烟雾在白天生成，傍晚消失，污染高峰出现在中午或稍后。

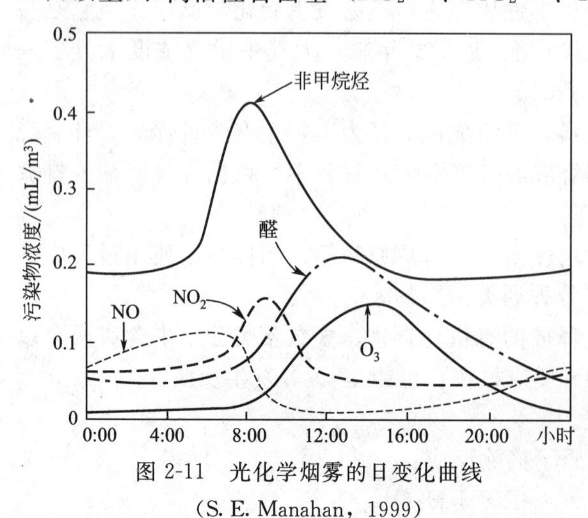

图 2-11　光化学烟雾的日变化曲线

（S. E. Manahan，1999）

典型的光化学烟雾中有关污染物浓度的日变化情况如图 2-11 所示。

从图 2-11 可以看出，NO 和 RH 的最大值出现在上午 8：00 左右，正是人们早晨上班交通流量高峰时间（9：00），随后由于日照增强，NO 浓度下降，而 NO_2 浓度逐渐上升，约 10：00 左右达到最高值，同时O_3开始积累，至午后（约 13：00 左右），氧化剂（包括O_3）及光化学污染反应产物醛类等达到最高值，形成光化学烟雾，以后随日照强度的下降而逐渐减弱。到傍晚，尽管由于交通繁忙而又一次出现污染物大量排放（主要为 NO 和 RH），但因日照条件不足，而不易发生光化学反应形成烟雾，二次污染物（O_3、醛等）浓度也下降至最低水平。

2. 光化学烟雾形成的简单机理

发生在实际大气中的化学反应是一个十分复杂的过程，为弄清光化学烟雾中各物种浓度随时间的变化，人们设法将化学效应和大气环境中其他可变因素（如光照、气象等）分离开来，在实验反应器中通过人工辐射所加入的初始污染物来模拟光化学反应过程，这种反应器称为烟雾箱。由烟雾箱模拟结果画出的各污染物种浓度的日变化曲线，称烟雾箱模拟曲线。图 2-12 即为烟雾箱模拟曲线，结果与图 2-11 相似。

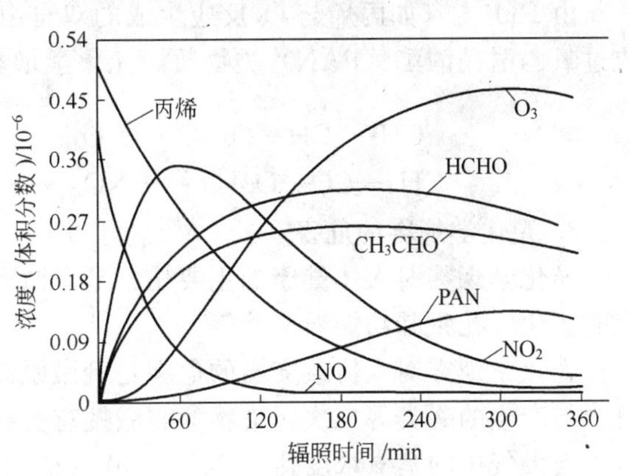

图 2-12 光化学烟雾反应物和产物消长曲线

光化学烟雾模拟实验可以初步确定光化学烟雾形成过程中，RH 和 NO_x 相互作用主要包含以下基本反应过程。

（1）引发反应

$$NO_2 \xrightarrow{h\nu} NO + O\cdot$$

$$O\cdot + O_2 + M \longrightarrow O_3 + M$$

但此时产生的O_3要消耗在氧化 NO 上而无剩余，因此没有积累起来：

$$NO + O_3 \longrightarrow NO_2 + O_2$$

（2）自由基传递反应　烃类化合物（RH）、一氧化碳（CO）被 HO·、O·、O_3等氧化，产生醛、酮、醇、酸等产物以及重要的中间产物——$RO_2\cdot$、$HO_2\cdot$和 RCO·等：

$$RH + O\cdot \xrightarrow{O_2} RO_2\cdot$$

$$RH + O_3 \longrightarrow RO_2\cdot$$

$$RH + HO\cdot \xrightarrow{O_2} RO_2\cdot$$

以丙烯的氧化为例：

$$CH_3CH{=}CH_2 \begin{cases} \xrightarrow{O\cdot} CH_3CH_2CHO + CH_3\dot{C}H_2\cdot + \cdot CHO,\quad CH_3CH_2\cdot \xrightarrow{O_2} CH_3CH_2O_2\cdot \\ \xrightarrow{O_3} HCHO + CH_3\dot{C}HOO\cdot \\ \xrightarrow{HO\cdot} CH_3CH(OH)CH_2\cdot \xrightarrow{O_2} CH_3CHOHCH_2O_2\cdot \end{cases}$$

（3）过氧自由基引起的 NO 向NO_2的转化

$$RO_2\cdot + NO \longrightarrow NO_2 + RO\cdot \text{（过氧自由基包括 } HO_2\cdot\text{）}$$

由于上述反应使 NO 快速氧化成NO_2，从而加速“引发反应”中NO_2光解，使二次污染物O_3不断积累。由于O_3不再消耗在氧化 NO 上，所以在大气中O_3浓度大为增加：

$$RC(O)O_2\cdot + NO \xrightarrow{O_2} NO_2 + RO_2\cdot + CO_2$$

（4）终止反应　自由基的传递形成稳定的最终产物，使自由基消除而终止反应。

$$HO\cdot + NO \longrightarrow HNO_2$$
$$HO\cdot + NO_2 \longrightarrow HNO_3$$
$$RO_2\cdot + NO_2 \longrightarrow PAN$$

由 $RO_2\cdot$（如丙烯与 O_3 反应生成的双自由基 $CH_3\dot{C}HOO\cdot$）与 O_2 和 NO_2 相继反应生成过氧乙酰硝酸酯（PAN）类物质。光化学烟雾反应物和产物的消长变化情况见图 2-12。

$$CH_3—\dot{C}H—O—O\cdot + O_2 \longrightarrow CH_3—CO—O—O\cdot + \cdot OH$$
$$CH_3—CO—O—O\cdot + NO_2 \longrightarrow CH_3—CO—O—O—NO_2\,(PAN)$$

3. 光化学烟雾的危害

光化学烟雾对人体健康的主要伤害是眼睛和黏膜受刺激、头痛、呼吸障碍、慢性呼吸道疾病恶化、儿童肺功能异常等等。

光化学烟雾对人体最突出的危害是刺激眼睛和上呼吸道黏膜，引起眼睛红肿和喉炎，这可能与产生的醛类等二次污染物的刺激性有关。

当大气中的臭氧浓度达到 $200\sim1000\mu g/m^3$ 时会引起哮喘发作，导致上呼吸道疾病的恶化，同时也刺激眼睛，使视觉敏感度和视力降低；当大气中的臭氧浓度在 $400\sim1600\mu g/m^3$ 时，只要接触两小时就会出现气管刺激症状，引起胸骨下疼痛和肺通透性的降低，使肌体缺氧；臭氧浓度再提高，就会出现头痛，并使肺部气道变窄，出现肺气肿。与臭氧的接触时间过长，会引起肺水肿，同时也会损害中枢神经，导致思维紊乱等病症。臭氧还可能引起潜在性的全身影响，如诱发淋巴细胞染色体畸变、损害酶的活性和溶血反应、影响甲状腺功能、使骨骼早期钙化等。

植物受到臭氧的侵袭，开始时表皮褪色，呈蜡质状，经过一段时间后色素发生变化，叶片上出现红褐色斑点。PAN 使叶子背面呈银灰色或古铜色，影响植物的生长，降低植物对病虫害的抵抗力。

光化学烟雾不仅具有特殊的刺激性气味，而且使大气的能见度大大降低。污染物在大气中形成了光化学烟雾气溶胶，其颗粒直径在 $0.3\sim1.0\mu m$ 的范围，在大气中不易沉降，且对光散射的影响很大，明显降低了能见度，妨碍了交通的正常运行，使交通事故数量猛增。

4. 光化学烟雾的防治对策

预防光化学烟雾要采取一系列综合性的措施，其中包括改良汽车排气系统、提高气油质量、减少涂料等挥发性有机物的使用、及时监测废气的排放、制定法律法规等。

(1) 汽车尾气的严格排放治理　汽车尾气是大气中氮氧化物和烃类化合物的主要人为来源。采用新技术，控制汽车尾气中有害物质的排放是避免光化学烟雾的形成，保证空气环境质量的有效措施。一般的方法有使用尾气净化技术和装置，改善燃料结构。

在汽车排气系统内加装催化反应装置。尾气的净化按两步设计，一步是催化还原 NO_x，另一步是催化氧化烃类化合物和一氧化碳。一般将还原 NO_x 作为第一步，既利用尾气中的烃类化合物和一氧化碳作为还原剂，通过调整燃烧过程造成良好的还原气氛净化 NO_x，同时也除去一部分烃类化合物和一氧化碳。剩余的部分可以在第二步中催化氧化。

改善汽油组分，使用替代燃料，可以降低汽车尾气的污染。资料表明，天然气燃料燃烧排放的 CO 和 RH 总量是汽油燃烧排放的总量的 60%，氢能汽车燃烧排放尾气的 CO 和 RH 总量不足汽油燃烧排放的总量的 10%，可见改善燃料结构的有效性。

(2) 改善能源结构　改善能源结构，改变燃料构成和燃烧方式。例如，用无污染或少污染的燃料（天然气、煤气、石油炼厂气、沼气或其他太阳能、风能等能源）代替煤炭，减少有害烟尘的排放量；发展区域集中供热供暖，以集中的高效锅炉代替分散的低效锅炉，设立大的燃煤电站实行热电并供；对现有炉窑实行技术改造，采用各种消烟除尘方式，改善城市环境质量；依据规定，严格限制炼油厂、石油化工厂及氮肥厂等企业的废气排放等等。

(3) 加强监测管理　光化学烟雾是有先兆的。光化学反应会生成臭氧、PAN、醇、醛、酮等，其中臭氧约占85%以上，所以，光化学烟雾污染的标志是臭氧浓度的升高，可以通过监测发出警报，采取措施予以避免。

大气中的氮氧化合物和烃类化合物主要来自汽车尾气、石油和煤燃烧的废气及大量使用挥发性有机溶剂等。在太阳紫外线的作用下，产生化学反应，生成臭氧和醛类等二次污染物，日光辐射强度是形成光化学烟雾的重要条件。因此，在一年中的夏季是发生光化学烟雾的季节；而在一天当中，下午2时前后是光化学烟雾达到峰值的时刻。在汽车排气污染严重的城市，大气中臭氧浓度的增高，可视为光化学烟雾形成的信号。PAN没有天然源，只有人为源，即全部由一次污染物通过反应产生，因此测定大气中有PAN即可作为发生光化学烟雾的依据。

第六节　几个突出的大气环境问题

一、酸雨

酸沉降是指酸性物质从大气中迁移到地表的过程，它可以分为干沉降和湿沉降两种途径。酸性降水是指通过降水（雨、雪、雾等）将大气中的酸性物质迁移到地面的过程，最常见的是酸雨。多年来国际上一直将未受污染的大气水pH的背景值5.6作为判断酸雨的界限，若降雨pH值小于5.6则称为酸雨。世界上以西欧、北美一带最为严重，我国以西南地区最为严重。

酸雨现象是大气化学过程和大气物理过程的综合效应。酸雨中含有多种无机酸和有机酸，其中绝大部分是硫酸和硝酸，一般情况下以硫酸为主。从污染源排放出来的 SO_2 和 NO_x 是形成酸雨的主要起始物，其形成过程为：

$$SO_2+[O] \longrightarrow SO_3$$

$$SO_3+H_2O \longrightarrow H_2SO_4$$

$$SO_2+H_2O \longrightarrow H_2SO_3$$

$$HSO_3+[O] \longrightarrow H_2SO_4$$

$$NO+[O] \longrightarrow NO_2$$

$$2NO_2+H_2O \longrightarrow HNO_3+HNO_2$$

式中　[O]——各种氧化剂。

大气中的 SO_2 和 NO_x 经氧化后溶于水形成硫酸、硝酸或亚硝酸，这是造成降水pH值降低的主要原因。除此以外，还有许多气态或固态物质进入大气对降水的pH值也会有影响。大气颗粒物中Mn、Cu、V等是酸性气体氧化的催化剂。大气光化学反应生成的 O_3 和 $HO_2\cdot$ 等又是使 SO_2 氧化的氧化剂。飞灰中的氧化钙，土壤中的碳酸钙，天然和人为来源的 NH_3 以及其他碱性物质都可使降水中的酸中和，对酸性降水起“缓冲作用”。当大气中酸性气体浓度高时，如果中和酸的碱性物质很多，即缓冲能力很强，降水就不会有很高的酸性，甚至可能成为碱性。在碱性土壤地区，如大气颗粒物浓度高时，往往会出现这种情况。

相反，即使大气中 SO_2 和 NO_2 浓度不高，而碱性物质相对较少，则降水仍然会有较高的酸性。

由此可见，降水的酸度是酸和碱平衡的结果。如果降水中酸量大于碱量，就会形成酸雨。因此，研究酸雨必须进行雨水样品的化学分析，通常分析测定的化学组分有如下几种离子。阳离子有 H^+、Ca^{2+}、NH_4^+、Na^+、K^+、Mg^{2+}；阴离子有 SO_4^{2-}、NO_3^-、Cl^-、HCO_3^-。

上述各种离子在酸雨中并非都起着同样重要的作用。下面根据我国实际测定的数据以及从酸雨和非酸雨的比较来探讨具有关键性影响的离子组分。表 2-4 列出了我国北京和西南地区降水酸度和主要离子含量。

根据 Cl^- 和 Na^+ 的浓度相近等情况，可以认为这两种离子主要来自海洋，对降水酸度不产生影响。在阴离子总量中 SO_4^{2-} 占绝对优势，在阳离子总量中 H^+、Ca^{2+}、NH_4^+ 占80%以上，这表明降水酸度主要是由 SO_4^{2-}、Ca^{2+}、NH_4^+ 三种离子相互作用而决定的。

表 2-4 我国北京和西南地区降水酸度和主要离子含量 单位：μmol/L

项目	重庆	贵阳市区	贵阳郊区	北京市区
pH 值	4.1	4.0	4.7	6.8
H^+	73	94.9	18.6	0.2
SO_4^{2-}	142	173	41.7	137
NO_3^-	21.5	9.5	15.6	50.3
Cl^-	15.3	8.9	5.1	157
NH_4^+	81.4	63.3	26.1	141
Ca^{2+}	50.5	74.5	22.5	92
Na^+	17.1	9.8	8.2	141
K^+	14.8	9.5	4.9	40
Mg^{2+}	15.5	21.7	6.7	—

在我国酸雨中关键性离子组分是 SO_4^{2-}、Ca^{2+} 和 NH_4^+。其中 SO_4^{2-} 主要来自燃煤排放的 SO_2，而 Ca^{2+} 和 NH_4^+ 的来源较为复杂，既有人为因素，又有天然因素。但若以天然来源为主，则与各地的自然条件有很大关系。

酸雨的形成与酸性污染物的排放及其转化条件有关。从现有的监测数据分析，降水酸度的时空分布与大气中 SO_2 和降水中 SO_4^{2-} 浓度的时空分布存在着一定的相关性。如某地 SO_2 污染严重，降水中 SO_4^{2-} 浓度就高，降水 pH 值就低。我国西南地区煤中含硫量高，并很少经脱硫处理，直接作为燃料燃烧，SO_2 排放量很高。另外该地区气温高、湿度大，有利于 SO_2 的转化，因而造成了大面积强酸性降雨区。

大气中的 NH_3 对酸雨形成也相当重要。NH_3 是大气中唯一的常见气态碱，由于其易溶于水，能与酸性气溶胶或雨水中的酸起中和作用，从而可降低雨水的酸度。在大气中，NH_3 与硫酸气溶胶形成中性的 $(NH_4)_2SO_4$ 或 NH_4HSO_4。SO_2 也由于与 NH_3 反应而减少，从而避免了进一步转化成硫酸。

颗粒物酸度及其缓冲能力对酸雨的酸性也有相当影响。大气颗粒物的组成很复杂，主要来源于土地飞起的扬尘。扬尘的化学组成与土壤组成基本相同，因而颗粒物的酸碱性取决于土壤的性质。此外，大气颗粒物还有矿物燃料燃烧形成的飞灰、烟等，它们的酸碱性都会对酸雨的酸性有一定影响。

天气形势对酸雨的酸性也有影响。若某地气象条件和地形有利于污染物的扩散，则大气中污染物浓度降低，酸度就减弱；反之则加重。

二、温室效应

来自太阳的辐射被地球表面吸收后，最终又以长波的形式返回外空间，从而维持地球的热平衡。然而大气中许多组分对不同波长的辐射都有其特征吸收光谱，其中能够吸收长波长的主要有 CO_2 和水蒸气分子。水分子只能吸收波长为 700～850nm 和 1100～1400nm 的红外辐射，且吸收极弱，而对 850～1100nm 的辐射全无吸收，即水分子只能吸收一部分红外辐射，而且较弱。因而当地面吸收了来自太阳的辐射，转变成为热能，再以红外光向外辐射时，大气中的水分子只能截留一小部分红外光，而大气中的 CO_2 虽然含量比水分子低得多，但它可强烈地吸收波长为 1200～1630nm 的红外辐射，因而它在大气中的存在对截留红外辐射能量影响较大，对于维持地球热平衡有重要的影响。

像温室的玻璃一样，CO_2 能允许来自太阳的可见光射到地面，也能阻止地面重新辐射出来的红外光返回外空间。因此，CO_2 起着单向过滤器的作用。大气中的 CO_2 吸收了地面辐射出来的红外光，把能量截留于大气之中，从而使大气温度升高，这种现象称为温室效应（见图 2-13）。能够引起温室效应的气体，称为温室气体。如果大气中温室气体增多，则过多的能量被保留在大气中而不能正常地向外空间辐射，这样就会使地表面和大气的平均温度升高，对整个地球的生态平衡会有巨大的影响。

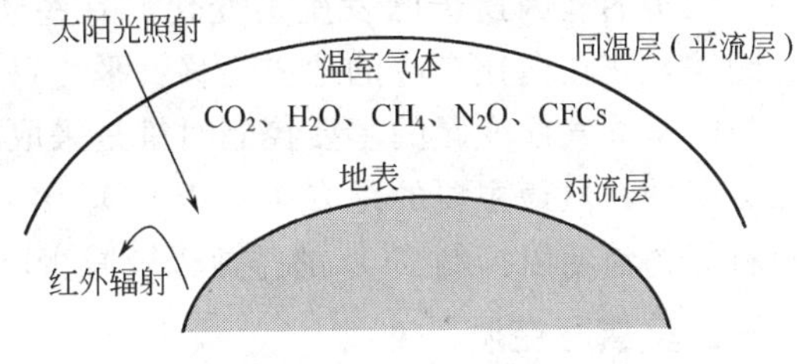

图 2-13　温室效应示意

除了 CO_2 之外，大气中还有一些痕量气体也会产生温室效应，其中有些比 CO_2 的效应还要强，如表 2-5 所示。

表 2-5　大气中具有温室效应的气体

气　体	大气中浓度/(μL/m³)	年平均增长率/%	气　体	大气中浓度/(μL/m³)	年平均增长率/%
二氧化碳	344000	0.4	臭氧	不定	不定
甲烷	1650	1.0	CFC-11	0.23	5.0
一氧化碳	304	0.25	CFC-12	0.4	5.0
二氯乙烷	0.13	7.0	四氯化碳	0.125	1.0

有学者预测，到 2030 年左右，大气中温室气体的浓度相当于 CO_2 浓度增加 1 倍。因此，全球变暖问题除 CO_2 气体外，还应考虑具有温室效应的其他气体及颗粒物的作用。据陆地和海洋监测数据显示，全球地面气温在过去 100 年内上升了 0.3～0.7℃，全球海平面每 10 年上升 1～2cm。1987 年，南极一座面积两倍于美国罗得岛的巨大冰山崩塌后溅入大海；1988 年，非洲西部海域出现了有史以来西半球所遭遇的破坏力最大的“吉尔伯特”号飓风。

全球气候变暖导致的蒸发旺盛将使全球降水增加，且分布不均，干旱和洪涝的频率及其季节变化难测。气候缓慢地变化，生物的多样性也将受到影响。气候的变化曾灭绝了许多物种，近代人类活动对环境的破坏加速了生物物种的消亡。

全球气候变暖对农业将产生直接的影响。引起温室效应的主要气体二氧化碳，也是形成 90%的植物干物质的主要原料。光合作用与 CO_2 浓度关系紧密，但不同的植物对 CO_2 的浓度要求又各有差别。CO_2 浓度增长对农业的间接影响体现为气温升高，潜在蒸发增加，从而使干旱季节延长，减少四季温差。除此以外，高温、热带风暴等灾害将加重。

全球气候变暖对人类健康也产生直接影响。气候要素与人类健康有着密切的关系。研究表明：传染病的各个环节，如病原——病毒、原虫、细菌和寄生虫等，传染媒介——蚊、蝇和虱等菌宿主中，传染媒介对气候最为敏感。温度和降水的微小变化，对于传媒的生存时间、生命周期和地理分布都会发生明显影响。

全球变暖还可以改变哺乳类基因。例如为适应气候的变暖，加拿大的棕红色松鼠已发生了变化，这是人们第一次在哺乳类动物身上发现如此迅速的遗传变化。加拿大阿尔伯它塔大学安德鲁·麦克亚当和他的合作者在对北方育空地区的四代松鼠进行 10 年观察以后指出，现在的雌松鼠产仔的时间比它们的“曾祖母”提前了 18 天。发生这一变化的原因是发情时间提前，春天食量的增加有利于幼仔的存活。最近 27 年来，松鼠繁殖季节的气温上升了 2℃。加拿大科研人员的这一发现验证了其他动物为适应地球变暖而出现的变化情况。人们发现，蚊子的基因遗传已发生了变化。有些动物（其中包括欧洲的鸟类、阿尔卑斯山区的草、蝴蝶）正在向比较冷的地方迁移，平均每 10 年向比较冷的方向迁移 15km。

防治全球气候变暖的主要控制对策是采取调整能源战略，减少温室气体的排放。温室气体虽有多种，但最主要的是 CO_2。因 CO_2 主要引起气候的变暖，其防治措施可采取控制化石燃料等的消耗以抑制 CO_2 的排放以及减少已生成的 CO_2 向大气中排放。

三、臭氧层空洞

在高约 15～35km 范围的低平流层，臭氧含量很高，因而这部分平流层被称为“臭氧层”。气体中臭氧（O_3）的 90％几乎都存在于平流层中。如果在地球表面的压力和温度下把它聚集起来，大约只有 3mm 厚。虽然它在大气中的平均浓度只有 0.04×10^{-6}，但在正常情况下，均匀分布在平流层中的臭氧能吸收太阳紫外辐射（波长 240～320nm，都是对生物有害的部分），从而有效地保护了地球上的万物生灵。

平流层中臭氧的产生和消耗与太阳辐射有关，但参与的波段不同。太阳辐射使分子氧光解为臭氧：

$$O_2 \xrightarrow{h\nu} 2O\cdot \quad (\lambda \leqslant 243\text{nm})$$

$$2O\cdot + 2O_2 + M \longrightarrow 2O_3 + M$$

总反应 $$3O_2 \xrightarrow{h\nu} 2O_3$$

太阳辐射使臭氧经过一系列的反应又重新转化为分子氧：

$$O_3 \xrightarrow{h\nu} 2O_2 + O\cdot \quad (210\text{nm} < \lambda < 290\text{nm})$$

上述过程即为臭氧层吸收了来自太阳的大部分紫外光，从而使地面生物不受其伤害的原因。

在正常情况下，平流层中的臭氧处于一种动态平衡，即在同一时间里，太阳光使分子分解而生成臭氧的数量与经过一系列反应重新转化成分子氧所消耗的臭氧的量相等。然而，由于水蒸气、氮氧化物、氟氯烃等污染物进入平流层，它们能加速臭氧耗损过程，破坏臭氧层的稳定状态。如超声速飞机可排放 NO，这是平流层中 NO_x 的人为来源。其破坏臭氧层的机理为：

$$NO + O_3 \longrightarrow NO_2 + O_2$$

$$NO_2 + O\cdot \longrightarrow NO + O_2$$

总反应 $$O_3 + O\cdot \longrightarrow 2O_2$$

制冷剂 CFC-11 和 CFC-12 等氟氯烃在波长 175～220nm 的紫外光照射下会产生 Cl·：

$$CFCl_3 \xrightarrow{h\nu} CFCl_2 + Cl\cdot$$

$$CF_2Cl_2 \xrightarrow{h\nu} CF_2Cl + Cl\cdot$$

光解所产生的 Cl·可破坏 O_3，其机理为：

$$Cl\cdot + O_3 \longrightarrow ClO\cdot + O_2$$

$$ClO\cdot + O\cdot \longrightarrow Cl\cdot + O_2$$

总反应 $$O_3 + O\cdot \xrightarrow{Cl\cdot} 2O_2$$

上述反应表明，氮氧化物和氟氯烃在臭氧的消耗反应过程中起到了催化作用。

适量的紫外辐射是维持人体健康所必不可少的条件，它能增强免疫反应，促进磷、钙代谢，增强对环境污染物的抵抗力。但过量的紫外辐射将给地球上的生命系统带来难以估量的损害，严重破坏人类生态环境，从而造成一系列灾难性的后果。如使人体免疫系统功能发生变化并引起多种病变；破坏动植物的个体细胞，损害细胞中的 DNA，使传递遗传和累积变异性状发生并引起变态反应；损害海洋食物链，对人类生活造成巨大的不利影响。臭氧层破坏致使紫外辐射增强，还能使许多聚合物材料迅速老化，造成巨大的经济损失。

如前所述，对臭氧层破坏最严重的物质主要是氟氯烃和人工合成的有机氯化物。因此，防治臭氧层耗损的主要对策是减少氟氯烃和人工合成的有机氯化物的自然排放量。可致力于回收、循环使用，研究替代用品，最终做到禁止使用。

四、大气颗粒物

大气颗粒物是指大气中存在的固态或液态微粒物质的总称。这些微粒物质均匀地分散在大气中形成一个相对稳定的悬浮体系，也称气溶胶体系，这些微粒的粒径在 0.002～100μm 之间。大气颗粒物也称作大气气溶胶。

1. 大气颗粒物的分类

大气颗粒物的种类很多。根据其来源分类可以分为天然颗粒物和人为颗粒物；根据形成机制分类，可以分为一次颗粒物和二次颗粒物；根据形成特征分类可以分为轻雾（mist）、浓雾（fog）、粉尘（dust）、烟尘（fume）、烟（smoke）、烟雾（smog）、烟炱（soot）和霾（haze），具体形态和形成特征见表 2-6；根据颗粒物粒径分类则可以分为总悬浮颗粒物、可吸入粒子、粗粒子和细粒子（见表 2-7）。

表 2-6 颗粒物形态和形成特征

形 态	分 散 质	粒径/μm	形 成 特 征	主 要 效 应
轻雾	水滴	>40	雾化、冷凝过程	净化空气
浓雾	液滴	<10	雾化、蒸发、凝结和凝聚过程	能见度低、有时影响人体健康
粉尘	固体粒子	>1	机械粉碎、扬尘、煤燃烧	能形成水核
烟尘	固、液微粒	0.01～1	蒸发、聚集、升华等过程，一旦形成很难再分散	影响能见度
烟	固体微粒	<1	升华、冷凝、燃烧过程	降低能见度、影响人体健康
烟雾	液滴、固粒	<1	冷凝过程、化学反应	降低能见度、影响人体健康
烟炱	固体微粒	约 0.5	燃烧过程、升华过程、冷凝过程	影响人体健康
霾	液滴、固粒	<1	聚集过程、反应过程	湿度小时有吸水性，其他同烟

表 2-7 大气颗粒物（按粒径分类）

中文名称	英文名称	缩写	粒径/μm
总悬浮颗粒物	total suspended particulates	TSP	各种粒径
可吸入粒子	inhalable particles	IP	≤10
粗粒子	coarse particulate matter	$PM_{2.5\sim10}$	2.5～10
细粒子	fine particulate matter	$PM_{2.5}$	≤2.5

2. 大气颗粒物的来源、形成机理及清除途径

与其他的污染物不同，大气颗粒物并不是一种简单的物质，而是一种十分复杂的混合物。大气颗粒物的组成和形态都可以随着时间和空间的不同而出现十分显著的变化。

大气颗粒物有天然源和人为源两种来源。天然源是指来自地球表面天然过程的直接排放以及宇宙活动等的一类来源，如火山喷发、海洋表面海水的溅沫、森林火灾、地表土壤碎屑的扬尘、生物物质（花粉、细菌、真菌等）、流星碎屑等；来自人类活动直接排放的一类来源称为人为源，这些排放的90%进入大气对流层。大气颗粒物的天然源和人为源的排放量见表 2-8。

表 2-8 大气颗粒物的天然源和人为源的排放量

来源			各种粒径/μm	<5μm 的颗粒物的排放量/(10^9 kg/a)
天然源	一次产物	海盐	300～1000	500
		风扬灰尘	7～500	250
		火山排放	4～150	25
		流星碎屑	0.02～10	0
		森林火灾	3～15	5
		总量	314～1810	780
	二次产物	转化生成的硫酸盐	37～420	335
		转化生成的硝酸盐	75～700	60
		转化生成的烃类化合物	75～1095	75
		总量	187～2215	470
	天然源总量		501～4025	1250
人为源	一次产物	交通运输	2.2	1.8
		固定燃烧	43.3	9.6
		工业排放	56.4	12.4
		固体废弃物处置	2.4	0.4
		其他	28.8	5.4
		总量	37～133	30
	二次产物	转化生成的硫酸盐	112～220	200
		转化生成的硝酸盐	23～34	35
		转化生成的烃类化合物	19～50	15
		总量	148～350	250
	人为源总量		185～483	280

注：引自 Bridgment H A. Global Air Pollution: Problem for the 1990s. London: Belhaven Press, 1990.

大气颗粒物按形成机制不同可以分为一次产物和二次产物。由天然和人类活动直接排放形成的颗粒物为一次产物；排入大气的物质（包括气体物质、一次颗粒物和大气气体组分）通过化学反应转化形成的颗粒物为二次产物。

大气中的二次颗粒物的形成是通过物理过程和化学过程而实现的。从动力学分析，这一过程经历了四个阶段，实现了经化学反应向粒子的转化：

① 均相成核或非均相成核，形成细粒子分散在空气中；

② 在细粒子表面，气体参与多相反应，其结果使粒子长大；

③ 通过布朗凝聚和湍流凝聚，粒子继续长大；

④ 通过干沉降（重力沉降或与地面碰撞后沉降）和湿沉降（雨除和冲刷）清除。

这一过程表观上是物理过程，但实质上却是由化学反应推动的。气体在大气中的化学反应提供了化学物质和自由基，它们在互相碰撞过程中结成分子团或沉积在已有的“核”上。例如，大气中的气相前体物通过化学反应，形成凝聚分子（D_p约为 0.5nm），这些生成的极微细的凝聚分子再与其他凝聚分子或分子团结合形成新的气溶胶粒子，这属于均相成核；生成的凝聚分子沉降在大气中已经存在的气溶胶粒子（$D_p \geqslant 0.01\mu m$）表面上，这属于非均相成核。当然，气态分子可以直接在现有的气溶胶粒子表面生成二次产物。

3. 大气颗粒物的化学组成

大气颗粒物的化学组成十分复杂，主要与它们的来源密切相关。来自地表土和污染源直接排入大气的粉尘以及来自海水溅沫的盐粒等一次污染物往往含有大量铁、铝、碳、硅、钠、钾、钙、氯等元素；来自二次污染物的粒子中则含有大量硫酸盐、铵盐和有机物等。大气颗粒物中，发现的无机成分包括盐类、氧化物、含氮化合物、含硫化合物、各种金属和放射性元素等。大气颗粒物中通常高于 $1\mu g/m^3$ 的主要微量元素包括铝、钙、碳、铁、钾、钠和硅等，较少量的是铜、铅、钛和锌，更少量的是锑、铋、镉、钴、铬、铈、锂、锰、镍、铷、硒、锶和钒，通常可以检测出来。

颗粒态炭，如烟炱、炭黑等，主要来自汽车尾气、锅炉飞灰及发电厂、钢铁、铸造厂的排放。这些粒子，尤其是亚微米颗粒物，具有巨大的颗粒数量和表面积，其吸附性强，可以作为气体和气体颗粒物的载体，炭颗粒表面可以催化一些非均相化学反应。这些颗粒的生成往往是在燃烧中的挥发-凝聚过程，颗粒中会含有更高浓度的挥发性元素，如砷、锑、汞、锌等。

硫酸和硫酸盐颗粒物的粒径很小，大多数集中在细粒子范围内（$D_p < 2.0\mu m$），它们在大气中飘浮，对太阳光产生散射和吸收作用，大幅度降低能见度。它们也是造成酸雨和雾霾的重要成分。硫酸和硫酸盐颗粒物主要来源于二氧化硫的化学转化。陆地区的大气颗粒物中 SO_4^{2-} 的平均含量为 15%～25%，海洋区的大气颗粒物中 SO_4^{2-} 的平均含量为 30%～60%。

硝酸容易挥发，在相对湿度较小时以气态形式出现，故在大气颗粒物中硝酸以硝酸铵颗粒或被颗粒吸附的 NO_2 的形式存在。

大气颗粒物中包括一些特别的有毒物。石棉［$Mg_3P(Si_2O_5)(OH)_4$］用于建材、闸线、绝缘物等，以粉尘形式进入大气。汞的排放来自煤的燃烧和火山喷发，在大气颗粒物中可检测出二甲基汞和单甲基汞盐。铅的排放原来以含铅汽油的燃烧为主。值得提及的是，随着高科技事业的发展，铍合金用于电子设备、反应堆部件等，其用量会逐年增加，铍的颗粒物污染应引起足够的重视。

大气颗粒物中也含有种类繁多的有机物。大气颗粒物中的颗粒有机物一般粒径都很小，在 0.1～5μm 的范围内，其中 55%～70%的粒子粒径集中在 $D_p < 2.0\mu m$ 的范围，属细粒

子，对人类的危害很大。颗粒有机物的种类很多，其中，烃类（包括烷烃、烯烃、芳香烃和多环芳烃）是主要成分，此外还有亚硝胺、含氮杂环化合物、酮类、醌类、酚类、酸类等，而且各个地区的组成及浓度有较大的差别。

大气颗粒物也包括起源于生物体的粒子，即生物颗粒物。生物颗粒物包括微生物和各种生物体的碎片，其粒径分布宽广，从病毒颗粒（0.005～0.25μm）到大颗粒花粉（≥5μm）。

病毒由核酸（DNA或RNA）组成，外层由称作“衣壳”的蛋白质覆盖，大部分呈圆形或椭圆形。它们是非细胞粒子，自身不能生长，需要生物细胞进行繁殖。

细菌（≥0.2μm）主要由DNA（或RNA）及蛋白质、脂肪和磷脂组成。纤维素和肽聚糖胞壁质是细胞的主要成分。细菌的形状各种各样，需要适宜的营养、温度和湿度才能繁殖。

一些细菌及藻类、真菌类、苔藓类、蕨类的繁殖受孢子（≥0.5μm）的影响，孢子的内核由原生质、DNA、RNA和细胞材料组成，外包有厚壁，即孢子壁。种子植物的繁殖则通过花粉（≥5μm）进行，花粉的一般组成为蛋白质占20%，糖类占37%，脂肪占40%，矿物质占3%，花粉外也有孢子壁。植物碎片及昆虫裂片，人和动物的上皮细胞及毛发碎片形成的粒子大小估计大于1μm。

4. 大气颗粒物的环境影响及控制对策

大气颗粒物对光有明显的散射和吸收作用，颗粒物对光的产生散射和吸收作用的有效粒径为0.1～1.0μm，属细粒子范围。飞灰、烟炱、细小尘粒、有机颗粒物及二次颗粒物等均在此粒径范围。其中，含碳组分的颗粒对光的吸收作用尤为明显，颗粒物对光的散射和吸收作用，使大气能见度降低，甚至可以影响对流层的能量平衡，影响气候变化。

大气颗粒物表面带有电荷，所带电荷的数目和性质取决于粒径的大小、表面状态和介电常数等。通常，粒径大于3μm的粒子带负电荷，粒径小于0.01μm的粒子带正电荷，0.01～0.1μm的粒子则两种情况均存在。大气颗粒物带电荷的数目会影响颗粒物的凝聚速率、沉降速率和大气导电性。

大气颗粒物的污染会形成一些生物效应。例如，大气颗粒物沉积在绿色植物的叶子表面，干扰植物叶面吸收阳光和二氧化碳，放出氧气和水分，影响植物的健康和生长。又如，大气颗粒物造成的污染对水生微生物的毒副作用，可能会影响或改变当地生物的食物链，进而影响生态系统。

大气颗粒物对人体健康有很大的危害性。大气颗粒物中粒径小于10μm的可吸入粒子，粒小体轻，能在大气中长期飘浮，飘浮范围从几千米到几十千米，可在大气中不断蓄积，使污染程度逐渐加重。可吸入粒子成分很复杂，并具有较强的吸附能力。可吸入粒子随人们呼吸空气而进入人体，以碰撞、扩散、沉积等方式滞留在呼吸道不同的部位，粒径小于5μm的多滞留在上呼吸道。滞留在鼻咽部和支气管的颗粒物，由于自身的毒性（如硫酸滴、PbO、PAH等）或携带有毒物质（如吸附SO_2、NO_x等有害气体）产生刺激和腐蚀作用，损伤黏膜、纤毛，引起炎症和增加气道阻力，持续不断的作用会导致慢性鼻咽炎、慢性气管炎。滞留在细支气管与肺泡的颗粒物产生的作用，会损伤肺泡和黏膜，引起支气管和肺部产生炎症，长期持续作用还会诱发慢性阻塞性肺部疾患并出现继发感染，最终导致肺心病，使死亡率增高。

生物颗粒物（如孢子、霉菌、细菌、螨虫、过敏源等）对人体健康的危害也已经引起人们的重视。

大气颗粒物的主要人为来源是工业燃煤释放的烟雾颗粒，此外，建筑工地、裸露土面扬起的尘土，生活垃圾露天堆放等也是人为来源。

5. 大气颗粒物的清除途径及控制对策

大气颗粒物的清除途径主要是干沉降过程和湿沉降过程。干沉降过程是指大气颗粒物在重力作用下或与地面及其他物体碰撞后，发生沉降而从大气中清除的过程。干沉降一般对大气颗粒物中的大粒子的清除是有效的，但对小粒子则是难以奏效的。据估计，全球范围内通过干沉降清除的大气颗粒物的总量仅占总悬浮颗粒物量的10%～20%。细小的颗粒物会随风远距离输送，影响下风地区。湿沉降即通过雨除过程和冲刷过程清除颗粒物。大气颗粒物，尤其是粒径小于0.1μm的粒子可以作为云的凝聚核，通过吸附凝聚过程和碰撞过程，云滴长大成雨滴，在适当的气候条件下，雨滴长大成雨，降落地面，完成雨除过程。降雨过程中雨滴不断携带颗粒物，溶解或冲刷下来，清除颗粒物。冲刷过程主要对大于2μm的大气颗粒物起作用。

大气颗粒物污染控制的关键是严格控制污染物的排放量。通过改善能源结构，多采用清洁能源（如太阳能、风能、水电能）和低污染能源（如天然气），推广对化石燃料进行预处理和先进的洁净燃烧技术。另外，在污染物未进入大气之前，使用除尘消烟技术、冷凝技术、液体吸收技术、回收处理技术等消除废气中的部分颗粒污染物，减少进入大气的污染物数量。

大气颗粒物污染控制的另一个要点是采取措施，合理安排，充分利用大气的自净化能力。气象条件不同，大气对污染物的容量便不同，排入同样数量的颗粒污染物，造成的污染物浓度也不同。对于风力大、通风好、对流强的地区和时段，大气扩散稀释能力强，可接受较多厂矿企业活动。逆温的地区和时段，大气扩散稀释能力弱，便不能接受较多的污染物，否则会造成严重的大气污染。因此应该对不同地区、不同时段进行排放量的有效控制。工厂厂址的选择、烟囱的布局设计、城区与工业区规划等要合理，不要造成重复叠加污染，形成局部地区的严重污染事件。

大气颗粒物污染防治工作中，要加强监督管理和科学检测。现在普遍认为，粒径小于2.5μm的细粒子对人体的危害最大，许多国家已经开始对细粒子制定大气质量标准并进行控制。

大气颗粒物污染治理是一个庞大的系统工程，需要个人、集体、国家乃至全球各国的共同努力，维护一个良好的大气环境条件。

【阅读材料】

雾霾——人体成吸尘器

近年来，我国多地持续受雾霾天气严重困扰，“雾霾”也成为老百姓街头巷尾热议的名词。霾也叫雾霾（烟霞），指空气中的灰尘、硫酸、硝酸、有机烃类化合物等粒子使大气浑浊，视野模糊并导致能见度恶化，如果水平能见度小于10000m时，将这种非水成物组成的气溶胶系统造成的视程障碍称为霾或灰霾。

霾与雾的区别在于发生霾时相对湿度不大，而雾中的相对湿度是饱和的（如有大量凝结核存在时，相对湿度不一定达到100%就可能出现饱和）。一般相对湿度小于80%时的大气浑浊视野模糊导致的能见度恶化是霾造成的，相对湿度大于90%时的大气浑浊视野模糊导致的能见度恶化是雾造成的，相对湿度介于80%～90%之间时的大气浑浊视野模糊导致的能见度恶化是霾和雾的混合物共同造成的，但其主要成分是霾。雾霾是对大气中各种悬浮颗粒物含量超标的笼统表述，尤其是细颗粒物（粒径小于2.5μm的颗粒物，曾称$PM_{2.5}$）被认为是造成雾霾天气的“罪魁祸首”。

细颗粒物是指大气中空气动力学直径小于或等于2.5μm的颗粒物（可悬浮于空气中的固态和液态的微粒）。人类的头发，直径一般是50～70μm，也就是说细颗粒物只有人类头发的1/30左右。

一般来说，颗粒物的直径越小，进入呼吸道的部位越深。粒径10μm以上的颗粒物，会被挡在人的鼻子外面；粒径在2.5～10μm之间的颗粒物，能够进入上呼吸道，但部分可通过痰液等排出体外，另外也会被鼻腔内部的绒毛阻挡，对人体健康危害相对较小；而粒径在2.5μm以下的细颗粒物，因为过于细小，不易被阻挡，被吸入人体后会深入到细支气管和肺泡，干扰肺部的气体交换，会引发呼吸道受刺激、咳嗽、呼吸困难、降低肺功能、加重哮喘，导致慢性支气管炎、心律失常、非致命性的心脏病、心肺病患者的过早死亡。老人、小孩以及心肺疾病患者，是细颗粒物污染的敏感人群。

人类每人每天平均要吸入约1万升的空气，进入肺泡的微尘可迅速被吸收、不经过肝脏解毒直接进入血液循环分布到全身，还会损害血红蛋白输送氧的能力，颗粒物中有害气体、重金属等溶解在血液中，对人体健康的伤害更大。

我们可以采取以下措施尽量减少雾霾对身体的危害。

(1) 少开窗　雾霾天气细颗粒物浓度高，还常含有二氧化硫、氮氧化物和附着于表面的金属及有机化合物，不主张早晚开窗通风，最好等太阳出来再开窗通风。

(2) 限制出门和晨练　雾霾天气，细颗粒物进入身体后会黏附在呼吸道，刺激呼吸道，会造成支气管炎、咽炎，是心血管疾病患者的“健康杀手”，尤其是有呼吸道疾病和心血管疾病的老人。因此最好不出门，更不宜晨练，否则可能诱发病情，甚至心脏病发作，引起生命危险。

(3) 外出戴口罩　如果外出可以戴上口罩，这样可以有效防止颗粒物进入体内。

(4) 注意健康饮食　雾霾天气会对肺脏造成损伤，可适当调节饮食，可达到清肺、润肺、养肺的功效。多喝水以加快身体的新陈代谢，饮食宜选择清淡易消化且富含维生素的食物，少吃刺激性食物，多吃新鲜蔬菜和水果，如豆腐、银耳、梨、柿子、百合、荸荠、枇杷、橙子等清肺化痰食品。这样不仅可补充各种维生素和无机盐，还能起到润肺除燥、祛痰止咳、健脾补肾的作用。

(5) 做好个人卫生　人体皮肤直接与空气接触，很容易受到雾霾天气的伤害，尤其是在繁华喧嚣十面“霾”伏的都市中。所以出门后进入室内应立即清洗面部及裸露的肌肤，换掉外出时穿的衣服去掉残留污染。

本章小结

本章主要讲述了化学污染物在大气中的环境行为。

1. 指出大气是由多种气体组成的混合气体，根据大气温度随高度垂直变化的特征，将大气层分为对流层、平流层、中间层、热层和逸散层。

人们通常把静大气的温度在垂直方向上的分布，称为大气温度层结。气温随高度的变化特征可以用气温垂直递减率来表示。地面因强烈的有效辐射而很快冷却，近地面气层冷却最为强烈，较高的气层冷却较慢，因而形成了自地面开始逐渐向上发展的逆温层，称为辐射逆温。气体在干绝热过程中其温度随高度的变化称为干绝热垂直递减率。

气块在大气中的稳定度与大气垂直递减率和干绝热垂直递减率两者有关。一般地，大气温度垂直递减率越大，气块越不稳定。反之，气块就越稳定。

影响大气污染物迁移的因素主要有气象动力因子、天气形势和地形地貌等。

2. 介绍了大气污染是指由于人类活动或自然过程，改变了大气层中某些原有成分或增加了某些有毒有害物质，致使大气质量恶化，影响原来有利的生态平衡体系，严重威胁着人体健康和正常工农业生产，对建筑物和设备财产等造成损坏的现象。

根据污染物的性质，可将大气污染物分为一次污染物与二次污染物。对人体健康影响较大的污染物有颗粒物、二氧化硫、一氧化碳和臭氧等。大气污染是当前世界最主要的环境问题之一。

常用大气污染物浓度表示法有混合比单位表示法和单位体积内物质的质量表示法。

3. 介绍了光化学基本定律、光化学反应的初级过程和次级过程以及大气中重要吸光物质（如 O_2、N_2、O_3、NO_2、HNO_2、HNO_3、SO_2、HCHO 、CH_3X）的光解离。

4. 介绍了大气中存在的重要自由基 HO・、HO_2・、R・（烷基）、RO・和 RO_2・及其来源。

5. 重点讲解了硫氧化物在大气中的化学转化，氮氧化合物在大气中的化学转化，烃类化合物在大气中的化学转化和光化学烟雾等知识。

6. 主要介绍了几个突出的大气环境问题，如酸雨、温室效应、臭氧层空洞、大气颗粒物等。

复习思考题

1. 描述大气层的结构，并指出通常大气污染主要发生在哪一层面，为什么？
2. 简述逆温现象对大气污染物迁移的影响。
3. 影响大气中污染物迁移的主要因素有哪些？
4. 简要说明大气污染对人体健康的危害。
5. 什么叫光化学反应？简述光化学反应的过程。
6. 简要介绍大气中重要吸光物质及其吸光特征。
7. 简述大气中重要自由基的种类，并简要介绍其来源。
8. 简述硫氧化物在大气中的化学转化。
9. 说明光化学烟雾的特征，描述其基本反应过程。
10. 说明酸雨的形成因素及其危害。
11. 描述温室效应形成的原因及其危害。
12. 简述臭氧层破坏对人体健康的影响。
13. 室内空气污染物主要有哪些，可采取哪些防治措施？
14. 近年来我国汽车工业发展迅速，请查阅有关资料，论述汽车产业的发展对环境会产生哪些影响？应采取哪些防治措施？

第三章 水环境化学

【学习指南】

主要介绍天然水的基本特征，水中重要污染物存在形态及分布，污染物在水环境中的迁移转化的基本原理以及水质模型。要求了解天然水的基本性质，掌握无机污染物在水体中进行沉淀溶解、氧化还原、配合作用、吸附-解吸、絮凝-沉淀等迁移转化过程的基本原理，并运用所学原理计算水体中金属存在形态，确定各类化合物溶解度，以及其天然水中各类污染物的 pE 计算及 pE-pH 图的制作。了解颗粒物在水环境中聚集和吸附-解吸的基本原理，掌握有机污染物在水体中的迁移转化过程和分配系数、挥发速率、水解速率、光解速率和生物降解速率的计算方法。

第一节 水环境化学基础

一、天然水的基本特性

1. 地球上的水资源

水是地球上最丰富的资源，水覆盖了地球表面大约 71%的面积。地球的总水量大约为 14.1 亿立方千米，如果将这些水均匀地分布在地球表面，可以形成一个近 3000m 深的水层。大约 97%的水存在于世界的海洋和内陆海洋中。这些水盐分过大不适于饮用、种植庄稼和大多数工业。大约有 3%的水是淡水。但这些水的大部分（87%）被封闭在冰冠和冰川之中，或在大气或土壤中，或深藏于地下。事实上，假定世界总水量为 100L，那么，可利用的淡水仅有 0.003L，即 0.003%。

人类的主要淡水来源是河流、湖泊和水库。任何时候大约都有 2000km^3 的淡水流经世界诸河流。水流中近一半在南美，另 1/4 在亚洲。由于江河中的水 18～20 天更换一次，因此，每年可使用的实际水量要比这大得多。全年流经河流的淡水总量约为 4.1 万立方千米，其中包括 2.8 万立方千米的地表径流和大约 1.33 万立方千米的“稳定”地下径流。稳定地下径流中仅有 3/4，约 9000km^3，易于获取可以经济地利用。另外在人造湖泊和水库中，还有 3000km^3 可利用的水。

最大的淡水来源是降水，全球年降水总量为 50 万立方千米，但其中只有 1/5 降落在陆地上。大陆降水中约 65%被蒸发掉，又回到大气中去。余下的部分或留在地表-河流、湖泊、海洋和水库中，或流入地下，储存于地下含水层中。

过去 300 年中，人类用水量增加了 35 倍多。近几十年的取水量每年增加 4%～8%，主要为发展中国家。各地人均年用水量很不一样，在北美和中美为 1692m^3，欧洲为 726m^3，亚洲为 526m^3，南美为 476m^3，非洲为 244m^3。

从全球来看，每年淡水取水和使用量为 3240km^3，其中 69%用于农业，23%用于工业，

8%为居民用水。

2. 我国水资源及其利用的问题

中国年人均淡水资源量目前为2300m^3，仅为世界平均水平的1/4，美国的1/5，俄罗斯、印尼的1/7，加拿大的1/50。联合国据此已把中国列为13个最缺水国家之一。到2030年预计人均淡水资源量为1750m^3。

中国目前年总用水量为4500亿立方米，其中年农业用水量为4000亿立方米，缺水量约300亿立方米，城市与工业用水500亿立方米，年缺水量达60亿立方米。

在全国600多座城市中，存在供水不足问题的城市为400多个，其中比较严重的缺水城市达110个之多。

(1) 水资源不丰富　我国领土面积占全球6.5%，人口占全球总人口的1/5，可是我国的年降水量仅为6万亿立方米，仅相当于全球陆地降水总量的5%，年径流量约为2.7万亿立方米，仅占全球陆地年径流量的5.5%。

我国年径流绝对总量位于巴西、俄罗斯、加拿大、美国、印度尼西亚之后，为世界第六位，但人均径流量仅位列全球第88位，是全球平均量的1/4。

(2) 分布不均衡　我国地形西高东低，受气候和地形影响，降水的地区分布很不均匀。90%以上的地表径流和70%以上的地下径流分布在面积不是全国50%的南方，呈现出北方严重缺水的局面。

降水不均衡的另一因素是受季候风影响，我国全年60%的雨量集中于夏秋两季的3～4个月内，不少河流的年最大流量和最小流量之间相差达数十倍。如淮河各支流相差达13～76倍，松花江的哈尔滨河段富水期和枯水期的断面流量相差达40倍。这种水量的巨大变化不仅使水资源缺乏的矛盾更为突出，而且更加深了枯水期的水污染。

(3) 用水浪费　我国目前工业用水浪费严重，产生同样数量的GDP其耗水量为发达国家的数倍，工业循环用水比例很低。即使在一些工业发达的大城市，工业用水重复率也仅达到50%左右，低于日本（69%）和美国（60%）等国家。

农业是我国的用水大户，但我国灌溉方式落后，大水漫灌等灌溉方式几乎要浪费掉一半的灌溉用水，更加重了水资源的缺乏。

城市生活用水日益增加，但节约用水尚未深入人心。洗涤用水、厕所用水、洗车用水不加节制，水管滴漏等也浪费了不少宝贵的水资源。

(4) 水污染严重　我国南方和北方水资源分布不平衡。北方水资源严重缺乏，南方不缺水，但缺少干净的水。我国七大江河水系，松花江、辽河、黄河、长江、珠江、淮河、黄河都已受到污染，有的还相当严重，严重的水污染进一步加重了我国水资源的缺乏，制约了我国社会和经济的可持续发展。

3. 天然水的特性和结构

水是最常见的物质，但它有许多异常特性。也正是由于这些特性，才使水在自然界和人类生活中普遍发生巨大作用，成为支配自然和人类环境中各种现象的主要因素。要研究水及其中杂质共同表现的水质特性，需先深入了解水本身的特性。表3-1归纳了这些特性。

在地球表面的环境条件下，水可能呈三种物理状态，即液态、气态和固态。由于沸点和冰点间温度范围相当宽，且相变热很大，所以地球表面大量的水还是呈液态，于是构成了各种类型的天然水系，通常条件下呈液态这一点也正是水的最重要特点之一。

表 3-1 水的特性及意义

性质	特点	意义
状态	一般为液态	提供生命介质、流动性
比热容	非常大	良好的传热介质，调节环境和有机体的温度
溶解热	非常大	使水处于稳定的液态，调节水温
蒸发热	非常大	对水蒸气的大气物理性质有意义，调节水温
密度	4℃时极大	水体冰冻始于表面，控制水体中温度分布，保护水生生物
表面张力	非常大	生理学控制因素，控制液滴等表面现象
介电常数	非常大	高度溶解离子性物质并使其解离
水合	非常广泛	对污染物是良好溶剂和载带体，改变溶质生物化学性质
离解	非常少	提供中性介质
透明度	大	透过可见光和长波段紫外线，在水体深处可发生光合作用

水的特性与水的分子结构有关。水分子中的氧原子受到四个电子对包围，其中两个电子对与两个氢原子共享，形成两个共价键；另外两对是氧原子本身所持有的孤对电子。四个电子对间由于带负电而互相排斥，使它们有呈四面体结构的倾向，但因孤对电子占据的空间较小，与共享电子对相比具有更大的斥力，因此使 H—O—H 键角由 109.5°（几何正四面体）缩减到 104.5°。

氧原子具有比氢原子大得多的电负性，所以水分子中的两共享电子对趋向于氧而偏离氢，于是就在两个孤对电子上集中更多负电荷，使水分子为具有很大偶极矩的极性分子，这样的一个水分子就有可能通过正、负电荷静电引力与近旁的四个水分子以氢键相联系，分子间氢键力大小为 18.81kJ/mol，约为 O—H 共价键的 1/20，冰融化成水或水挥发成水汽，都首先需要外界供能破坏这些氢键。

当冰开始融化成水时，冰的疏松的三维氢键结构中约有 15%氢键断裂，晶体结构崩溃，体积缩小而密度增大，如有更多热能输入体系，将引起：①更多氢键破裂，结构进一步分崩离析，密度进一步增大；②体系温度升高，分子动能增加，由于分子振动加剧，而每一分子占据更大体积空间，所以这一因素又使密度趋于减小。上述两因素随温度升高而相互消长的结果，使淡水在 4℃时有最大密度，这种情况对水生生物越冬具有特别重要的意义。

在气相中的水大多数以单分子形态存在，在一般温度和压力条件下，只有少量以二聚体或三聚体的形态存在。

从水的分子结构和水分子有形成较强氢键能力等基本性质出发，还可以解释表 3-1 中所列举的液态水的其他特性，如“热惰性”、“大的表面张力”等。

4. 天然水的组成

天然水中一般含有可溶性物质和悬浮物质（包括悬浮物、颗粒物、水生生物等）。可溶性物质成分十分复杂，主要是在岩石风化过程中，经水溶解迁移的地壳矿物质。

(1) 天然水中的主要离子组成　天然水是海洋、江河、湖泊、沼泽、冰雪等地表水与地下水的总称。天然水在循环过程中不断与环境中的各种物质接触，并能或多或少溶解它们，因此天然水是一种成分复杂的溶液。

K^+、Na^+、Ca^{2+}、Mg^{2+}、HCO_3^-、NO_3^-、Cl^- 和 SO_4^{2-} 为天然水中常见的 8 大离子，占天然水中离子总量的 95%～99%。水中这些主要离子的分类，常用来作为表征水体主要化学特征性指标，如表 3-2 所示。

表 3-2 水中的主要离子组成

<table>
<tr><th>硬 度</th><th>酸</th><th>碱金属</th><th>离子类型</th></tr>
<tr><td>Ca^{2+}、Mg^{2+}</td><td>H^+</td><td>K^+、Na^+</td><td>阳离子</td></tr>
<tr><td colspan="2">HCO_3^-、CO_3^{2-}、OH^-</td><td>NO_3^-、Cl^-、SO_4^{2-}</td><td rowspan="2">阴离子</td></tr>
<tr><td colspan="2">碱度</td><td>酸根</td></tr>
</table>

天然水中常见主要离子总量可以粗略地作为水的总含盐量（TDS）：

$$TDS=[K^+ + Na^+ + Ca^{2+} + Mg^{2+}]+[HCO_3{}^- + Cl^- + SO_4^{2-}]$$

（2）天然水中的金属离子 水中的金属离子例如 Ca^{2+}，不可能在水中以分离的实体孤立存在。在水溶液中金属离子的表示式常写成 Me^{n+}，表示简单的水合金属阳离子 $Me(H_2O)_x^{n+}$，它可与电子供给体配合成键而获得稳定的最外电子层，可通过化学反应达到最稳定状态，酸碱中和、沉淀溶解、配合解离及氧化还原等反应是它们在水中达到最稳定状态的过程。

水中可溶性金属离子可以多种形式存在。例如，Fe^{3+} 可以 $Fe(OH)^{2+}$、$Fe(OH)_2^+$、$Fe_2(OH)_2^{4+}$ 和 Fe^{3+} 等形式存在。在中性水体中各种形态的浓度可通过平衡常数计算：

$$[Fe(OH)^{2+}][H^+]/[Fe^{3+}]=8.9\times10^{-4} \tag{3-1}$$

$$[Fe(OH)_2^+][H^+]^2/[Fe^{3+}]=4.9\times10^{-7} \tag{3-2}$$

$$[Fe(OH)_2^{4+}][H^+]^2/[Fe^{3+}]=1.23\times10^{-3} \tag{3-3}$$

假如存在固体 $Fe(OH)_3(s)$，则有：

$$Fe(OH)_3(s)+3H^+ \longrightarrow Fe^{3+}+3H_2O$$

$$[Fe^{3+}]/[H^+]^3=9.1\times10^3 \tag{3-4}$$

在 $pH=7$ 时，水合铁离子 $Fe(H_2O)^{3+}$ 的浓度可以忽略不计，$[Fe^{3+}]=9.1\times10^{-18}$ mol/L，代入上式，即可得出其他各种形态离子的浓度：

$$[Fe(OH)^{2+}]=8.1\times10^{-14}\,mol/L$$

$$[Fe(OH)_2^+]=4.5\times10^{-10}\,mol/L$$

$$[Fe(OH)_2^{4+}]=1.02\times10^{-23}\,mol/L$$

（3）水生生物 水生生物可直接影响许多物质的浓度，其作用有代谢、摄取、转化、存储和释放等。在水生生态系统中生存的生物体，可以分为自养生物和异养生物。自养生物利用太阳能或化学能，把简单、无生命的无机物元素引进至复杂的生命分子中即组成生命体。藻类是典型的自养水生生物，通常 CO_2、NO_3^- 和 PO_4^{3-} 多为自养生物的 C、N、P 源。利用太阳能从无机矿物合成有机物的生物体称为生产者。异养生物利用自养生物产生的有机物作为能源及合成它自生生命的原始物质。

水体产生生物体的能力称为生产率。生产率是由化学的及物理的因素相结合而决定的。通常饮用水及游泳池需要低的生产率，而对于鱼类则需要较高的生产率。在高生产率的水中藻类生产旺盛，死藻的分解引起水中溶解氧水平降低，这种情况常被称为富营养化。水中营养物通常决定水的生产率，水生植物需供给适量 C（二氧化碳）、N（硝酸盐）、P（磷酸盐）及痕量元素，在许多情况下，P 是限制的营养物。

决定水体中生物的范围及种类的关键物质是氧，氧的缺乏可使许多水生生物死亡，氧的存在能够杀死许多厌氧细菌。在测定河流及湖泊的生物特征时，首先要测定水中溶解氧的浓度。

生物（或生化）需氧量 BOD 是另一个水质的重要参数，它是指在一定体积的水中有机物降解所要耗用的氧的量。一个 BOD 高的水体，不可能很快地补充氧气，显然对水生生物是不利的。

CO_2 是由水及沉积物中的呼吸过程产生的，也能从大气进入水体。藻类生命体的光合作用需要 CO_2，由水中有机物降解产生的高水平 CO_2，可能引起过量藻类的生长以及水体的超生长率，在有些情况下 CO_2 是一个限制因素。

(4) 有机物质　天然水体中的有机物种类繁多，它们是水生植物光合作用的产物和水生动物在不同阶段分解产物的混合物。通常将水体中有机物分为两大类，即非腐殖物质和腐殖物质。

非腐殖物质包括糖类化合物、脂肪、蛋白质、维生素及其他低相对分子质量有机物等。水体中的大部分有机物是呈褐色或黑色无定形的腐殖质（humic substances）。它的相对分子质量范围为几百至几万。大多数腐殖质的元素组成在下述范围之内：C 45%～55%，O 30%～45%，H 3%～6%，S 0～1%。腐殖质的组成和结构目前尚未完全搞清楚，分类和命名也不统一。通常根据腐殖质在酸、碱中溶解的情况，将它们分成三个主要部分。

① 富里酸　也称黄腐酸，用 FA 表示，相对分子质量为几百至几千，可溶于酸和碱；

② 腐植酸　也称棕腐酸，用 HA 表示，相对分子质量为几千至几万，可溶于碱，但不溶于酸；

③ 胡敏酸　也称腐黑物，不溶于酸和碱。

资料表明，三种腐殖质在结构上是相似的，它们共同的特点是除含有大量苯环外，还含有大量羧基、羟基、氨基、羰基等活性基团。其中脂肪结构约占 37%，芳香结构约占 21%。一般水中腐殖质里富里酸约占 83%～90%，腐植酸约占 3%～4%，胡敏酸占 7%～13%。由于富里酸的相对分子质量较小，故其单位质量的含氧官能团较高。正是这些活性基团决定了腐殖质具有弱酸性、离子交换性、配位化合和氧化还原等化学活性，因而具有使水体中的金属离子形成稳定的水溶性或水不活性化合物的能力以及具有与水体中有机物（包括有毒物）相互作用的能力等。

(5) 溶解气体　天然水体中一般存在的气体有氧气、二氧化碳、硫化氢、氮气和甲烷等，这些气体来自大气中各种气体的溶解、水生动植物的活动、化学反应等。海水中的气体还来自海底爆发的火山（见表 3-3）。

表 3-3　海水中主要溶解气体的含量范围

气　体	O_2	N_2	CO_2	H_2S	Ar
含量范围/(mg/L)	0～8.5	8.4～14.5	34～56	0～22	0.2～0.4

二、天然水体中的化学平衡

元素或化合物的性质，尤其是对生物体的毒害性，与其存在的形态密切相关。水体中所含物质的存在形态主要是由水体中存在的化学平衡，即沉淀溶解平衡、酸碱平衡、氧化还原平衡、配合解离平衡以及吸附-解吸平衡等决定的。天然水体可以看成是一个含有多种溶质成分的复杂的水溶液体系，上述各平衡的综合作用决定了这些组分在水体中的存在形态，进而决定了它们对环境所造成的影响及影响程度。

1. 气态物质在水中的溶解平衡

溶解在水中的气体对于水中生物的生存非常重要。例如鱼类在水体中生活时，要从周围水中摄取溶解氧（溶解氧小于 4mg/L 时就不能生存），经体内呼吸作用后，又向水中放出 CO_2。在污染水体中许多鱼的死亡，不是由于污染物的直接毒性致死，而是由于在污染物的生物降解过程中大量消耗水体中的溶解氧，导致它们无法生存。

溶解平衡是相对的，而偏离平衡状态的水中溶解气体（处于不饱和或过饱和状态）有在汽-水两相间发生传质的趋向，由此关系到气体物质在两环境圈层间发生迁移的过程。

大气中的气体分子与溶液中同种气体分子间的平衡为：

$$X(g) \rightleftharpoons X(aq) \tag{3-5}$$

它服从亨利定律，即一种气体在液体中的溶解度正比于液体所接触的该种气体的分压，但许多气体溶解后会发生进一步的化学反应，如 CO_2、SO_2 溶解于水后会发生进一步反应生成 HCO_3^-、HSO_3^-，所以溶解在水中气体的量远远高于亨利定律表示的量。气体在水中的溶解度可用以下平衡式表示：

$$[G(aq)] = K_H p_G \tag{3-6}$$

式中　K_H——气体在一定温度下的亨利定律常数，见表 3-4；

p_G——气体的分压。

表 3-4　25℃时一些气体在水中的亨利定律常数

气　体	K_H/[mol/(L·Pa)]	气　体	K_H/[mol/(L·Pa)]
O_2	1.26×10^{-8}	N_2	6.40×10^{-9}
O_3	9.16×10^{-8}	NO	1.97×10^{-8}
CO_2	3.34×10^{-7}	NO_2	9.74×10^{-8}
CH_4	1.32×10^{-8}	HNO_2	4.84×10^{-4}
C_2H_4	4.84×10^{-8}	HNO_3	2.07
H_2	7.80×10^{-9}	NH_3	6.12×10^{-4}
H_2O_2	7.01×10^{-1}	SO_2	1.22×10^{-5}

在计算气体的溶解度时需对水蒸气的分压进行校正，表 3-5 给出了水在不同温度下的分压，根据这些参数，可用亨利定律计算出气体在水中的溶解度。

表 3-5　不同温度下水的分压

T/℃	$p_{H_2O}/10^5$Pa	T/℃	$p_{H_2O}/10^5$Pa
0	0.00611	30	0.04241
5	0.00872	35	0.05621
10	0.01228	40	0.07374
15	0.01705	45	0.09581
20	0.02337	50	0.12330
25	0.03167	100	1.01325

（1）氧在水中的溶解度　氧在干燥空气中的含量为 20.95%，大部分氧元素来自大气，因此水体与大气接触再复氧的能力是水体的一个重要特征。藻类的光合作用会放出氧气，但这个过程仅限于白天。

氧在水中的溶解度与水的温度、氧在水中的分压及水中的含盐量有关。氧在 1.0130×10^5 Pa、25℃饱和水中的溶解度，可按下面步骤计算。

首先从表 3-5 中可查出水在 25℃时的蒸气压为 0.03167×10^5 Pa，由于干空气中氧的含量为 20.95%，所以氧的分压为：

$$p_{O_2} = [(1.01325-0.03167)\times10^5\times0.2095]\text{Pa} = 0.2056\times10^5\text{Pa}$$

代入亨利定律即可求出氧在水中的物质的量浓度：

$$[O_2(aq)] = K_H p_{O_2} = 1.26\times10^{-8}\times0.2056\times10^5\text{mol/L} = 2.6\times10^{-4}\text{mol/L}$$

氧的相对分子质量为 32，因此其溶解度为 8.32mg/L。

气体的溶解度随温度升高而降低，这种影响可由克劳修斯-克拉贝龙（Clausius-Clapeyron）方程式显示出：

$$\lg \frac{c_2}{c_1}=\frac{\Delta H}{2.303R}\times\left(\frac{1}{T_1}-\frac{1}{T_2}\right) \tag{3-7}$$

式中 c_1、c_2——热力学温度 T_1 和 T_2 时气体在水中的浓度；

ΔH——溶解热，J/mol；

R——气体常数，8.314J/(mol・K)。

气体的溶解度随温度的升高而降低。若温度从0℃上升到35℃时，氧在水中的溶解度将从14.74mg/L降低到7.03mg/L。在 1.0130×10^5 Pa、25℃时，7.8mg/L有机质降解需要消耗8.3mg/L氧气，由此可见，与其他溶质相比，溶解氧的水平是不高的，一旦发生氧的消耗反应，则溶解氧的水平很快地降至零。

（2）CO_2 在水中的溶解度　干燥空气中 CO_2 的含量为0.033%（体积），25℃时水蒸气的分压为 0.03167×10^5 Pa，CO_2 的亨利定律常数（25℃）是 3.34×10^{-7} mol/(L・Pa)，则 CO_2 在水中的溶解度为：

$$p_{CO_2}=(1.01325-0.03167)\times10^5\times0.00033\text{Pa}=32.39\text{Pa}$$

$$[CO_2]=3.34\times10^{-7}\times32.39\text{mol/L}=1.082\times10^{-5}\text{mol/L}$$

CO_2 在水中解离部分可产生等浓度的 H^+ 和 HCO_3^-。H^+ 和 HCO_3^- 的浓度可从 CO_2 的酸解离常数（K）计算出：

$$CO_2+H_2O \rightleftharpoons H^+ + HCO_3^-$$

$$[H^+]=[HCO_3^-]$$

$$[H^+]^2/[CO_2]=K_1=4.45\times10^{-7}$$

$$[H^+]=(1.082\times10^{-5}\times4.45\times10^{-7})^{1/2}\text{mol/L}=2.19\times10^{-6}\text{mol/L}$$

$$\text{pH}=5.66$$

故 CO_2 在水中的溶解度应为 $[CO_2]+[HCO_3^-]=1.301\times10^{-5}$ mol/L。

2. 酸碱平衡

CO_2 在水中形成酸，可同岩石中的碱性物质发生反应，并可通过沉淀反应变为沉积物而从水中除去。在水和生物体之间的生物化学交换中，CO_2 占有独特地位，溶解的碳酸盐化合态与岩石圈、大气圈进行均相或多相的酸碱反应和交换反应，对于调节天然水的pH和组成起着重要作用。

对于 CO_2-H_2O 系统，水体中存在着 $CO_2(aq)$、H_2CO_3、HCO_3^- 和 CO_3^{2-} 四种化合态，常把 $CO_2(aq)$ 和 H_2CO_3 合并为 $H_2CO_3^*$，实际上 H_2CO_3 含量极低，主要是溶解性气体 $CO_2(aq)$。因此，水中 $H_2CO_3^*$-HCO_3^--CO_3^{2-} 体系可用下面的反应和平衡常数表示：

$$CO_2(g)+H_2O \longrightarrow H_2CO_3^* \quad pK_0=1.47$$

上式中 K_0 包括：$CO_2(g) \rightleftharpoons CO_2(aq)$ 亨利常数 K_H 和 $CO_2(aq)+H_2O \rightleftharpoons H_2CO_3$ 的平衡常数，即 $[CO_2(aq)]+[H_2CO_3]=[H_2CO_3^*]$：

$$H_2CO_3^* \rightleftharpoons HCO_3^- + H^+ \quad pK_1=6.35$$

$$HCO_3^- \rightleftharpoons CO_3^{2-} + H^+ \quad pK_2=10.33$$

其中：

$$K_H=\frac{[CO_2(aq)]}{p_{CO_2}},\ K_0=\frac{[H_2CO_3^*]}{p_{CO_2}},\ K_1=\frac{[HCO_3^-][H^+]}{[H_2CO_3^*]},\ K_2=\frac{[CO_3^{2-}][H^+]}{[HCO_3^-]}$$

根据 K_1 及 K_2 值，就可以制作以pH为主要变量的 $H_2CO_3^*$-HCO_3^--CO_3^{2-} 体系的形态分布图。

(1) 封闭体系的碳酸平衡　根据上述的碳酸平衡的一般反应方程，假如将水中溶解的 $[H_2CO_3^*]$ 作为不挥发酸，由此构成了封闭的体系，在海底深处，地下水（一些封闭的岩溶洞）、锅炉水和实验室水样中可能遇见这样的体系。

在封闭体系中，用 α_0、α_1、α_2 分别代表上述三种化合态在总量中所占比例，可以给出下面三个表示式：

$$\alpha_0=[H_2CO_3^*]/([H_2CO_3^*]+[HCO_3^-]+[CO_3^{2-}]) \tag{3-8}$$

$$\alpha_1=[HCO_3^-]/([H_2CO_3^*]+[HCO_3^-]+[CO_3^{2-}]) \tag{3-9}$$

$$\alpha_2=[CO_3^{2-}]/([H_2CO_3^*]+[HCO_3^-]+[CO_3^{2-}]) \tag{3-10}$$

若用 c_T 表示各种碳酸化合态的总量，则有 $[H_2CO_3^*]=c_T\alpha_0$，$[HCO_3^-]=c_T\alpha_1$ 和 $[CO_3^{2-}]=c_T\alpha_2$。若把 K_1、K_2 的表达式代入上面的三个式子中，就可得到作为酸解离常数和氢离子浓度的函数的形态分数：

$$\alpha_0=\left(1+\frac{K_1}{K_2}+\frac{K_1K_2}{[H^+]^2}\right)^{-1} \tag{3-11}$$

$$\alpha_1=\left(1+\frac{[H^+]}{K_1}+\frac{K_2}{[H^+]}\right)^{-1} \tag{3-12}$$

$$\alpha_2=\left(1+\frac{[H^+]^2}{K_1K_2}+\frac{[H^+]}{K_2}\right)^{-1} \tag{3-13}$$

并可以根据其形态分数作图（知道溶液 pH 可以估计其中各种形态碳酸的含量）：一般封闭体系的 pH 范围为 4.3～10.8。水样中含有强酸时，pH 将小于 4.3，此时水样中一般仅有 $[H_2CO_3^*]$；或水样中含有强碱时，$pH>10.8$，此时水样中一般仅有 $[CO_3^{2-}]$；图 3-1 中的 pH=8.3 可以作为一个分界点，$pH<8.3$，α_2 很小，$[CO_3^{2-}]$ 可以忽略不计，水中只有 $[CO_2(aq)]$、$[H_2CO_3]$、$[HCO_3^-]$，可以只考虑一级解离平衡，即此时 $[H^+]=K_1[H_2CO_3^*]/[HCO_3^-]$，所以 $pH=pK_1-\lg[H_2CO_3^*]+\lg[HCO_3^-]$；当溶液的 $pH>8.3$ 时，$[H_2CO_3^*]$ 可以忽略不计，水中只存在 $[HCO_3^-]$ 和 $[CO_3^{2-}]$，应该考虑二级解离平衡，即 $[H^+]=K_2[HCO_3^-]/[CO_3^{2-}]$，所以 $pH=pK_2-\lg[HCO_3^-]+\lg[CO_3^{2-}]$。

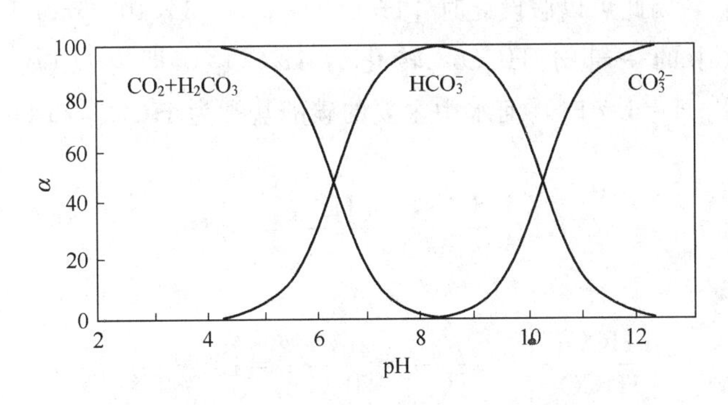

图 3-1　碳酸化合态分布示意

(2) 开放体系的碳酸平衡　以上的讨论没有考虑溶解性 CO_2 与大气交换过程，因而属于封闭的水溶液体系的情况。实际上，根据气体交换动力学，CO_2 在气液界面的平衡时间需数日。因此，若需考虑的溶液反应在数小时之内完成，就可应用封闭体系固定碳酸化合态总量的模式加以计算。反之，如果所研究的过程是长时期的，例如一年期间的水质组成，则认为 CO_2 与水是处于平衡状态，可以更近似于真实情况。

开放体系的显著特点是空气中的 $CO_2(g)$ 能够和液相中的 $CO_2(aq)$ 达到平衡，此时液相中的 $CO_2(aq)$ 浓度可以根据亨利定律近似计算：溶液中，碳酸化合物的相应浓度表示为：$[H_2CO_3^*]\approx[CO_2(aq)]=K_H p_{CO_2}$，所以：

$$c_T=[CO_2(aq)]/\alpha_0=\frac{1}{\alpha_0}K_H p_{CO_2} \tag{3-14}$$

$$[HCO_3^-]=\frac{\alpha_1}{\alpha_0}K_H p_{CO_2}=\frac{K_1}{[H^+]}K_H p_{CO_2} \tag{3-15}$$

$$[CO_3^{2-}]=\frac{\alpha_2}{\alpha_0}K_H p_{CO_2}=\frac{K_1K_2}{[H^+]^{-2}}K_H p_{CO_2} \tag{3-16}$$

由上述式(3-14)～式(3-16) 三个方程可以知道：在 lg$c$-pH 图上，$[H_2CO_3^*]$、$[HCO_3^-]$、$[CO_3^{2-}]$ 三条线的斜率分别为 0、+1、+2，此时 c_T 为三者之和，并且是以三条线为渐近线的一条曲线。如果已知溶液 pH，则可估计其中各种形态碳酸的含量：pH<6，溶液中主要是 $[H_2CO_3^*]$；pH = 6 ～ 10.3，溶液中主要是 $[HCO_3^-]$；当 pH > 10.3，溶液中主要是 $[CO_3^{2-}]$。另外需要注意的是，在封闭体系中 c_T 始终不变，但是在开放体系中，c_T 则是可以变化的，随着溶液 pH 的升高而升高。开放体系的碳酸平衡如图 3-2 所示。

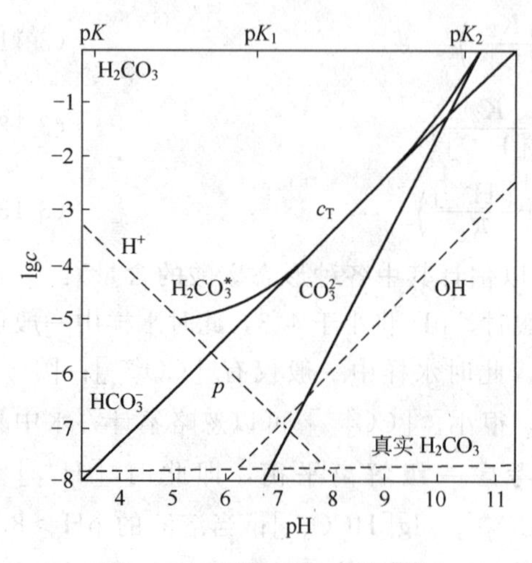

图 3-2 开放体系的碳酸平衡

【例 3-1】 某条河流的 pH=8.3，总碳酸盐的含量 $c_{TC}=3\times10^{-3}$ mol/L。现在有浓度为 1×10^{-2} mol/L 的硫酸废水排入该河流中。按照有关标准，河流 pH 不能低于 6.7，问每升河水中最多能够排入这种废水多少毫升？

解 由于酸碱反应十分迅速，因此可以用封闭体系的方法进行计算：pH=8.3 时，河水中主要的碳酸盐为 HCO_3^-，因此可以假设此时 $[HCO_3^-]=c_{TC}=3\times10^{-3}$ mol/L，如果排入酸性废水，则将会使河水中的一部分 HCO_3^- 转化为 $H_2CO_3^*$，即有反应：$HCO_3^-+H^+\longrightarrow H_2CO_3^*$，当河水的 pH=6.7 时，河水中主要的碳酸盐类为 HCO_3^- 和 $H_2CO_3^*$。

因为

$$K_1=\frac{[HCO_3^-][H^+]}{[H_2CO_3^*]}=10^{-6.35}$$

所以此时

$$\frac{[HCO_3^-]}{[H_2CO_3^*]}=\frac{K_1}{[H^+]}=\frac{10^{-6.35}}{10^{-6.7}}=10^{0.35}=2.24$$

所以

$$\alpha_0=\frac{[H_2CO_3^*]}{[H_2CO_3^*]+[HCO_3^-]}=\frac{1}{2.24+1}=0.3086$$

$$\alpha_1=\frac{[HCO_3^-]}{[H_2CO_3^*]+[HCO_3^-]}=\frac{2.24}{2.24+1}=0.6914$$

所以此时：$[H_2CO_3^*]=\alpha_0 c_{TC}=0.3086\times3\times10^{-3}$ mol/L$=0.9258\times10^{-3}$ mol/L

$$[HCO_3^-]=\alpha_1 c_{TC}=0.6914\times3\times10^{-3}mol/L=2.0742\times10^{-3}mol/L$$

加酸性废水到 pH=6.7，有 0.9258×10^{-3} mol/L 的 $H_2CO_3^*$ 生成，故每升河水中要加入 0.9258×10^{-3} mol 的 H^+ 才能满足上述要求，这相当于每升河水中加入浓度为 1×10^{-2} mol/L 的硫酸废水的量 V 为：$V=0.9258\times10^{-3}$ mol/($2\times1\times10^{-2}$ mol/L) = 0.0463L = 46.3mL。因此相当于每升河水中最多加入酸性废水 46.3mL。

(3) 天然水中的碱度和酸度

① 水的碱度（alkalinity）　水接受质子能力的量度，指水中能与强酸发生中和作用的全部物质，亦即能接受质子 H^+ 的物质总量。

碱度的主要形态为：OH^-、CO_3^{2-}、HCO_3^-。组成水中碱度的物质可以归纳为三类：强碱，如 NaOH、$Ca(OH)_2$ 等，在溶液中全部解离生成 OH^-；弱碱，如 NH_3、$C_6H_5NH_2$ 等，在水中一部分发生反应生成 OH^-；强碱弱酸盐，如各种碳酸盐、重碳酸盐、硅酸盐、磷酸盐、硫化物和腐殖酸盐等，它们水解时生成 OH^- 或者直接接受质子 H^+。

在测定已知体积水样碱度时，可用一个强酸标准溶液滴定，用甲基橙为指示剂，当溶液由黄色变为橙红色（pH 约 4.3），停止滴定，此时所得的结果称为总碱度，也称为甲基橙碱度。其化学反应的计量关系式如下：

$$H^+ + OH^- \rightleftharpoons H_2O$$

$$H^+ + CO_3^{2-} \rightleftharpoons HCO_3^-$$

$$H^+ + HCO_3^- \rightleftharpoons H_2CO_3$$

因此，总碱度是水中各种碱度成分的总和，即加酸至 HCO_3^- 和 CO_3^{2-} 全部转化为 CO_2。根据溶液质子平衡条件，可以得到碱度的表示式：

$$总碱度=[HCO_3^-]+2[CO_3^{2-}]+[OH^-]-[H^+]（甲基橙碱度） \quad (3\text{-}17)$$

此时，$c_T=[H_2CO_3^*]$，所有的 $[HCO_3^-]$ 和 $[CO_3^{2-}]$ 全部转化为 $[H_2CO_3^*]$，即 $CO_2(aq)$ 和 H_2CO_3。

如果滴定是以酚酞作为指示剂，当溶液的 pH 降到 8.3 时，表示 OH^- 被中和，CO_3^{2-} 全部转化为 HCO_3^-，作为碳酸盐只中和了一半，因此得到酚酞碱度（碳酸盐碱度）：

$$酚酞碱度=[CO_3^{2-}]+[OH^-]-[H_2CO_3^*]-[H^+]（碳酸盐碱度） \quad (3\text{-}18)$$

此时所有的 $[CO_3^{2-}]$ 被中和，转化为 $[HCO_3^-]$，因此又称为碳酸盐碱度。

达到 pH 能使溶液中碳酸盐全部为 CO_3^{2-}，此时需酸量称为苛性碱度。苛性碱度在实验室里不能迅速地测得，因为不容易找到终点。若已知总碱度和酚酞碱度就可用计算方法确定。苛性碱度表达式为：

$$苛性碱度=[OH^-]-[HCO_3^-]-2[H_2CO_3^*]-[H^+]=2\times酚酞碱度-总碱度 \quad (3\text{-}19)$$

当滴定到 $c_T=[CO_3^{2-}]$，此时所有的 $[OH^-]$ 都被中和，因此称为苛性碱度，此时的 pH 在 10～11 之间。

② 水的酸度（acidity）　水的酸度是指水中能与强碱发生中和作用的全部物质，亦即放出 H^+ 或经过水解能产生 H^+ 的物质的总量，而 pH 是水中氢离子的活度表示，因此也不同。

酸度的主要形态为：H^+、$H_2CO_3^*$、HCO_3^-。组成水中酸度的物质也可归纳为三类：强酸，如 HCl、H_2SO_4、HNO_3 等；弱酸，如 CO_2 及 H_2CO_3、H_2S、蛋白质以及各种有机酸类；强酸弱碱盐，如 $FeCl_3$、$Al_2(SO_4)_3$ 等。

以强碱滴定含碳酸水溶液测定其酸度时，其反应过程与上述相反。以甲基橙为指示剂滴定到 pH=4.3，得到无机酸度：

$$无机酸度=[H^+]+[HCO_3^-]-2[CO_3^{2-}]-[OH^-](甲基橙酸度) \quad (3\text{-}20)$$

无机酸度，又称为矿物酸度，或者甲基橙酸度（pH=4.3）。此时溶液中总碳酸盐为 $c_T=[H_2CO_3^*]$，所有的 H^+ 被 OH^- 中和，其化学反应的计量关系式如下：

$$OH^- + H^+ \rightleftharpoons H_2O$$

$$OH^- + H_2CO_3^* \rightleftharpoons HCO_3^- + H_2O$$

$$OH^- + HCO_3^- \rightleftharpoons CO_3^{2-} + H_2O$$

以酚酞为指示剂滴定到 pH=8.3，得到游离 CO_2 酸度：

$$CO_2\ 酸度=[H^+]+[H_2CO_3^*]-[CO_3^{2-}]-[OH^-](酚酞酸度) \quad (3\text{-}21)$$

此时溶液中总碳酸盐为 $c_T=[HCO_3^-]$，所有的 $[H_2CO_3^*]$ 被 OH^- 中和，因此称为二氧化碳酸度，或称为酚酞酸度。

总酸度应在 pH=10.8 处得到，但此时滴定曲线无明显突跃，难以选择适合的指示剂，故一般以游离 CO_2 作为酸度主要指标。同样也根据溶液质子平衡条件，得到总酸度：

$$总酸度=[H^+]+[HCO_3^-]+2[H_2CO_3^*]-[OH^-]=2\times CO_2\ 酸度-无机酸度 \quad (3\text{-}22)$$

水的酸度对于水处理具有重要意义，对于酸性废水，常需要测定水中的酸度以确定需要加入水中的石灰或其他化学药剂的量。

③ 酸碱度和 pH 的关系　如果应用总碳酸量（c_T）和相应的分布系数（α）来表示，则有：

$$总碱度=c_T(\alpha_1+2\alpha_2)+K_W/[H^+]-[H^+]$$

$$酚酞碱度=c_T(\alpha_2-\alpha_0)+K_W/[H^+]-[H^+]$$

$$苛性碱度=-c_T(\alpha_1+2\alpha_2)+K_W/[H^+]-[H^+]$$

$$总酸度=c_T(\alpha_1+2\alpha_0)+[H^+]-K_W/[H^+]$$

$$CO_2\ 酸度=c_T(\alpha_0-\alpha_2)+[H^+]-K_W/[H^+]$$

$$无机酸度=-c_T(\alpha_1+2\alpha_2)+[H^+]-K_W/[H^+]$$

此时，如果已知水体的 pH、碱度及相应的平衡常数，就可算出 $H_2CO_3^*$、HCO_3^-、CO_3^{2-} 及 OH^- 在水中的浓度（假定其他各种形态对碱度的贡献可以忽略）。

【例 3-2】 某水体的 pH 为 8.00，碱度为 1.00×10^{-3} mol/L 时，计算该水体中 $H_2CO_3^*$、HCO_3^-、CO_3^{2-}、OH^- 的浓度。

解　当 pH=8.00 时，CO_3^{2-} 的浓度与 HCO_3^- 浓度相比可以忽略，此时碱度全部由 HCO_3^- 贡献。

$$[HCO_3^-]=[碱度]=1.00\times10^{-3}\text{mol/L}$$

$$[OH^-]=1.00\times10^{-6}\text{mol/L}$$

根据酸的解离常数 K_1，可以计算出 $H_2CO_3^*$ 的浓度：

$$[H_2CO_3^*]=[H^+][HCO_3^-]/K_1$$

$$=[1.00\times10^{-8}\times10^{-3}/(4.45\times10^{-7})]\text{mol/L}$$

$$=2.25\times10^{-5}\text{mol/L}$$

代入 K_2 的表示式计算 $[CO_3^{2-}]$：

$$[CO_3^{2-}]=K_2[HCO_3^-]/[H^+]$$

$$=(4.69\times10^{-11}\times1.00\times10^{-3}/1.00\times10^{-8})\text{mol/L}$$

$$=4.69\times10^{-6}\text{mol/L}$$

【例 3-3】 若水体的 pH 为 10.0，碱度仍为 1.00×10^{-3} mol/L 时，计算该水体中

$H_2CO_3^*$、HCO_3^-、CO_3^{2-}、OH^-的浓度。

解　在这种情况下，对碱度的贡献是由CO_3^{2-}及OH^-同时提供，总碱度可表示如下：

$$[碱度]=[HCO_3^-]+2[CO_3^{2-}]+[OH^-]=1.00\times10^{-3}mol/L$$

代入$[CO_3^{2-}]=K_2[HCO_3^-]/[H^+]$，$[OH^-]=1.00\times10^{-4}mol/L$，就得出$[HCO_3^-]=4.46\times10^{-4}mol/L$，$[CO_3^{2-}]=2.18\times10^{-4}mol/L$。

可以看出，对总碱度的贡献HCO_3^-为$4.64\times10^{-4}mol/L$，CO_3^{2-}为$2\times2.18\times10^{-4}mol/L$，$OH^-$为$1.00\times10^{-4}mol/L$。总碱度为三者之和，即$1.00\times10^{-3}mol/L$。

在环境水化学及水处理工艺过程中，常常会遇到向碳酸体系加入酸或碱而调整原有的pH的问题，例如水的酸化和碱化问题。

【例3-4】　若一个天然水体的pH为7.0，碱度为1.4mmol/L，求需加多少酸才能把水体的pH降低到6.0？

解　总碱度$=c_T(\alpha_1+2\alpha_2)+K_W/[H^+]-[H^+]$

$$c_T=\frac{1}{\alpha_1+2\alpha_2}([总碱度]+[H^+]-[OH^-])$$

令　$\alpha=\frac{1}{\alpha_1+2\alpha_2}$

当pH在5～9范围内、$[碱度]\geqslant10^{-3}mol/L$或pH在6～8范围内、$[碱度]\geqslant10^{-4}mol/L$时，$[H^+]$、$[OH^-]$项可忽略不计，得到简化式：

$$c_T=\alpha[碱度]$$

当pH=7.0时，查表（或者计算）得$\alpha_1=0.816$，$\alpha_2=3.83\times10^{-4}$，则$\alpha=1.22$，$c_T=\alpha[碱度]=1.22\times1.4mmol/L=1.71mmol/L$，若加强酸将水的pH降低到6.0，其$c_T$值并不变化，而$\alpha$为3.25，可得：

$$[碱度]=c_T/\alpha=1.71/3.25mmol/L=0.526mmol/L$$

碱度降低值就是应加入的酸量：

$$\Delta A=1.4mmol/L-0.526mmol/L=0.874mmol/L$$

碱化时的计算与此类似。

三、水体污染及水体污染源

1. 水体污染

水体污染是指由于人类活动排放的污染物进入河流、湖泊、海洋或地下水等水体，使水和水体底泥的物理、化学性质或生物群落组成发生变化，从而降低了水体的使用价值，这种现象称为水体污染。常见的有：①病原微生物污染，如伤寒杆菌、痢疾杆菌、霍乱弧菌等引起传染病的发生或流行；②有机物污染，由于氧化分解大量消耗水中溶解氧，甚至转为厌氧分解，水变黑发臭；③无机盐污染，影响生活、工业或灌溉用水；④植物营养素（如锌、磷、氮）污染，使水生植物大量繁殖，水质富营养化；⑤各种油污染，减少河流复氧，影响水体自净作用；⑥毒物污染，主要有砷、氟、铅、汞、硝酸盐等；⑦放射性物质污染；⑧废热水污染。水质污染的水域不能正常使用，甚至会危及人类健康。

2. 水体污染源

（1）水体污染源的含义及分类　水体污染源是指造成水体污染的污染物的发生源。通常是指向水体排入污染物或对水体产生有害影响的场所、设备和装置。按污染源的来源可分为天然污染源和人为污染源。前者属自然地理因素，如特殊的地质或其他自然条件使一些地区某种化学元素大量富集，或天然植物在腐烂中产生的某些毒物等；后者属人为因素，由人类的生产、生活活动所引起。按污染源排入水体的形式，分为点污染源和面污染源两种。

水污染点源是指以点状形式排放而使水体造成污染的发生源。工业或生活污水以地点集中的形式排入水体，是常见的水污染点源。工业或生活污水的排出有固定地点排出和流动排出之分。前者排放具有经常性，如工业废水的排放口、城镇生活污水的排污口，其规律依工矿废水、城镇污水排放而改变，既有季节性又有随机性，有的则集中污水处理厂经处理后再排入水体。后者指污染物从分散的、流动的运行设备排出，如轮船等。

水污染面源，亦称“非点源”，简称“面源”。在水体的集水面上，因降雨冲刷形成污染径流汇入水体。如农业污染源，城市地面、矿山采矿的径流冲刷污染源和自然污染源等，大都在降雨呈径流之时发生；农田灌溉回归水在灌溉时期发生，具有间歇性。依降雨径流产流、汇流规律及作为受污染的下垫面因素而变化。面污染源造成的污染和危害很大，据美国估计，目前美国的水体污染约50%由面污染源造成，尚无法处理。

（2）几种水体污染源的特点　生活污水主要来自家庭、商业、学校、旅游服务业及其他城市公用设施，包括厕所冲洗水、厨房洗涤水、洗衣机排水、沐浴排水及其他排水等。污水中主要含有悬浮态或溶解态的有机物质（如纤维素、淀粉、糖类、脂肪、蛋白质等），还含有氮、硫、磷等无机盐类和各种微生物。一般生活污水中悬浮固体的含量在200～400mg/L之间，由于其中有机物种类繁多，性质各异，常以生化需氧量（BOD_5）或化学需氧量（COD）来表示其含量。一般生活污水的 BOD_5 在200～400mg/L之间。

工业废水产自工业生产过程，其水量和水质随生产过程而异，根据其来源可以分为工艺废水、原料或成品洗涤水、场地冲洗水以及设备冷却水等；根据废水中主要污染物的性质，可分为有机废水、无机废水、兼有有机物和无机物的混合废水、重金属废水、放射性废水等；根据产生废水的行业性质，又可分为造纸废水、印染废水、焦化废水、农药废水、电镀废水等。不同工业排放废水的性质差异很大，即使是同一种工业，由于原料工艺路线、设备条件、操作管理水平的差异，废水的数量和性质也会不同。一般来讲，工业废水有以下几个特点：废水中污染物浓度大，某些工业废水含有的悬浮固体或有机物浓度是生活污水的几十甚至几百倍；废水成分复杂且不易净化，如工业废水常呈酸性或碱性，废水中常含不同种类的有机物和无机物，有的还含重金属、氰化物、多氯联苯、放射性物质等有毒污染物；很多工业废水带有颜色或异味，如刺激性的气味，或呈现出令人生厌的外观，易产生泡沫，含有油类污染物等；废水水量和水质变化大，因为工业生产一般有着分班进行的特点，废水水量和水质常随时间有变化，工业产品的调整或工业原料的变化，也会造成废水水量和水质的变化；某些工业废水的水温高，甚至有的高达40℃以上。

（3）主要的水环境污染物　排入水体的污染物种类繁多，分类方法各异。按污染物组成分类可见表3-6。

表3-6　水体中的污染物

污染物类型	主要污染物
重金属污染物	Hg、Cd、Pb、As、Co、Ni、V、Cu、Zn、Se、Sb、Ag等
非重金属污染物	N、P、F、B等
放射性物质	^{238}U、^{212}Th、^{226}Ra、^{137}Cs等
有机污染物	酚、氰、多氯联苯、稠环芳烃、取代苯类化合物
农药污染物	六六六、敌百虫、敌敌畏、DDT、对硫磷等

造成水体污染的污染源有多种，不同污染源排放的污水、废水具有不同的成分和性质，但其所含的污染物主要有以下几类。

① 悬浮物　悬浮物主要指悬浮在水中的污染物质，包括无机的泥沙、炉渣、铁屑，以及有机的纸片、菜叶等。水力冲灰、洗煤、冶金、屠宰、化肥、化工、建筑等工业废水和生活污水中都含有悬浮状的污染物，排入水体后除了会使水体变得浑浊，影响水生植物的光合作用以外，还会吸附有机毒物、重金属、农药等，形成危害更大的复合污染物沉入水底，日久后形成淤积，会妨碍水上交通或减少水库容量，增加挖泥负担。

② 耗氧有机物　生活污水和某些工业废水中含有糖、蛋白质、氨基酸、酯类、纤维素等有机物质，这些物质以悬浮状态或溶解状态存在于水中，排入水体后能在微生物作用下分解为简单的无机物，在分解过程中消耗氧气，使水体中的溶解氧减少，微生物繁殖。当水中溶解氧降至4mg/L以下时，将严重影响鱼类和水生生物的生存；当溶解氧降至零时，水中厌氧微生物占据优势，造成水体变黑发臭，将不能被用作饮用水源和其他用途。耗氧有机物的污染是当前我国最普遍的一种水污染。由于有机物成分复杂，种类繁多，一般用综合指标生化需氧量（BOD）、化学需氧量（COD）或总有机碳（TOC）等表示耗氧有机物的量。清洁水体中BOD_5含量应低于3mg/L，BOD_5超过10mg/L则表明水体已经受到严重污染。

③ 植物性营养物　植物性营养物主要指含有氮、磷等植物所需营养物的无机、有机化合物，如氨氮、硝酸盐、亚硝酸盐、磷酸盐、含氮和磷的有机化合物。这些污染物排入水体，特别是流动较缓慢的湖泊、海湾，容易引起水中藻类及其他浮游生物大量繁殖，形成富营养化污染，除了会使自来水处理厂运行困难，造成饮用水的异味外，严重时也会使水中溶解氧下降，鱼类大量死亡，甚至会导致湖泊的干涸灭亡。

④ 重金属　很多重金属对生物有显著毒性，并且能被生物吸收后通过食物链浓缩千万倍，最终进入人体造成慢性中毒或严重疾病。例如，著名的日本水俣病就是由于甲基汞破坏了人的神经系统而引起的；骨痛病则是镉中毒造成骨骼中钙的减少的后果，这两种疾病最终都会导致人的死亡。

⑤ 酸碱污染　酸碱污染物排入水体会使水体pH发生变化，破坏水中自然缓冲作用。当水体pH小于6.5或大于8.5时，水中微生物的生长会受到抑制，致使水体自净能力减弱，并影响渔业生产，严重时还会腐蚀船只、桥梁及其他水上建筑。用酸化或碱化的水浇灌农田，会破坏土壤的理化性质，影响农作物的生长。酸碱对水体的污染，还会使水的含盐量增加，提高水的硬度，对工业、农业、渔业和生活用水都会产生不良的影响。

⑥ 石油类　含有石油类产品的废水进入水体后会漂浮在水面并迅速扩散，形成一层油膜，阻止大气中的氧进入水中，妨碍水生植物的光合作用。石油在微生物作用下的降解也需要消耗氧，造成水体缺氧。同时，石油还会使鱼类呼吸困难直至死亡。食用在含有石油的水中生长的鱼类，还会危害人身健康。

⑦ 难降解有机物　难降解有机物是指那些难以被微生物降解的有机物，它们大多是人工合成的有机物。例如，有机氯化合物、有机芳香胺类化合物、有机重金属化合物以及多环有机物等。它们的特点是能在水中长期稳定地存留，并通过食物链富集最后进入人体。它们中的一部分化合物具有致癌、致畸和致突变的作用，对人类的健康构成了极大的威胁。

⑧ 放射性物质　放射性物质主要来自核工业和使用放射性物质的工业或民用部门。放射性物质能从水中或土壤中转移到生物、蔬菜或其他食物中，并发生浓缩和富集进入人体。放射性物质释放的射线会使人的健康受损，最常见的放射病就是血癌，即白血病。

⑨ 热污染　废水排放引起水体的温度升高，被称为热污染。热污染会影响水生生物的生存及水资源的利用价值。水温升高还会使水中溶解氧减少，同时加速微生物的代谢速率，使溶解氧的下降更快，最后导致水体的自净能力降低。热电厂、金属冶炼厂、石油化工厂等常排放高温的废水。

⑩ 病原体　生活污水、医院污水和屠宰、制革、洗毛、生物制品等工业废水，常含有病原体，会传播霍乱、伤寒、胃炎、肠炎、痢疾以及其他病毒传染的疾病和寄生虫病。

四、水体的自净作用与水环境容量

天然水体遭受污染之后，必须进行各种必要的处理，才能满足生活用天然水、地面用水、工农业用水的要求。现在许多实用的污水处理方法，实质上是天然自净过程的模拟，并有意识地在某些关键环节予以加强，提高治理效果。

1. 水体的自净作用

污染物投入水体后，使水环境受到污染。污水排入水体后，一方面对水体产生污染，另一方面水体本身有一定的净化污水的能力，即经过水体的物理、化学与生物的作用，使污水中污染物的浓度得以降低，经过一段时间后，水体往往能恢复到受污染前的状态，并在微生物的作用下进行分解，从而使水体由不洁恢复为清洁，这一过程称为水体的自净过程。

水体的自净过程十分复杂，受到很多因素影响。从机理上看，水体自净主要由下列几种过程组成。

(1) 物理作用　物理作用包括可沉性固体逐渐下沉，悬浮物、胶体和溶解性污染物稀释混合，浓度逐渐降低，其中稀释作用是一项重要的物理净化过程。

(2) 化学和物理化学作用　污染物质由于氧化还原反应、酸碱反应、分解和化合以及通过吸附和凝聚等作用而使污染物质的存在形态发生变化和浓度降低的过程即化学和物理化学净化过程。

① 吸附和凝聚　通过水体中的无机胶体、复杂的次生黏土矿物和含有以腐殖质为主的有机胶体对污染物的吸附和凝聚，并随水流扩散迁移至远方，使水体达到部分净化。一般在没有人为污染情况下，天然水体中的污染物经过重力沉降和胶体吸附作用后可去除大半，余下来的溶质主要由微生物参与的氧化还原反应来去除。

② 酸碱反应　纯水应是中性的，一般天然水的 pH 在 6～8 之间。水体在不同 pH 条件下对污染物均有去除作用，但方式是不同的。某些元素在强酸条件下可以形成易溶化合物，故可随水漂移而稀释。而在中性或碱性环境中，某些元素容易形成难溶化合物而沉降。这两种反应虽一为溶解，一为沉淀，但均达到了从水体中去除杂质离子的目的。但是天然水的环境以接近中性为主，强酸、强碱条件下的去除杂质离子，在水体自净过程中没有什么实际意义。

至于能影响溶液酸碱度的二氧化碳，它属于水体中正常的溶质，虽在其溶解量过大时，会造成腐蚀性危害，但在一般情况下，它对调整水中矿物质的含量方面还是有用的。

③ 氧化还原反应　氧化还原反应在河流的自净过程中起着重要的作用，溶解氧是主要的氧化剂。流动的水体依靠其表层滚滚的波涛将大气中的氧不断溶入，水体表面的污染物与氧发生氧化反应。某些重金属离子可由氧化而生成难溶物沉淀析出（如 Fe、Mn 等），S^{2-} 可被氧化为 SO_4^{2-} 而随水迁移。还原反应对水体自净有时也起到一定的作用，这一反应多在微生物的作用下进行。

(3) 生物作用　由于各种生物（藻类、微生物等）的活动，特别是微生物对水中有机物的氧化分解作用使污染物降解。它在水体自净中起非常重要的作用。

上述过程会引起溶解氧大量消耗，如果大气氧不能及时补充，出现缺氧状况将使水质变坏。当溶解氧不足时，好氧微生物迅速减少，一切反应都在厌氧微生物作用下进行，有机物质不能完全分解，出现许多还原物质。例如生活污水排出的许多物质，如淀粉、脂肪和蛋白质等本是无毒的，但之所以会引起水质恶臭，就是因为它们在水中发生厌氧分解的缘故。

从另一个角度来看，在缺氧处发生的还原作用也是使大分子物质降解的一种途径，并且有些物质在还原条件下往往形成微溶或难溶的化合物，从而减少了这类毒物在水中的浓度，例如重金属 Hg 和 As 等形成难溶的硫化物，如 HgS、CdS、As_2S_3 等，所以还原反应构成了水体自净的另一个侧面。

另一方面，微生物有时也可能起到加剧污染危害的作用，如在缺氧条件下，某些厌氧细菌可以把水中或淤泥中某些金属从无机化合物转化为有机化合物，如把无机汞转变为甲基汞所产生的严重问题就是一个典型例子。

了解水体生物净化作用及影响因素（微生物种类、溶解氧数量、水温、太阳辐射、水流方式、流量、流速、污染物的性质、浓度和时间），依靠人力调整水体的净化条件，使净化作用得以加速进行，这就是研究污水处理方法的中心理论基础。

水体中的污染物的沉淀、稀释、混合等物理过程，氧化还原、分解化合、吸附凝聚等化学和物理化学过程以及生物化学过程等，往往是同时发生，相互影响，并相互交织进行。一般说来，物理和生物化学过程在水体自净中占主要地位。

2. 水体的自净特征

废水或污染物一旦进入水体后，就开始了自净过程。该过程由弱到强，直到趋于恒定，使水质逐渐恢复到正常水平，全过程的特征如下。

① 进入水体中的污染物，在连续的自净过程中，总的趋势是浓度逐渐下降。

② 大多数有毒污染物经各种物理、化学和生物作用，转变为低毒或无毒化合物。

③ 重金属一类污染物，从溶解状态被吸附或转变为不溶性化合物，沉淀后进入底泥。

④ 复杂的有机物，如糖类化合物、脂肪和蛋白质等，不论在溶解氧富裕或缺氧条件下，都能被微生物利用和分解。先降解为较简单的有机物，再进一步分解为二氧化碳和水。

⑤ 不稳定的污染物在自净过程中转变为稳定的化合物，如氨转变为亚硝酸盐，再氧化为硝酸盐。

⑥ 在自净过程的初期，水中溶解氧数量急剧下降，到达最低点后又缓慢上升，逐渐恢复到正常水平。

⑦ 进入水体的大量污染物，如果是有毒的，则生物不能栖息，如不逃避就要死亡，水中生物种类和个体数量就要随之大量减少。随着自净过程的进行，有毒物质浓度或数量下降，生物种类和个体数量也逐渐随之回升，最终趋于正常的生物分布。进入水体的大量污染物中，如果含有机物过高，那么微生物就可以利用丰富的有机物为食料而迅速繁殖，溶解氧随之减少。随着自净过程的进行，使纤毛虫之类的原生动物有条件取食细菌，则细菌数量又随之减少；而纤毛虫又被轮虫、甲壳类吞食，使后者成为优势种群。有机物分解所生成的大量无机营养成分，如氮、磷等，使藻类生长旺盛，藻类旺盛又使鱼、贝类动物随之繁殖起来。

3. 水体中氧的消耗和溶解

水体中氧的消耗和溶解指水体受到污染后，水体中的溶解氧逐渐被消耗，到临界点后又逐步回升的变化过程。

需氧污染物排入水体后即发生生物化学分解作用，在分解过程中消耗水中的溶解氧。溶解氧的变化状况反映了水体中有机污染物净化的过程，因而可把溶解氧作为水体自净的标志。

如果以河流流程作为横坐标，溶解氧饱和率作为纵坐标，在坐标纸上标绘曲线，将得一垂形曲线，常称氧垂曲线，最低点称临界点。在一维河流和不考虑扩散的情况下，河流中的可生物降解有机物和溶解氧的变化可以用 S-P（Streeter-Phelps）公式模拟。

图 3-3 反映了耗氧和复氧的协同作用。图中累积耗氧量曲线为有机物分解的耗氧曲线，累积复氧量为水体复氧曲线，耗氧曲线和复氧曲线叠加即为氧垂曲线，最低点为最大缺氧点。若最大缺氧点的溶解氧量大于有关规定的量，从溶解氧的角度看，说明污水的排放未超过水体的自净能力。若排入有机污染物过多，超过水体的自净能力，则最大缺氧点低于规定的最低溶解氧含量，甚至在排放点下的某一段会出现无氧状态，此时氧垂曲线中断，说明水体已经污染。在无氧情况下，水中有机物因厌氧微生物作用进行厌氧分解，产生硫化氢、甲烷等，水质变坏，腐化发臭。

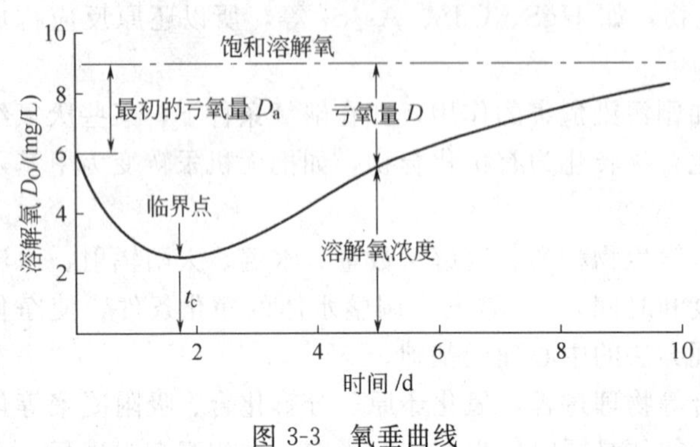

图 3-3 氧垂曲线

氧垂曲线可以表征污染河段的自净过程。在未污染前，河水中的氧一般是饱和的。污染之后，先是河水的耗氧速率大于复氧速率，溶解氧不断下降。随着有机物的减少，耗氧速率逐渐下降；而随着氧饱和不足量的增大，复氧速率逐渐上升。当两个速率相等时，溶解氧到达最低值。随后，复氧速率大于耗氧速率，溶解氧不断回升，最后又出现饱和状态，污染河段完成自净过程。可表示如下：

当耗氧速率＞复氧速率时，溶解氧曲线呈下降趋势；

当耗氧速率＝复氧速率时，为溶解氧曲线最低点，即最大缺氧点；

当耗氧速率＜复氧速率时，溶解氧曲线呈上升趋势。

氧垂曲线上，溶解氧变化规律反映河段对有机污染的自净过程。这一问题的研究，对评价水污染程度，了解污染物对水产资源的危害和利用水体自净能力，都有重要意义。

4. 水体的环境容量

水体的自净作用说明了自然环境中存在着对污染物一定的容纳能力。从城市或工业企业等排放出来的污水并不一定要处理到完全达到相应的水环境质量标准的程度才能排入水体。要充分利用这种自净作用和容纳能力，正确、经济、合理地确定污水应该处理的程度，对于环境管理或环境工程无疑都是十分重要的。

一定水体在规定的环境目标下所能容纳污染物的最大负荷量称为水的环境容量。水环境容量的大小与下列因素有关。

（1）水体特征　水体的各种水文参数（河宽、河深、流量、流速）、背景参数（水的 pH、碱度、硬度、污染物的背景值等）、自净参数（物理参数、物理化学参数、生物化学参数）和工程参数（水上的工程设施，如闸、堤以及污水向水体的排放位置、排放方式等）。

（2）污染物特征　污染物的扩散性、持久性、生物降解性等都影响水环境容量。一般来说，污染物的物理化学性质越稳定，水环境容量越小。耗氧有机物的水环境容量最大，难降解有机物的水环境容量很小，而重金属的水环境容量则甚微。

(3) 水质目标　水体对污染物的纳污能力是相对于水体满足一定的用途和功能而言的。水的用途和功能要求不同，允许存在于水体的污染物量也不同。根据我国地面水环境质量标准可将水体分为五类，每类水体的标准决定着水环境容量的大小。另外，由于各地自然条件和经济技术条件的差异较大，水质目标的确定还带着一定的社会性，因此，水环境容量还是社会效益参数的函数。

假如某种污染物排入某地面水中，此水体的水环境容量可用下式表示：

$$W=V(S-B)+C \tag{3-23}$$

式中　W——某地面水体的水环境容量；

V——该地面水体的体积；

S——地面水中某污染物的环境标准值（水质目标）；

B——地面水中某污染物的环境背景值；

C——地面水的自净能力。

可见，水环境容量既能反映了满足特殊功能条件下水体对污染物的承受能力，也反映了污染物在水环境中的迁移、转化、降解、消亡规律。当水质目标确定后，水环境容量的大小就取决于水体对污染物的自净能力。

第二节　水体中无机污染物的迁移转化

无机污染物，特别是重金属和准金属等污染物，一旦进入水环境，不能被生物降解，主要通过吸附解吸、沉淀溶解、氧化还原、配合作用、胶体形成等一系列物理化学作用进行迁移转化，参与和干扰各种环境化学过程和物质循环过程，最终以一种或多种形式长期存留在环境中，造成永久性的潜在危害。本节将重点介绍重金属污染物在水环境中迁移转化的基本原理。

一、颗粒物与水之间的迁移

1. 水中颗粒物的类别

天然水中颗粒物主要包括矿物、金属水合氧化物、腐殖质、悬浮物、其他泡沫、表面活性剂等半胶体以及藻类、细菌、病毒等生物胶体。

(1) 非黏土矿物和黏土矿物　天然水中常见的非黏土矿物为石英（SiO_2）、长石（$KAlSi_3O_8$）等，晶体交错、结实，颗粒粗，不易碎裂，缺乏黏结性（例如沙子主要成分为SiO_2）。

天然水中常见的黏土矿物为云母、蒙脱石、高岭石，层状结构，易于碎裂，颗粒较细，具有黏结性，可以生成稳定的聚集体。黏土矿物是天然水中最重要、最复杂的无机胶体，是天然水中具有显著胶体化学特性的微粒。主要成分为铝或镁的硅酸盐，具有片状晶体结构。

(2) 金属水合氧化物　铝、铁、锰、硅等金属的水合氧化物在天然水中以无机高分子及溶胶等形态存在，在水环境中发挥重要的胶体化学作用。

铝在岩石和土壤中是大量元素，在天然水中浓度低，不超过 0.1mg/L。铝水解的主要形态为 Al^{3+}、$Al(OH)^{2+}$、$Al_2(OH)_2^{4+}$、$Al(OH)_2^{+}$、$Al(OH)_3$ 和 $Al(OH)_4^{-}$ 等，各种形态的铝化合物随 pH 变化而改变形态及浓度比例，一定条件下会发生聚合，生成多核配合物或无机高分子，最终生成 $[Al(OH)_3]_n$ 的无定形沉淀物。

铁是广泛分布的丰量元素，水解反应和形态与铝类似。在不同 pH 下，Fe(Ⅲ) 的存在形态是 Fe^{3+}、$Fe(OH)^{2+}$、$Fe(OH)_2^+$、$Fe_2(OH)_2^{4+}$ 和 $Fe(OH)_3$。固体沉淀物可转化为 FeOOH 的不同晶形物。同样，它也可以聚合成为无机高分子和溶胶。

锰与铁类似，其丰度虽然不如铁，溶解度比铁高，也是常见的水合金属氧化物。

硅酸的单体为 H_4SiO_4，若写成 $Si(OH)_4$，则类似于多价金属，是一种弱酸，过量的硅酸将会生成聚合物，并可生成胶体以至沉淀物。

所有的金属水合氧化物都能结合水中微量物质，同时其本身又趋向于结合在矿物微粒和有机物的界面上。

(3) 腐殖质　带负电的高分子弱电解质，其形态构型与官能团（羧基、羰基、羟基）的解离程度有关。在 pH 较高的碱性溶液中或离子强度低的条件下，溶液中的 OH^- 将腐殖质解离出的 H^+ 中和掉，因而分子间的负电性增强，排斥力增加，亲水性强，趋于溶解。在 pH 较低的酸性溶液（H^+ 多，正电荷多）中，或有较高浓度的金属阳离子存在时，各官能团难以解离而电荷减少，高分子趋于卷缩成团，亲水性弱，因而趋于沉淀或凝聚。

(4) 水体悬浮沉积物　天然水体中各种环境胶体物质相互作用结合成聚集体，即为水中悬浮沉积物，它们可以沉降进入水体底部，也可重新再悬浮进入水中。

一般的，悬浮沉积物是以矿物微粒，特别是黏土矿物为核心骨架，有机物和金属水合氧化物结合在矿物微粒表面上，成为各微粒间的黏附架桥物质，把若干微粒组合成絮状聚集体（聚集体在水体中的悬浮颗粒粒度一般在数十微米以下），经絮凝成为较粗颗粒而沉积到水体底部。

(5) 其他　湖泊中的藻类，污水中的细菌、病毒、废水排出的表面活性剂、油滴等，也都有类似的胶体化学表现，起类似的作用。

2. 水环境中颗粒物的吸附作用

(1) 概述　吸附作用在环境中是一个十分普遍的现象。对水体而言，吸附作用对水中物质的迁移、反应、降解、积累以及生物对物质的有效利用等均极为重要。例如，一些元素进入海洋的数量本来是很大的，但研究表明极大部分并没有留在海水中，而是转移到海底沉积物中。这个现象实质上主要就是吸附作用的结果，主要是因为天然水体中含有大量的胶体状颗粒物质，它们的比表面积很大，而且表面常带有电荷，具有很强的表面活性，对金属离子和其他物质会产生良好的吸附作用。Krauskopf 曾仿照天然过程采用类似海水中的胶体悬浮体水合氧化铁、水合氧化锰等和一些有机物质作为吸附剂进行了实验，实验结果证实海水中元素含量很低的原因主要是吸附作用所致（见表 3-7）。

表 3-7　海水某些微量元素在一些吸附剂上的吸附作用　　单位：%

金　属	水合氧化铁	水合氧化锰	磷灰石	黏土	浮游生物	泥炭土
Zn	95	—	86	96	40(48)	99
Cu	96	96	77	94	54	—
Pb	86	—	96	>96	—	>96
Hg	50(>95)	—	>5(25)	96	98	93
Mo	25(56)	25	10	35	15	53
Cr	10(49)	94	12	8	10	—
Ag	22(20)	(8)	23(6)	20	49(96)	54
Co	35(91)	93(94)	15(28)	18	8	—
W	80	93	5		8	—
Ni	33(94)	96	8(69)	10	8	

从表 3-7 可看出：①不同的吸附剂对不同的金属有不同的吸附力；②Zn、Cu、Pb 等金属的吸附作用很强烈，而 Ag、Cr 等则相对较弱；③增加吸附剂或改变金属离子的浓度可以改变吸附率（括号中数字）；④总体看，水合氧化锰是最好的吸附剂。

（2）吸附等温式　吸附是指溶液中的溶质在界面层浓度升高的现象。水体中颗粒物对溶质的吸附是一个动态平衡过程，在固定的温度条件下，当吸附达到平衡时，颗粒物表面上的吸附量（G）与溶液中溶质平衡浓度（c）之间的关系，可用吸附等温线来表达。水体中常见的吸附等温线有三类：Henry 型、Freundlich 型、Langmuir 型，简称为 H 型、F 型、L 型。

H 型等温线为直线型，其等温式为：

$$G=kc \tag{3-24}$$

式中　k——分配系数。

该等温式表明溶质在吸附剂与溶液之间按固定比值分配。

F 型等温式为：

$$G=kc^{1/n} \tag{3-25}$$

式中　k、n——特性常数。

若两侧取对数，则有：$\lg G=\lg k+\frac{1}{n}\lg c$。

以 $\lg G$ 对 $\lg c$ 作图可得一直线。$\lg k$ 为截距，因此，k 值是 $c=1$ 时的吸附量，它可以大致表示吸附能力的强弱。$1/n$ 为斜率，它表示吸附量随浓度增长的强度。该等温线不能给出饱和吸附量。

使用该公式时应注意该公式只适用于浓度不大不小的溶液。通常 $0<n\leqslant 1$，n 在 0.1～0.6 之间，一般表示吸附容易进行；$n>2$ 时，吸附很难进行；对于亲脂性化合物，n 接近于 1，这意味着吸附量与溶液浓度成正比。从表面上看，k 的物理意义是 $cn=1$ 时的吸附量，而实际上这时公式可能已不适用了。一般吸附剂和吸附质改变时，n 改变不大，而 k 值变化很大。

L 型吸附等温式是基于单分子层吸附理论而导出的，是一个比较完整的理论公式。它假定吸附剂的表面一旦被吸附质占据之后就不能再吸附。当吸附达到饱和时，吸附和解吸之间达成平衡。其等温式为：

$$G=G^{\circ}c/(A+c) \tag{3-26}$$

式中　G°——单位表面上达到饱和时的最大吸附量；

A——常数。

G 对 c 作图得到一条双曲线，其渐近线为 $G=G^{\circ}$，即当 $c\to\infty$ 时，$G\to G^{\circ}$。在等温式中 A 为吸附量达到 $G^{\circ}/2$ 时溶液的平衡浓度。

将上式转化为：

$$1/G=1/G^{\circ}+(A/G^{\circ})(1/c) \tag{3-27}$$

以 $1/G$ 对 $1/c$ 作图，同样得到一直线。

等温线在一定程度上反映了吸附剂与吸附物的特性，其形式在许多情况下与实验所用溶质浓度区段有关。当溶质浓度甚低时，可能在初始区段中呈现 H 型，当浓度较高时，曲线可能表现为 F 型，但统一起来仍属于 L 型的不同区段。

（3）影响吸附的因素　吸附现象非常复杂。一般分非选择性吸附和选择性吸附两类。非选择性吸附靠的是分子间的范德华引力，所以叫物理吸附。任何固体皆可吸附任何气体，只是吸附量大小不同而已。这种吸附可以是单分子层的，也可以是多分子层的，吸附过程不需要活化能，吸附速率快，脱附也容易。选择性吸附则不同，吸附剂只对某些特定的吸附质发生吸附作用，而且吸附热很大，和化学反应相似，有化学键力的作用，可以看成是表面上的化学反应。吸附过程需要一定的活化能，吸附速率慢，脱附也不容易，所以叫化学吸附。在自然环境中，物理吸附和化学吸附常常相伴发生，因此实际的吸附问题都是比较复杂的。

影响吸附作用的因素有以下几种，首先是溶液 pH 对吸附作用的影响。在一般情况下，颗粒物对重金属的吸附量随 pH 升高而增大。当溶液的 pH 超过某元素的临界 pH 时，则该元素在溶液中的水解、沉淀起主要作用。吸附量（G）与 pH、平衡浓度（c）之间的关系可用下式表示：

$$G=Ac\times10^{B\mathrm{pH}} \tag{3-28}$$

式中　A、B——常数。

其次是颗粒物的粒度和浓度对重金属吸附量的影响。颗粒物对重金属的吸附量随粒度增大而减少，并且，当溶质浓度范围固定时，吸附量随颗粒物浓度增大而减少。此外，温度变化、几种离子共存时的竞争作用均对吸附产生影响。

二、水中颗粒物的聚集

胶体颗粒的聚集亦可称为凝聚或絮凝。在讨论聚集的化学概念时，这两个名词常交换使用。这里把由电介质促成的聚集称为凝聚，而由聚合物促成的聚集称为絮凝。胶体颗粒长期处于分散状态还是相互作用聚集结合成为更粗粒子，将决定着水体中胶体颗粒及其上面的污染物的粒度分布变化规律，影响到其迁移输送和沉降归宿的距离和去向。

水中颗粒物的聚集原理主要有如下两种。

1. 典型胶体的相互作用理论是以 DLVO 物理理论为定量基础

DLVO 理论把范德华吸引力和扩散双电层排斥力考虑为仅有的作用因素，它适用于没有化学专属吸附作用的电解质溶液中，而且假设颗粒是粒度均等、球体形状的理想状态。这种颗粒在溶液中进行热运动，其平均功能为 $3/2KT$，两颗粒在相互接近时产生几种作用力，即分子范德华力、静电排斥力和水化膜阻力，其总的综合作用位能就是这几种力之和，如式(3-29) 所示：

$$V_T=V_R+V_A \tag{3-29}$$

式中　V_A——由范德华力（引力）所产生的位能；

V_R——由静电排斥力所产生的位能。

一般而言，不同溶液离子强度有不同的 V_R 曲线（离子强度越小，双电层较厚，斥力越大），V_R 随颗粒间的距离按指数律下降；V_A 则只随颗粒间的距离变化，与溶液中离子强度无关；V_R 和 V_A 的变化规律导致不同溶液离子强度有不同的 V_T 曲线。

不同的溶液离子浓度时，在综合位能曲线上表现出来的位能峰是不同的。在溶液离子强度较小时，综合位能曲线上出现较大位能峰（V_{max}），此时，排斥作用占较大优势，颗粒借助于热运动能量不能超越此位能峰，彼此无法接近，体系保持分散稳定状态；当离子强度增大到一定程度时，V_{max} 由于双电层被压缩而降低，则一部分颗粒有可能超越该位能峰；当离子强度相当高时，V_{max} 可以完全消失。

颗粒超过位能峰后，由于吸引力占优势，促使颗粒间继续接近，当其达到综合位能曲线上近距离的极小值（V_{min}）时，则两颗粒就可以结合在一起。不过，此时颗粒间尚隔有水化膜。

凝聚物理理论说明了凝聚作用的因素和机理，但它只适用于电解质浓度升高、压缩扩散层造成颗粒聚集的典型情况，即一种理想化的最简单的体系，天然水或其他实际体系中的情况则要复杂得多。

2. 异体凝聚理论

异体凝聚理论适用于处理物质本性不同、粒径不等、电荷符号不同、电位高低不等之类的分散体系。异体凝聚理论的主要论点为：如果两个电荷符号相异的胶体微粒接近时，吸引力总是占优势；如果两颗粒电荷符号相同但电性强弱不等，则位能曲线上的能峰高度总是决定于荷电较弱而电位较低的一方。因此，在异体凝聚时，只要其中有一种胶体的稳定性甚低而电位达到临界状态，就可以发生快速凝聚，而不论另一种胶体的电位高低如何。天然水环境和水处理过程中所遇到的颗粒聚集方式，大体可概括如下。

① 压缩双电层凝聚　由于水中电解质浓度增大而离子强度升高，压缩扩散层，使颗粒相互吸引结合凝聚。

② 专属吸附凝聚　胶体颗粒专属吸附异电的离子化合态，降低表面电位，即产生电中和现象，使颗粒脱稳而凝聚。这种凝聚可以出现超荷状况，使胶体颗粒改变电荷符号后，又趋于稳定分散状况。

③ 胶体相互凝聚　两种电荷符号相反的胶体相互中和而凝聚，或者其中一种荷电很低而相互凝聚，都属于异体凝聚。

④ “边对面”絮凝　黏土矿物颗粒形状呈板状，其板面荷负电而边缘荷正电，各颗粒的边与面之间可由静电引力结合，这种聚集方式的结合力较弱，且具有可逆性，因而，往往生成松散的絮凝体，再加上“边对边”、“面对面”的结合，构成水中黏土颗粒自然絮凝的主要方式。

⑤ 第二极小值絮凝　在一般情况下，位能综合曲线上的第二极小值较微弱，不足以发生颗粒间的结合，但若颗粒较粗或在某一维方向上较长，就有可能产生较深的第二极小值，使颗粒相互聚集。这种聚集属于较远距离的接触，颗粒本身并未完全脱稳，因而比较松散，具有可逆性。这种絮凝在实际体系中有时是存在的。

⑥ 聚合物黏结架桥絮凝　胶体微粒吸附高分子电解质而凝聚，属于专属吸附类型，主要是异电中和作用。不过，即使负电胶体颗粒也可吸附非离子型高分子或弱阴离子型高分子，这也是异体凝聚作用。此外，聚合物具有链状分子，它也可以同时吸附在若干个胶体微粒上，在微粒之间架桥黏结，使它们聚集成团。这时，胶体颗粒可能并未完全脱稳，也是借助于第三者的絮凝现象。如果聚合物同时可发挥电中和及黏结架桥作用，就表现出较强的絮凝能力。

⑦ 无机高分子的絮凝　无机高分子化合物的尺度远低于有机高分子，它们除对胶体颗粒有专属吸附电中和作用外，也可结合起来在较近距离起黏结架桥作用，当然，它们要求颗粒在适当脱稳后才能黏结架桥。

⑧ 絮团卷扫絮凝　已经发生凝聚或絮凝的聚集体絮团物，在运动中以其巨大表面吸附卷带胶体微粒，生成更大絮团，使体系失去稳定而沉降。

⑨ 颗粒层吸附絮凝　水溶液透过颗粒层过滤时，由于颗粒表面的吸附作用，使水中胶体颗粒相互接近而发生凝聚或絮凝。吸附作用强烈时，可对凝聚过程起强化作用，使在溶液中不能凝聚的颗粒得到凝聚。

⑩ 生物絮凝　藻类、细菌等微小生物在水中也具有胶体性质，带电荷，可以发生凝聚。特别是它们往往可以分泌出某种高分子物质，发挥絮凝作用，或形成胶团状物质。

实际水环境中，上述种种凝聚、絮凝方式并不是单独存在，往往是数种方式同时发生，综合发挥聚集作用。悬浮沉积物是最复杂的综合絮凝体，其中的矿物微粒和黏土矿物、水合金属氧化物和腐殖质、有机物等相互作用，几乎囊括了上述十种聚集方式。

三、沉淀溶解平衡

溶解和沉淀是污染物在水环境中迁移的重要途径。一般金属化合物在水中的迁移能力，直观地可以用溶解度来衡量。溶解度小者，迁移能力小；溶解度大者，迁移能力大。不过，溶解反应时常是一种多相化学反应，在固-液平衡体系中，一般需用溶度积来表征溶解度。天然水中各种矿物质的溶解度和沉淀作用也遵守溶度积原则。

在溶解和沉淀现象的研究中，平衡关系和反应速率两者都是重要的。知道平衡关系就可以预测污染物溶解或沉淀作用的方向，并可以计算平衡时溶解或沉淀的量。但是经常发现用平衡计算所得结果与实际观测值相差甚远，造成这种差别的原因很多，但主要是自然环境中非均相沉淀溶解过程影响因素较为复杂所致。如某些非均相平衡进行得很缓慢，在动态环境下不易达到平衡；根据热力学对于一组给定条件预测的稳定固相不一定就是所形成的相。例如，硅在生物作用下可沉淀为蛋白石，它可进一步转变为更稳定的石英，但是这种反应进行得十分缓慢且常需要高温；可能存在过饱和现象，即出现物质的溶解量大于溶解度极限值的情况；固体溶解所产生的离子可能在溶液中进一步进行反应。

下面着重介绍金属氧化物、氢氧化物、硫化物、碳酸盐及多种成分共存时的溶解沉淀平衡问题。

1. 氧化物和氢氧化物

金属氢氧化物沉淀有好几种形态，它们在水环境中的行为差别很大。氧化物可看成是氢氧化物脱水而成。由于这些化合物直接和 pH 有关，实际涉及水解和羟基配合物的平衡过程，该过程往往复杂多变，这里用强电解质的最简单关系式表述：

$$\mathrm{Me(OH)}_n(\mathrm{s}) \rightleftharpoons \mathrm{Me}^{n+} + n\mathrm{OH}^- \tag{3-30}$$

根据溶度积：

$$K_{\mathrm{sp}} = [\mathrm{Me}^{n+}][\mathrm{OH}^-]^n$$

可转换为：

$$[\mathrm{Me}^{n+}] = K_{\mathrm{sp}}/[\mathrm{OH}^-]^n = K_{\mathrm{sp}}[\mathrm{H}^+]^n/K_{\mathrm{W}}^n$$

$$-\lg[\mathrm{Me}^{n+}] = -\lg K_{\mathrm{sp}} - n\lg[\mathrm{H}^+] + n\lg K_{\mathrm{W}}$$

$$\mathrm{p}c = \mathrm{p}K_{\mathrm{sp}} - n\mathrm{p}K_{\mathrm{W}} + n\mathrm{pH} \tag{3-31}$$

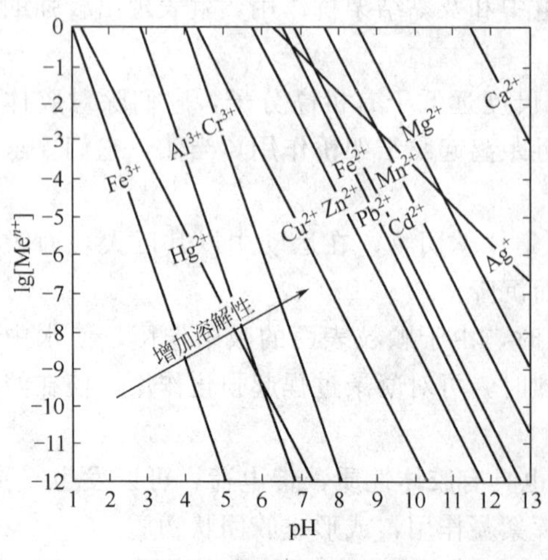

图 3-4 氢氧化物溶解度

根据式(3-31)可以给出溶液中金属离子饱和浓度对数值与 pH 的关系图（见图 3-4），直线斜率等于 n，即金属离子价。当离子价为 +3、+2、+1 时，则直线斜率分别为 −3、−2、−1。直线横轴截距是 $-\lg[\mathrm{Me}^{n+}]=0$ 或 $[\mathrm{Me}^{n+}]=1.0\mathrm{mol/L}$ 时的 pH：

$$\mathrm{pH} = 14 - \frac{1}{n}\mathrm{p}K_{\mathrm{sp}} \tag{3-32}$$

各种金属氢氧化物的溶度积数值列于表 3-8，根据其中部分数据给出的对数浓度-pH 关系图（见图 3-4）可看出，同价金属离子的各线均有相同的斜率，靠图右边斜线代表的金属氢氧化物的溶解度大于靠左边的溶解度。根据此图大致可查出各种金属离子在不同 pH 溶液中所能存在的最大饱和浓度。

表 3-8　金属氢氧化物的溶度积

氢氧化物	K_{sp}	pK_{sp}	氢氧化物	K_{sp}	pK_{sp}
AgOH	1.6×10^{-8}	7.80	$Fe(OH)_3$	3.2×10^{-38}	37.50
$Ba(OH)_2$	5×10^{-3}	2.30	$Mg(OH)_2$	1.8×10^{-11}	10.74
$Ca(OH)_2$	5.5×10^{-6}	5.26	$Mn(OH)_2$	1.1×10^{-13}	12.96
$Al(OH)_3$	1.3×10^{-33}	32.90	$Hg(OH)_2$	4.8×10^{-26}	25.32
$Cd(OH)_2$	2.2×10^{-14}	13.66	$Ni(OH)_2$	2.0×10^{-15}	14.70
$Co(OH)_2$	1.6×10^{-15}	14.80	$Pb(OH)_2$	1.2×10^{-15}	14.93
$Cr(OH)_3$	6.3×10^{-31}	30.20	$Th(OH)_4$	4.0×10^{-45}	44.40
$Cu(OH)_2$	5.0×10^{-20}	19.30	$Ti(OH)_3$	1.0×10^{-40}	40.00
$Fe(OH)_2$	1.0×10^{-15}	15.00	$Zn(OH)_2$	7.1×10^{-18}	17.15

注：转自汤鸿霄．用水废水化学基础．1979。

图 3-4 和式(3-31) 所表征的关系，并不能充分反映出氧化物或氢氧化物的溶解度，应该考虑这些固体与羟基金属离子配合物 $[Me(OH)_n^{z-n}]$ 处于平衡。如果考虑到羟基配合作用的情况，可以把金属氧化物或氢氧化物的溶解度（M_{eT}）表征如下：

$$M_{eT}=[Me^{z+}]+\sum_{1}^{n}[Me(OH)_n^{z-n}] \tag{3-33}$$

图 3-5 给出考虑到固相还能与羟基金属离子配合物处于平衡时溶解度的例子。在 25℃固相与溶质化合态之间所有可能的反应如下：

$$PbO(s)+2H^{+}\rightleftharpoons Pb^{2+}+H_2O \qquad \lg K_{s_0}=12.7 \tag{3-34}$$

$$PbO(s)+H^{+}\rightleftharpoons PbOH^{+} \qquad \lg K_{s_1}=5.0 \tag{3-35}$$

$$PbO(s)+H_2O\rightleftharpoons Pb(OH)_2 \qquad \lg K_{s_2}=-4.4 \tag{3-36}$$

$$PbO(s)+2H_2O\rightleftharpoons Pb(OH)_3^{-}+H^{+} \qquad \lg K_{s_3}=-15.4 \tag{3-37}$$

根据式(3-34)～式(3-37)，Pb^{2+}、$PbOH^{+}$、$Pb(OH)_2$ 和 $Pb(OH)_3^{-}$ 作为 pH 函数的特征线分别有斜率－2、－1、0 和＋1，把所有化合态都结合起来，可以得到图 3-5 中包围着阴影区域的线。因此，$[Pb(\text{II})_T]$ 在数值上可由下式得出：

$$[Pb(\text{II})_T]=K_{s_0}[H^{+}]^2+K_{s_1}[H^{+}]+K_{s_2}+K_{s_3}[H^{+}]^{-1} \tag{3-38}$$

图 3-5 表明固体的氧化物和氢氧化物具有两性的特征。它们和质子或羟基离子都发生反应，存在有一个 pH，在此 pH 下溶解度为最小值，在碱性或酸性更强的 pH 区域内，溶解度都变得更大。

2. 硫化物

金属硫化物是比氢氧化物溶度积更小的一类难溶沉淀物，重金属硫化物在中性条件下实际上是不溶的，在盐酸中 Fe、Mn 和 Cd 的硫化物是可溶的，而 Ni 和 Co 的硫化物是难溶的。Cu、Hg、Pb 的硫化物只有在硝酸中才能溶解。表 3-9 列出重金属硫化物的溶度积。

由表 3-9 可看出，只要水环境中存在

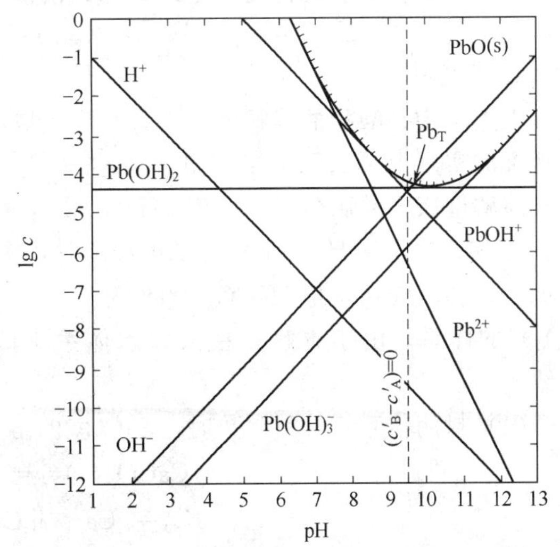

图 3-5　PbO 的溶解度

S^{2-}，几乎所有重金属均可从水体中除去。因此，当水中有硫化氢气体存在时，溶于水中的气体呈二元酸状态，其分级解离为：

$$H_2S \rightleftharpoons H^+ + HS^- \qquad K_1 = 8.9\times10^{-8}$$

$$HS^- \rightleftharpoons H^+ + S^{2-} \qquad K_2 = 1.3\times10^{-15}$$

表 3-9 重金属硫化物的溶度积

分子式	K_{sp}	pK_{sp}	分子式	K_{sp}	pK_{sp}
Ag_2S	6.3×10^{-30}	29.20	HgS	4.0×10^{-53}	52.40
CdS	7.9×10^{-27}	26.10	MnS	2.5×10^{-13}	12.60
CoS	4.0×10^{-21}	20.40	NiS	3.2×10^{-19}	18.50
Cu_2S	2.5×10^{-48}	47.60	PbS	8×10^{-28}	27.90
CuS	6.3×10^{-36}	35.20	SnS	1×10^{-25}	25.00
FeS	3.3×10^{-18}	17.50	ZnS	1.6×10^{-24}	23.80
Hg_2S	1.0×10^{-45}	45.00	Al_2S_3	2×10^{-7}	6.70

注：转自汤鸿霄. 用水废水化学基础. 1979。

两者相加可得：

$$H_2S \rightleftharpoons 2H^+ + S^{2-}$$

$$K_{1,2} = [H^+]^2[S^{2-}]/[H_2S] = K_1K_2 = 1.16\times10^{-22} \tag{3-39}$$

在饱和水溶液中，H_2S 浓度总是保持在 0.1mol/L，因此可认为饱和溶液中 H_2S 分子浓度也保持在 0.1mol/L，代入式(3-39) 得：

$$[H^+]^2[S^{2-}] = 1.16\times10^{-22}\times0.1 = 1.16\times10^{-23} = K'_{sp}$$

因此可把 1.16×10^{-23} 看成是一个溶度积（K_{sp}），是在任何 pH 的 H_2S 饱和溶液中必须保持的一个常数。由于 H_2S 在纯水溶液中的二级解离甚微，故可根据一级解离，近似认为 $[H^+]=[HS^-]$，可求得此溶液中 $[S^{2-}]$：

$$[S^{2-}] = K'_{sp}/[H^+]^2 = 1.16\times10^{-23}/(8.9\times10^{-9})\text{mol/L} = 1.3\times10^{-15}\text{mol/L}$$

在任一 pH 的水中，则：

$$[S^{2-}] = 1.16\times10^{-23}/[H^+]^2$$

溶液中促进硫化物沉淀的是 S^{2-}，若溶液中存在二价金属离子 Me^{2+}，则有：

$$[Me^{2+}][S^{2-}] = K_{sp}$$

因此在硫化氢和硫化物均达到饱和的溶液中，可算出溶液中金属离子的饱和浓度为：

$$[Me^{2+}] = K_{sp}/[S^{2-}] = K_{sp}[H^+]^2/K'_{sp} = K_{sp}[H^+]^2/0.1K_1K_2 \tag{3-40}$$

3. 碳酸盐

天然水中碳酸盐的溶解度在很大程度上取决于水中溶解的 CO_2 和水体的 pH。因此，碳酸盐沉淀实际上是二元酸在三相（Me^{2+}-CO_2-H_2O）中的平衡分布。有溶解 CO_2 存在时能生成溶解度较大的碳酸氢盐。当 pH 增大时，碳酸盐的溶解度减小。

在 Me^{2+}-CO_2-H_2O 体系的多相平衡时，主要区别两种情况：①对大气封闭的体系（只考虑固相和溶液相，把 $H_2CO_3^*$ 当作不挥发酸类处理）；②除固相和液相外还包括气相（含 CO_2）的体系。由于方解石在天然水体系中的重要性，因此，下面将以 $CaCO_3$ 为例做一介绍。

(1) 封闭体系 c_T＝常数时，$CaCO_3$ 的溶解度：

$$CaCO_3(s) \rightleftharpoons Ca^{2+} + CO_3^{2-}$$

$$K_{sp} = [Ca^{2+}][CO_3^{2-}] = 10^{-8.32}$$

$$[Ca^{2+}] = K_{sp}/[CO_3^{2-}] = K_{sp}/(c_T\alpha_2) \tag{3-41}$$

由于 α_2 对任何 pH 都是已知的，根据式(3-13)，可以得出随 c_T 和 pH 变化的 Ca^{2+} 的饱和平衡值。对于任何与 $MeCO_3$(s) 平衡时的 $[Me^{2+}]$ 都可以写出类似方程式，并可给出 $\lg[Me^{2+}]$对 pH 的曲线（见图 3-6）。

图 3-6 基本上是由溶度积方程式和碳酸平衡叠加而构成的，$[Ca^{2+}]$ 和 $[CO_3^{2-}]$ 的乘积必须是常数。因此，在 pH>pK_2 这一高 pH 区时，$\lg[CO_3^{2-}]$ 线斜率为零，$\lg[Ca^{2+}]$ 线斜率也必为零，此时饱和浓度 $[Ca^{2+}]=K_{sp}/[CO_3^{2-}]$；当在 pK_1 < pH < pK_2 区时，$\lg[CO_3^{2-}]$线斜率为+1，相应 $\lg[Ca^{2+}]$ 线也必为−1；当在 pH<pK_1 区时，$\lg[CO_3^{2-}]$ 线斜率为+2，相应 $\lg[Ca^{2+}]$ 线斜率也必为−2。图 3-6 是 $c_T=3\times10^{-3}$ mol/L 时一些金属碳酸盐的溶解度以及它们对 pH 的依赖关系。

(2) 开放体系　向纯水中加入 $CaCO_3$(s)，并且将此溶液暴露于含有 CO_2 的气相中，因大气中 CO_2 分压固定，溶液中的 $[CO_2]$ 浓度也相应固定，则有：

$$c_T=[CO_2]/\alpha_0=K_H p_{CO_2}/\alpha_0$$

$$[CO_3^{2-}]=\alpha_2 K_H p_{CO_2}/\alpha_0 \tag{3-42}$$

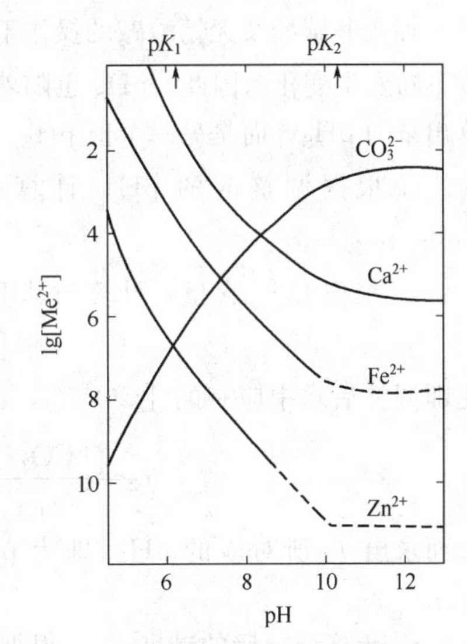

图 3-6　封闭体系中 c_T＝常数时，$CaCO_3$ 斜率的溶解度（W. Stumm，J. J. Morgan，1981）

(3) 水的稳定性　碳酸盐的溶解平衡是水环境化学常遇到的问题。在工业用水系统中，也经常需要知道所用的水是否会产生碳酸钙沉淀，即水的稳定性问题。水的稳定性是指水中碳酸钙的溶解和沉积性。如果水体中 $CaCO_3$ 没达饱和，$CaCO_3$ 会在水中溶解，此时称水具有侵蚀性。在侵蚀性强的水中，混凝土构件也会受到缓慢的侵蚀。如果水体中 $CaCO_3$ 过饱和，则称为水具有沉积性，会发生 $CaCO_3$ 的沉积。

① 水的稳定性指数　水的稳定性用水的实际 pH 与水的平衡 pH（pH_S）之差来描述，称为水的稳定性指数 S：

$$S=pH-pH_S \tag{3-43}$$

$S=0$，表明溶液中各种化合态的实有浓度等于该溶液饱和平衡时应有的浓度值，此时溶液恰好处于碳酸钙溶解饱和状态，不会出现碳酸钙的再溶解或沉淀，故把此时的水称为具有稳定性。一般把 $|S|\leqslant0.25\sim0.3$ 范围内的水都认为是稳定的。

$S<0$，表明溶液中游离碳酸实际含量大于计算所得到的平衡碳酸值。所以溶液实际 pH 偏低，溶液中实有的 $[CO_3^{2-}]$ 含量必小于饱和平衡时应有的 $[CO_3^{2-}]$，此时溶液处于 $CaCO_3$不饱和状态，会发生 $CaCO_3$ 的溶解，故把此时的水称为具有侵蚀性。

$S>0$，表明溶液中游离碳酸量小于平衡时碳酸量，则相应的溶液实测 pH 大于计算的 pHs 计算值，亦即溶液处于 $CaCO_3$ 过饱和状态，在适宜条件下此溶液将沉淀出固体的 $CaCO_3$，故把此时的水称为具有沉积性。

pH_S 由水的碳酸盐碱度和 Ca^{2+} 含量决定，根据这两个参数即可计算 pH_S：

$$pH_S=pK_{a_2}-pK_{sp}-\lg[Ca^{2+}]-\lg([碱度]+[H^+]-K_W/[H^+])+\lg(1+2K_{a_2}/[H^+])$$

当 pH<9 时，最后一项可略去，则得：

$$pH_S=pK_{a_2}-pK_{sp}-\lg[Ca^{2+}]-\lg[碱度] \tag{3-44}$$

式(3-44) 就是根据溶液 $[Ca^{2+}]$ 和 [碱度] 求平衡时 pH_S 的基本计算式。

② 水的稳定性调整　在给水工程上，当水具有较强的侵蚀性或沉积性时，要对水进行稳定性调整。实际是将 pH 调整到接近 $CaCO_3$ 的平衡状态。调整使用的药剂类型不同，调整方法也有所差异。

加入或排出 CO_2 气体的操作既不改变水中 Ca^{2+} 的含量，又不改变水的碱度。在调整过程中 pH_S 不发生变化。所以，只要将水的实测 pH 调到 pH_S 即可。如果需要计算药剂用量，可以根据碱度和调整前、后的 pH，利用下式计算调整前后的碳酸总量：

$$c_{T,CO_2}=([碱度]+[H^+]-[OH^-])/(f_1+2f_2) \tag{3-45}$$

式中，f_1、f_2 分别为 HCO_3^- 和 CO_3^{2-} 的分布系数。调整前后碳酸总量之差，即为需用 CO_2 的量。负值为需排出的量，正值为需加入的量。

加入非碳酸及无钙酸碱的操作不改变水中 Ca^{2+} 含量和碳酸总量 c_{T,CO_2}，但在调整过程中碱度不断发生变化。因此，pH_S 也随着调整的进行而不断变化。调整的目标 pH 就不能是最初计算出来的 pH_S，而是另一个值 pH'_S。pH'_S 可根据 c_{T,CO_2} 在调整前后不变化的特点来计算。

a. 根据调整前的 pH，计算 f_1 及 f_2，再根据调整前的碱度 A，用式（3-45）计算 c_{T,CO_2}。

b. 根据 Ca^{2+} 含量，计算与其平衡的 CO_3^{2-} 含量：

$$[CO_3^{2-}]=K_{sp}/[Ca^{2+}]$$

此即调整后水中应有的 $[CO_3^{2-}]$，再根据 c_{T,CO_2} 及 $[CO_3^{2-}]$ 求出 f_2：

$$f_2=\frac{[CO_3^{2-}]}{c_{T,CO_2}}=\frac{K_{a_1}K_{a_2}}{[H^+]^2+K_{a_1}[H^+]+K_{a_1}K_{a_2}}$$

进而求出 f_2 所对应的 pH，即为 pH'_S。调整时，将水的 pH 调整到 pH'_S 即满足了稳定性要求。

c. 计算调整后的碱度 A'　根据 pH'_S 及 c_{T,CO_2}，利用式(3-45) 可以计算碱度 A'：

$$A'=c_{T,CO_2}(f_1+2f_2)+[OH^-]-[H^+]$$

$$\Delta A=A'-A$$

ΔA 即为所需加入药剂的剂量，负值是加酸量；正值是加碱量。

加入 Na_2CO_3 或 $Ca(OH)_2$ 调整：前者会使水的碱度增加，后者使水的碱度和 Ca^{2+} 都增加。调整过程中 pH_S 不断变化。计算比较复杂，此处从略。

四、氧化还原平衡

无论在天然水中还是在水处理中，氧化还原反应都起着重要作用。天然水被有机物污染后，不但溶解氧减少，使鱼类窒息死亡，而且溶解氧的大量减少会导致水体形成还原环境，一些污染物形态发生了变化。水体中氧化还原的类型、速率和平衡，在很大程度上决定了水中主要溶质的性质。例如，一个厌氧性湖泊，其湖下层的元素都将以还原形态存在：碳还原成－4 价形成 CH_4；氮形成 NH_4^+；硫形成 H_2S；铁形成可溶性 Fe^{2+}。表层水由于可以被大气中的氧饱和，成为相对氧化性介质，如果达到热力学平衡时，则上述元素将以氧化态存在：碳成为 CO_2；氮成为 NO_3^-；铁成为 $Fe(OH)_3$ 沉淀；硫成为 SO_4^{2-}。显然这种变化对水生生物和水质影响很大。

自然界中，大部分物质以氧化态存在，只有极少部分以还原态存在，而且氧原子占地壳总量的 47%，是最主要的成分，这决定了自然界氧化态物质占多数。如地壳表面的风化壳、土壤、沉积物中的矿物，都是以氧化态存在的。这些物质来源于各种火化岩石的风化产物

（非沉积岩、页岩等），当它们被形成时，是完全被氧化了的，因此其中物质都以氧化态存在。有机质是动植物残体及其分解的中间产物，由于绿色植物形成的光合作用实际是释放氧、加入氢的还原过程，因此其中大多数有机物以还原态存在，另外一些沉积物形成的土壤、淹水土壤为还原性环境。

1. 电子活度和氧化还原电位

（1）电子活度的概念　酸碱反应和氧化还原反应之间存在着概念上的相似性，酸和碱是用质子给予体和质子接受体来解释。故 pH 的定义为：

$$pH=-\lg(a_{H^+}) \tag{3-46}$$

式中　a_{H^+}——氢离子在水溶液中的活度，它衡量溶液接受或迁移质子的相对趋势。

与此相似，还原剂和氧化剂可以定义为电子给予体和电子接受体，同样可以定义 pE 为：

$$pE=-\lg(a_e) \tag{3-47}$$

式中　a_e——水溶液中电子的活度。

由于 a_H^+ 可以在好几个数量级范围内变化，所以 pH 可以很方便地用 a_H^+ 来表示。同样，一个稳定的水系统的电子活度可以在 20 个数量级范围内变化，所以也可以很方便地用 pE 来表示 a_e。

pE 严格的热力学定义是由 Stumm 和 Morgan 提出的，基于下列反应：

$$2H^+(aq)+2e^- \longrightarrow H_2(g)$$

当这个反应的全部组分都以 1 个单位活度存在时，该反应的自由能变化 ΔG 可定义为零。水中氧化还原反应的 ΔG 也是在溶液中全部离子的生成自由能的基础上定义的。在离子的强度为零的介质中，$[H^+]=1.0\times10^{-7}$ mol/L，故 $a_H^+=1.0\times10^{-7}$，则 pH=7.0。当 H^+(aq) 在 1 单位活度与 1.0130×10^5 Pa H_2 平衡（同样活度也为 1）的介质中，电子活度才正确的为 1.00 及 pE=0.0。若电子活度增加 10 倍，那么电子活度将为 10，并且 pE=−1.0。

因此，pE 表示平衡状态下（假想）的电子活度，它衡量溶液接收或迁移电子的相对趋势，在还原性很强的溶液中，其趋势是给出电子。从 pE 概念可知，pE 越小，电子浓度越高，体系提供电子的倾向就越强。反之，pE 越大，电子浓度越低，体系接受电子的倾向就越强。

（2）氧化还原电位 E 和 pE 的关系

对于任一氧化还原半反应：

$$\text{Ox(氧化剂)}+ne \longrightarrow \text{Red(还原剂)}$$

达到平衡时

$$K=\frac{[\text{还原态}]}{[\text{氧化态}][e^-]^n}$$

两边取负对数得

$$-\lg K=-\lg\frac{\text{还原态}}{\text{氧化态}}+n\lg[e^-]$$

整理上式得

$$-\lg[e^-]=\frac{1}{n}\lg K+\frac{1}{n}\lg\frac{[\text{氧化态}]}{[\text{还原态}]}$$

令

$$pE^\ominus=\frac{1}{n}\lg K$$

得

$$pE=pE^\ominus+\frac{1}{n}\lg\frac{[\text{氧化态}]}{[\text{还原态}]}$$

已知 25℃时，对于任意半反应的 Nernst 方程为：

$$E=E^\ominus+\frac{0.059}{n}\lg\frac{[\text{氧化态}]}{[\text{还原态}]} \tag{3-48}$$

比较两式，可得：

$$pE=\frac{E}{0.059}$$

$$pE^{\ominus}=\frac{E^{\ominus}}{0.059}$$

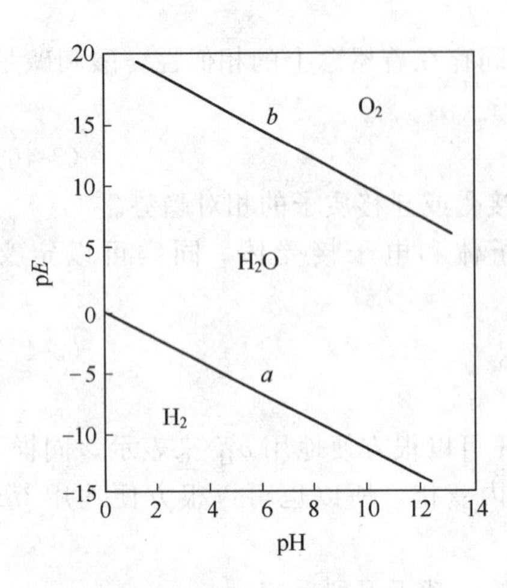

图 3-7 天然水的 pE-pH 图

2. 天然水体的 pE-pH 关系图

在氧化还原体系中，往往有 H^+ 或 OH^- 参与转移，因此，pE 除了与氧化态和还原态浓度有关外，还受到体系 pH 的影响，这种关系可以用 pE-pH 图（见图 3-7）来表示，该图显示了水中各形态的稳定范围及边界线。

(1) 水的氧化还原限度　绘制 pE-pH 图时，必须考虑几个边界情况。首先是水的氧化还原反应限定图中的区域边界。选作水氧化限度的边界条件是 1.0130×10^5 Pa 的氧分压，水还原限度的边界条件是 1.0130×10^5 Pa 的氢分压（此时 $p_{H_2}=1.013\times10^5$ Pa，$p_{O_2}=1.013\times10^5$ Pa），这些条件可获得把水的稳定边界与 pH 联系起来的方程。

天然水中本身可能发生的氧化-还原反应分别如下。

水的还原限度（还原反应）：$H^+ + e^- \longrightarrow \frac{1}{2}H_2$　　$pE^{\ominus}=0.00$

$$pE=pE^{\ominus}-\lg(p_{H_2}^{1/2}/[H^+])$$

$$pE=-pH$$

水的氧化限度（氧化反应）：$\frac{1}{4}O_2+H^+ + e^- \longrightarrow \frac{1}{2}H_2O$　　$pE^{\ominus}=+20.75$

$$pE=pE^{\ominus}+\lg(p_{O_2}^{1/4}[H^+])$$

$$pE=20.75-pH$$

如果一个氧化剂在某 pH 下的 pE 高于图中 b 线，可氧化 H_2O 放出 O_2；一个还原剂在某 pH 下的 pE 低于 a 线，则会还原 H_2O 放出 H_2；在某 pH 时，若氧化剂的 pE 在 b 线之下，或还原剂的 pE 在 a 线之上，则水既不会被氧化，也不会被还原。所以，在水的 pE-pH 图能了解某 pE 和 pH 下，平衡体系中物质的存在形态以及各存在形态提供和接受电子、H^+ 和 OH^- 倾向的强弱，从而在理论上预测有关化学反应发生的可能性。这对于研究污染物，特别是金属离子在水中的行为是很有用途的。

(2) pE-pH 图　由于水中可能存在物类状态繁多，于是会使 pE-pH 图变得非常复杂。例如一个金属，可以有不同的金属氧化态、羟基配合物、金属氢氧化物、金属碳酸盐、金属硫酸盐、金属硫化物等。

下面以 Fe 为例，讨论如何绘制 pE-pH 图。

假定溶液中溶解性铁的最大浓度为 1.0×10^{-7} mol/L，没有考虑 $Fe(OH)_2^+$ 及 $FeCO_3$ 等形态的生成，根据上面的讨论，Fe 的 pE-pH 图必须落在水的氧化还原限度内。下面将根据各组分间的平衡方程把 pE-pH 的边界逐一推导。

① $Fe(OH)_3(s)$ 和 $Fe(OH)_2(s)$ 的边界　根据平衡方程：

$$Fe(OH)_3(s)+H^+ +e^- \longrightarrow Fe(OH)_2(s)+H_2O \qquad \lg K=4.62$$

由于 $K=1/([H^+][e^-])$，所以 $pE=4.62-pH$。

以 pH 对 pE 作图可得图 3-8 中的斜线①，斜线上方为 $Fe(OH)_3(s)$ 稳定区。斜线下方为 $Fe(OH)_2(s)$ 稳定区。

② $Fe(OH)_2(s)$ 和 $FeOH^+$ 的边界　根据平衡方程：

$$Fe(OH)_2(s)+H^+ \longrightarrow FeOH^+ +H_2O \qquad \lg K=4.6$$

可得这两种形态的边界条件：$pH=4.6-\lg[FeOH^+]$，将 $[FeOH^+]=1.0\times10^{-7}$ mol/L 代入，得：pH=11.6，故可画出一条平行 pE 轴的直线，如图 3-8 中直线②所示，表明与 pE 无关。直线左边为 $FeOH^+$ 稳定区，直线右边为 $Fe(OH)_2(s)$ 稳定区。

③ $Fe(OH)_3(s)$ 与 Fe^{2+} 的边界　根据平衡方程：

$$Fe(OH)_3(s)+3H^+ +e^- \longrightarrow Fe^{2+} +3H_2O \qquad \lg K=17.9$$

可得这两种形态的边界条件：$pE=17.9-3pH-\lg[Fe^{2+}]$，将 $[Fe^{2+}]$ 以 1.0×10^{-7} mol/L 代入，得：$pE=24.9-3pH$，得到一条斜率为 −3 的直线，如图 3-8 中斜线③所示。斜线上方为 $Fe(OH)_3(s)$ 稳定区，斜线下方为 $Fe(OH)_2(s)$ 稳定区。

④ $Fe(OH)_3(s)$ 与 $FeOH^+$ 的边界　根据平衡方程：

$$Fe(OH)_3(s)+2H^+ +e^- \longrightarrow FeOH^+ +2H_2O \qquad \lg K=9.25$$

$pE=9.25-2pH-\lg[FeOH^+]$，将 $[FeOH^+]$ 以 1.0×10^{-7} mol/L 代入，得：$pE=16.25-2pH$，得到一条斜率为 −2 的直线，如图 3-8 中斜线④所示。斜线上方为 $Fe(OH)_3(s)$ 稳定区，下方为 $FeOH^+$ 稳定区。

⑤ Fe^{3+} 与 Fe^{2+} 的边界　根据平衡方程：

$$Fe^{3+} +e^- \longrightarrow Fe^{2+} \qquad \lg K=13.1$$

可得：$pE=13.1+\lg\dfrac{[Fe^{3+}]}{[Fe^{2+}]}$，边界条件为 $[Fe^{3+}]=[Fe^{2+}]$，则：$pE=13.1$。因此，可绘出一条垂直于纵轴平行于 pH 轴的直线，如图 3-8 中直线⑤所示。表明与 pH 无关。当 $pE>13.1$ 时，$[Fe^{3+}]>[Fe^{2+}]$；当 $pE<13.1$ 时，$[Fe^{3+}]<[Fe^{2+}]$。

⑥ Fe^{3+} 与 $FeOH^{2+}$ 的边界　根据平衡方程：

$$Fe^{3+} +H_2O \longrightarrow FeOH^{2+} +H^+ \qquad \lg K=-2.4$$

$$K=[FeOH^{2+}][H^+]/[Fe^{3+}]$$

边界条件为 $[FeOH^{2+}]=[Fe^{3+}]$，则：pH=2.4，故可画出一条平行于 pE 的直线，如图 3-8 中直线⑥所示。表明与 pE 无关，直线左边为 Fe^{3+} 稳定区，右边为 $FeOH^{2+}$ 稳定区。

⑦ Fe^{2+} 与 $FeOH^+$ 的边界　根据平衡方程：

$$Fe^{2+} +H_2O \longrightarrow FeOH^+ +H^+ \qquad \lg K=-8.6$$

$$K=[FeOH^+][H^+]/[Fe^{2+}]$$

边界条件为 $[FeOH^+]=[Fe^{2+}]$，则：pH=8.6。同样得到一条平行于 pE 的直线，如图 3-8 中直线⑦所示。直线左边为 Fe^{2+} 稳定区，右边为 $FeOH^+$ 稳定区。

⑧ Fe^{2+} 与 $FeOH^{2+}$ 的边界　根据平衡方程：

$$Fe^{2+} +H_2O \longrightarrow FeOH^{2+} +H^+ +e^- \qquad \lg K=-15.5$$

可得

$$pE=15.5+\lg\frac{[FeOH^{2+}]}{[Fe^{2+}]}-pH$$

边界条件为：$[FeOH^{2+}]=[Fe^{2+}]$，则：$pE=15.5-pH$，得到一条斜线，如图 3-8 中

斜线⑧所示。此斜线上方为 $FeOH^{2+}$ 稳定区，下方为 Fe^{2+} 稳定区。

⑨ $FeOH^{2+}$ 与 $Fe(OH)_3(s)$ 的边界　根据平衡方程：

$$Fe(OH)_3(s)+2H^+ \longrightarrow FeOH^{2+}+2H_2O, \lg K=2.4$$

$$K=[FeOH^{2+}]/[H^+]^2$$

将 $[FeOH^{2+}]$ 以 1.0×10^{-7} mol/L 代入，得：pH＝4.7。可得一平行于 pE 的直线，如图 3-8 中直线⑨所示。表明与 pE 无关。当 pH＞4.7 时，$Fe(OH)_3(s)$ 将陆续析出。

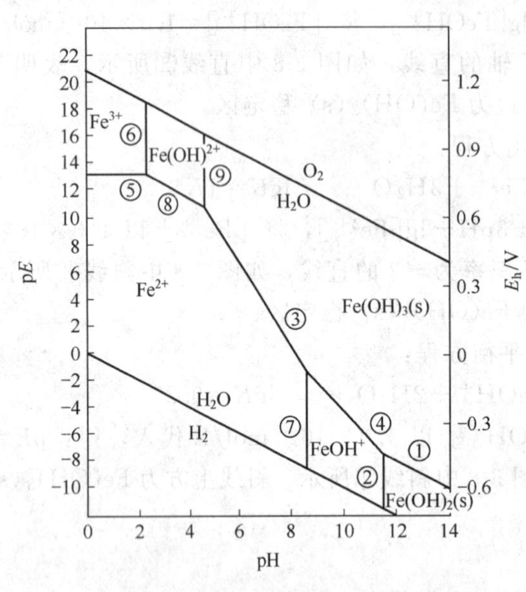

图 3-8　含 Fe 水溶液的 pE-pH 图

（总可溶性铁的浓度为 1.0×10^{-7} mol/L）

至此，已推导得制作 Fe 在水中的 pE-pH 图所必需的全部边界方程。可看出，当这个体系在一个相当高的 H^+ 活度及高的电子活度时（酸性还原介质），Fe^{2+} 是主要形态（在大多数天然水体系中，由于 FeS 或 $FeCO_3$ 的沉淀作用，Fe^{2+} 的可溶性范围是很窄的），在这种条件下，一些地下水中含有相当水平的 Fe^{2+}；在很高的 H^+ 活度及低的电子活度时（酸性氧化介质），Fe^{3+} 是主要的；在低酸度的氧化介质中，固体 $Fe(OH)_3(s)$ 是主要的存在形态，最后在碱性的还原介质中，具有低的 H^+ 活度及高的电子活度，固体的 $Fe(OH)_2$ 是稳定的。注意：在通常的水体 pH 范围内（约 5～9），$Fe(OH)_3$ 或 Fe^{2+} 是主要的稳定形态。

pE-pH 图的应用非常广泛，如在稀土元素的生产中，当控制一定的 pE、pH 的条件下，可得到某一形态的稀土化合物如 $Ce(OH)_4$，从而与其他稀土元素分离。又如在含砷废水处理中，如果将三价砷 AsO_3^{3-} 还原成剧毒的 AsH_3 气体排放到空气中，将引起大气污染和对人类健康造成威胁；如果能控制 pE、pH 在一定条件下，使 AsO_3^{3-} 还原到单质砷沉淀出来，这样既避免了产生剧毒气体，又达到了资源回收的目的。

（3）天然水的 pE 和决定电位　天然水中含有许多无机及有机氧化剂和还原剂。水中主要的氧化剂有溶解氧、Fe(Ⅲ)、Mn(Ⅳ) 和 S(Ⅵ)，其作用后本身依次转变为 H_2O、Fe(Ⅱ)、Mn(Ⅱ) 和S(－Ⅱ)。水中主要还原剂有种类繁多的有机化合物、Fe(Ⅱ)、Mn(Ⅱ) 和 S(－Ⅱ)，在还原物质的过程中，有机物本身的氧化产物是非常复杂的。

由于天然水是一个复杂的氧化还原混合体系，其 pE 应是介于其中各个单体系的电位之间，而且接近于含量较高的单体系的电位。若某个单体系的含量比其他体系高得多，则此时该单体系的电位几乎等于混合复杂体系的 pE，称之为“决定电位”。在一般天然水环境中，溶解氧是“决定电位”物质，而在有机物累积的厌氧环境中，有机物是“决定电位”物质，介于二者之间的，则其“决定电位”为溶解氧体系和有机物体系的结合。

从这个概念出发，可以计算天然水中的 pE。

若水中 $p_{O_2}=0.21\times10^5$ Pa，以 $[H^+]=1.0\times10^{-7}$ mol/L 代入：

$$\frac{1}{4}O_2+H^++e^- \longrightarrow \frac{1}{2}H_2O \quad pE^{\ominus}=+20.75$$

则

$$pE=20.75+\lg\{(p_{O_2}/1.013\times10^5)^{0.25}\times[H^+]\}$$

$$=20.75+\lg[(0.21\times10^5/1.013\times10^5)^{1/4}\times1.0\times10^{-7}]$$
$$=13.58$$

说明这是一种好氧的水，这种水存在夺取电子的倾向。

若是有机物丰富的厌氧水，例如一个由微生物作用产生 CH_4 及 CO_2 的厌氧水，假定 $p_{CO_2}=p_{CH_4}$ 和 pH=7.00，其相关的半反应为：

$$\frac{1}{8}CO_2+H^++e^-\longrightarrow\frac{1}{8}CH_4+\frac{1}{4}H_2O \qquad pE^{\ominus}=2.87$$

$$pE=pE^{\ominus}+\lg p_{CO_2}^{0.125}[H^+]/p_{CH_4}^{0.125}=2.87+\lg[H^+]=-4.13$$

这个数值并没有超过水在 pH=7.00 时的还原极限−7.00，说明这是一还原环境，有提供电子的倾向。

从上面计算可以看到，天然水的 pE 随水中溶解氧的减少而降低，因而表层水呈氧化性环境，深层水及底泥呈还原性环境，同时天然水的 pE 随其 pH 减少而增大。

五、配合作用

污染物特别是重金属污染物，其中大部分以配合物形态存在于水体中，其迁移、转化及毒性等均与配合作用有密切关系。重金属容易形成配合物的原因是重金属为过渡性元素，最外层为 s 轨道，电子数目为 2 或 1，次外层为 d 轨道或 f 轨道，电子数目为 1～9，未充满，则过渡金属元素失去外层 s 轨道电子后，未充满的 d 轨道仍旧可以接受外来电子，形成配合物或者螯合物。

天然水体中有许多阳离子，其中某些阳离子是良好的配合物中心体，某些阴离子则可作为配位体。

天然水体中重要的无机配位体有 OH^-、Cl^-、CO_3^{2-}、HCO_3^-、F^-、S^{2-}，它们易与硬酸进行配合。如 OH^- 在水溶液中将优先与某些作为中心离子的硬酸结合（如 Fe^{3+}、Mn^{3+} 等），形成羟基配合离子或氢氧化物沉淀，而 S^{2-} 则更易和重金属如 Hg^{2+}、Ag^+ 等形成多硫配合离子或硫化物沉淀。

有机配位体情况比较复杂，天然水体中包括动植物组织的天然降解产物，如氨基酸、糖、腐殖酸以及生活废水中的洗涤剂、清洁剂、EDTA、农药和大分子环状化合物等，这些有机物中相当一部分具有配合能力。

1. 配合物的稳定常数

配合物在溶液中的稳定性是指配合物在溶液中解离成中心离子（原子）和配位体，当解离达到平衡时解离程度的大小。这是配合物特有的重要性质。

水中金属离子，可以与电子供给体结合，形成一个配位化合物（或离子），例如，Cd^{2+} 和一个配位体 CN^- 结合形成 $CdCN^+$ 配合离子：

$$Cd^{2+}+CN^-\longrightarrow CdCN^+$$

$CdCN^+$ 还可继续与 CN^- 结合逐渐形成稳定性变弱的配合物 $Cd(CN)_2$、$Cd(CN)_3^-$ 和 $Cd(CN)_4^{2-}$。CN^- 是一个单齿配体，它仅有一个位置与 Cd^{2+} 成键，所形成的单齿配合物对于天然水的重要性并不大，更重要的是多齿配体。它是具有不止一个配位原子的配体，它们与中心原子形成环状配合物称为螯合物。

一般而言，配合物的稳定性取决于三个因素：配位体的性质，多齿配位体比单齿配位体稳定；金属离子半径与电荷；不同配位体的晶体分裂能（$I^-<Br^-<Cl^-<NO_3^-<OH^-<H_2O<NO_2^-<CN^-$）。

单核配合物的稳定常数有两种基本表达形式：

$$M \xrightarrow[K_1]{L} ML \xrightarrow[K_2]{L} ML_2 \cdots \xrightarrow[K_n]{L} ML_n$$

$$K_n = \frac{[ML_n]}{[ML_{n-1}][L]} \tag{3-49}$$

$$\beta_n = \frac{[ML_n]}{[M][L]^n} \tag{3-50}$$

式中，K_1、K_2…是配合物的逐级生成常数，也就是它的逐级稳定常数；β_1、β_2…是相应的总配合反应的总稳定常数，或称积累稳定常数。因为状态函数与变化过程无关，所以有：

$$\beta_1 = K_1$$

$$\beta_2 = K_1K_2$$

$$\cdots$$

$$\beta_n = K_1K_2K_3\cdots K_n \tag{3-51}$$

K_n 或 β_n 越大，配合离子越难解离，配合物也越稳定。因此，从稳定常数的值可以算出溶液中各级配合离子的平衡浓度。

若水中存在 Zn^{2+} 和 NH_3，则有下列反应：

$$Zn^{2+} + NH_3 \rightleftharpoons Zn(NH_3)^{2+}$$

生成常数 K_1 为：

$$K_1 = \frac{[Zn(NH_3)^{2+}]}{[Zn^{2+}][NH_3]} = 3.9\times10^2$$

然后 $Zn(NH_3)^{2+}$ 继续与 NH_3 反应，生成 $Zn(NH_3)_2^{2+}$：

$$Zn(NH_3)^{2+} + NH_3 \rightleftharpoons Zn(NH_3)_2^{2+}$$

生成常数 K_2 为：

$$K_2 = \frac{[Zn(NH_3)_2^{2+}]}{[Zn(NH_3)^{2+}][NH_3]} = 2.1\times10^2$$

K_1、K_2 称为逐级生成常数（或逐级稳定常数），表示 NH_3 加至中心 Zn^{2+} 上是一个逐步的过程。积累稳定常数是指几个配位体加到中心金属离子过程的加和。例如，$Zn(NH_3)_2^{2+}$ 的生成可用下面反应式表示：

$$Zn^{2+} + 2NH_3 \rightleftharpoons Zn(NH_3)_2^{2+}$$

β_2 为积累稳定常数（或积累生成常数）：

$$K_2 = \frac{[Zn(NH_3)_2^{2+}]}{[Zn^{2+}][NH_3]^2} = K_1K_2 = 8.2\times10^4$$

同样，对于 $Zn(NH_3)_3{}^{2+}$ 的 $\beta_3 = K_1K_2K_3$，$Zn(NH_3)_4^{2+}$ 的 $\beta_4 = K_1K_2K_3K_4$。

如果水体中配位体和金属离子的浓度固定，就可以根据配合物的逐级稳定常数计算配合物各形态的含量。

2. 羟基对重金属离子的配合作用

大多数重金属离子均能水解，其水解过程实际上就是羟基配合过程，它是影响一些重金属难溶盐溶解度的主要因素，因此，人们特别重视羟基对重金属的配合作用。现以 Me^{2+} 为例：

$$Me^{2+} + OH^- \longrightarrow MeOH^+$$

$$K_1=\frac{[\mathrm{MeOH^+}]}{[\mathrm{Me^{2+}}][\mathrm{OH^-}]}$$

$$\mathrm{MeOH^+ + OH^- \longrightarrow Me(OH)_2}$$

$$K_2=\frac{[\mathrm{Me(OH)_2}]}{[\mathrm{MeOH^+}][\mathrm{OH^-}]}$$

$$\mathrm{Me(OH)_2 + OH^- \longrightarrow Me(OH)_3^-}$$

$$K_3=\frac{[\mathrm{Me(OH)_3^-}]}{[\mathrm{Me(OH)_2}][\mathrm{OH^-}]}$$

$$\mathrm{Me(OH)_3^- + OH^- \longrightarrow Me(OH)_4^{2-}}$$

$$K_4=\frac{[\mathrm{Me(OH)_4^{2-}}]}{[\mathrm{Me(OH)_3^-}][\mathrm{OH^-}]}$$

这里 K_1、K_2、K_3 和 K_4 为羟基配合物的逐级生成常数。在实际计算中常用累积生成常数 β_1、β_2、β_3…表示：$\beta_1=K_1$、$\beta_2=K_1K_2$、$\beta_3=K_1K_2K_3$、$\beta_4=K_1K_2K_3K_4$。

以 β 代替 K，计算各种羟基配合物占金属总量的百分数（以 Φ 表示），它与累积生成常数及 pH 有关。

在一定温度下，β_1、β_2、…、β_n 等为定值，Φ 仅是 pH 的函数。图 3-9 表示了 Cd^{2+}-OH^- 配合离子在不同 pH 下的分布。

由图 3-9 可看出：当 pH＜8 时，镉基本上以 Cd^{2+} 形态存在；pH＝8 时，开始形成 $CdOH^+$ 配合离子；pH 约为 10 时，$CdOH^+$ 达到峰值；pH 至 11 时，$Cd(OH)_2$ 达到峰值；pH＝12 时，$Cd(OH)_3^-$ 到达峰值；当 pH＞13 时，则 $Cd(OH)_4^{2-}$ 占优势。

3. 腐殖质的配合作用

天然水中对水质影响最大的有机物是腐殖质，它是由生物体物质在土壤、水和沉积物中转化而成。腐殖质是有机高分子物质，相对分子质量在 300～30000，甚至以上。一般根据其在碱和酸溶液中的溶解度划分为三类：①腐殖酸（humic acid）——可溶于稀碱液但不溶于酸的部分，相对分子质量由数千到数万；②富里酸（fulvic acid）——可溶于酸又可溶于碱的部分，相对分子质量由数百到数千；③腐黑物（humin）——不能被酸和碱提取的部分。

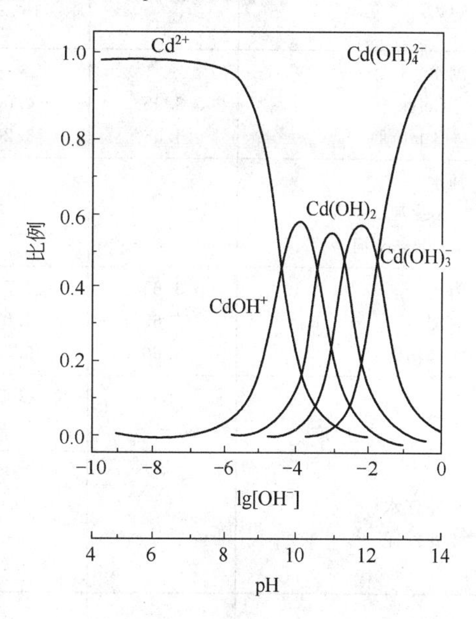

图 3-9　Cd^{2+}-OH^- 配合离子在不同 pH 下的分布（陈静生主编.《水环境化学》. 1987 年）

在腐殖酸和腐黑物中，C：50%～60%，N：2%～4%，O：30%～35%。而富里酸中碳和氮含量较少，分别为 C：44%～50%，N：1%～3%，O：44%～50%。不同地区和不同来源的腐殖质的相对分子质量组成和元素组成都有区别。

腐殖质在结构上的显著特点是除含有大量苯环外，还含有大量羧基、醇基和酚基。富里酸单位质量含有的含氧官能团数量较多，因而亲水性也较强。这些官能团在水中可以解离并产生化学作用，因此腐殖质具有高分子电解质的特征，并表现为酸性。

腐殖质与环境中有机物之间的作用主要涉及吸附效应、溶解效应、对水解反应的催化作用、对微生物过程的影响以及光敏效应和猝灭效应等。但腐殖质与金属离子生成配合物是它们最重要的环境性质之一，金属离子能在腐殖质中的羧基及羟基间螯合成键或者在两个羧基间螯合，或者与一个羧基形成配合物。

许多研究表明，重金属在天然水体中主要以腐殖酸的配合物形式存在。Matson 等人指出 Cd、Pb 和 Cu 在美洲的大湖（Great Lake）水中不存在游离离子，而是以腐殖酸配合物形式存在。表 3-10 列出不同来源腐殖酸与金属的配合稳定常数，并可看出，Hg 和 Cu 有较强的配合能力，在淡水中有大于 90％的 Ca、Hg 与腐殖酸配合，这点对考虑重金属的水体污染具有很重要的意义。特别是 Hg，许多阳离子如 Li^{+}、Na^{+}、Co^{2+}、Mn^{2+}、Ba^{2+}、Zn^{2+}、Mg^{2+}、La^{3+}、Fe^{3+}、Al^{3+}、Ce^{3+}、Th^{4+} 都不能置换 Hg。水体的 pH、E_h 等都影响腐殖酸和重金属配合作用的稳定性。

此外，从 1970 年以来，由于发现供应水中存在三卤甲烷，对腐殖质给予特别的注意。一般认为，在用氯化作用消毒原始饮用水的过程中，腐殖质的存在，可以形成可疑的致癌物质——三卤甲烷（THMS）。

现在人们开始注意腐殖酸与阴离子的作用，它可以和水体中的 NO_3^-、SO_4^{2-}、PO_4^{3-} 等反应，这构成了水体中各种阳离子、阴离子反应的复杂性。

表 3-10　腐殖酸配合物稳定常数

来　源	lgK					
	Ca	Mg	Cu	Zn	Cd	Hg
泥煤	3.65	3.81	7.85	4.83	4.57	18.3
	—	—	8.29	—	—	—
湖水						
Celyn 湖	3.95	4.00	9.83	5.14	4.57	19.4
Balal 湖	3.56	3.26	9.30	5.25	—	19.3
河水						
Dee 河	—	—	9.48	5.36	—	19.7
Conway 河	—	—	9.59	5.41	—	21.9
海湾	3.65	3.50	8.89	—	4.95	20.9
底泥	4.65	4.09	11.37	5.87	—	21.9
海湾污泥	3.60	3.50	8.89	5.27	—	18.1
土壤	3.4	2.2	4.0	3.7	—	—
	—	—	—	—	—	5.2
松花江水	—	—	—	2.68	2.54	16.02
	—	—	—	3.14	3.01	16.74
松花江泥	—	—	—	2.76	2.66	16.51
	—	—	—	3.13	3.00	16.39
蓟运河水、泥	—	—	—	—	—	16.38
	—	—	—	—	—	16.28
	—	—	—	—	—	16.41

另外，腐殖酸对有机污染物的作用，诸如对其活性、行为和残留速率等的影响已开始研究。它能键合水体中的有机物如 PCB、DDT 和 PAH，从而影响它们的迁移和分布，环境中的芳香胺能与腐殖酸共价键合，而另一类有机污染物如邻苯二甲酸二烷基酯能与腐殖酸形成水溶性配合物。

第三节　水体中有机污染物的迁移转化

有机污染物在水环境中的迁移转化主要取决于有机污染物本身的性质以及水体的环境条件。水环境中有机污染物种类繁多，一般分为两大类：持久性污染物和耗氧有机物。有机污染物一般通过吸附作用、挥发作用、水解作用、光解作用、生物富集和生物降解作用等过程进行迁移转化，研究这些过程，将有助于阐明污染物的归趋和可能产生的危害。

一、分配作用

1. 有机污染物在沉积物（土壤）与水之间的分配作用

颗粒物（沉积物或土壤）从水中吸着有机物的量与颗粒物中有机质的含量密切相关，实验证明，在土壤-水体系中，分配系数与土壤中有机质的含量成正比，与水中这些溶质的溶解度成反比。由此可见，颗粒物中有机质对吸附憎水有机物起着主要作用。进一步研究表明，当有机物在水中含量增高接近其溶解度时，憎水有机物在土壤中的吸附等温线仍然是直线，见图 3-10。

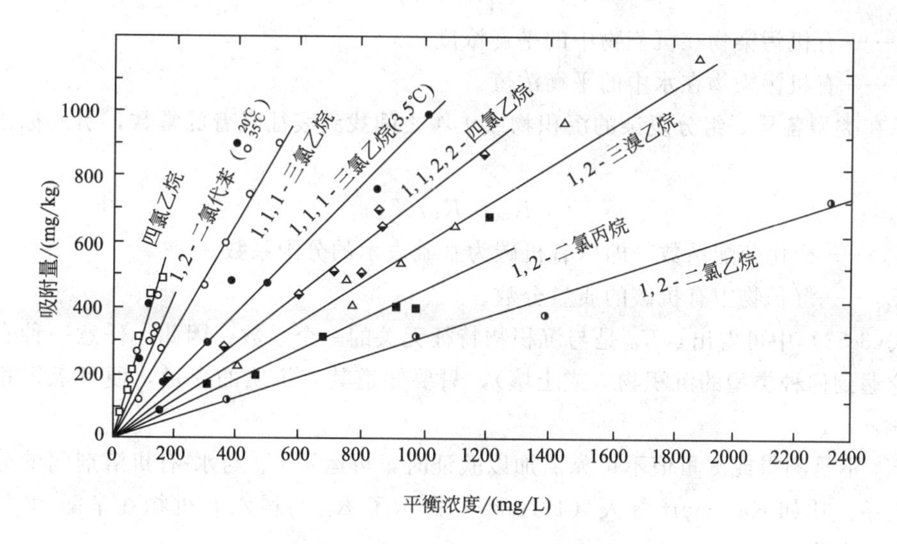

图 3-10　一些非离子性有机物在土壤-水体系中的吸附等温线

有机物在活性炭上的吸附则表现出高度的非线性（见图 3-11），只有在低浓度时，吸附量才与溶液中平衡浓度呈线性关系。由此可见，憎水有机物在土壤中的吸附如同憎水有机物在水与有机溶剂之间的分配一样，仅仅是有机物移向土壤中的有机质内的一种分配过程，即非离子型有机物可通过溶解作用分配到土壤有机质中，并经过一定时间达到分配平衡，此时有机物在土壤有机质和水中含量的比

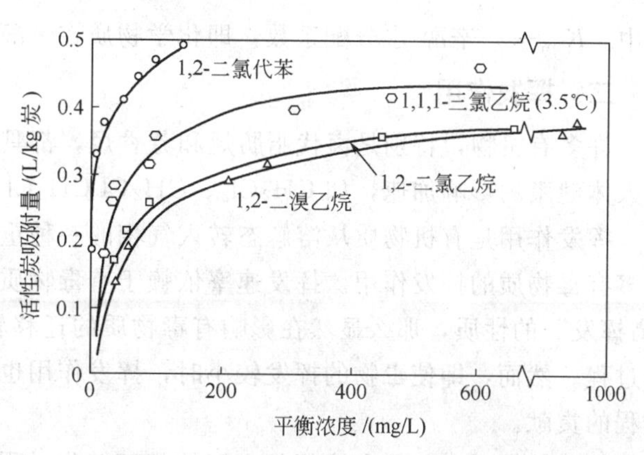

图 3-11　活性炭对一些非离子性有机化合物的吸附等温线

值称为分配系数 K_p，而土壤中的无机质对于憎水有机物表现出相当的惰性。

实际上，有机化合物在土壤（沉积物）中的吸着存在着两种主要机理。

(1) 分配作用　即在水溶液中，土壤有机质（包括水生生物脂肪以及植物有机质等）对有机化合物的溶解作用，而且在溶质的整个溶解范围内，吸附等温线都是线性的，与表面吸附位无关，只与有机化合物的溶解度相关，因而放出的吸附热小。

(2) 吸附作用　即在非极性有机溶剂中，土壤矿物质对有机化合物的表面吸附作用或干土壤矿物质对有机化合物的表面吸附作用，前者主要靠范德华力，后者则是各种化学键力如氢键、离子偶极键、配位键及 π 键作用的结果。其吸附等温线是非线性，并存在着竞争吸附，同时在吸附过程中往往要放出大量热来补偿反应中熵的损失。

在土壤-水体系中，土壤对非离子性有机化合物的吸着主要是溶质的分配过程（溶解），即非离子性有机化合物可通过溶解作用分配到土壤有机质中，并经一定时间达到分配平衡，此时有机化合物在土壤有机质和水中含量的比值称为分配系数。

2. 标化分配系数

有机污染物在沉积物（或土壤）与水之间的分配系数（K_p）的表达式为：

$$K_p = c_s / c_w \tag{3-52}$$

式中　c_s——有机污染物在沉积物中的平衡浓度；

c_w——有机污染物在水中的平衡浓度。

为了在类型各异、组分复杂的沉积物或土壤之间找到表征吸着的常数，引入标化分配系数（K_{oc}）：

$$K_{oc} = K_p / X_{oc} \tag{3-53}$$

式中　K_{oc}——标化分配系数，即以有机碳为基础表示的分配系数；

X_{oc}——沉积物中有机碳的质量分数。

从式(3-53) 中可看出，K_{oc}是与沉积物特征无关的一个系数，因此，任意一种有机化合物，不论遇到何种类型的沉积物（或土壤），只要知道其有机质的含量，便可求得相应的分配系数。

当 K_p 不易测得或测量值不可靠需加以验证时，可运用 K_{oc}与水-有机溶剂间的分配系数的相关关系。比如 Karichoff 等人（1979 年）揭示了 K_{oc}与憎水有机物在辛醇-水分配系数 K_{ow}的相关关系：

$$K_{oc} = 0.63 K_{ow} \tag{3-54}$$

式中　K_{ow}——辛醇-水分配系数，即化学物质在辛醇中浓度和在水中浓度的比例。

二、挥发作用

许多有机物，特别是卤代脂肪烃和芳香烃，都具有挥发性，从水中挥发到大气中后，其对人体健康的影响加速，如 CH_2Cl_2、$CH_2Cl\text{-}CH_2Cl$ 等。

挥发作用是有机物质从溶解态转入气相的一种重要迁移过程。在自然环境中，需要考虑许多有毒物质的挥发作用。挥发速率依赖于有毒物质的性质和水体特征。如果有毒物质具有“高挥发”的性质，那么显然在影响有毒物质的迁移转化和归趋方面，挥发作用是一个重要的过程。然而，即使毒物的挥发较小时，挥发作用也不能忽视，这是由于毒物的归趋是多种过程的贡献。

挥发性物质在气相和溶解相之间的相互转化过程，关键是由亨利定律决定的。

1. 亨利定律

亨利定律是表示当一个化学物质在气-液相达到平衡时，溶解于水相的浓度与气相中化学物质的浓度（或分压力）有关，亨利定律的一般表示式：

$$p=K_{\mathrm{H}}c_{\mathrm{w}} \tag{3-55}$$

式中　p——污染物在水面大气中的平衡分压，Pa；

c_{w}——污染物在水中的平衡浓度，mol/m^3；

K_{H}——亨利定律常数，$Pa \cdot m^3/mol$。

我们常用的亨利定律常数的方法有很多，常用方法是：

$$K'_{\mathrm{H}}=c/c_{\mathrm{w}} \tag{3-56}$$

式中　c——有机化合物在空气中的物质的量浓度，mol/m^3；

K'_{H}——亨利定律常数的替换形式，无量纲。

由式(3-55) 和式(3-56) 整理可以得到：

$$\frac{K_{\mathrm{H}}}{K'_{\mathrm{H}}}=\frac{p}{c}=\frac{npT/V}{c}=RT$$

所以：

$$K'_{\mathrm{H}}=K_{\mathrm{H}}/(RT)=K_{\mathrm{H}}/(8.31T) \tag{3-57}$$

式中　T——水的热力学温度，K；

R——气体常数。

对于微溶化合物（摩尔分数≤0.02），亨利定律常数的估算公式为：

$$K_{\mathrm{H}}=p_{\mathrm{s}}M_{\mathrm{w}}/S_{\mathrm{w}} \tag{3-58}$$

式中　p_{s}——纯化合物的饱和蒸气压，Pa；

M_{w}——相对分子质量；

S_{w}——化合物在水中的溶解度，mg/L。

若将 K_{H} 转换为无量纲形式，此时亨利定律常数则为：

$$K'_{\mathrm{H}}=\frac{0.12p_{\mathrm{s}}M_{\mathrm{w}}}{S_{\mathrm{w}}T} \tag{3-59}$$

例如二氯乙烷的蒸气压为 2.4×10^4 Pa，20℃时在水中的溶解度为 5500mg/L，可分别计算出亨利定律常数 K_{H} 或 K'_{H}：

$$K_{\mathrm{H}}=(2.4\times10^4\times99/5500)\,Pa\cdot m^3/mol=432\,Pa\cdot m^3/mol$$

$$K'_{\mathrm{H}}=0.12\times2.4\times10^4\times99/(5500\times293)=0.18$$

2. 挥发作用的双膜理论

双膜理论是基于化学物质从水中挥发时必须克服来自近水表层和空气层的阻力而提出的。这种阻力控制着化学物质由水向空气迁移的速率。由图 3-12 可见，化学物质在挥发过程中要分别通过一个薄的“液膜”和一个薄的“气膜”。在气膜和液膜的界面上，液相浓度为 c_{i}，气相分压则用 p_{ci} 表示，假设化学物质在气液界面上达到平衡并且遵循亨利定律，则：

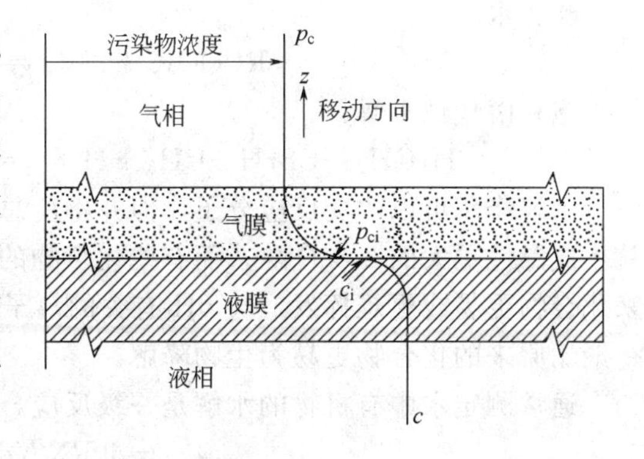

图 3-12　双膜理论示意

$$p_{\mathrm{ci}}=K_{\mathrm{H}}c_{\mathrm{i}}$$

若在界面上不存在净积累，则一个相的质

量通量必须等于另一相的质量通量。因此，化学物质在 z 方向的通量（F_z）可表示为：

$$F_z = K_{Li}(c - c_i) = \frac{-K_{gi}(p - p_{ci})}{RT} = -\frac{K_{gi}n}{V} \tag{3-60}$$

式中　K_{gi}——在气相通过气膜的传质系数；

K_{Li}——在液相通过液膜的传质系数；

$c - c_i$——从液相挥发时存在的浓度梯度；

$p - p_{ci}$——在气相一侧存在一个气膜的浓度梯度。

根据式(3-60) 可得：

$$c_i = \frac{K_{Li}c + K_{gi}p/(RT)}{K_{Li} + K_{gi}K_H/(RT)}$$

若以液相为主时，气相的浓度为零（$c=0$），将 c_i 代入后得：

$$F_z = K_{Li}(c - c_i) = \frac{K_{Li}K_{gi}K_H}{K_{Li}RT + K_{gi}K_H} \times c = K_{VL} \times c$$

$$K_{VL} = \frac{K_{Li}K_{gi}K_H}{K_{Li}RT + K_{gi}K_H}$$

由于所分析的污染物是在水相，因而方程可写为：

$$\frac{1}{K_V} = \frac{1}{K_L} + \frac{RT}{K_g K_H}$$

或

$$\frac{1}{K_V} = \frac{1}{K_L} + \frac{1}{K_g K'_H}$$

由此可以看出，挥发速率常数依赖于 K_L、K'_H 和 K_g。当亨利定律常数大于 $1.0130 \times 10^2 Pa \cdot m^3/mol$ 时，挥发作用主要受液膜控制，此时可用 $K_V = K_L$。当亨利定律常数小于 $1.0130 \times 10^2 Pa \cdot m^3/mol$ 时，挥发作用主要受气膜控制，此时可用 $K_V = K'_H K_g$ 这个简化方程。如果亨利定律常数介于二者之间，则式中两项都是重要的。

三、水解作用

水解作用是有机化合物与水之间最重要的反应。在反应中，化合物的官能团 X^- 和水中的 OH^- 发生交换，整个反应可表示为：

$$RX + H_2O \rightleftharpoons ROH + HX$$

从上式可看出，有机物通过水解反应而改变了原化合物的化学结构。对于许多有机物来说，水解作用是其在环境中消失的重要途径。在环境条件下，一般酯类和饱和卤代烃容易水解，不饱和卤代烃和芳香烃则不易发生水解。

酯类水解：

$$RCOOR' + H_2O \rightleftharpoons RCOOH + R'OH$$

饱和卤代烃水解：

$$CH_3CH_2—CBrH—CH_3 + H_2O \rightleftharpoons CH_3CH_2—CHOH—CH_3 + HBr$$

水解作用可以改变反应分子，但并不能总是生成低毒产物。例如 2,4-D 酯类的水解作用就生成毒性更大的 2,4-D 酸，而有些化合物的水解作用则生成低毒产物。水解产物可能比原来化合物更易或更难挥发，与 pH 有关的离子化水解产物的挥发性可能是零，而且水解产物一般比原来的化合物更易为生物降解。

通常测定水中有机物的水解是一级反应，RX 的消失速率正比于［RX］，即：

$$-d[RX]/dt = K_h[RX] \tag{3-61}$$

式中　K_h——水解速率常数。

实验表明，水解速率与 pH 有关。Mabey 等人把水解速率归纳为由酸性或碱性催化的和中性的过程，因而水解速率可表示为：

$$R_H = K_h[C] = (K_A[H^+] + K_B[OH^-] + K_N)[C] \tag{3-62}$$

式中 K_A——酸性催化的二级反应水解速率常数；

K_B——碱性催化的二级反应水解速率常数；

K_N——中性过程的二级反应水解速率常数；

K_h——在某一 pH 下准一级反应水解速率常数。

四、光解作用

光解作用是光化作用的一种，指物质由于光的作用而分解的过程。阳光供给水环境大量的能量，吸收光的物质将其辐射能转换为热能或化学能。水中有机物通过吸收光而导致分子的分解过程就是光解作用，它强烈地影响水环境中某些污染物的归趋。

光解作用是有机污染物真正的分解过程，因为它不可逆地改变了反应分子，一个有毒化合物的光化学分解的产物可能还是有毒的。例如，辐照 DDT 反应产生的 DDE，它在环境中滞留时间比 DDT 还长。因此，有机污染物的光解作用并不意味着是环境的去毒作用。

光解过程可分为三类：第一类称为直接光解，这是化合物本身直接吸收了太阳能而进行的分解反应；第二类称为敏化光解，水体中存在的天然物质（如腐殖质等）被阳光激发，又将其激发态的能量转移给化合物而导致的分解反应；第三类是氧化反应，天然物质被辐照而产生自由基或纯态氧（又称单一氧）等中间体，这些中间体又与化合物作用而生成转化的产物。

1. 直接光解

直接光解是水体中有机污染物分子吸收太阳光辐射并跃迁到某激发态后，随即发生解离或通过进一步次级反应而分解的过程。根据光化学第一定律（Grothus-Draper 定律），只有吸收辐射（以光子的形式）的那些分子才会进行光化学转化。这意味着光化学反应的先决条件应该是污染物的吸收光谱要与太阳发射光谱在水环境中可利用的部分相适应。一些水中污染物直接光解实例如表 3-11 所示。

表 3-11 水中污染物直接光解实例

污染物	光解产物	可能机理
NO_3^-	$NO_2^- + NO_2 + HO$	分解
NO_2^-	$NO + HO$	分解
Cu(Ⅱ)	Cu(Ⅰ)	还原，分解
$Fe(CN)_6^{4-}$	$Fe(CN)_5^{3-} + CN^-$	还原，分解
含 Fe(Ⅲ)有机物	Fe(Ⅱ)，CO_2，胺	电子迁移，分解
有机汞化合物	Hg，Hg 盐	分解

水体中有机污染物接受太阳光辐射的情况与大气状况有关，还应考虑空气-水界面间的光反射、入射光进入水体后发生折射、光辐射在水中的衰减系数和辐射光程等特定因素。

2. 敏化光解（间接光解）

除了直接光解外，光还可以用其他方法使水中有机污染物降解。一个光吸收分子可能将它的过剩能量转移到一个接受体分子，导致接受体反应，这种反应就是光敏化作用。2,5-二甲基呋喃就是可被光敏化作用降解的一个化合物，在蒸馏水中将其暴露于阳光中没有反应，但是它在含有天然腐殖质的水中降解很快，这是由于腐殖质可以强烈地吸收波长小于

500nm 的光，并将部分能量转移给它，从而导致它的降解反应。

3. 氧化反应

有机污染物在水环境中所常见的氧化剂有单重态氧（$^1O_2$）、烷基过氧自由基（$RO_2\cdot$）、烷基自由基（$RO\cdot$）或羟自由基（$OH\cdot$）。这些自由基虽然是光化学的产物，但它们是与基态的有机物起作用的，所以把它们放在光化学反应以外，单独作为氧化反应这一类。

五、生物降解作用

生物降解是引起有机污染物分解的最重要的环境过程之一。水环境中化合物的生物降解依赖于微生物通过酶催化反应分解有机物。当微生物代谢时，一些有机污染物作为食物源提供能量和提供细胞生长所需的碳；另一些有机物，不能作为微生物的唯一碳源和能源，必须由另外的化合物提供。因此，有机物生物降解存在两种代谢模式：生长代谢（growth metabolism）和共代谢（cometabolism）。这两种代谢特征和降解速率极不相同，下面分别进行讨论。

1. 生长代谢

许多有毒物质可以像天然有机化合物那样作为微生物的生长基质。只要用这些有毒物质作为微生物培养的唯一碳源便可鉴定是否属生长代谢。在生长代谢过程中微生物可对有毒物质进行较彻底的降解或矿化，因而是解毒生长基质。去毒效应和相当快的生长基质代谢意味着与那些不能用这种方法降解的化合物相比，对环境威胁小。

一个化合物在开始使用之前，必须使微生物群落适应这种化学物质，在野外和室内试验表明，一般需要 2～50 天的滞后期，一旦微生物群体适应了它，生长基质的降解是相当快的。由于生长基质和生长浓度均随时间而变化，因而其动力学表达式相当复杂。Monod 方程是用来描述当化合物作为唯一碳源时，化合物的降解速率：

$$-\frac{\mathrm{d}c}{\mathrm{d}t}=\frac{\mathrm{d}B}{Y\mathrm{d}t}=\frac{\mu_{\max}}{Y}\times\frac{Bc}{K_s+c} \tag{3-63}$$

式中 c——污染物浓度；

B——细菌浓度；

Y——消耗一个单位碳所产生的生物量；

$\mu_{\max}$——最大的比生长速率；

K_s——半饱和常数，即在最大比生长速率 $\mu_{\max}$ 一半时的基质浓度。

Monod 方程式在实验中已成功地应用于唯一碳源的基质转化速率，而不论细菌菌株是单一种还是天然的混合种群。Paris 等人用不同来源的菌株，以马拉硫磷作唯一碳源进行生物降解。分析菌株生长的情况和马拉硫磷的转化速率，可以得到 Monod 方程中的各种参数：$\mu_{\max}=0.37\mathrm{h}^{-1}$，$K_s=2.17\mu\mathrm{mol/L}$（0.716mg/L），$Y=4.1\times10^{10}\,\mathrm{cell}/\mu\mathrm{mol}$（$1.2\times10^{11}\,\mathrm{cell/mg}$）。

Monod 方程是非线性的，但是在污染物浓度很低时，即 $K_s\gg c$，则式(3-63) 可简化为：

$$-\mathrm{d}c/\mathrm{d}t=K_{b_2}Bc' \tag{3-64}$$

式中 K_{b_2}——二级生物降解速率常数，$K_{b_2}=\frac{\mu_{\max}}{YK_s}$。

Paris 等人在实验室内用不同浓度（0.0273～0.33μmol/L）的马拉硫磷进行试验测得速率常数为 $(2.6\pm0.7)\times10^{-12}\,\mathrm{L/(cell\cdot h)}$，而与按上述参数值计算出的 $\mu_{\max}/(YK_s)$ 值 $[4.16\times10^{-12}\,\mathrm{L/(cell\cdot h)}]$ 相差一倍，说明可以在浓度很低的情况下建立简化的动力学表达式(3-64)。

但是，如果将此式用于广泛的生态系统，理论上是说不通的。在实际环境中并非被研究的化合物都是微生物的唯一碳源。一个天然微生物群落总是从大量各式各样的有机碎屑物质中获取能量并降解它们。即使当合成的化合物与天然基质的性质相近，连同合成化合物在内是作为一个整体被微生物降解。再者，当微生物量保持不变的情况下使化合物降解，那么Y的概念就失去意义。通常应用简单的一级动力学方程表示：

$$-\frac{dc}{dt}=K_b c \tag{3-65}$$

式中 K_b——一级生物降解速率常数。

2. 共代谢

某些有机污染物不能作为微生物的唯一碳源与能源，必须有另外的化合物存在以提供微生物碳源或能源时，该有机物才能被降解，这种现象称为共代谢。它在那些难降解的化合物代谢过程中起着重要作用，展示了通过几种微生物的一系列共代谢作用，可使某些特殊有机污染物彻底降解的可能性。微生物共代谢的动力学明显不同于生长代谢的动力学，共代谢没有滞后期，降解速率一般比完全驯化的生长代谢慢。共代谢并不提供微生物体任何能量，不影响种群多少。然而，共代谢速率直接与微生物种群的多少成正比，Paris 等人描述了微生物催化水解反应的二级速率定律：

$$-\frac{dc}{dt}=K_{b_2} Bc \tag{3-66}$$

由于微生物种群不依赖于共代谢速率，因而生物降解速率常数可以用 $K_b=K_{b_2}B$ 表示，从而使其简化为一级动力学方程。

用上述的二级生物降解的速率常数文献值时，需要估计细菌种群的多少，不同技术的细菌计数可能使结果发生高达几个数量级的变化，因此根据用于计算 K_{b_2} 的同一方法来估计 B 值是重要的。

总之，影响生物降解的主要因素是有机化合物本身的化学结构和微生物的种类。此外，一些环境因素如温度、pH、反应体系的溶解氧等也能影响生物降解有机物的速率。

【阅读材料】

地下水污染严重

近年来，平原地区农村地下水变色变味、严重污染的新闻，屡见于各媒体。2013 年山东地下水污染事件引起了媒体和网友的极大关注。在山东茌平县干韩村，从村民十多米深的自备井中打上来的水发黄，水面有薄薄油花，村民们都不敢再饮用地下水。环保部于 2013 年 2 月 20 日发布《化学品环境风险防控“十二五”规划》称个别地方因环境污染出现癌症村。此前，地下水污染导致癌症高发甚至牛羊绝育的报道，在诸多地区出现。据国土资源部网站资料，辽宁海城市污水排放造成地下水大面积污染，附近一个村 160 人因水而亡；由于地下水的严重污染，淄博日供水量 51 万立方米的大型水源地面临报废。即使是北京，浅层地下水中也普遍检测出了“三致”（致癌、致畸、致突变）物质。这些“三致”有机物在我国东部其他城市和地区，很可能同样存在。

地表水可直接渗入浅层地下水，在多种污染源作用下，我国浅层地下水污染不仅严重，而且污染速率非常快。据 2001～2002 年我国国土资源部第二轮地下水资源调查发现，在 197 万平方公里的平原区中，浅层地下水Ⅰ类和Ⅱ类水质分布仅为 4.98%，而不能饮用的Ⅳ类、Ⅴ类面积高达 59.49%。2011 年，全国 200 个城市地下水质监测中，“较差-极差”水质比例为5%，并且与一年前相比有5.2%的监测点水质在变差。

地下水虽属可再生资源，但地下水的更新、自净需要非常长的时间，一旦被污染，所造成的生态环境破坏往往难以逆转。且地下水污染隐蔽、难以监测，发现时往往已造成了严重的后果，人类至今还没找到一个十分有效的治理地下水污染的技术。无法承受的地下水高额治理成本也使得地下水污染陷入困局。据报道，20世纪80年代，日本估算治理地下水污染需要800万亿美元，面对高额治理成本，只好扼腕叹息。

本章小结

水环境是自然环境的要素之一。天然水的化学组成及其特点是：在地质循环、水循环和生物循环中形成的水中的离子、溶解气体，水中生物的种类和数量决定了水体的质量。天然水体中的溶解沉淀平衡、氧化还原平衡、酸碱平衡、配合解离平衡、吸附解吸平衡等决定了水体中无机污染物、有机污染物的存在形态、环境行为、迁移转化及其归趋模式。能量相对稳定的单向衰减流动、物质相对稳定的循环流动和自净作用等机能使水体具有一定的环境容量，但污染物进入水体并超过水体的自净能力时，会影响水体的使用价值和使用功能，造成水体污染。

水体污染物的种类繁多、成分复杂，其危害也各不相同。无机污染物，特别是重金属污染物在水体中的迁移转化过程十分复杂，它几乎涉及水体中所有的物理、化学和生物过程。水体中有机污染物对水体的污染程度与多方面因素有关，除了污染物本身的毒性外，其在水体中的存在形态、迁移转化过程对其毒性起着重要作用。分配作用、挥发作用、水解作用、光解作用、生物化学作用等作为有机污染物迁移转化的主要途径，强烈地影响着污染物的毒性和归趋。

复习思考题

1. 水体的含义是什么？什么叫水体污染？

2. 什么是天然水的酸度和碱度？它们主要由哪些物质组成？

3. 请推导出封闭和开放体系碳酸平衡中 $[H_2CO_3^*]$、$[HCO_3^-]$ 和 $[CO_3^{2-}]$ 的表达式，并讨论这两个体系之间的区别。

4. 天然水水样（视为封闭体系）中假如含少量下列物质时，其碱度如何变化？(1) HCl；(2) NaOH；(3) Na_2CO_3；(4) $NaHCO_3$；(5) CO_2；(6) $AlCl_3$；(7) Na_2CO_3。

5. 在一个pH为6.5，碱度为1.6mol/L的水体中，若加入碳酸钠使其碱化，问需加碳酸钠的浓度（mmol/L）为多少才能使水体pH上升至8.0？若用NaOH强碱进行碱化，又需加多少碱？(1.07mmol/L，1.08mmol/L)

6. 已知水样A的pH为7.5，碱度为6.38mmol/L；水样B的pH为9.0，碱度为0.80mol/L，现将其等体积混合，问混合后的pH是多少？(pH=7.58)

7. 某水样pH=8.3，总碱度为0.8mmol/L，$[Ca^{2+}]$=1.9mmol/L，请问该水系的水稳定性属于哪一类？

8. 天然水体中所含腐殖质来源何方？它的主要成分有哪些？在化学结构上有哪些特点？

9. 某水体的碱度为 2.00×10^{-3} mol/L，pH为7.00，请计算 $[H_2CO_3^*]$、$[HCO_3^-]$、$[CO_3^{2-}]$ 和 $[OH^-]$ 的浓度各是多少？($[H_2CO_3^*]=4.49\times10^{-4}$ mol/L，$[HCO_3^-]=2.00\times10^{-3}$ mol/L 和 $[CO_3^{2-}]=9.38\times10^{-7}$ mol/L，$[OH^-]=1.00\times10^{-7}$ mol/L)

10. 请叙述天然水体中存在的颗粒物种类。

11. 什么是表面吸附作用、离子交换吸附作用和专属吸附作用？并说明水合氧化物对金属离子的专属吸附和非专属吸附的区别。

12. 从湖水中取深层水的 pH 为 7.0，含溶解氧浓度为 0.32mg/L，计算 pE 和 E_h 值？(13.32，0.78V)

13. 某工厂向河流稳定排放含酚污水，污水排放量为 540m^3/h，酚的浓度为 30.0mg/L，河流流量为 5.00m^3/s，流速为 0.4m/s，酚的背景浓度为 0.05mg/L，衰减速率常数为 0.2d^{-1}。计算距排放口 20km 处河水中酚的浓度（忽略纵向弥散作用）？(0.82mg/L)

14. 已知 Fe^{3+} 与水反应生成的主要配合物及平衡常数如下：

$$[Fe^{3+}]+H_2O \longrightarrow Fe(OH)^{2+}+[H^+] \qquad \lg K_1=-2.16$$
$$[Fe^{3+}]+2H_2O \longrightarrow Fe(OH)_2+2[H^+] \qquad \lg K_2=-6.74$$
$$Fe(OH)_3(s) \longrightarrow [Fe^{3+}]+3OH^- \qquad \lg K_3=-38$$
$$[Fe^{3+}]+4H_2O \longrightarrow Fe(OH)_4^-+4H^+ \qquad \lg K_4=-23$$
$$[Fe^{3+}]+2H_2O \longrightarrow Fe(OH)_2^++2H^+ \qquad \lg K_5=-2.91$$

试用 pc-pH 图表示 $Fe(OH)_3(s)$ 在纯水中的溶解度与 pH 的关系。

15. 什么是电子活度 pE 以及它和 pH 的区别？

16. 有一个垂直湖水，pE 随湖的深度增加将起什么变化？

17. 解释下列名词：分配系数，标化分配系数，亨利定律常数，直接光解，水解速率，光量子产率，生长物质代谢和共代谢。

18. 请叙述有机物在水环境中的迁移、转化存在哪些重要过程？

第四章　土壤环境化学

【学习指南】

本章主要介绍土壤的组成、性质、特点以及其应用；污染物在土壤-植物体系中的迁移和它的作用机制及重金属和农药在土壤中的迁移和转化的原理、途径及治理的方法和原理。要求了解土壤的组成与性质，土壤的粒级与质地分组特性；了解污染物在土壤-植物体系中迁移的特点、影响因素及作用机制。掌握土壤的吸附、酸碱和氧化还原特性，重金属离子和农药在土壤中的迁移原理与主要影响因素，以及重金属离子和主要农药在土壤中的迁移原理与主要影响因素。

作为环境要素之一的土壤是地球陆地表面生长植物的疏松层。它以不完全连续的状态存在于陆地表面，处于岩石圈最外面的一层疏松的部分，具有支持植物和微生物生长繁殖的能力，可称为土壤圈，与水圈、大气圈和生物圈的关系密切，与人类生活休戚相关。在地球表面约 1.5 亿平方公里的陆地中，农耕田、草地和林田分别占 9%、21%和 27%。这些陆地是土壤圈的主要组成部分，也是一切生物赖以生存的基础。

第一节　土壤的组成与性质

土壤是由地壳岩石及矿物经过长期风化形成的。在风化过程中，岩石、矿物变成碎屑（土壤母质），它们在生物及其遗骸、微生物作用下，通过腐殖质形成地表疏松层，它是陆生植物赖以生存的物质基础，是一切农业的基础，除可生产食物外，也是外界同化和代谢物及大部分污染物的承受体，是维持全球人口生存的重要因素。

一、土壤的组成

土壤是由固体、液体和气体三相共同组成的多相体系，即：土壤固体相（土壤矿物质、土壤有机质）、孔隙液相（水分-溶液）和气相（空气）。

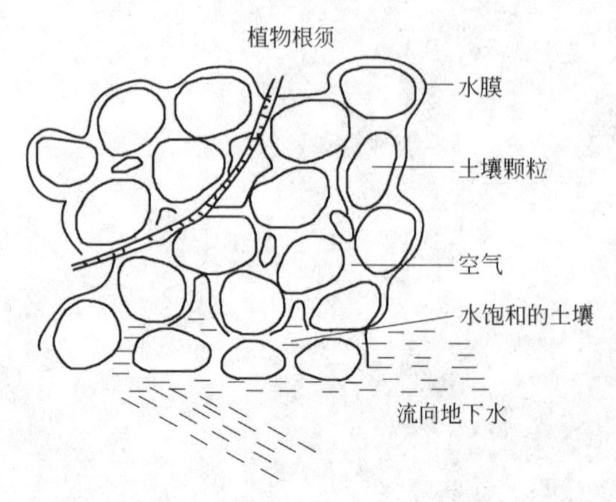

图 4-1　土壤中固、液、气相结构示意

三相的结构示意如图 4-1 所示。

1. 土壤固相

土壤中的固相物质主要包括土壤矿物质和土壤有机质，其中土壤矿物质占土壤固体总重量的 90%以上，而土壤有机质占总重量的 1%～10%（可耕土壤中约占 5%，且绝大部分在土壤表层）。

（1）土壤矿物质

① 原生矿物　原生矿物主要为四类：硅酸盐类矿物、氧化物类矿物、硫化物类矿物、磷酸盐类矿物。

② 次生矿物　次生矿物分为三类：简单盐类、三氧化物类、次生铝硅酸盐类。

(2) 土壤有机质　土壤有机质是土壤中含碳有机物的总称，主要来源于动植物和微生物残体，可分为非腐殖质和腐殖质两大类。

2. 土壤液相

土壤液相指土壤中的水分及其水溶物，其主要来自大气降水和灌溉。土壤水分既是植物养分的主要来源，也是进入土壤的各种污染物向其他圈层迁移的媒介。

3. 土壤气相

土壤气相指土壤中有无数的空隙充满空气，典型土壤约35%的体积是充满空气的。但土壤中的空气不同于大气，主要差异如下：

① 土壤空气存在于相互隔离的土壤空隙中，是一个不连续的体系；

② 在 O_2 和 CO_2 含量上有很大差异，土壤空气中 CO_2 含量比大气中高得多；

③ 土壤空气中还含有少量还原性气体，如 CH_4、H_2S、H_2 和 NH_3 等；

④ 被污染的土壤其空气中还可能存在污染物。

二、土壤的结构

土壤结构是指土壤颗粒（包括团聚体）的排列与组合形式，按形状可分为方块状、片状和柱状三大类型；按其大小、发育程度和稳定性等，再分为团粒、团块、块状、棱块状、棱柱状、柱状和片状等结构（见图4-2）。

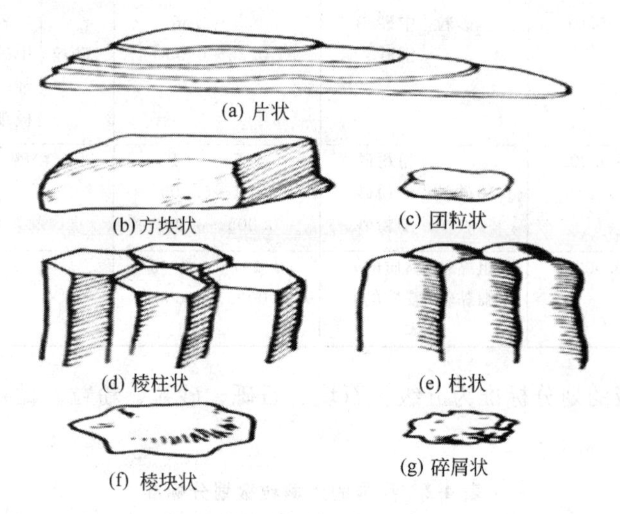

图4-2　土壤结构形态类型

1. 块状结构

近似立方体形，长、宽、高大体相等，组分一般大于3cm，1～3cm之内的称为核状结构体，外形不规则，多在黏重而乏有机质的土中生成，熟化程度低的死黄土常见此结构，由于相互支撑，会增大孔隙，造成水分快速蒸发跑墒，多有压苗作用，不利植物生长繁育。

2. 片状结构

水平面排列，水平轴比垂直轴长，界面呈水平薄片状；农田犁耕层、森林的灰化层、园林压实的土壤均属此类。不利于通气透水，造成土壤干旱，水土流失。

3. 柱状结构

沿垂直轴排列，垂直轴大于水平轴，土体直立，结构体大小不一，坚实硬，内部无效孔隙占优势，植物的根系难以介入、通气不良、结构体之间有形成的大裂隙，既漏水又漏肥。

4. 团粒结构

这是最适宜植物生长的结构体土壤类型，它在一定程度上标志着土壤肥力的水平和利用价值。其能协调土壤水分和空气的矛盾；能协调土壤养分的消耗和累积的矛盾；能调节土壤温度，并改善土壤的温度状况；能改良土壤的可耕性，改善植物根系的生长伸长条件。

三、土壤的粒级分组与质地分组和各粒级的理化特性

1. 土壤的粒级分组与各粒级的理化特性

土壤矿物质是以大小不同的颗粒状态存在的。不同粒径的土壤矿物质颗粒（土粒），其性质和成分都不一样。为了研究方便，按粒径的大小将土粒分为若干组，称为粒组或粒级，同组土粒的成分和性质基本一致，组间则有明显差异。

国际上粒级的划分标准及详细程度主要有三种不同的划分：国际制、前苏联制和美国制，其划分情况见表 4-1。

表 4-1 国际制、前苏联制和美国制土壤粒级划分标准

国际制		前苏联制		美国制	
粒级名称	粒径/mm	粒级名称	粒径/mm	粒级名称	粒径/mm
砾石	＞2	石块	＞3	石块	＞3
		砾石	3～1	粗砾	3～2
砂粒：粗砂	2～0.2	砂粒：粗砂	1～0.5	砂粒：极粗砂	2～1
砂粒：细砂	0.2～0.02	砂粒：中砂	0.5～0.25	砂粒：粗砂	1～0.5
		砂粒：细砂	0.25～0.05	砂粒：中砂	0.5～0.25
				砂粒：细砂	0.25～0.10
				砂粒：极细砂	0.10～0.05
粉砂粒	0.2～0.002	粉砂粒：粗粉砂	0.5～0.01	粉砂	0.05～0.002
		粉砂粒：中粉砂	0.01～0.005		
		粉砂粒：细粉砂	0.005～0.001		
黏粒	＜0.002	粗黏粒(黏质的)	0.001～0.0005	黏粒	＜0.002
		细黏粒(胶质的)	0.0005～0.0001		
		胶体	＜0.0001		

我国的土壤粒级的划分标准为五级：石块、石砾、砂粒、粉粒、黏粒，具体划分标准见表 4-2。

表 4-2 我国的土壤粒级划分标准

颗粒名称	粒径/mm	颗粒名称	粒径/mm
石块	＞10	粉粒	
石砾		粗粉粒	0.05～0.01
粗砾	10～3	细粉粒	0.01～0.005
细砾	3～1	黏粒	
砂粒		粗黏粒	0.005～0.001
粗砂粒	1～0.25	细黏粒	＜0.001
细砂粒	0.25～0.05		

各粒级的主要矿物成分和理化特性如下。

① 石块和石砾　多为岩石碎块，直径大于 1mm。山区土壤和河漫滩土壤中常见。土壤中含石块和石砾多时，其空隙过大，水分和养分易流失。

② 砂粒　主要为原生矿物，大多为石英、长石、云母和角闪石等，其中以石英为主。

粒径为1～0.05mm。冲击平原土壤中常见。空隙大，通气和透水性强，保水保肥能力弱，营养元素含量少。

③ 粉粒　粉粒是原生矿物和次生矿物的混合体，粒径为0.05～0.005mm。在黄土中含量较多，物理化学性质介于砂粒与黏粒之间。团聚、胶结性差，分散性强。保水保肥能力较好。

④ 黏粒　主要是次生矿物，粒径＜0.001mm。含黏粒多的土壤，营养元素含量丰富，团聚能力较强，有良好的保水保肥能力，但通气和透水性差。

由于各种矿物质抵抗风化的能力不同，它们经受风化后，在各粒级中分布的多少也不相同。矿物的粒级不同，其化学成分也有较大的差异。在较细颗粒中，Ca、Mg、P、K等元素的含量较大。一般而言，土粒越细，所含养分越多，反之则越少，如表4-3和表4-4所示。

表4-3　各级土粒的矿物组成　　单位：%

粒径/mm	石英	长石	云母	角闪石	其他
1～0.25	86	14	—	—	—
0.25～0.05	81	12	—	4	3
0.05～0.01	74	15	7	3	3
0.01～0.005	63	8	21	5	3
＜0.005	10	10	66	7	7

表4-4　不同粒径土粒的化学组成　　单位：%

粒径/mm	SiO_2	Al_2O_3	Fe_2O_3	CaO	MgO	K_2O	P_2O_5
1.0～0.2	93.6	1.6	1.2	0.4	0.6	0.8	0.05
0.2～0.04	94.0	2.0	1.2	0.5	0.1	1.5	0.1
0.04～0.01	89.4	5.0	1.5	0.8	0.3	2.3	0.2
0.01～0.002	74.2	13.2	5.1	1.6	0.3	4.2	0.1
＜0.002	53.2	21.5	13.2	1.6	1.0	4.9	0.4

2. 土壤质地分组及特性

由不同的粒级混合在一起所表现出来的土壤粗细状况称为土壤质地（或土壤机械组成）。土壤质地分类是以土壤中各粒级含量的相对百分比作标准的。

国际上土壤质地分组体系有国际制（见表4-5）、美国制和前苏联制。

表4-5　国际制土壤质地分类

质地分类		各级土粒质量		
类　别	质地名称	黏粒（＜0.002mm）	粉砂粒（0.02～0.002mm）	砂粒（2～0.02mm）
砾土类	砂土及填质砂土	0～15	0～15	85～100
	砂质壤土	0～15	0～45	55～85
壤土类	壤土	0～15	35～45	45～55
	粉砂质壤土	0～15	45～100	0～55
	砂质黏壤土		0～30	55～85
黏壤土类	黏壤土	15～25	25～45	30～55
	粉质黏壤土		45～85	0～40
	砂质黏土	25～45	0～20	55～75
	壤质黏土	25～45	0～45	10～55
黏土类	粉质黏土	25～45	45～75	0～30
	黏土	45～65	0～35	0～55
	重黏土	65～100	0～35	0～55

我国北方寒冷少雨，风化较弱，土壤中的砂粒、粉粒含量较多，细黏粒含量较少。南方

气候温暖，雨量充沛，分化作用较强，故土壤中的细黏粒含量较多。所以，砂土的质地分类中的砂粒含量等级主要以北方土壤的研究结果为依据，而黏土质地分类中的细黏粒含量的等级则主要以南方土壤的研究结果为依据。对于南北方过渡的中等风化程度的土壤，砂粒和细黏粒含量是难以区分的，因此，以其含量最多的粗粉粒作为划分壤土的主要标准，再参照砂粒和细黏粒的含量来区分。

我国1975年由中科院南京土壤所和西北水土保持生物土壤研究所拟定了我国土壤质地分类方案，见表4-6。

表4-6 我国土壤质地分类标准（1975年）

质地组	质地号	质地名称	砂粒(1～0.05mm)/%	各粒级百分含量粗粉粒(0.05～0.001mm)/%	胶粒(＜0.001mm)/%
砂土组	1	粗砂土	＞70	—	—
	2	细砂土	60～70	—	＜30
	3	面砂土	50～60	—	—
两合土组	4	砂性两合土	＞20	＞40	＜30
	5	小粉土	＜20	＞40	＜30
	6	两合土	＞20	＜40	＜30
	7	胶性两合土	＜20	＜40	＜30
黏土	8	粉黏土	—	—	30～35
	9	填黏土	—	—	35～40
	10	黏土	—	—	＞40

土壤质地在一定程度上反映了土壤矿物组成和化学组成，同时土壤颗粒大小和土壤的物理性质密切相关，并且影响土壤的孔隙状况。因此对土壤水分、空气、热量的运动和养分转化均有很大的影响。质地不同的土壤表现出不同的性状，壤土兼有砂土和黏土的优点而克服了二者的缺点，是质地理想的土壤。土壤质地与性状的关系见表4-7。

表4-7 土壤质地与性状的关系

土壤性状	土壤质地		
	砂土	壤土	黏土
比表面积	小	中等	大
精密性	小	中等	大
孔隙状况	大孔隙多	中等	细孔隙多
通透性	大	中等	小
有效含水量	低	中等	高
保肥能力	小	中等	大
保水分能力	低	中等	高
在春季的土温	暖	凉	冷
触觉	砂	滑	黏

四、土壤胶体的性质和土壤胶体的离子交换吸附

胶体是指直径在1～100nm之间的颗粒，其实在土壤中直径小于1000nm的黏粒都具有胶体的性质，因此实际上土壤胶体是指土壤中粒径小于1μm或2μm的矿物质颗粒和腐殖质（分散相）分散在土壤溶液（分散介质）中的分散体系，是土壤中最细微的部分。土壤具有吸收并保持固态、液态、气态物质的能力，称为土壤的吸附性，对土壤养分来说就是土壤保肥能力。土壤具有吸附性是由土壤本身的性质决定的，土壤中最活跃的组分是土壤胶体和土

壤微生物，它们对污染物在土壤中的迁移、转化有重要的作用。土壤胶体以其巨大的比表面积、带电性等性质而使土壤具有吸附性。

1. 土壤胶体的性质

（1）土壤胶体具有巨大的比表面和表面能　胶体表面分子与内部分子所处的状态不同，受到内外部两种不同的引力，因而具有多余的自由能即表面能，这是土壤胶体具有吸附作用的主要原因。比表面积越大，表面能越大，胶体的吸附性越大。

（2）土壤胶体的电荷及电性　土壤胶体所带的电荷包括永久电荷、可变电荷及净电荷。永久电荷是由于黏粒矿物晶层内的同晶替代所产生的电荷，不受介质的 pH 影响；可变电荷是由于电荷的数量和性质随介质 pH 而改变的电荷。产生可变电荷的主要原因有黏粒矿物晶面上 OH^- 的解离；含水铁、铝氧化物的解离；腐殖质上某些原子团的解离；含水氧化硅的解离；黏粒矿物晶层上的断键等。净电荷是指整个导体或导体的某部分（静电感应时）的正负电荷之差。电荷的数目决定于土壤吸附离子的多少，而电荷的密度决定于离子被吸附的牢固程度，电荷还具有很强的离子交换性。

土壤胶体微粒一般带负电荷，形成一个负离子层（决定电位离子层），其外部由于电性吸引而形成一个正离子层（反离子层或扩散层），即合称双电层。

（3）土壤胶体的凝聚性和分散性　由于土壤溶液中含有阳离子，可以中和负电荷使胶体凝聚，同时由于胶体比表面能很大，为减少表面能，胶体也具有相互吸引、凝聚的趋势；另一方面土壤胶体微粒带负电荷，胶体粒子相互排斥，具有分散性，负电荷越多，负的电极电位越高，分散性越强。

土壤溶液中常见阳离子的凝聚能力顺序如下：

$$Na^+ < K^+ < NH_4^+ < H^+ < Mg^{2+} < Ca^{2+} < Al^{3+} < Fe^{3+}$$

一般是一价离子＜二价离子＜三价离子。影响土壤凝聚性能的主要因素有土壤胶体的电动电位和扩散层厚度。

2. 土壤胶体的离子交换吸附

在土壤胶体双电层的扩散层中，补偿离子可以和溶液中相同电荷的离子以离子价为依据作等价交换，称为离子交换（或代换）。离子交换作用包括阳离子交换吸附作用和阴离子交换吸附作用。

（1）土壤胶体的阳离子交换吸附　土壤胶体微粒带负电荷，表面可吸附阳离子，可与土壤溶液中另一些阳离子发生交换。常见的可交换阳离子有：

$$\begin{cases} 致酸阳离子(Al^{3+}、H^+) \\ 盐基阳离子(Ca^{2+}、Mg^{2+}、K^+、Na^+等) \end{cases}$$

阳离子交换吸附实际是胶体分散系统中扩散层的阳离子与土壤溶液中的阳离子相互交换达到平衡的过程。它有以下三个特点。

① 阳离子吸附过程是一种可逆反应的动态平衡。

进入土壤的金属离子浓度愈高、价态愈高，则愈易被胶体吸附。当进入胶体表面的重金属离子过量，土壤胶体吸附能力减弱，重金属有可能解吸出来。

② 阳离子交换量是等量进行的。

③ 各种阳离子被胶体物质吸附的亲和力大小各不相同。

对同价离子，离子半径愈小，愈易被吸附，胶体吸附金属离子的能力还常常受到土壤环境条件的影响。

不同胶体物质所能交换的阳离子量不同。当土壤溶液为中性时，吸附阳离子的最大量为该土壤的阳离子交换量（CEC），又称土壤阳离子最大吸附容量，单位为cmol/kg。我国土壤的阳离子交换量从南到北，依次由低到高：东北黑土为24.44～34.34cmol/kg；华北褐土约为16.40cmol/kg；长江流域黄褐土约为13.23cmol/kg；南方红黄壤仅为4.77cmol/kg和4.09cmol/kg。Levi Minzi等人的试验表明，决定土壤重金属吸附量的因素首先是土壤交换量，其次是腐殖质含量，而黏土的作用不明显。不同黏土矿物对金属离子的吸附亲和力顺序是不一样的。

蒙脱石对二价金属离子的吸附顺序为：$Ca^{2+}>Pb^{2+}>Cu^{2+}>Mg^{2+}>Cd^{2+}>Zn^{2+}$

高岭石对二价金属离子的吸附顺序为：$Pb^{2+}>Ca^{2+}>Cu^{2+}>Mg^{2+}>Zn^{2+}>Cd^{2+}$

伊利石对二价金属离子的吸附顺序为：$Pb^{2+}>Ca^{2+}>Zn^{2+}>Ca^{2+}>Cd^{2+}$

土壤胶体吸附的阳离子全部是盐基阳离子时，这种土壤称为盐基饱和土壤。盐基饱和度可通过以下公式计算：

$$盐基饱和度=\frac{可交换性盐基总量}{阳离子交换量}\times 100\%$$

影响土壤胶体的阳离子交换吸附的因素有电荷数、离子半径及水化程度等。

(2) 土壤胶体的阴离子交换吸附　带正电荷的胶体吸附的阴离子与土壤溶液中的阴离子交换称为土壤胶体的阴离子交换吸附。它与阳离子的交换作用一样都服从质量作用定律，但是在土壤中，阴离子往往与化学固定等交织在一起，很难分开。

易被吸附的阴离子有PO_4^{3-}、$H_2PO_4^-$、HPO_4^{2-}等可与胶体微粒（如酸性条件下带正电荷的含水氧化铁、铝）或溶液中带正电荷的土壤胶体中阳离子Ca^{2+}、Fe^{3+}、Al^{3+}等结合生成难溶性化合物而被强烈吸附。吸附能力很弱的阴离子Cl^-、NO_3^-、NO_2^-等，只有在极酸性的溶液中才能被吸附。

各种阴离子被土壤胶体吸附的顺序是：

$F^->C_2O_4^{2-}>$柠檬酸根$>PO_4^{3-}>HCO_3^->H_2BO_3^->Ac^->SCN^->SO_4^{2-}>Cl^->NO_3^-$

土壤有机质对重金属离子等的吸附作用和螯合作用可同时发生。当重金属离子浓度高时，以交换吸附为主；低浓度时，以螯合作用为主。哈斯勒（Hasler）指出土壤有机质结合金属离子能力的顺序为：Pb＞Cu＞Ni＞Co＞Zn＞Mn＞Mg＞Ba＞Ca＞Hg＞Cd。乔纳森(Jonasson）认为胡敏酸、富里酸吸附金属的顺序为：$Hg^{2+}>Cu^{2+}>Pb^{2+}>Zn^{2+}>Ni^{2+}>Co^{2+}$。

土壤胶体对重金属及农药的吸附，对于控制它们在土壤植物系统中的迁移起着重要作用，如土壤中重金属元素的活性在很大程度上取决于土壤的吸附作用，土壤中的黏土矿物和腐殖质对重金属有很强的吸附能力，能降低重金属的活性。

3. 土壤胶体的分类

土壤胶体可分为有机胶体、无机胶体及有机-无机复合胶体。

(1) 有机胶体　土壤有机胶体主要是腐殖质。腐殖质胶体是非晶态的无定形物质，其有巨大的比表面，范围为350～900m^2/g；由于胶体表面羧基或酚羟基中H^+的解离，使腐殖质带负电荷，其负电量平均为200cmol/kg，高于层状硅酸盐胶体，其阳离子交换量可达150～300cmol/kg，甚至可高达400～900cmol/kg。

腐殖质可分为胡敏酸、富里酸和胡敏素等。胡敏素与土壤矿物质结合紧密，一般认为它对土壤吸附性能的影响不明显。胡敏酸和富里酸是含氮羟酸，它是土壤胶体吸附过程中最活跃的分散性物质，特点是功能团多，带负电量大，故其阳离子吸附量均很高。

胡敏酸和富里酸的主要区别是后者的移动性强、酸度高，有大量的含氧功能团。此外，富里酸有较大的阳离子交换容量。在相同条件下，富里酸和胡敏酸的阳离子交换量分别为200～670cmol/kg和180～500cmol/kg。因此，富里酸对重金属等阳离子有很高的螯合和吸附能力，其螯合物一般是水溶性的。富里酸吸附重金属离子以后呈溶胶状态，易随土壤溶液运动，可被植物吸收，也可流出土体，进入其他环境介质中。胡敏酸除与一价金属离子（如K^+、Na^+）形成易溶物外，与其他金属离子均可形成难溶的絮凝态物质，使土壤保持有机碳和营养元素，同时也吸附了有毒的重金属离子，缓解其对植物的毒害。由此可见，胡敏酸含量高的腐殖质可大大提高土壤对重金属的容纳量。在研究土壤环境容量时，应考虑腐殖质中胡敏酸和富里酸（H/F）的相对比例。

土壤有机质一般只占固相部分的5%，其负电量平均占土壤总负电量的21%（5%～42%）；所以有机胶体对金属离子的吸附总贡献小于无机胶体，但土壤有机胶体对污染物，特别是有机污染物的迁移转化及生物效应有重要的影响。

（2）无机胶体　无机胶体包括次生黏土矿物、铁铝水合氧化物、含水氧化硅两性胶体。次生黏土矿物主要有蒙脱石、伊利石、高岭石，均是粒径小于5nm的层状铝硅酸盐，对土壤中分子态、离子态污染物有很强的吸附能力，其原因如下。

① 黏土矿物颗粒微细、具有很大的表面积，其中以蒙脱石类表面积最大（600～800m^2/g），它不仅有外表面，而且有巨大的内表面；伊利石次之（100～200m^2/g）；高岭石最小（7～30m^2/g）。巨大的表面积伴随产生巨大的表面能，因此能够吸附进入土壤中的气、液态污染物。

② 黏土矿物带负电荷，阳离子交换量高，对土壤中离子态污染物有较强的交换固定能力；蒙脱石和高岭石的阳离子交换容量分别为80～120cmol/kg、3～15cmol/kg。负电荷部分来源于晶层间同晶代换作用，部分来源于胶体等电点时晶格表面羟基解离出H^+后产生的可变负电荷。据研究，蒙脱石类永久负电荷占总负电荷量的95%，伊利石占60%，高岭石占25%。高岭石吸附的金属阳离子位于晶格表面离子交换点上，易被解吸；而蒙脱石、伊利石吸附的盐基离子部分位于晶格内部，不易解吸。

（3）有机-无机复合胶体　它是无机胶体和有机胶体结合而成的一种胶体，其性质介于上述两种胶体之间。土壤胶体大多是有机-无机复合胶体。

五、土壤酸度、碱度和缓冲性能

1. 土壤酸度

根据土壤中H^+存在的形式，土壤酸度可分为两类。

（1）活性酸度（有效酸度）　土壤溶液中氢离子浓度直接反映出来的酸度，通常用pH表示（通常描述土壤性质时表示土壤pH）。

（2）潜性酸度　潜在酸度是由土壤胶体吸附的可代换性H^+、Al^{3+}造成的。H^+、Al^{3+}致酸离子只有通过离子交换作用产生H^+才显示酸性，因此称潜性酸度。

（3）活性酸度和潜性酸度二者的关系　活性酸度与潜性酸度是存在于同一平衡体系的两种酸度，二者可以相互转换，一定条件下可处于暂时平衡。

活性酸度是土壤酸度的现实表现，土壤胶体是H^+和Al^{3+}的储存库，因此潜性酸度是活性酸度的储备。

一般情况下，潜性酸度远大于活性酸度。二者之比在沙土中达1000，在有机质丰富的黏土中高达上万倍。

2. 土壤碱度

土壤溶液中的OH^-，主要来源于碱金属和碱土金属的碳酸盐类，即碳酸盐碱度和重碳酸盐碱度的总量称为总碱度，可用中和滴定法测定。

不同碳酸盐和重碳酸盐对碱度的贡献不同。

$CaCO_3$、$MgCO_3$：难溶，石灰性土壤 pH 7.5～8.5；

Na_2CO_3：pH>10；

$NaHCO_3$、$Ca(HCO_3)_2$：pH 7.5～8.5。

土壤胶体上吸附阳离子（Na^+、K^+、Mg^{2+}）的饱和度增加，可引起交换性阳离子的水解作用：

$$\text{土壤胶体}|\text{-}xNa^+ + yH_2O \longrightarrow \text{土壤胶体}|\text{-}(x-y)Na^+、yH^+ + yNaOH$$

结果在土壤溶液中产生 NaOH，使土壤呈碱性。如果土壤溶液中存在大量 CO_2，可生成 $NaHCO_3$ 或 Na_2CO_3，因此吸附 Na^+ 多的土壤大多呈碱性。

3. 土壤的缓冲性能

土壤溶液中含有碳酸、硅酸、磷酸、腐殖酸和其他有机酸及其盐类，构成很好的缓冲体系。土壤缓冲性能是指土壤具有缓和其酸碱度发生激烈变化的能力，它可以保持土壤反应的相对稳定，为植物生长和土壤生物的活动创造比较稳定的生活环境，所以土壤的缓冲性能是土壤的重要性质之一。

（1）土壤溶液的缓冲作用（pH 6.2～7.8）　土壤溶液中含有碳酸、硅酸、磷酸、腐殖酸和其他有机酸及其盐类，构成很好的缓冲体系（共轭酸碱对）。特别某些有机酸是两性物质，如蛋白质、氨基酸、胡敏酸等。

（2）土壤胶体的缓冲作用（污染修复的酸洗原理之一）　土壤胶体中存在有代换性阳离子而具有缓冲能力。

① 土壤胶体 | $\text{-}M^+ + HCl \longrightarrow$ 土壤胶体 | $\text{-}H^+ + MCl$（缓冲酸）

② 土壤胶体 | $\text{-}H^+ + MCl \longrightarrow$ 土壤胶体 | $\text{-}M^+ + HCl$（缓冲碱）

土壤胶体的数量和盐基代换量越大，土壤的缓冲能力越强；代换量相当时，盐基饱和度越高，土壤对酸的缓冲能力越大；反之，盐基饱和度减小，土壤对碱的缓冲能力增加。

（3）Al^{3+} 对碱的缓冲作用　有些学者认为酸性土壤中单独存在的 Al^{3+} 也起缓冲作用，酸性土壤（pH<5）中 $[Al(H_2O)_6]^{3+}$ 与碱作用，当加入碱使土壤溶液中 OH^- 继续增加时，Al^{3+} 周围水分子继续解离 H^+ 中和 OH^-，使土壤 pH 不致发生大的变化。

带有 OH^- 的铝离子容易聚合，聚合体越大，中和的碱越多，反应如下：

$$2[Al(H_2O)_6]^{3+} + 2OH^- \longrightarrow [Al_2(OH)_2(H_2O)_8]^{4+} + 4H_2O$$

但 pH>5.5 时，开始形成 $Al(OH)_3$ 沉淀，Al^{3+} 失去缓冲作用。

土壤的缓冲作用为植物生长和土壤生物的活动创造了比较稳定的生活环境，是土壤的重要性质之一。

六、土壤的氧化还原性

土壤中存在着许多具有氧化性或还原性的有机物或无机物，因而使土壤具有氧化还原特性。土壤中的主要氧化剂有 O_2、NO_3^- 和高价金属离子，主要还原剂有有机质和低价金属离子。土壤中植物的根系和土壤生物也是土壤发生氧化还原反应的重要参与者。

1. 氧化还原平衡体系

（1）E_h 的意义

$$E_h = E^{\ominus} + (0.059/n)\lg([\text{氧化态}]/[\text{还原态}]) \qquad (\text{能斯特方程})$$

规律：E_h（土壤的氧化还原电位）越高，氧化态物质的氧化能力越强；E_h 越低，还原态物质的还原能力越强。

E_h>300mV，氧化体系起主要作用，土壤处于氧化状态；

E_h<300mV，土壤有机质起主要作用，土壤处于还原状态。

旱地 E_h 大致为 400～700mV；水田 E_h 大致为 300～－200mV。

由于氧化态、还原态物质的组成十分复杂，以能斯特方程计算 E_h 很困难，因此主要以实际测量的土壤氧化还原电位来衡量土壤的氧化还原性。

（2）E_h 对土壤性质的影响

E_h为 200～700mV 时，养分供应正常；

E_h>700mV，有机质被氧化，迅速分解，养分贫乏；

E_h 为 400～700mV 时，氮素以 NO_3^- 存在；

E_h<400mV，反硝化发生；

E_h<200mV，NO_3^- 消失，出现大量 NH_4^+；

E_h<－200mV，H_2S 产生。

（3）影响 E_h 的因素

① 土壤含水量　通过影响通气状况，微生物活动和改变空气组成等。

② 土壤通气情况　通气好则氧含量高，土壤溶液中的氧含量也高（亨利定律），土壤 E_h 显著增大。

③ 微生物活动　微生物活动越剧烈，耗氧越多，则土壤体系的氧浓度降低。

④ pH　受氧体系支配，pH 下降，则 E_h 上升。

⑤ 有机质状况　有机质分解是耗氧过程，形成大量还原性物质。

⑥ 无机物状况　还原性或氧化性物质的含量。

⑦ 植物根系的代谢作用　根系一般能分泌出有机酸等物质，水生植物根系具有分泌氧的作用。一般旱作植物根系土壤的 E_h 要低于根系外 50～100mV，但水稻根系土壤的 E_h 反而高于根系外土壤。

2. 土壤氧化还原反应的作用

（1）对土壤养分的影响　植物所需的氮和各种矿物质大多呈氧化态才能被吸收利用，因此 E_h 应保持适当高的水平，适宜的 E_h＝200～700mV。

（2）影响土壤酸碱性　氧化作用使土壤酸化；还原作用使土壤碱化。例如：FeO(强碱性)-Fe_2O_3(弱碱性)；MnO(碱性)-Mn_2O_3-MnO_2(酸性)；H_2S(微酸性)-H_2SO_4(强酸性)。

（3）影响污染物的迁移能力　改变离子价态，影响某些元素及其化合物的溶解度，改变元素的迁移能力。

Fe、Mn、Co、Ni、Pb 等元素低价离子化合物溶解度大，易迁移；U、V、Mo、Cr 等元素对应高价态离子 $[UO_4]^{2-}$、$[VO_4]^{2-}$、$[MoO_4]^{2-}$、$[CrO_4]^{2-}$ 等溶解度大，易迁移。

第二节　污染物在土壤-植物体系中的迁移

一、污染物在土壤-植物体系中的迁移

1. 土壤的污染

当各种污染物通过各种途径输入土壤，其数量超过了土壤的自净能力，并破坏了土壤的功能和影响了土壤生态系统的平衡，称为土壤污染。

（1）土壤污染源 土壤污染的来源主要是以下几个方面：

① 农业污染，包括化肥和农药残留等；

② 作为废物（废渣、污水和垃圾等）的处理场所而受到污染；

③ 大气或水体中的污染物质的迁移、转化，进入土壤，使土壤随之亦遭受污染；

④ 在自然界中某些元素的富集中心或矿床周围，形成自然扩散带，使附近土壤中的元素的含量超出一般土壤的含量范围。

（2）土壤污染的类型 根据污染物的种类，土壤污染可分为以下几个类型：

① 重金属污染（Hg、Cd、As、Cr、Pb、Cu、Zn 等）；

② 有机污染物污染（农药、酚类、氰化物、洗涤剂等）；

③ 放射性物质污染（^{137}Cs、^{90}Sr 等）；

④ 有害生物污染（炭疽杆菌、破伤风杆菌、霍乱弧菌、结核杆菌等）；

⑤ 其他污染（如氟、酸雨等）。

（3）土壤污染途径

① 工业污水 利用未经处理过的或者未达到排放标准的废水直接用于灌溉农田，或者经河流流进农田对庄稼的灌溉。

② 酸雨 工业排放的 SO_2、臭氧、烃类化合物以及汽车排放的尾气 NO、氮氧化合物等有害气体在大气中发生反应而形成酸雨，以自然降水或沉降形式进入土壤，引起土壤酸化。

③ 固体污染 工业废物和生活垃圾，如胶溶物质汽车轮胎、各种大棚的农用塑料薄膜以及生活中随处可见的泡沫性塑胶即所谓的“白色污染”等。

（4）土壤污染的特点 土壤污染的来源很多，所受的污染程度也存在差异，但是其特点主要包括以下 5 个方面。

① 土壤污染具有隐蔽性和滞后性 大气、水和废弃物污染等问题因比较直观而能通过感官发现；然而土壤污染则不同，因为土壤是否受到了污染必须要经过对土壤样品进行一系列的分析化验以及农作物的残留检测，甚至还要通过研究其是否对人畜的健康状况产生了影响来确定。因而土壤污染从产生污染到发现问题的过程通常会滞后很长的时间才会被人类所发觉。如日本的“痛痛病”是经过了十多年之后才被人们所认识。

② 土壤污染具有累积性 污染物质在气体和液体之间一般比在固体之间迁移更容易。这使得污染物质在土壤中并不像在大气和水体中那样容易扩散和稀释，而是不断地被积累至超标，而且让土壤污染具有很强的地域性。

③ 土壤污染具有不可逆转性 一般来讲，土壤污染对于重金属、化学物质、放射性物质等污染物，基本上是一个不可逆转的过程。据调查，有些被污染过的土壤可能至少要 100 年以上才会恢复到原来的功能。

④ 土壤污染具有难治理性 相对于大气和水体受到的污染来说，积累在土壤中的难降解污染物则很难靠稀释作用和自净作用来使污染问题通过不断的逆转进行消除。故土壤污染一旦形成，仅仅依靠切断污染源的方法是很难恢复的，即使有时要靠换土、淋洗土壤等方法能解决表面问题，或者其他治理技术可能会有点见效，但是治理污染的土壤是一项周期较长、成本较高的工程。

⑤ 土壤污染具有高辐射性 土地一旦被放射性物质或者长时间受到辐射污染，则会使得被污染的土地含有一种使植物停止生长的毒质，同时植物也会被污染，甚至水体和空气也会被污染，如焚烧植物：被污染的植物体内如果含有这些有毒物质，一旦被焚烧，则会把有毒物质蒸发出来，被人呼入，就会中毒。

2. 土壤的重金属污染

重金属一般指密度大于 6g/cm³、原子序数大于 20 的金属元素，As 也列入。

(1) 土壤中的重金属　土壤背景值就是指在未受污染的情况下，天然土壤中的金属元素的基线含量。

不同地区土壤中重金属的种类和含量也有很大差别。因此在研究重金属对土壤的污染时，首先要调查各地区土壤重金属含量的背景值。土壤背景值中含量较高的元素为：Mn、Cr、Zn、Cu、Ni、La、Pb、Co、As、Be、Hg、Se、Sc、Mo。

(2) 土壤中的重金属污染　重金属是土壤原有的构成元素，有些是植物、动物和人必需的营养元素，如 Zn、Cu、Mo、Fe、Mn、Co 等，但由于含量的不同，可导致不同的效应。如果含量和有效性太低，生物会表现缺乏症状，但过量就会造成污染事件。只有当进入土壤的重金属元素积累的浓度超过了作物需要和可忍受的程度，而表现出受毒害的症状或作物生长并未受害，但产品中某种重金属含量超过标准，造成对人畜的危害时，才能认为土壤被重金属污染。

通过各种途径进入土壤的重金属，不能被土壤微生物降解，一般又不易随水淋滤，但易于在土壤中积累，甚至可以转化成毒性更强的物质，重金属化合物也可被植物或其他生物吸收、富集，并通过食物链以有害浓度在人体内积累，危害人体健康。重金属在土壤中的积累初期，不易被人们察觉和关注，属于潜在危害，而土壤一旦被重金属污染，就很难予以彻底地清除。重金属污染具有多源性、隐蔽性、可传输性和危害严重性，必须重视重金属在土壤中的迁移转化，从而预测和控制重金属的污染。

日本的“痛痛病”，我国沈阳郊区张士灌区的“镉米”事件等是重金属污染的典型实例。

3. 重金属在土壤-植物体系中的迁移及其机制

(1) 土壤-植物体系　土壤-植物体系具有转化储存太阳能为生物化学能的功能，而微量重金属是土壤中植物生长酶的催化剂；微量重金属又是一个强的“活过滤器”，当有机体密度高时，生命活力旺盛，可以经过化学降解和生物代谢过程分解许多污染物；微量重金属可以促进土壤中许多物质的生物化学转化，但土壤受重金属污染负荷超过它所承受的容量时，生物产量会受到影响。

因此，土壤-植物系统通过一系列物理化学或生物代谢过程对污染物进行吸附、交换、沉淀或降解作用，使污染物分解或去毒，从而净化和保护了环境。

(2) 污染物由土壤向植物体系中的迁移　土壤中污染物通过植物根系根毛细胞的作用积累于植物的茎、叶和果实部分。

迁移方式：污染物由土壤通过植物体生物膜的方式迁移，可分为被动转移和主动转移两类。

(3) 影响重金属在土壤-植物体系中转移的因素

① 植物种类、生长发育期。

② 土壤的酸碱性和腐殖质的含量。如在冲积土壤、腐殖质火山灰土壤中加入 Cu、Zn、Cd、Hg、Pb 等元素后，观察对水稻生长的影响：Cd 造成水稻严重的生育障碍；Pb 几乎无影响。在冲积土壤中，其障碍大小顺序为 Cd＞Zn＞Cu＞Hg＞Pb；在腐殖质火山灰土壤中则为 Cd＞Hg＞Zn＞Cu＞Pb。

③ 土壤的理化性质。

a. 土壤质地；

b. 土壤中有机质含量；

c. pH　一般来说，土壤pH越低，土壤中的重金属向生物体内迁移的数量越大；

d. 土壤的氧化还原电位　土壤E_h值的变化可以直接影响到重金属元素的价态变化，并可导致其化合物溶解性的变化。

④ 重金属的种类、浓度及存在形态。如$CdSO_4$、$Cd_3(PO_4)_2$和CdS三种不同形态的镉在土壤中，实验发现对水稻生长的抑制与镉的溶解度有关。

⑤ 重金属在植物体内的迁移能力。

(4) 典型重金属在土壤的积累和迁移转化

① 镉(Cd)　镉对生物体和人体是非必需的元素，它在生物圈的存在，常常给生物体带来有害的效应，是一种污染元素。

a. 来源　地壳中镉平均量为0.15mg/kg，未污染土壤中Cd主要来源于其成土母质，我国土壤的背景值为0.017～0.33mg/kg。

受污染土壤中Cd主要来源于冶炼厂、电镀厂、涂料工业废水、电池、磷肥等。

b. 迁移转化　存在：在0～15cm土壤表层积累，主要以$CdCO_3$、$Cd_3(PO_4)_2$和$Cd(OH)_2$的形式存在。在pH＞7的土壤中分为可给态、代换态和难溶态。

吸收：根＞叶＞枝＞花、果、籽粒。蔬菜类叶菜中积累多，黄瓜、萝卜、番茄中少，镉进入人体，在骨骼中沉积，使骨骼变形，导致骨痛症。

土壤pH是影响重金属迁移转化的重要因素，如：

$$Cd(OH)_2 \longrightarrow Cd^{2+} + 2OH^- \quad K_{sp} = 2.0\times10^{-14}$$

$$[Cd^{2+}][OH^-]^2 = 2.0\times10^{-14}$$

$$[Cd^{2+}] = 2.0\times10^{-14}/1.0\times10^{-14}/[H^+]^2$$

$$\lg[Cd^{2+}] = 14.3 - 2pH$$

因此，$[Cd^{2+}]$随pH的升高而减少，反之，pH下降时土壤中重金属就溶解出来，这就是酸性土壤作物受害的原因。

微生物转化：微生物特别是某些特定菌类对镉有较好的耐受性，可望用于工厂处理含镉废水。

② 砷(As)　砷是类金属元素，不是重金属，但从它的环境污染效应来看，常把它作为重金属来研究。

a. 来源　土壤中砷的背景值大约为0.2～40mg/kg，我国土壤中平均含砷量约为9mg/kg，而受污染土壤的砷含量可高达550mg/kg。土壤中砷的污染主要来自化工、冶金、炼焦、火力发电、造纸、玻璃、皮革及电子等工业排放的“三废”，其中化工、冶金工业排放量最高。

b. 迁移转化　形态：水溶态、吸附态和难溶态，前两者又称可给态砷，可被植物吸收。毒性大小顺序为：As_2O_3＞甲基化砷＞H_3AsO_3＞H_3AsO_4。

吸收：有机态砷⟶被植物吸收⟶体内降解为无机态⟶通过根系、叶片的吸收⟶体内集中在生长旺盛的器官。如水稻，根＞茎叶＞谷壳＞糙米。

微生物转化：许多微生物都可使亚砷酸盐氧化成砷酸盐；而甲烷菌、脱硫弧菌、微球菌等都还可以使砷酸盐还原成亚砷酸盐。

③ 铬(Cr)

a. 来源　铬是人类和动物必需的元素，但其浓度较高时对生物有害。土壤中铬的背景值大约在20～200mg/kg。土壤中铬的污染主要来源于冶金、电镀、金属酸洗、皮革鞣制、印染工业的“三废”排放及燃煤、污水灌溉或污泥施用等。

b. 迁移转化　存在：常以三价和六价铬形式存在，90%以上被土壤固定，难以迁移。

土壤胶体强烈吸附三价铬，随pH的升高，吸附能力增强。

迁移转化：土壤对六价铬的吸附固定能力低，约为8.5%～36.2%，进入土壤的六价铬在土壤有机质的作用下很容易还原成三价。

在pH 6.5～8.5、MnO_2 起催化作用条件下，三价铬也可以氧化成六价铬，反应式如下：

$$4Cr(OH)_2^+ + 3O_2 + 2H_2O \longrightarrow 4CrO_4^{2-} + 12H^+$$

铬在作物中难以吸收和转化。

④ 汞（Hg）

a. 来源 汞是一种对动植物及人体无生物学作用的有害元素。天然土壤中汞的含量很低，其背景值一般为0.1～1.5mg/kg。土壤中汞的天然源主要来自岩石风化，人为源来自含汞农药的施用、污水灌溉、有色金属冶炼及生产和使用汞的企业排放的工业“三废”。

b. 迁移转化 汞进入土壤后，有95%以上可被土壤持留或固定，土壤黏土矿物和有机质强烈吸附汞。汞在土壤中的转化可分为非微生物转化和微生物转化。

非微生物转化： $2Hg^+ \longrightarrow Hg^{2+} + Hg$

微生物转化： HgS(硫杆菌)$\longrightarrow Hg^{2+}$(抗汞菌)$\longrightarrow Hg$

汞的甲基化：在有氧或好氧条件下，微生物使无机汞盐转变为甲基汞，称为汞的生物甲基化。这些微生物是利用机体内的甲基钴胺素转移酶来实现汞的甲基化的。生成的甲基汞具有亲脂性，能在生物体内积累富集，其毒性比无机汞大100倍。烷基汞中只有甲基汞、乙基汞和丙基汞为水俣病的致病性物质。

⑤ 铅（Pb）

a. 来源 铅是人体的非必需元素，天然土壤中铬的背景值大约在2～200mg/kg，平均为10～20mg/kg。土壤中铅的污染主要来自大气污染中的铅沉降，如铅冶炼厂含铅烟尘的沉降和含铅汽油燃烧所排放的含铅废气的沉降等，此外，其他应用铅的工业企业的“三废”排放也是土壤铅的污染源。

b. 迁移转化 存在：可溶态的铅含量很低，主要以 $Pb(OH)_2$、$PbCO_3$、$Pb(SO_4)_2$ 等难溶盐形式存在。Pb^{2+} 可以置换黏土矿物上的 Ca^{2+}，在土壤中很少移动。

吸收：植物吸收主要在根部，大气中的铅可通过叶面上的气孔进入植物体内，如蓟类植物能从大气中被动吸附高浓度的铅，现已确定作为铅污染的指示作物。

二、植物对重金属污染产生耐性的几种机制

1. 植物根系的作用

植物根系通过改变根际化学性状，原生质泌溢等作用限制重金属离子的跨膜吸收。

植物对重金属吸收可根据植物的特性和重金属的性质分为耐性植物和非耐性植物，耐性植物具有降低根系吸收重金属的机制。

实验证明，某些植物对重金属吸收能力的降低是通过根际分泌螯合剂抑制重金属的跨膜吸收。如Zn可以诱导细胞外膜产生相对分子质量为60000～93000的蛋白质，并与之键合形成配合物，使Zn停留在细胞膜外。还可以通过形成跨根际的氧化还原电位梯度和pH梯度等来抑制对重金属的吸收。

2. 重金属与植物的细胞壁结合

耐性植物中重金属分布在根系细胞壁上，由于细胞壁中的纤维素、木质素与金属离子结合，使金属局限于细胞壁上而不能进入细胞质影响细胞内的代谢活动，使植物对重金属表现

出耐性。如耐性植物中 Zn 向植物地上部分移动的量很少，在细胞各部分中，主要分布在细胞壁上，以离子形式存在或与细胞壁中的纤维素、木质素结合。

但不同植物的细胞壁对金属离子的结合能力不同，因此，植物细胞壁对金属的固定作用不是一个普遍存在的耐受机制。例如，Cd 70%～90%存在于细胞质中，只有 10%左右存在于细胞壁中。细胞壁中的纤维素、木质素与金属离子结合，使金属局限于细胞壁上。

3. 酶系统的作用

一般来说，重金属过多可使植物中酶的活性破坏，而耐性植物中某些酶的活性可能不变，甚至增加，具有保护酶活性的机制。

研究发现，耐性植物中有些酶的活性在重金属含量增加时仍能维持正常水平，而非耐性植物的酶的活性在重金属含量增加时明显降低。

耐性植物中还发现一些酶可以被激活，从而使耐性植物在受重金属污染时保持正常的代谢作用。如研究发现，膀胱麦瓶草体内的磷酸还原酶、硝酸还原酶、葡萄糖、6-磷酸脱氢酶、异柠檬酸脱氢酶及苹果酸脱氢酶，在不同耐性品种中对重金属耐性不同，特别耐性品种中硝酸还原酶还能被激活。

4. 形成重金属硫蛋白（MT）或植物络合素（PC）

1957 年，Margoshes 首次从马的肾脏中提取了一种金属结合蛋白，命名为“金属硫蛋白”（MT），分析发现能大量合成 MT 的细胞对重金属有明显的抗性，而丧失 MT 合成能力的细胞对重金属有高度的敏感性，现已证明 MT 是动物和人体最主要的重金属解毒剂。

Caterlin 等人首次从大豆根中分离出富含 Cd 的蛋白质复合物，由于其表观分子量和其他性质与动物体内的金属硫蛋白极为相似，故称为类 MT。

1985 年，Crill 从经过重金属诱导的蛇根木悬浮细胞中提取分离了一组重金属结合肽，其分子量和化学性质不同于动物体内的金属硫蛋白，而将其命名为植物络合素（PC）。它可以被重金属 Cd、Cu、Hg、Pb 等诱导合成。

一般认为植物耐受重金属污染的重要机制之一是金属结合蛋白的解毒作用，即金属结合蛋白与进入植物细胞内的重金属结合，使其以不具生物活性的无毒的螯合物形式存在，降低了金属离子的活性，减轻或解除了其毒害作用。

第三节　土壤中农药的迁移转化

一、农药及土壤的农药污染

1. 农药

人们在 20 世纪 30 年代先后发现 2,4-D(2,4-二氯苯氧乙酸）具有清除杂草的能力、DDT（双对氯苯基三氯乙烷）具有杀虫的功效，从此开始了农药使用的时代。有关专家指出，世界粮食产量一半被各类病、虫、草三害糟蹋在农田或粮库里。人们生产各种农药就是为了将其用于控制土壤中有害生物种群，以保护庄稼作物。

广义地说，农药包括杀虫剂、杀菌剂、除草剂以及其他如杀螨剂、杀鼠剂、引诱剂、忌避剂、植物生长调节剂和配制农药的助剂等。施用农药确实能对农作物的增产增收起重要作用。但也应看到世界范围内连年大量使用农药，会引起许多不良后果：如药效随害虫抗药性不断增强而相对降低；施用农药对抑制害虫的天敌也有毒杀作用，从而破坏了农业生态平衡。更为重要的是由施用农药而引起环境污染，并通过食物链使农作物或食品中的残毒引入人体，危及人体健康。

2. 农药的分类

据统计，世界范围内年产农药200多万吨，种类数达500之多，而我国也已跃居全球最大的农药生产国，据报告我国可生产300余种原药、千余种制剂，农药（折百）产量由1983年的33万吨上升至2011年的264.87万吨，自20世纪40年代广泛使用以来，累计已达数万吨农药撒入环境中，大部分是进入土壤，导致土壤承受能力超负荷，破坏生态环境也引起了许多不良后果。

根据农药的用途不同可分为：杀虫剂、杀螨剂、杀鼠剂、杀软体动物剂、杀菌剂、杀线虫剂、除草剂、植物生长调节剂等；常用农药如下：

- 杀虫剂
  - 无机杀虫剂：砷酸铅、砷酸钙、机油乳剂等
  - 有机杀虫剂
    - 天然农药：除虫菊、尼古丁、鱼藤等
    - 合成农药
      - 有机氯杀虫剂：六六六、DDT等
      - 有机磷杀虫剂：乐果、对硫磷、马拉硫磷、敌敌畏等
      - 有机氮杀虫剂：异索威、西维因等
  - 微生物杀虫剂：苏云金杆菌、核型多角体病毒等
  - 熏蒸剂：溴甲烷、氯化苦、氢氰酸等
- 杀螨剂：二硝甲酚、三硫磷、三氯杀螨砜等
- 杀菌剂：稻瘟净、多菌灵等
- 杀线虫剂：二溴乙烷、二溴氯丙烷等
- 除草剂：2,4-D、除草醚、敌稗、西玛津等
- 植物生长调节剂：萘乙酸、赤霉素、丁酰联、多效唑等

根据来源不同可分为：矿物源农药（无机化合物）、生物源农药（天然有机物、抗生素、微生物）及化学合成农药三大类。如：矿物源农药（无机化合物）有：硫酸铜、硫黄、石硫合剂、磷化铝、磷化锌和石油乳剂等；生物源农药有：除虫菊酯、氨基甲酸酯类、沙蚕毒素等；化学合成农药有：杀虫剂、杀螨剂、杀鼠剂、杀软体动物剂等。

在我国农药生产中杀虫剂的种类和数量占绝大多数，也是使用范围最广的一类。

3. 土壤的农药污染

土壤的农药污染是由施用杀虫剂、杀菌剂及除草剂等引起的。农药主要有：有机氯、有机磷、有机汞、有机砷和氨基甲酸酯五大类。

施于土壤的化学农药，有的化学性质稳定、存留时间长，大量而持续使用农药，使其不断在土壤中累积，到一定程度便会影响作物的产量和质量，而成为污染物质。

农药还可以通过各种途径，如挥发、扩散、移动而转入大气、水体和生物体中，造成其他环境要素的污染，通过食物链对人体产生危害。农药在环境中的危害程度与其浓度、作用时间、环境状况、温度、湿度、化学反应速率等因素有关。

因此，了解农药在土壤中的迁移转化规律以及土壤对有毒化学农药的净化作用，对于预测其变化趋势及控制土壤的农药污染都具有重大意义。

4. 农药在土壤中的环境行为

农药在土壤中保留时间较长，它在土壤中的行为主要受降解、迁移和吸附等作用的影响。

（1）降解作用　降解作用是农药消失的主要途径，是土壤净化功能的重要表现。降解的

形式有微生物、非脊椎动物、植物的代谢降解及水解、氧化还原等化学降解及光解。

土壤中微生物的生命活动是农药降解的最主要因素。此外，包括蚯蚓在内的非脊椎动物对农药的代谢作用也是很重要的，还有些农药能在摄入植物体内后被代谢降解。农药生物降解的最终产物是CO_2和H_2O，如分子中含S、N、P，还能生成硫酸盐、硝酸盐和磷酸盐。试验表明，经灭菌处理过的土壤中也会发生农药降解。这表明除生物降解外，还存在着诸如水解、氧化还原等化学降解作用。此外，在光照条件下，分布在土壤表面的很多农药都有可测得其降解速率的光分解作用。总之，土壤介质对于农药的纳污容量和自净能力都是很大的。

(2) 迁移作用　农药在土壤中的迁移是指进入土壤的农药，在被土壤固相物质吸附的同时，还通过挥发进入大气，或随水淋溶在土壤中扩散移动，也可随地表径流进入水体，或为生物体吸收转移到其他环境要素中去。

(3) 吸附作用　吸附作用使一部分农药滞留在土壤中，并对农药的迁移和降解过程产生很大的影响。

土壤对农药的吸附作用受多方面因素的影响，其中，农药的分子结构、电荷特性和水溶能力是影响吸附的主要因素。

对于土壤性质，影响吸附的主要因素是黏土矿物和有机质的含量、组成特征以及铝、硅氧化物和它们水合物的含量。

介质条件和土壤溶液的pH是影响吸附的最重要因素。

至于土壤吸附农药的机理，简略地说有如下四种：

① 异性电荷相吸　指带负电土壤组分与呈正离子状态的农药通过静电引力相吸引；

② 非专一的物理性键合　这是范德华引力起作用，这种作用力发生在被吸附的非离子型分子之间，而不是发生在分子和土壤组分之间，所以在这种情况下，范德华引力以与其他键力加合的形式发生作用；

③ 氢键力　例如含—NH_2的农药分子可通过生成氢键与黏土表面的氧原子及土壤有机物分子内的羰基氧原子结成一体；

④ 配位键　配位键指农药分子与土壤组分分子通过未共享电子对所发生的结合。

按吸附作用力不同，可将吸附分为物理吸附和化学吸附两个类型，如表4-8所示。

表4-8　农药的物理吸附和化学吸附

项　目	物理吸附	化学吸附
吸附力	范德华力	化学键力
吸附层数	多分子层或单分子层	单分子层
可逆性	可逆	不可逆
吸附热	小于或近于冷凝热	大于或近于反应热
吸附速率	快	慢
吸附选择性	无选择性或选择性很差	有选择性
活化能	不需活化能	需活化能

二、土壤中农药的迁移

农药在土壤中的迁移主要是通过扩散（自身作用）和质体流动（外力作用）两个过程。在这两个过程中，农药的迁移运动可以蒸气的和非蒸气的形式进行。

1. 扩散

扩散是由于热能引起分子的不规则运动而使物质分子发生转移的过程。分子由浓度高的地方向浓度低的地方迁移运动。影响农药在土壤中扩散的因素主要有以下几个方面。

(1) 土壤水分含量　农药在土壤中的扩散存在气态和非气态两种扩散形式。在水分含量为4%～20%之间气态扩散占50%以上；当水分含量超过30%以上，主要为非气态扩散，在干燥土壤中没有发生扩散。扩散随水分含量增加而变化，在水分含量为4%时，无论总扩散或非气态扩散都是最大的；小于4%，随水分含量增大，两种扩散都增大；大于4%，总扩散则随水分含量增大而减少；非气态扩散，在4%～16%之间，随水分含量增加而减少；大于16%，则随水分含量增加而增大。

(2) 土壤的吸附能力　土壤的吸附使农药的扩散系数降低，扩散系数与土壤表面积呈负相关。

(3) 土壤的紧实度　提高土壤的紧实度就是降低土壤的孔隙率，农药在土壤中的扩散系数随之降低。

(4) 温度　温度增高的总效应是扩散系数增大。

(5) 气流速度　增加气流促进土壤表面水分含量降低，可以使农药蒸气更快地离开土壤表面，同时使农药蒸气向土壤表面运动的速度加快。

(6) 农药种类　不同农药的扩散行为不同。

2. 质体流动

质体流动是由水或土壤微粒或是两者共同作用所引起的物质流动，所以流动的发生是由于外力作用的结果。

影响农药在土壤中质体流动的因素主要有以下几个方面：

① 农药与土壤之间的吸附（最重要的因素）；

② 土壤有机质的含量。土壤有机质含量增加，农药在土壤中渗透深度减小，另外，增加土壤中黏土矿物的含量，也可减少农药的渗透深度；

③ 土壤黏土矿物的含量；

④ 农药的种类；

⑤ 土壤自身的净化和流动能力。

三、非离子型农药与土壤有机质的作用

1. 非离子型有机物在土壤-水体系的分配作用

(1) 吸附作用　有机物的离子或基团从自由水向土壤矿物的亚表面层扩散，离子或基团以表面反应或进入双电层的扩散层的方式为土壤矿物质吸附。吸附作用有以下两个特点：吸附等温线呈线性，物质在吸附剂（包括土壤）上吸附，其吸附等温线通常是非线性的，可以用L型和F型等温线来描述；不存在竞争吸附。

(2) 分配作用　分配作用为有机化合物在自然环境中的主要化学机理之一，指水-土壤（沉积物）中，土壤有机质对有机化合物的溶解，或称吸附，用分配系数 K_d 来描述。分配作用随溶解度降低而升高。

2. 土壤湿度对分配过程的影响

在干土壤（即土壤含水分低）时，由于土壤矿物质表面强烈的吸附作用，使非离子型农药大量吸附在土壤中，相反，在土壤潮湿时，极性水分子和矿物质表面发生强烈的偶极作用，使非离子型有机物很难占据矿物表面的吸附位，因此对非离子型有机化合物在土壤表面

矿物质上的吸附起着一种有效的抑制作用。由于水分子的竞争作用，土壤中农药的吸附量减少，蒸气浓度增加。

四、典型农药在土壤中的迁移转化

随着化学农药工业的飞速发展，大量的农药进入土壤，仅美国每年因农药环境危害折合经济损失就超过80亿美元。土壤中的农药可以通过各种途径迁移转化，其中相当一部分进入大气、地表水、地下水，形成跨介质污染，直接危害人类健康。研究农药在土壤中的迁移转化行为，对于预测其变化趋势和制约农药的环境污染具有重大意义。

1. 有机氯农药

特点：化学性质稳定，残留期长，易溶于脂肪，并在其中积累。

主要有机氯农药有DDT和林丹等，具体名称、分子结构等见表4-9。

表4-9 几种主要有机氯农药

商品名称	化学名称	分子结构
DDT	p,p'-二氯二苯基三氯乙烷	Cl—C₆H₄, Cl—C₆H₄ >CHCCl₃
六六六 γ-六六六(林丹)	六氯环已烷	[六氯环己烷结构式]
氯丹	八氯-六氯化-甲基茚	[氯丹结构式]
毒杀芬	八氯莰烯	[毒杀芬结构式]

(1) DDT　DDT挥发性小，不溶于水，易溶于有机溶剂和脂肪。

DDT易被土壤胶体吸附，故其在土壤中移动不明显，但DDT可通过植物根际渗入植物体内。DDT是持久性农药，主要靠微生物的作用降解，如还原、氧化、脱氯化氢；另一个降解途径是光解。

(2) 林丹（“六六六”）　林丹挥发性强，在水、土壤和其他环境对象中积累较少。林丹易溶于水，可从土壤和空气中进入水体，亦可随水蒸发又进入大气。林丹还能在土壤生物体内积累。

与DDT相比，林丹具有较低的积累性和持久性。

林丹在各种环境对象中的转化如图4-3所示。

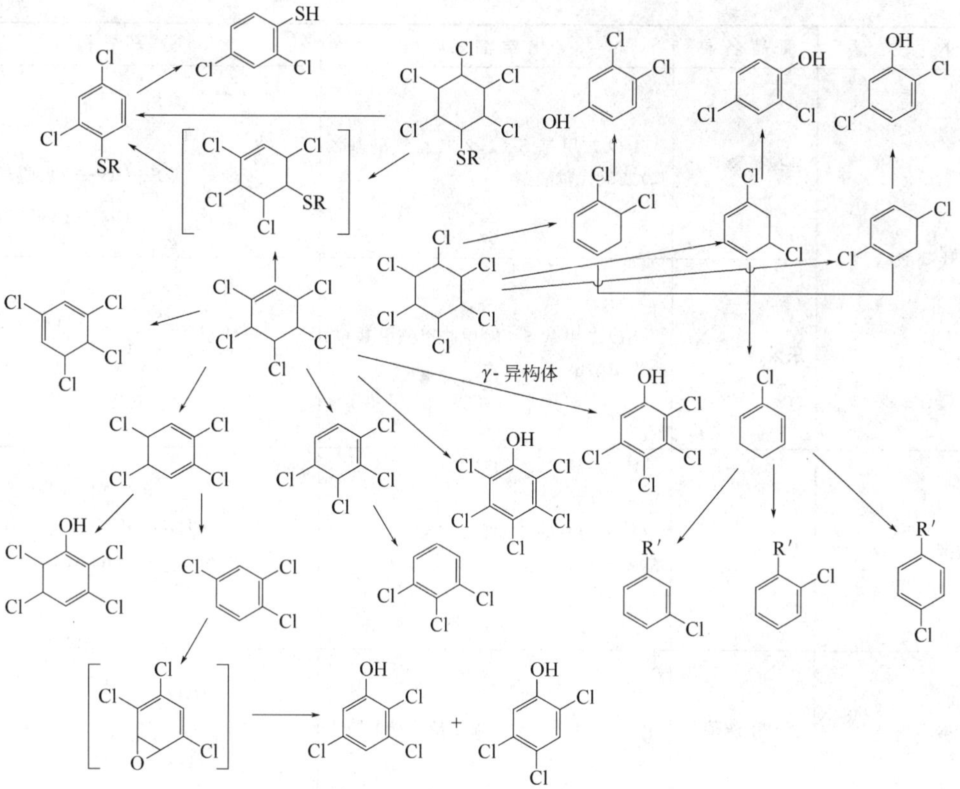

图 4-3　林丹在各种环境对象中的转化

R 为 $CH_2CH(NHCOCH_3)COOH$；R′为 $SCH_2CH(NHCOCH_3)COOH$，$SCH_2CH(NH_2)COOH$

2. 有机磷农药

有机磷农药是为取代有机氯农药而发展起来的。有机磷农药比有机氯农药容易降解，但有机磷农药毒性较大。有机磷农药大部分是磷酸的酯类或酰胺类化合物，多为液体，一般都难溶于水，而易溶于有机溶剂中。

几种常用的有机磷农药的分子结构如表 4-10 所示。

根据有无微生物的参与，有机磷农药的降解过程可分为非生物降解过程和生物降解过程。

表 4-10　几种常用有机磷农药的分子结构

分　类	商品名称	化学名称	分子结构
磷酸酯	敌敌畏	*O*,*O*-二甲基-*O*-(2,2-二氯乙烯基)磷酸酯	$(CH_3O)_2P(=O)-O-CH=CCl_2$
硫代磷酸酯(即硫逐磷酸酯)	甲基对硫磷	*O*,*O*-二甲基-*O*-对硝基苯基硫代磷酸酯	$(CH_3O)_2P(=O)-O-C_6H_4-NO_2$

续表

分　类	商品名称	化学名称	分子结构
二硫代磷酸酯	马拉硫磷	*O*,*O*-二甲基-*S*-(1,2-二乙氧酰基乙基)二硫代磷酸酯	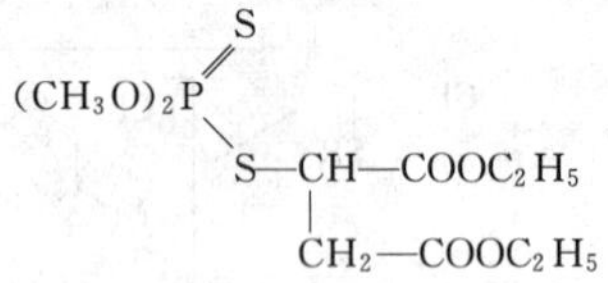 $(CH_3O)_2P(=S)-S-CH(COOC_2H_5)-CH_2-COOC_2H_5$
	乐果	*O*,*O*-二甲基-*S*-(*N*-甲胺甲酰甲基)二硫代磷酸酯	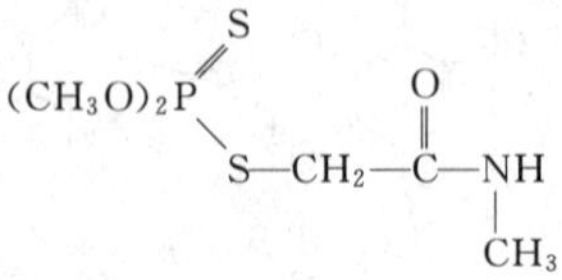 $(CH_3O)_2P(=S)-S-CH_2-C(=O)-NH-CH_3$
磷酸酯	敌百虫	*O*,*O*-二甲基-(2,2,2-三氯-1-羟基乙基)磷酸酯	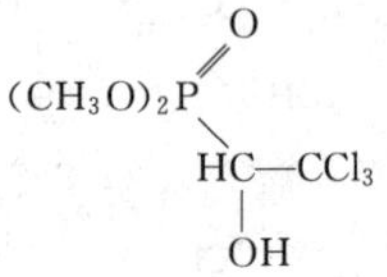 $(CH_3O)_2P(=O)-CH(OH)-CCl_3$
磷酸酰胺酯	乙酰甲胺磷	*O*,*S*-二甲基-*N*-乙酰基硫代磷酰胺	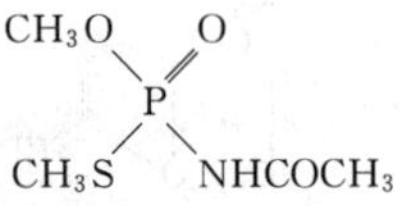 $(CH_3O)(CH_3S)P(=O)-NHCOCH_3$

(1) 有机磷农药的非生物降解过程

① 吸附-催化水解　吸附-催化水解是有机磷农药降解的主要途径，具体过程如图 4-4 所示。

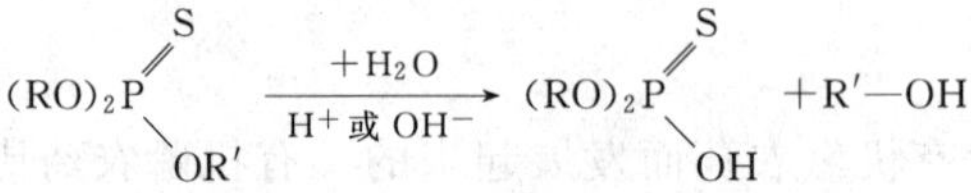

$$(RO)_2P(=S)-OR' \xrightarrow[H^+\text{或}OH^-]{+H_2O} (RO)_2P(=S)-OH + R'-OH$$

图 4-4　有机磷农药的吸附-催化水解

② 光降解　典型的有机磷农药的光降解过程如图 4-5 所示。

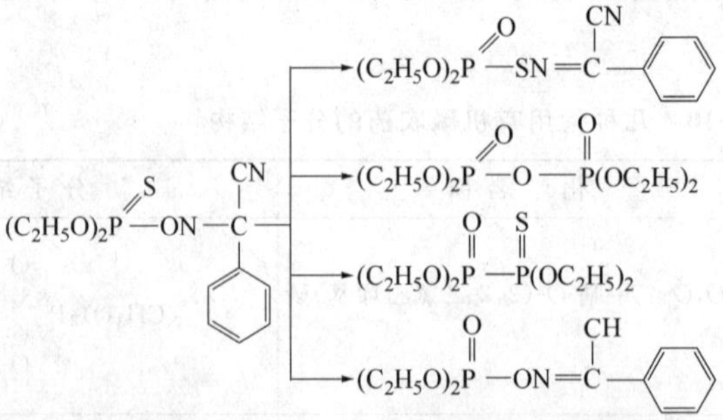

$$(C_2H_5O)_2P(=S)-ON-C(CN)(C_6H_5) \longrightarrow$$

- $\longrightarrow (C_2H_5O)_2P(=O)-SN=C(CN)-C_6H_5$ （辛硫磷感光异构体）
- $\longrightarrow (C_2H_5O)_2P(=O)-O-P(=O)(OC_2H_5)_2$ （特普）
- $\longrightarrow (C_2H_5O)_2P(=O)-P(=S)(OC_2H_5)_2$ （一硫代特普）
- $\longrightarrow (C_2H_5O)_2P(=O)-ON=C(CH)-C_6H_5$ （辛氧磷）

图 4-5　有机磷农药的光降解过程

(2) 有机磷农药的生物降解　典型的有机磷农药的生物降解过程如图 4-6 所示。

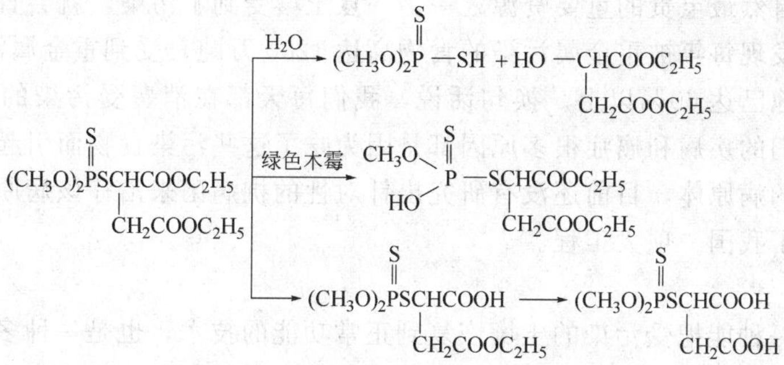

$(CH_3O)_2P(=S)SCH(COOC_2H_5)CH_2COOC_2H_5$

$\xrightarrow{H_2O}$ $(CH_3O)_2P(=S)—SH + HO—CH(COOC_2H_5)CH_2COOC_2H_5$

$\xrightarrow{\text{绿色木霉}}$ $(CH_3O)(HO)P(=S)—SCH(COOC_2H_5)CH_2COOC_2H_5$

$\longrightarrow$ $(CH_3O)_2P(=S)SCH(COOH)CH_2COOC_2H_5 \longrightarrow (CH_3O)_2P(=S)SCH(COOH)CH_2COOH$

图 4-6　有机磷农药的生物降解过程

第四节　土壤中污染物的治理以及修复

一、　土壤中污染物的治理

1. 我国土壤污染的现况

据统计，由于人口的剧增、工业的迅速发展使得近几十年来土壤污染越来越严重，固体废物的堆积、有害有毒废水的渗透、有毒有害废气的沉淀和尘埃的累积都随着雨水的降落而污染土壤，降低了农作物的产率和质量，那些有害物质便通过食物链进入人们的体内，并且诱发各种疾病，直接影响到人们的身体和生命健康；其次土壤污染程度持续上升，据不完全调查统计，受到污染的耕地约占耕地总面积的 10%以上，使粮食本身直接受到污染物的感染，从而导致经济超过 200 亿元的损失；但是由于我国土壤污染总体状况资料不详、标准体系不完善、防治措施缺乏针对性和资金的短缺，导致了土壤科学研究难以深入进行。因此土壤环境成为我国重点研究问题，虽然《全国土壤现状调查及污染防治》项目已经启动，也初步制定出我国土壤污染防治的战略、对策，但该如何得以完善并且得到真正的改制，还有待研究和探索。

2. 治理措施

控制和减少污染源是降低土壤污染程度的首要措施。具体手段有加强对工业“三废”的治理和综合利用，庄稼的合理施肥和使用农药，以及对农药进行高效、低毒、低残留、高产的创新，对生活污水、垃圾、粪便等进行处理；其次要从水污染这个方面着手：比如对灌溉农田的水的质量要进行严格的监控、减少使用污水灌溉（或经过处理后达到标准再使用）；再者还有其他的防治土壤污染的措施：比如生物防治、施加抑制剂、增施有机肥料、改变耕作制度和换土、翻土等。

3. 针对性的防治

通过研究发现，针对不同的污染源可以采用不同的方法来进行处理，例如种植有较强吸收力的植物，可以降低有毒物质的含量：羊齿类铁角蕨属的植物能吸收土壤中的重金属；还可以通过生物降解法使土壤得以净化：蚯蚓能降解农药、重金属等；又可以施加抑制剂改变土壤中污染物的迁移转化方向，减少农作物对污染物的吸收：施用石灰提高土壤的 pH，促使镉、汞、铜、锌等形成氢氧化物沉淀等等。

二、　土壤修复

1. 土壤污染危害

土壤是人类赖以生存的必要条件，是植物中营养物质的主要提供场所，更是我们食物来源的根本，是大自然最宝贵的重要资源之一。一旦土壤受到了污染，就会直接影响到人类自身健康，据调查发现每年被重金属污染的食物高达1200万吨，受到重金属污染、污水灌溉、病毒感染等的耕地已达60%以上。换句话说，我们每天都在消费受污染的食物，花钱买疾病。近几年来人们的疾病和癌症很多原因都是因为吃了这些污染食物而引起的，更可怕的是从人体检查出新的病原体，目前还没有研究出针对性的抗病菌来治疗该病原体，所以保护土壤不被污染成为了我国一项大工程。

2. 土壤修复

土壤修复是一种能把受污染的土壤恢复到正常功能的技术，也是一种多样化的技术，可以从生物、物理、化学、病菌等方面着手。自1980年开始，世界上很多的国家特别是发达国家已拟订一系列的土壤治理和修复计划，自今为止成为了一个新兴的土壤修复行业。

虽然科学研究者们把污染土壤的共同特点给研发了出来，但是却不能研发出能解决所存在问题的方法。自1970年研发至今，土壤污染的情况只增不减，越来越严重，已经影响到生态环境，导致生态系统退化，人们的生活受到威胁，因此各个国家都尝试各种方法来对土壤实施修复计划。如针对石油污染土壤生态进行修复技术的“863”计划。由于我国油田区的土壤石油污染问题，为重金属、石油、多环芳烃等污染物导致的污染较突出，所以选择采用生物、物化方法与技术研发具有复合技术协同的修复工艺；其主要是分不同区域、不同石油组分的微生物降解菌株，而研制具高效复合修复的菌剂，如被油田区中低浓度石油污染过的土壤，就会构建植物-微生物联合修复技术；被油田区高浓度石油污染过的土壤则构建物化-生物耦合修复技术。又比如说稍有成效的蜈蚣草修复砷污染技术，它是由陈同斌组织的重金属污染土壤植物修复团队于1999年在中国本土发现的第一种在世界上能够对砷有超富集的植物——蜈蚣草，而且陈同斌研究员还在湖南郴州建立了世界上第一个砷污染土壤植物修复基地。修复前：在湖南郴州苏仙区邓家塘乡因受到砷污染而导致了600多亩稻田弃耕、2人死亡、400多人集体住院等危害；然而修复后：在田间里发现种植了蜈蚣草后土壤中的含砷量下降很多，而蜈蚣草叶片的含砷量却高达0.8%，所以这有力的数据与研究证明了蜈蚣草在砷污染土壤的治理和修复方面具有极大的作用，同时事实也证明蜈蚣草修复砷污染技术能有效地解决土壤及农产品受重金属污染超标的问题，并且还提高了矿产资源的利用率和保障了人民的健康安全问题；当然我国在此基础上还鉴别出我国土地上还存在着16种能够吸收土壤重金属污染物的植物，这还有待研究与探索。经过一系列的实验表明，受污染的土壤是可以通过修复技术恢复到正常功能的，但是若抱着这样的心态而不对环境进行保护的话，再多的修复技术也是没用的，因为最终我们还是会失去我们的家园，失去所有的土地而形成荒漠化，因此对于土壤环境的保护要以“防为主、治为辅”。

【阅读材料】

土壤重金属污染

2010年在澳大利亚悉尼召开的第九届亚太烟草或健康会议上发布了一项中国与其他国家烟草的对比研究，该研究表明：中国产的13个牌子卷烟中检测出含有重金属。烟草中含有的铅、砷、镉等重金属成分，其含量与加拿大产的香烟相比，最高超出3倍以上。叶绿素对重金属非常敏感，烟草可以从土壤中吸收重金属，先进入根部，再被传送到茎和叶，就像那些富集重金属的蔬菜一样。

不少媒体把我国香烟重金属超标这一结果称为“中国香烟重金属门”事件，并将之比作烟草界的“三聚氰胺事件”，因为它暴露了我国土壤的安全问题。我国土壤污染状况已经影响到耕地质量、食品安全甚至人的身体健康，其中最严重的就是重金属污染。重金属通常是指汞（Hg）、镉（Cd）、铅（Pb）、铬（Cr）、砷（As）等有毒有害物质。

目前我国受镉、砷、铬、铅等重金属污染的耕地面积近两千万公顷，约占耕地总面积的1/5，全国每年因重金属污染而减产粮食1000多万吨。

土壤重金属污染与人类工业活动密切相关，重工业越发达，污染相对就越严重。污水灌溉、污泥施肥、含重金属废弃物堆积、含重金属废水直接排放、金属矿山酸性废水污染等都会造成土壤重金属污染。

同时，过度使用化肥也是土壤重金属污染原因之一。一些磷肥和复合肥中镉含量超标，能够使土壤和作物吸收到不易被移除的镉。此外，农药、抗生素、病原菌等也成为土地污染的来源。

使用有机肥料也难逃土壤的重金属污染。在一些小规模的养殖场，人们常常在猪、鸡等农畜的饲料中添加含砷制剂，因为这种重金属可以杀死猪体内的寄生虫，促进牲畜生长。这些牲畜的粪便又是农民乐于购买的有机肥料。当含砷的肥料被堆积入田时，肥料内的重金属就会悄无声息地潜入地下，并随着耕种传递到农作物中。

人们吃掉了这些重金属污染的饲料喂养的猪，又吃掉了被重金属污染的土壤中种植出来的蔬菜和粮食，有些人甚至还喝着被重金属污染的地下水，人体就这样被二度污染，甚至三度污染。

重金属超标的土地，肉眼看不出来，往往需要通过检测土壤质量及其对人畜健康状况的影响才能确定。土壤的污染也不会自动解除，即使过千百万年，它仍然稳定地存在，这正是重金属污染的特殊之处。

如何大面积修复重金属污染农田，一直是个世界难题。目前，科学家们只有两种方法来对付隐藏在土壤中的重金属：一是在田地中播撒化学调理剂；二是种植易吸收重金属的富集植物。

但调理剂有可能伤害土壤本来的养分，而种植富集植物的治疗速率极慢。有时，即便将富集植物种上10年，一片农田也恢复不到清洁土壤的水平。而且，目前还没有一种处理这种“吸毒植物”的有效办法。植物成熟后，只有填埋或焚烧两种选择，不过因为重金属的活性太强，那些植物就又再一次成为污染源。

本章小结

本章主要阐述了土壤的组成与性质、污染物在土壤-植物体系中的迁移以及土壤中农药的迁移转化，土壤污染物的治理和土壤修复。

1. 土壤的组成与性质：包括土壤的组成、土壤的粒级分组与质地分组和各粒级的理化特征，土壤吸附的性质和土壤胶体的离子交换吸附，土壤酸度、碱度和缓冲性能，土壤的氧化还原性。

2. 污染物在土壤-植物体系中的迁移：主要讲述了污染物在土壤-植物体系中的迁移，以及植物对重金属污染产生耐性的几种机制。

3. 土壤中农药的迁移转化：土壤中农药的迁移、非离子型农药与土壤有机质的作用、典型农药在土壤中的迁移转化。

4. 土壤污染物的治理：土壤污染的概况、土壤治理措施和针对性的防治。

5. 土壤的修复：土壤修复技术以及土壤修复的功能。

复习思考题

一、名词解释

土壤有机质　砂粒　土壤气相　土壤质地　有机胶体　阳离子交换量　潜性酸度　土壤缓冲性能　盐基饱和土壤　质体流动　土壤修复

二、填空题

1. 土壤是由气、液、固三相组成，其中固相可分为________、________，两者占土壤总量的________。

2. 根据污染物的种类，土壤污染可分为________、________、________、________及________。

3. 重金属在土壤-植物系统中的迁移过程与重金属的________、________及土壤的类型、________、________有关。

4. 土壤中铬是以________、________、________、________四种形态存在。

5. 在旱地土壤中，镉的主要存在形式是________。

6. 农药主要有________、________、________、________及________五大类。

7. 土壤对农药的吸附作用可分为________、________和________。

8. 农药在土壤中的迁移主要通过________和________两个过程。

9. 土壤结构主要分为________、________和________三个类型。

10. 土壤修复技术大致可分为________、________和________三种方法。

11. 土壤胶体中所带有的电荷包括________、________及________三种电荷。

三、问答题

1. 试述土壤的组成。土壤具有哪些基本特性？

2. 简述土壤空气与大气的差异。

3. 比较土壤阳离子和阴离子交换吸附的作用原理和特点。

4. 简述土壤胶体的性质。

5. 什么是土壤的环境容量？

6. 简述Hg在土壤中可能发生的转化反应，如何减轻土壤中Hg的污染？

7. 简述As在土壤中可能的转化反应，如何减轻土壤中As的污染？

8. 简述土壤中重金属向植物体内迁移的主要方式及影响迁移的因素。

9. 进入土壤的农药是怎样迁移转化的？

10. 影响农药在土壤中扩散和质体流动的因素有哪些？

11. 简述有机磷农药在环境中的主要转化途径，并举例说明其原理。

12. 土壤有哪六大功能？

13. 简述土壤污染具有的特点。

14. 影响土壤胶体的离子交换的因素有哪些？

15. 农药按用途不同可分为哪几类？常见的有哪些？

16. 简述吸附作用中的物理吸附和化学吸附的区别。

四、计算题

1. 表层土壤中Cd含量为4mg/kg，应用富集植物对其净化。植物体内Cd的平均含量为100mg/kg，每公顷土地每次收获量植物为30000kg（干重），经过两次收获后，土壤中

Cd的平均含量为多少（单位：mg/kg）？（假定：土壤容重为1.5，即土壤的密度为$1.5\times10^3kg/m^3$，富集植物全部生长于土壤表层20cm内。）

2. 土壤阳离子交换容量（CEC值）与土深有关。已知0～6cm表土中可交换Ca^{2+}的量为$1.13\times10^{-2}mol/kg$，求1ha（$108cm^2$）表土的Ca^{2+}交换容量（单位：kg/ha）？（设定土壤密度为$1.3g/cm^3$。）

第五章　污染物在生物体内的迁移转化

【学习指南】

污染物在生物体内的迁移转化是影响污染物在环境中的最终归宿的重要因素之一，也是人们所关注的重点。本章从生物的基础知识讲起，重点介绍污染物的生物富集、生物放大、生物积累和污染物的微生物降解过程以及污染物对人体的危害。

第一节　生物污染和生物污染的主要途径

一、生物污染

生物污染本身具有两种含义。第一种含义，其一是指对人和生物有害的微生物寄生虫等病原体和变应原等污染水体、大气、土壤和食品，影响生物产量和质量，危害人类健康，这种污染称为生物污染，它是根据污染物的性质而进行分类的；其二是指大气、水环境以及土壤环境中各种各样的污染物质，包括施入土壤中的农药等，通过生物的表面附着、根部吸收、叶片气孔的吸收以及表皮的渗透等方式进入生物机体内，并通过食物链最终影响到人体健康。把污染环境的某些物质在生物体内累积至数量超过其正常含量，足以影响人体健康或动植物正常生长发育的现象称为生物污染。第二种含义则是根据被污染对象的类型来进行分类的。本章内容中所指生物污染含义均为后一种。对于生物体来讲，有些物质是有害或有毒的，有些物质则是无害甚至是有益的，但是大多数物质在其被超常量摄入时对生物体都是有害的。

二、植物受污染的主要途径

植物受污染物污染的主要途径有表面附着及植物吸收等，而污染物在植物体内的分布规律则与植物吸收污染物的主要途径、植物的种类及污染物的性质等因素有关。

1. 表面附着

表面附着是指污染物以物理方式黏附在植物表面的现象。例如，散逸到大气中的各种气态污染物、施用的农药、大气中降落的粉尘及含大气污染物的降水等，会有一部分黏附在植物的表面上，造成对植物的污染和危害。表面附着量的大小与植物的表面积大小、表面形状、表面性质及污染物的性质、状态等有关。表面积较大、表面粗糙且有绒毛的植物的附着量较大，黏度较大、呈粉状的污染物在植物上的附着量亦较大。

2. 植物吸收

植物对大气、水体和土壤中污染物的吸收方式可分为主动吸收和被动吸收两种。

主动吸收即代谢吸收，它是指植物细胞利用其特有的代谢作用所产生的能量而进行的吸收作用。细胞通过这种吸收能把浓度差逆向的外界物质引入细胞内。例如，植物叶面的气孔可不断吸收空气中极微量的氟等，吸收的氟随蒸腾转移到叶尖和叶缘，并在那里积累至一定浓度后造成植物组织的坏死。植物通过根系从土壤或水体中吸收营养物质和水分的同时亦吸收污染物，其吸收量的大小与污染物的性质及含量、土壤性质和植物品种等因素有关。例如，用含镉的污水灌溉水稻，镉将被水稻从根部吸收，并在水稻的各个部位积累，造成水稻的镉污染。主动吸收可使污染物在植物体内得以成百倍、上千倍甚至数万倍的浓缩。

被动吸收即物理吸收，这种吸收依靠外液与原生质的浓度差，通过溶质扩散作用实现吸收过程，其吸收量的大小与污染物的性质及其含量大小，植物与污染物接触时间的长短等因素有关。

总之，植物对污染物的吸收是一个复杂的综合过程，其根部对污染物的吸收主要受到土壤 pH、污染物浓度以及环境理化性质的影响，而暴露于空气中的植物的地上部分对污染物的摄取，主要取决于污染物的蒸气压。

三、动物受污染的主要途径

环境中的污染物主要通过呼吸道、消化道和皮肤吸收等途径进入动物体内，并通过食物链得到浓缩富集，最终进入人体。

1. 动物吸收

动物在呼吸空气的同时将毫无选择地吸收来自空气中的气态污染物及悬浮颗粒物，在饮水和摄入食物同时，也将摄入其中的污染物，脂溶性污染物还能通过皮肤的吸收作用进入动物机体。例如，某些气态毒物如氰化氢、砷化氢以及重金属汞等都可经皮肤吸收。当皮肤有病损时，原不能经完整皮肤吸收的物质也可通过有病损的皮肤而进入动物体内。

呼吸道吸收的污染物，通过肺泡直接进入动物体内大循环；消化道吸收的污染物通过小肠吸收（吸收的程度与污染物的性质有关），经肝脏再进入大循环；经皮肤吸收的污染物可直接进入血液循环；另外，由呼吸道吸入并沉积在呼吸道表面上的有害物质，也可以咽到消化道，再被吸收进入机体。

污染物质进入人体的主要途径是通过饮食、呼吸和皮肤的吸收作用（见图 5-1）。图中同时还显示了人体对废物的排泄通道。

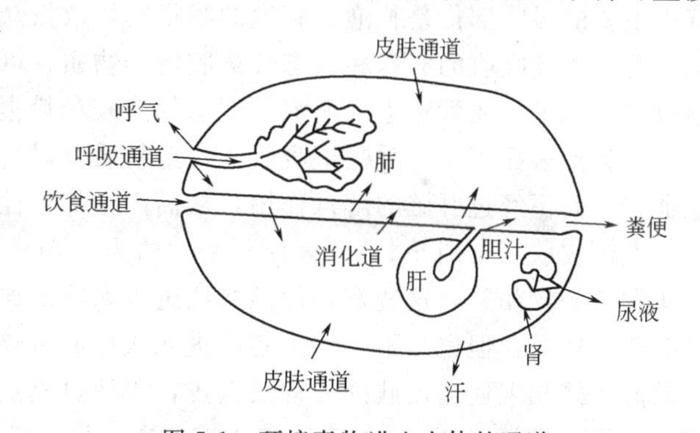

图 5-1　环境毒物进入人体的通道

一个能活到 80 岁的人在其一生中需要 2.5～5t 蛋白质、13～17t 的糖类化合物和 70～75t 水，这些物质都是通过饮食逐日进入体内的。“病从口入”是指在进食被农药、重金属或病菌污染的粮食、蔬菜、肉类、禽蛋、水果或饮水的过程中，人体不知不觉中摄入了大量有毒物质和病菌，引发多种疾病。食物和饮水主要是通过消化道进入人体的。从口腔摄入的食物和饮水中的污染物质，主要是被动扩散被消化道吸收，主动转运很少。消化道包括口腔、咽喉、食管、胃、小肠、大肠等部位（见图 5-2），其中主要吸收部位是小肠，其次是胃。成人的小肠全长约 5.5m，是消化道全长（约 9m）的 0.6 倍左右。从几何学角度来讲，符合“黄金分割”定律。小肠的吸收总面积约 $200m^2$，血液流速约 1L/s。小肠最内层是黏膜，黏膜向肠腔内形成许多凸起，称为小肠绒毛，黏膜内布满毛细血管。进入小肠的污染物质大多数以被动扩散方式通过小肠黏膜再转入血液，因而污染物质的脂溶性越强、在小肠内浓度越高，被小肠吸收越快。此外血液流速也是影响机体对污染物质吸收的因素之一。血液流速越大，则膜两侧污染物质浓度梯度越大，机体对污染物质的吸收速率越大。由于脂溶性污染物质经膜通透性好，因此它被小肠吸收的速率受血液流速的限制，而胃的吸收面积约 $1m^2$，血液流速约为 0.15L/s，

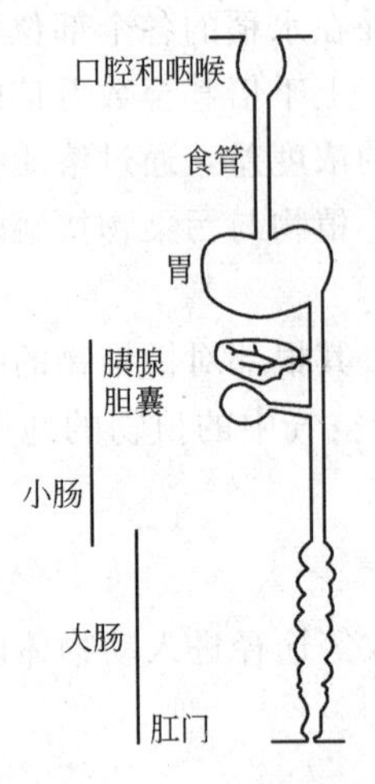

图 5-2　人体消化道

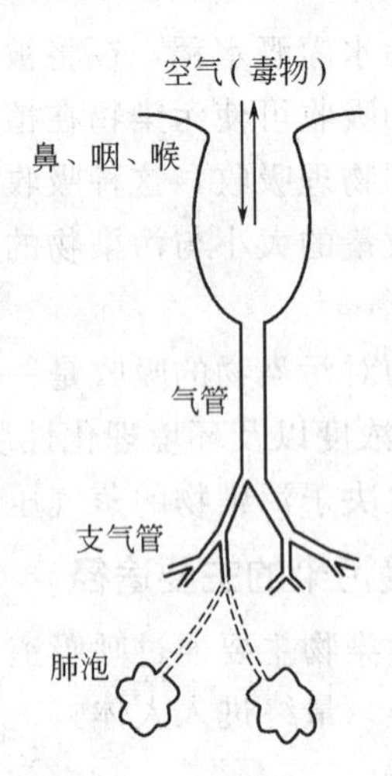

图 5-3　人体呼吸道

同时小肠的 pH 约等于 6.6，大于胃的 pH（约等于 2），因此，小肠的吸收功能远远大于胃的吸收功能。

人的饮食有时有节，但吸入氧气和呼出二氧化碳的呼吸过程却是不能中断的。成年人每天吸入 10～12m^3 的空气，而空气中正隐藏着各种各样的污染物质。呼吸道是吸收大气污染物质的主要途径。人的呼吸道主要包括鼻、咽、喉、气管、支气管及肺等部位（见图 5-3），其中主要的吸收部位是肺泡，肺泡的膜很薄，数量众多，表面布满壁膜极薄、结构疏松的毛细血管。因此吸收的气态和液态气溶胶污染物质，可以通过被动扩散和滤过方式，分别迅速通过肺泡和毛细血管膜进入血液。固态气溶胶和粉尘污染物质吸进呼吸道后，可在气管、支气管及肺泡表面沉积。呼吸道吸收的污染物质可以直接进入血液系统并转移至淋巴系统或其他器官，而不经过肝脏的解毒作用，从而产生的毒性更大。

人体皮肤（见图 5-4）的表面积平均约为 1.8m^2，同时还有近 10 万个毛细孔和近 10 万根头发与头皮相通，这些都是污染物质进入人体的通道。相比而言，人体皮肤对污染物质的吸收能力较弱，但也是不少污染物质进入人体的重要途径。皮肤接触的污染物质，常以被动扩散的方式相继通过皮肤的表皮及真皮，再滤过真皮中的毛细血管壁膜进入到血液中。一般相对分子质量低于 300、处于液态或溶解态、呈非极性的脂溶性污染物质，最容易被皮肤吸收，如酚、醇和某些有机磷农药等容易通过皮肤，并在动物体内发生转化与排泄作用。

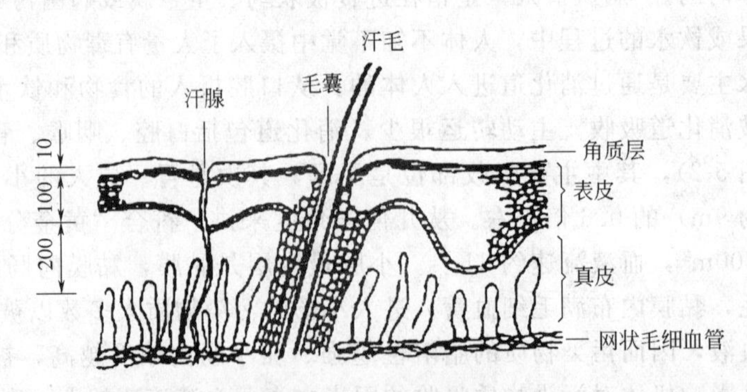

图 5-4　人体皮肤结构

有机污染物进入动物体后，除很少一部分水溶性强、相对分子质量小的毒物可以原形排出外，绝大部分都要经过某种酶的代谢或转化作用改变其毒性，增强其水溶性而易于排泄。

肝脏、肾脏、胃、肠等器官对各种毒物都有生物转化功能，其中尤以肝脏最为重要。

无机污染物（包括金属和非金属污染物）进入动物体后，一部分参与体内生物代谢过程，转化为化学形态和结构不同的物质，如金属的甲基化、脱甲基化、配位反应等；也有一部分直接蓄积于体内各器官。

动物体对污染物的排泄作用主要通过肾脏、消化道和呼吸道来完成，也有少量随汗液、乳汁、唾液等分泌液排出，还有的在皮肤的新陈代谢过程中到达毛发而离开机体。有毒物质在排泄过程中，可在排出器官处造成继发性损害，成为中毒表现的一部分。另外，当有毒物质在体内某器官处的蓄积超过某一限度时，则会给该器官造成损害，出现中毒表现。

2. 食物链作用

生物（包括微生物）能通过食物链传递和富集污染物。

水体中的污染物通过生物、微生物的代谢作用进入生物、微生物体内得到浓缩，其浓缩作用可使污染物在生物体内的含量比在水体中的浓度大得多。例如，进入水体中的污染物，除了由水中生物的吸收作用直接进入生物体外，还有一个重要途径：食物链。浮游生物是食物链的基础。在水体环境中，常存在如下食物链：虾米吃“细泥”（实质上是浮游生物），小鱼吃虾米，大鱼吃小鱼。污染物在食物链的每次传递中浓度就得到一次浓缩，甚至可以达到产生中毒作用的程度。人处于这一食物链的末端，若长期食用了污染水体中的鱼类，则可能由于污染物在体内长期富集浓缩，引起慢性中毒。震惊世界的环境公害之一——日本熊本县“水俣病”，就是因为水俣湾当地的居民较长时间内食用了被周围石油化工厂排放的含汞废水污染和富集了甲基汞的鱼、虾、贝类等水生生物，造成大量居民中枢神经中毒，甚至死亡所引起的“疾病”，它是由含汞废水进入“海水—鱼—人”食物链而造成的对人体的严重毒害。

环境污染物不仅可以通过水生生物食物链富集，也可以通过陆生生物链富集。例如农药、大气污染物，可通过植物的叶片、根系进入植物体内得到富集，而含有污染物的农作物、牧草、饲料等经过牛、羊、猪、鸡等动物进一步富集。最后通过粮食、蔬菜、水果、肉、蛋、奶等食物进入人体中浓缩，危害人体健康。例如，日本的“痛痛病”事件（又称“镉米事件”）就是因为当地居民用被锌、铅冶炼厂等排放的含镉工业废水所污染的河水灌溉农田，使稻米中含有大量的镉（“镉米”），居民食用含镉稻米和饮用含镉的水而引发的镉中毒事件。

第二节　环境污染物在生物体内的分布

一、污染物在植物体内的分布

许多污染物质都是通过植物的土壤——植物系统进入生态系统的。由于污染物质在生物链中的积累直接或间接地对陆生生物造成影响，因而植物对污染物质的吸收被认为是污染物在食物链中的积累并危害陆生动物的第一步。

植物吸收污染物后，其污染物在植物体内的分布与植物种类、吸收污染物的途径等因素有关。

植物从大气中吸收污染物后，污染物在植物体内的残留量常以叶部分布最多。例如，在含氟的大气环境中种植的番茄、茄子、黄瓜、菠菜、青萝卜、胡萝卜等蔬菜体内氟的含量分布符合此规律。

植物从土壤和水体中吸收污染物，其残留量的一般分布规律是：根＞茎＞叶＞穗＞壳＞

种子。例如，在被镉污染的土壤中种植的水稻，其根部的镉含量远大于其他部位。

试验表明，植物的种类不同，对污染物的吸收残留量的分布也有不符合上述规律的。例如，在被镉污染的土壤中种植的萝卜和胡萝卜，其根部的含镉量低于叶部。

二、污染物在动物体内的分布

污染物质在动物体内的分布过程主要包括吸收分布和排泄。下面以人为例介绍污染物质在动物体内的分布过程。这些基本原理适用于哺乳动物以及其他一些动物（如鱼类）。

1. 吸收

污染物质进入人体被吸收后，一般通过血液循环输送到全身。血液循环把污染物质输送到各器官（如肝、肾等），对这些器官产生毒害作用；也有些毒害作用如砷化氢气体引起的溶血作用，在血液中就可以发生。污染物质的分布情况取决于污染物与机体不同部位的亲和性，以及取决于污染物质通过细胞膜的能力。脂溶性物质易于通过细胞膜，此时，经膜通透性对其分布影响不大，组织血流速率是分布的限制因素。污染物质常与血液中的血浆蛋白质结合，这种结合呈现可逆性，结合与解离处于动态平衡。只有未与蛋白结合的污染物质才能在体内组织进行分布。因此与蛋白结合率不高的污染物，在低浓度下几乎全部与蛋白结合存留于血浆中。但当其浓度达到一定水平，未被结合的污染物质剧增，快速向机体组织转运，组织中该污染物质明显增加，而与蛋白结合率低的污染物质随浓度增加，血液中未被结合的污染物质也逐渐增加，故对污染物质在体内分布的影响不大。由于亲和力不同，污染物质与血浆蛋白的结合受到其他污染物质及机体内源性代谢物质置换竞争的影响，该影响显著时，会使污染物质在机体内的分布有较大的改变。

在这里，血脑屏障特别值得一提，因为它是阻止已进入人体的有毒污染物质深入到中枢神经系统的屏障。与一般的器官组织不同，中枢神经系统的毛细血管管壁内皮细胞互相紧密相连、几乎没有空隙。当污染物质由血液进入脑部时，必须穿过这一血脑屏障。此时污染物质的经膜通透性成为其转运的限速因素。高脂溶性低解离度的污染物质经膜通透性好，容易通过血脑屏障，由血液进入脑部，而非脂溶性污染物质很难入脑。因此，对于一些损害人体其他部位的有毒害物质，中枢神经系统能够局部地得到特殊的保护。

2. 排泄

排泄的器官有肾、肝胆、肠、肺、外分泌腺等。对有毒污染物质的排泄的主要途径是肾脏泌尿系统和肝胆系统。肺系统也能排泄气态和挥发性有毒害的污染物质。

肾排泄是使污染物质通过肾随尿而排出的过程。肾小球毛细血管壁有许多较大的膜孔，大部分污染物质都能从肾小球滤过；但是，相对分子质量过大的或与血浆蛋白结合的污染物质，不能滤过，能留在血液中。一般来说，肾排泄是污染物质的一个主要的排泄途径。

污染物质的另一个重要排泄途径，是肝胆系统的胆汁排泄。胆汁排泄是指主要由消化道及其他途径吸收的污染物质，经血液到达肝脏后，以原物或其代谢产物与胆汁一起分泌至十二指肠，经小肠至大肠内，再排出体外的过程。一般，相对分子质量在300以上、分子中具有强极性基团的化合物，即水溶性、脂溶性小的化合物，胆汁排泄良好。

3. 污染物在动物体内的分布

污染物质被动物体吸收后，借助动物体的血液循环和淋巴系统作用在动物体内进行分布，并发生危害。污染物质在动物体内的分布与污染物的性质及进入动物组织的类型有关，其分布大体有以下五种分布规律。

① 能溶解于体液的物质，如钠、钾、锂、氟、氯、溴等离子，在体内分布比较均匀。

② 镧、锑、钍等三价和四价阳离子，水解后生成胶体，主要蓄积于肝和其他网状内皮系统。

③ 与骨骼亲和性较强的物质，如铅、钙、钡、锶、镭、铍等二价阳离子在骨骼中含量极高。

④ 对某种器官具有特殊亲和性的物质，则在该种器官中积累较多。如碘对甲状腺、汞对肾脏有特殊亲和性，故碘在甲状腺中蓄积较多，汞在肾脏中蓄积较多。

⑤ 脂溶性物质，如有机氯化合物（DDT、六六六等），主要积累于动物体内的脂肪中。

以上五种分布类型之间又是彼此交叉的，比较复杂。往往一种污染物对某一种器官有特殊亲和作用，但同时也分布于其他器官。例如，铅离子除分布在骨骼中外，也分布于肝、肾中；砷除分布于肾、肝、骨骼外，也分布于皮肤、毛发、指甲中。另外，同一种元素可能因其价态或存在形态不同而在体内蓄积的部位有所不同。例如水溶性汞离子很少进入脑组织，但烷基汞呈脂溶性能通过血脑屏障进入脑组织。再如进入体内的四乙基铅最初在脑、肝中分布较多，但经分解转变成为无机铅后，则铅主要分布在骨骼、肝、肾中。

总之，污染物质在动物体内的分布是一个复杂的过程。具体的污染物在进入体内的途径以及在体内的分布、代谢、储存和排泄过程见图 5-5。污染物质在动物体内的分布直接影响着污染物质对动物的毒害作用。

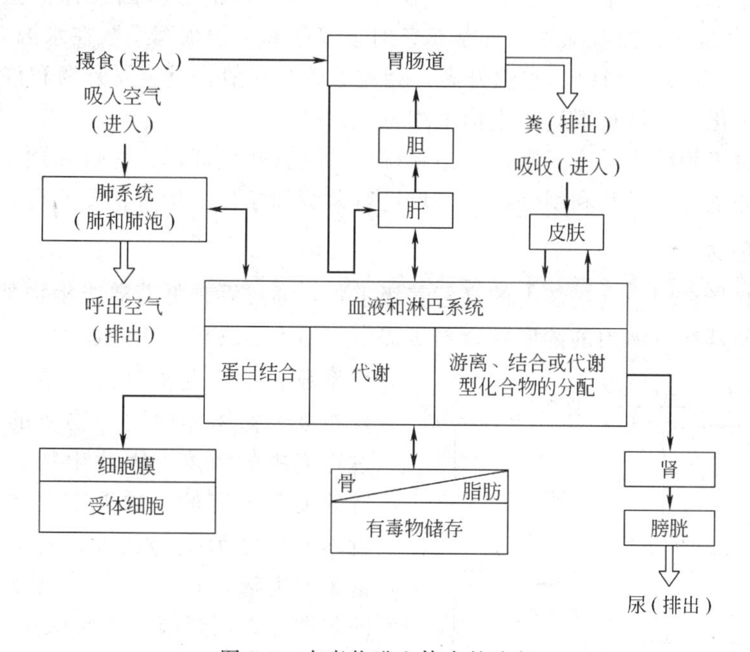

图 5-5　有毒物进入体内的途径

第三节　污染物质的生物富集、放大和积累

各种物质进入生物体内，即参加生物的代谢过程，其中生命必需的物质，部分参与了生物体的构成，多余的必需物质和非生命所需的物质中，易分解的经代谢作用很快排出体外，不易分解、脂溶性高、与蛋白质或酶有较高亲和力的，就会长期残留在生物体内。随着摄入量的增大，它在生物体内的浓度也会逐渐增大。污染物质被生物体吸收后，它在生物体内的浓度超过环境中该物质的浓度时，就会发生生物富集、生物放大和生物积累现象，这三个概

念既有联系又有区别。

一、生物富集

生物富集是指生物机体或处于同一营养级上的许多生物种群，通过非吞食方式（如植物根部的吸收，气孔的呼吸作用而吸收），从周围环境中蓄积某种元素或难降解的物质，使生物体内该物质的浓度超过环境中浓度的现象，又称为生物学富集或生物浓缩。生物富集用生物浓缩系数表示，即生物机体内某种物质的浓度和环境中该物质浓度的比值。

$$BCF = c_b / c_e \tag{5-1}$$

式中 BCF——生物浓缩系数；

c_b——某种元素或难降解物质在机体中的浓度；

c_e——某种元素或难降解物质在环境中的浓度。

生物浓缩系数可以是个位到万位，甚至更高。影响生物浓缩系数的主要因素是物质本身的性质以及生物和环境等因素。物质性质方面的主要影响因素是降解性、脂溶性和水溶性。一般降解性小、脂溶性高、水溶性低的物质，生物浓缩系数高；反之，则低。如虹鳟对2,2′,4,4′-四氯联苯的生物浓缩系数为12400，而对四氯化碳的生物浓缩系数是17.7。在生物特征方面的影响因素有生物种类、大小、性别、器官、生物发育阶段等。如金枪鱼和海绵对铜的生物浓缩系数分别是100和1400，在环境条件方面的影响因素包括温度、盐度、水硬度、pH、氧含量和光照状况等。如翻车鱼对多氯联苯生物浓缩系数在水温5℃时为6.0×10^3，而在15℃时为5.0×10^4，水温升高，相差显著。一般，重金属元素和许多氯化烃、稠环、杂环等有机化合物具有很高的生物浓缩系数。

生物富集对于阐明物质或元素在生态系统中的迁移转化规律，评价和预测污染物进入环境后可能造成的危害，以及利用生物对环境进行监测和净化等均有重要的意义。

二、生物放大

生物放大是指在同一食物链上的高营养级生物，通过吞食低营养级生物蓄积某种元素或难降解物质，使其在机体内的浓度随营养级提高而增大的现象。生物放大的程度也用生物浓缩系数表示。生物放大的结果是食物链上高营养级生物体体中这种物质的浓度显著地超过环境中的浓度。因此生物放大是针对食物链的关系而言的，如果不存在食物链的关系就不能称之为生物放大，而只能称之为生物富集或生物积累。如1966年有人报道，美国图尔湖和克拉斯南部自然保护区受到DDT对生物群落的污染。DDT是一种有机氯杀虫剂，易溶解于脂肪而积累于动物脂肪内。在位于食物链顶级，以鱼类为食的水鸟体中的DDT的浓度竟然比湖水高出约$1.0\times10^5\sim1.2\times10^5$倍。北极的陆生态系统中，在地衣-北美驯鹿-狼的食物链中，也存在着对^{137}Cs的生物放大现象（见图5-6）。不同生物对物质的生物放大作用也有明显的差别，例如，海洋模式生态系统中研究藤壶、蛤、牡蛎、蓝蟹和

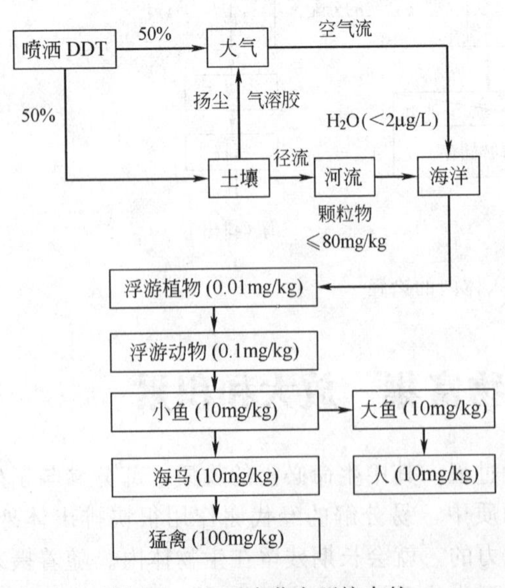

图5-6 DDT农药在环境中的迁移和生物放大作用

沙蚕 5 种生物对于铁、钡、锌、锰、镉、铜、硒、砷、铬、汞 10 种元素的生物放大作用，发现藤壶和沙蚕的生物放大能力较大，牡蛎和蛤次之，蓝蟹最小。

但是生物放大并不是在所有的条件下都能发生。据文献报道，有些物质只能沿着食物链传递，不能沿食物链放大；有些物质既不能沿食物链传递，也不能沿食物链放大。这是因为影响生物放大的因素是多方面的。如食物链往往都十分复杂，相互交织成网状，同一种生物在发育的不同阶段或相同阶段，有可能隶属于不同营养级具有多种食物来源，这就扰乱了生物放大。不同生物或同一生物在不同的条件下，对物质的吸收和消除等均有可能不同，也会影响生物放大的情况。例如，1971 年，Hame-Link 等人通过实验发现，疏水性化合物被鱼体组织的吸收，主要是通过水和血液中脂肪层两相之间的平衡交换进行的。后来许多学者的研究也证实了这一结论的正确性，他们明确指出，有机化合物的生物积累主要是通过分配作用进入水生有机体的脂肪中，随后的许多实验结果也都支持了这一点，即有机化合物在生物体的积累不是通过食物链迁移产生的生物放大，而是生物脂肪对有机化合物的溶解作用。

三、生物积累

生物积累是生物从周围环境（水、土壤、大气）中和食物链蓄积某种元素或难降解物质，使其在机体中的浓度超过周围环境中浓度的现象。生物放大和生物富集都是生物积累的一种方式。生物积累也用生物浓缩系数来表示。生物浓缩系数与生物体特性、营养等级、食物类型、发育阶段、接触时间、化合物的性质及浓度有关。通常，化学性质稳定的脂溶性有机污染物如 DDT、PCBs 等很容易在生物体内积累。例如有人研究牡蛎在 50μg/L 氯化汞溶液中对汞的积累。观察 7 天、14 天、19 天和 42 天时，牡蛎体内汞含量的变化，结果发现其生物浓缩系数分别是 500、700、800 和 1200，表明在代谢活跃期内的生物积累过程中，生物浓缩系数是不断增加的。因此，任何机体在任何时刻，机体内某种元素或难降解物质的浓度水平取决于摄取和消除这两个相反过程的速率，当摄取量大于消除量时，就会发生生物积累。下面对此以水生生物为例进行研究。

水生生物对某物质的积累微分方程可以表示为：

$$\frac{\mathrm{d}c_i}{\mathrm{d}t}=k_{\mathrm{a}i}c_{\mathrm{w}}+a_{i,i-1}W_{i,i-1}c_{i-1}-(k_{\mathrm{e}i}+k_{\mathrm{g}i})c_i \tag{5-2}$$

式中　c_{w}——生物生存水中某物质浓度；

c_i——食物链 i 级生物中该物质浓度；

c_{i-1}——食物链 $i-1$ 级生物中该物质浓度；

$W_{i,i-1}$——i 级生物对 $i-1$ 级生物的摄取率；

$a_{i,i-1}$——i 级生物对 $i-1$ 级生物中该物质的同化率；

$k_{\mathrm{a}i}$——i 级生物对该物质的吸收速率常数；

$k_{\mathrm{e}i}$——i 级生物中该物质消除速率常数；

$k_{\mathrm{g}i}$——i 级生物的生长速率常数。

上式表明，食物链上水生生物对某种物质的积累速率等于从水中的吸收速率加上从食物链上的吸收速率减去其本身的消除和稀释速率。

生物积累达到平衡时，即 $\mathrm{d}c_i/\mathrm{d}t=0$，式(5-2) 成为：

$$c_i=\left(\frac{k_{\mathrm{a}i}}{k_{\mathrm{e}i}+k_{\mathrm{g}i}}\right)c_{\mathrm{w}}+\left(\frac{a_{i,i-1}W_{i,i-1}}{k_{\mathrm{e}i}+k_{\mathrm{g}i}}\right)c_{i-1} \tag{5-3}$$

从上式可以看出，生物积累的物质浓度中，一项是从水中摄取获得的，另一项是从食物链的传递中获得的。两相进行比较，可以看出生物富集和生物放大对生物积累的贡献。

科学研究还发现环境中物质的浓度对生物积累的影响不大，但在生物积累过程中，不同种生物或同一种生物不同器官和组织，对同一种元素或物质的平衡浓缩系数的数值，以及达到平衡时的时间可以有很大区别。

综上所述，生物积累、生物放大和生物富集可在不同侧面为探讨环境中污染物质的迁移、排放标准和可能造成的危害，以及利用生物对环境进行监测和净化，提供重要的科学依据。

第四节 微生物对环境污染物的降解转化作用

有机污染物的生物降解是一个依赖于微生物代谢作用进行转化的重要环境过程。通过生物降解，污染物的毒性也随之改变。有的可能促进转化成毒性强的物质，而有的则促进转化成毒性弱的物质，即有恶性转化（生物活化）和良性转化（生物解毒）两种作用。例如，无机汞化合物在微生物作用下，既能转化为毒性更大的有机汞，也能在另一类微生物作用下还原成毒性较小的单质汞。

一、微生物的生理特征

微生物在环境中普遍存在，它可以通过酶活性催化反应提供能量，使一些原先反应过程很慢的反应，在有生物酶存在时迅速上升。微生物可以催化氧化或降解有机污染物质或转化重金属元素的存在形态，这是环境中有机污染物转化的重要过程，同时微生物在重金属的迁移转化过程中也具有很重要的作用。如果没有微生物降解死亡的生物体和排出的废物，那么人们就会淹没在废弃物之中。因此，人们称微生物是生物催化剂，能使许多化学反应过程在环境中发生，同时生物有机体的降解又为其他生物生长提供必要的营养，以补偿和维持生物活性的营养库。下面简单介绍一下微生物的基本特征。

1. 微生物的种类

环境中微生物可以分为三类：细菌、真菌和藻类。细菌和真菌可以被认为是还原剂类，能使化合物分解为更简单的形式，从而维持它们自身的生长和代谢过程所需要的能量。相对于高等生物来讲，细菌和真菌对能量的利用率是很高的。

细菌可以分为自养细菌和异养细菌两大类。细菌的基本形态有杆状、球状和螺旋状三种，属原核微生物。单个细菌的细胞很小，只能在显微镜下看到，大多数细菌的大小在$(0.5\sim3.0)\times10^{-12}$m范围。细菌的代谢活动常受体积大小的影响。它们的表面积与体积的比值很大，以至细菌细胞的内部可以储存大量的周围环境中的化学物质。

真菌是类似植物但缺乏叶绿素的非光合生物，通常是丝状结构。它对高浓度的金属离子的耐受能力很强，真菌对环境最终的作用是分解植物的纤维素。

藻类是一大类低等植物的统称。藻类体内有叶绿素或其他辅助色素，能进行光合作用。藻类被划分为生产者，因为藻类能把光能转化为化学能储存起来。在有光照时，藻类可以利用光合作用从二氧化碳合成有机物，满足自身生长和代谢的需要。在无光照时，藻类按非光合生物的方式进行有机物质的代谢，利用降解储备的淀粉、脂肪或消耗藻类自身的原生质以满足自身代谢的需要。

2. 微生物的生长规律

微生物的生长规律可以用生长曲线表现出来。细菌的繁殖一般以裂殖法进行。在增殖培养中，细菌和单细胞藻类个体数的多少，是时间的函数。图 5-7 给出了细菌的生长曲线。它反映了细菌在一个新的环境中生长繁殖直至衰老死亡的过程。

从微生物生长曲线可以看出，随着时间的不同，微生物的繁殖速率也不同。微生物的生长曲线大致可以分为四个阶段，即停滞期、对数增长期、静止期和内源呼吸期。

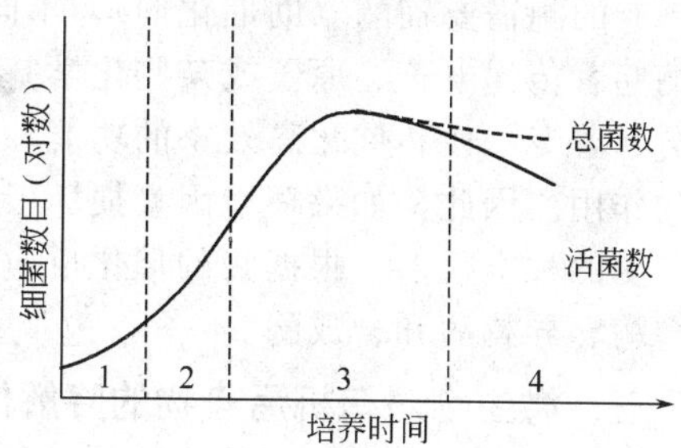

图 5-7　细菌的生长曲线

1—停滞期；2—对数增长期；3—静止期；4—内源呼吸期

① 停滞期　停滞期几乎没有微生物的繁殖症状，是因为微生物必须适应新的环境。在此期间，菌体逐渐增大，不分裂或很少分裂，也有的不适应新的环境而死亡，故微生物的增长速率较慢。

② 对数增长期　随着微生物对新的环境的适应，且所需营养非常丰富，因此微生物的活力很强，新陈代谢十分旺盛，分裂繁殖速率很快，总菌数以几何级数增加。

③ 静止期　当微生物的生长遇到限制因素时，对数增长期终止，静止期开始。在静止期，微生物的总数达到最大值，微生物的增殖速率和死亡率达到一个动态平衡。静止期可以持续很长时间，也可以时间很短。

④ 内源呼吸期　这个时期，环境中的食料已经耗尽，代谢产物大量积累，对微生物生长的毒害作用也越来越强，使得微生物的死亡率逐渐大于繁殖率。同时微生物的食料只能依靠菌体内原生质的氧化，来获得生命活动所需的能量，最终导致环境中的微生物总量逐渐减少。

根据微生物的生长繁殖规律可以通过不断补充食料，人为地控制微生物的生长周期。例如，控制微生物在对数增长期，微生物就对环境中的污染物降解速率快，降解能力强。若控制在静止期，则微生物的生长繁殖对营养及氧的需求量低，微生物对环境中污染物降解彻底，去除效率高。

二、生物酶的基础知识

酶是生物催化剂，能使化学反应在生物体温度下迅速进行。因此可以把酶定义为：由细胞制造和分泌的、以蛋白质为主要成分的、具有催化活性的生物催化剂。绝大多数的生物转化是在机体的酶参与和控制下完成的。依靠酶催化反应的物质叫底物。在生物酶作用下，底物发生的转化反应称为酶促反应。各种酶都有一个活性部位，活性部位的结构决定了该种酶可以和什么样的底物相结合，即对底物具有高度的选择性或专一性，形成酶底物的复合物。复合物能分解生成一个或多个与起始底物不同的产物，而酶不断地被再生出来，继续参加催化反应。酶催化反应的基本过程如下：

$$\text{酶}+\text{底物} \rightleftharpoons \text{酶-底物复合物} \rightleftharpoons \text{酶}+\text{产物}$$

注意上述反应过程是可逆的。

酶的催化作用的特点在于：第一是专一性，也就是一种酶只能对一种底物或一类底物起催化作用，而促进一定的反应，生成一定的代谢产物。例如，脲酶仅能催化尿素水解，但对包括结构与尿素非常相似的甲基尿素在内的其他底物均无催化作用。又如蛋白酶只能催化蛋白质水解，但不能催化淀粉水解。第二是酶的催化作用具有高效性。例如，蔗糖酶催化蔗糖水解的速率较强酸催化速率高 2×10^{12} 倍。第三是酶具有多样性，酶的多样性是由酶的专一性决定的，因为在生物体内存在各种各样的化学反应，而每一种酶只能催化一种或一类化学反应，这就决定了酶的多样性。第四是生物酶的催化需要温和的外界条件。酶是蛋白质，因此环境条件（诸如强酸、强碱、高温等激烈条件）可以改变蛋白质的结构或化学性质，从而影响酶的活性。酶催化作用一般要求温和的外界条件，如常温、常压、接近中性酸碱度。

有的酶需要辅酶（助催化剂），不同的辅酶由不同的成分构成，包括维生素和金属离子。辅酶起着传递电子、原子或某些化学基团的功能。辅酶与蛋白质成分构成酶的整体。蛋白质成分起着专一性和催化高效率的功能。只有与蛋白质成分有机地结合在一起，才会具有酶的催化作用。因此，如果环境因素损坏了辅酶，也会影响酶的正常功能。

酶的种类很多。根据酶的催化反应的类型，可将酶分成氧化还原酶、转移酶、水解酶、裂解酶、异构酶和合成酶。

三、微生物对有机污染物的降解作用

1. 耗氧污染物的微生物降解

耗氧污染物包括糖类、蛋白质、脂肪及其他有机物质（或其降解产物）。在细菌的作用下，耗氧有机物可以在细胞外分解成较简单的化合物。耗氧有机物质通过生物氧化以及其他的生物转化，变成更小、更简单的分子的过程称为耗氧有机物质的生物降解。如果有机物质最终被降解成为二氧化碳、水等无机物质，就称有机物质被完全降解，否则称之为不彻底降解。

(1) 糖类的微生物降解　糖类包括单糖、二糖、多糖。单糖如己糖（$C_6H_{12}O_6$）——葡萄糖、果糖等和戊糖（$C_5H_{10}O_5$）——木糖、阿拉伯糖等，二糖如蔗糖（$C_{12}H_{22}O_{11}$）、乳糖及麦芽糖，多糖如淀粉、纤维素［$(C_6H_{10}O_5)_n$］等。糖类是由 C、H、O 三种元素构成。糖是生物活动的能量供应物质。细菌可以利用它作为能量的来源。糖类降解过程如下。

① 多糖水解成单糖　多糖在生物酶的催化下，水解成二糖或单糖，而后才能被微生物摄取进入细胞内。其中的二糖在细胞内继续在生物酶的作用下降解成为单糖。降解产物中最重要的单糖是葡萄糖。

$$(C_6H_{10}O_5)_n+\frac{n}{2}H_2O \longrightarrow \frac{n}{2}C_{12}H_{22}O_{11}$$

$$\text{淀粉}\xrightarrow[\text{水解}]{\text{淀粉糖化酶}}\text{乳糖}$$

$$\text{纤维素}\xrightarrow[\text{水解}]{\text{淀粉糖化酶}}\text{纤维二糖}$$

$$C_{12}H_{22}O_{11}+H_2O \longrightarrow 2C_6H_{12}O_6$$

$$\text{乳糖}\xrightarrow{\text{水解酶}}\text{葡萄糖}$$

$$\text{纤维素}\xrightarrow{\text{水解酶}}\text{葡萄糖}$$

② 单糖酵解生成丙酮酸　细胞内的单糖无论是有氧氧化还是无氧氧化，都可经过一系列酶促反应生成丙酮酸，这是糖类化合物降解的中心环节，又称糖降过程。其反应如下：

$$C_6H_{12}O_6 \xrightarrow{\text{乳酸菌}} 2H_3C—CHOH—COOH$$

$$H_3C—CHOH—COOH \xrightarrow[\text{[O]}]{\text{酶和辅酶}} CH_3COCOOH+H_2O$$

③ 丙酮酸的转化　在有氧氧化的条件下，丙酮酸在乙酰辅酶 A 作用下转变为乳酸和乙酸等，最终氧化成二氧化碳和水：

$$CH_3COCOOH+\frac{5}{2}O_2 \xrightarrow[\text{[O]}]{\text{乙酰辅酶 A}} 3CO_2+2H_2O$$

在无氧氧化条件下丙酮酸往往不能氧化到底，只氧化成各种酸、醇、酮等，这一过程称为发酵。糖类发酵生成大量有机酸，使 pH 下降，从而抑制细菌的生命活动，属于酸性发

酵，发酵具体产物决定于产酸菌种类和外界条件。

在无氧氧化条件下，丙酮酸通过酶促反应往往以其本身作受氢体而被还原为乳酸：

$$CH_3COCOOH + 2[H] \xrightarrow[\text{乳酸菌}]{\text{厌氧}} CH_3CH(OH)COOH$$

或以其转化的中间产物作受氢体，发生不完全氧化生成低级的有机酸、醇及二氧化碳等：

$$CH_3COCOOH \longrightarrow CO_2 + CH_3CHO$$

$$CH_3CHO + 2[H] \longrightarrow CH_3CH_2OH$$

$$CH_3COCOOH + 2[H] \xrightarrow[\text{酵母菌}]{\text{兼性厌氧}} CO_2 + CH_3CH_2OH$$

从能量角度来看，糖在有氧条件下分解所释放的能量大大超过无氧条件下发酵分解所产生的能量。由此可见，氧对生物体有效地利用能源是十分重要的。

(2) 脂肪和油类的微生物降解　脂肪和油类是由脂肪酸和甘油合成的酯，由 C、H、O 三种元素组成。脂肪多来自动物，常温下呈固态；而油多来自植物，常温下呈液态。脂肪和油类比糖类难降解，其降解途径如下。

① 脂肪和油类水解成脂肪酸和甘油　脂肪和油类首先在细胞外经水解酶催化水解成脂肪酸和甘油：

$$\begin{array}{l} CH_2OOCR \\ | \\ CHOOCR' \\ | \\ CH_2OOCR'' \end{array} + 3H_2O \longrightarrow \begin{array}{l} CH_2OH \\ | \\ CHOH \\ | \\ CH_2OH \end{array} + RCOOH + R'COOH + R''COOH$$

式中，R、R′、R″是有机基团，它们可能是很大的碳链。

② 甘油和脂肪酸转化　甘油的降解与单糖降解类似，在有氧或无氧氧化条件下，均能被一系列的酶促反应转变成丙酮酸。丙酮酸经乙酰辅酶 A 的酶促反应，在有氧的条件终生成二氧化碳和水，而在无氧的条件下则转变为简单的有机酸、醇和二氧化碳等。

脂肪酸在有氧氧化条件下，经 β-氧化途径（羧酸被氧化，使末端第二个碳键断裂）及乙酰辅酶 A 的酶促作用最后完全氧化成二氧化碳和水。在无氧的条件下，脂肪酸通过酶促反应，其中间产物不被完全氧化，形成低级的有机酸、醇和二氧化碳。

(3) 蛋白质的微生物降解　蛋白质的主要组成元素是 C、H、O 和 N，有些还含有 S、P 等元素。微生物降解蛋白质的途径如下。

① 蛋白质水解成氨基酸　蛋白质相对分子质量很大，不能直接进入细胞内。所以，蛋白质由胞外水解酶催化水解成氨基酸，随后再进入细胞内部：

$$\underset{\text{蛋白质}}{H_2N-\overset{H}{\underset{R}{C}}-\overset{O}{\overset{\|}{C}}-\underset{H}{N}-\overset{R'}{\underset{H}{C}}-COOH} + H_2O \xrightarrow{\text{水解酶}} \underset{\text{氨基酸}}{R-\underset{NH_2}{CHCOOH}} + \underset{\text{氨基酸}}{R'-\underset{NH_2}{CHCOOH}}$$

② 氨基酸转化成脂肪酸　各种氨基酸在细胞内经酶的作用，通过不同的途径转化成相应的脂肪酸，随后脂肪酸经前面所讲述的过程转化成二氧化碳和水：

$$R-\overset{NH_2}{\overset{|}{CH}}-COOH + H_2O \longrightarrow R-\overset{OH}{\overset{|}{CH}}-COOH + NH_3$$

$$R-\overset{NH_2}{\overset{|}{CH}}-COOH + O_2 \longrightarrow R-\overset{OH}{\overset{|}{CH}}-COOH + NH_3 + CO_2$$

$$R-\underset{NH_2}{\underset{|}{CH}}-COOH+2[H] \longrightarrow R-\overset{OH}{\overset{|}{CH}}-COOH+NH_3$$

$$RCH_2-\underset{NH_2}{\underset{|}{CH}}-COOH \longrightarrow RCH=CH-COOH+NH_3$$

总而言之，蛋白质通过微生物的作用，在有氧的条件下可彻底降解成为二氧化碳、水和氨，而在无氧氧化条件下通常是酸性发酵，生成简单有机酸、醇和二氧化碳等，降解不彻底。

在无氧氧化条件下，糖类、脂肪和蛋白质都可借助产酸菌的作用降解成简单的有机酸、醇等化合物。如果条件允许，这些有机化合物在产氢菌和产乙酸菌的作用下，可被转化成乙酸、甲酸、氢气和二氧化碳，进而经产甲烷菌的作用产生甲烷。复杂的有机物质这一降解过程，称为甲烷发酵或沼气发酵。在甲烷发酵中一般以糖类的降解率和降解速率最高，其次是脂肪，最低的是蛋白质。

2. 有毒有机物的生物转化与微生物降解

(1) 石油的微生物降解　石油的微生物降解在消除烃环境污染方面，尤其是从水体和土壤中消除石油污染物方面具有重要的作用。

石油的微生物降解较难，且速率较慢，但比化学氧化作用快 10 倍左右。其基本规律——直链烃易于降解，支链烃稍难一些，芳烃更难，环烷烃的生物降解最困难。微生物降解石油污染物的化学过程以甲烷为例，反应如下：

$$CH_4 \xrightarrow{\text{细胞色素酶}} CH_3OH \xrightarrow{\text{脱氢酶}} HCHO \xrightarrow{\text{脱氢酶}} CO_2+H_2O$$

碳原子数大于 1 的正烷烃，其最常见降解途径是：通过烷烃的末端氧化，或次末端氧化，或双端氧化，逐步生成醇、醛及脂肪酸，而后再经相应的酶促反应，最终降解成二氧化碳和水。

烯烃的微生物降解途径主要是烯的饱和末端氧化，再经与正烷烃相同的途径成为不饱和脂肪酸。或者是不饱和末端双键氧化成为环氧化合物，然后形成饱和脂肪酸，经相应的酶促反应，最终降解成二氧化碳和水。

芳烃的微生物降解，以苯为例反应如下：

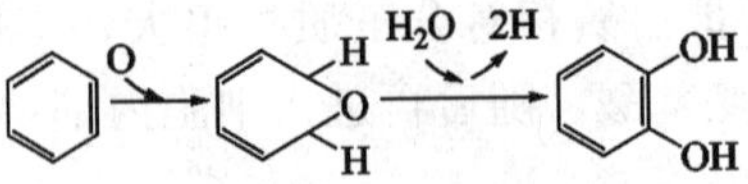

$$\text{苯} \xrightarrow{O} \text{(环氧化物, H, O, H)} \xrightarrow{H_2O\ \ 2H} \text{(邻苯二酚, OH, OH)}$$

形成的邻苯二酚在氧化酶的作用下，转化为琥珀酸或丙酮酸，最后转化成二氧化碳和水。

(2) 农药的生物降解　进入环境中的农药，首先对环境中的微生物有抑制作用，与此同时，环境中微生物也会利用这些有机农药为能源进行降解作用，使各种有机农药彻底分解为二氧化碳而最后消失。农药的生物降解对环境质量的改善十分重要。用于控制植物的除草剂和用于控制昆虫的杀虫剂，通常对微生物没有任何有害影响。然而有效的杀菌剂则必然具有对微生物的毒害作用。环境中微生物的种类繁多，各种农药在不同的条件下，分解形式多种多样，主要有氧化、还原、水解、脱卤及脱烃等作用。现就这些反应逐一加以举例说明。

① 氧化作用　氧化是通过氧化酶的作用进行的，例如微生物催化转化艾氏剂为狄氏剂就是生成环氧化物的一个例子。

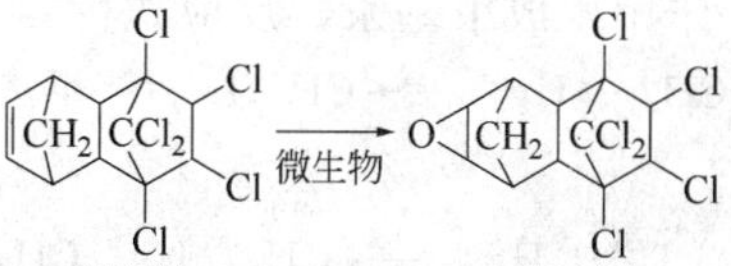

$$\text{艾氏剂} \xrightarrow{\text{微生物}} \text{狄氏剂}$$

② 还原作用　有些农药在嫌气（厌氧）条件下可以发生还原作用，如氟乐灵分子中的硝基被还原成氨基：

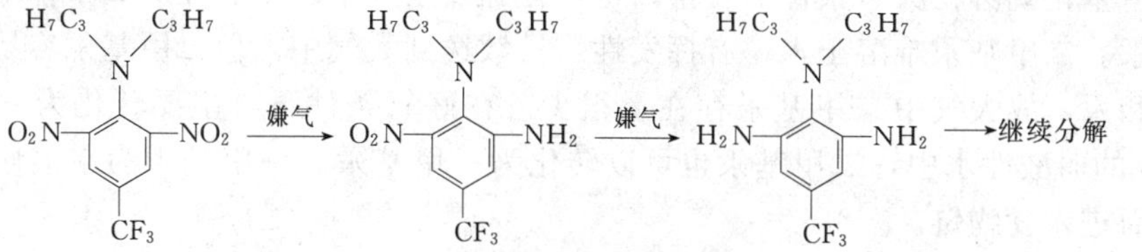

$$\text{氟乐灵}(O_2N, NO_2, CF_3, N(C_3H_7)_2) \xrightarrow{\text{嫌气}} (O_2N, NH_2, CF_3, N(C_3H_7)_2) \xrightarrow{\text{嫌气}} (H_2N, NH_2, CF_3, N(C_3H_7)_2) \longrightarrow \text{继续分解}$$

③ 水解作用　这是农药进行生物降解的第三种重要的步骤，酯和酰胺常发生水解反应：

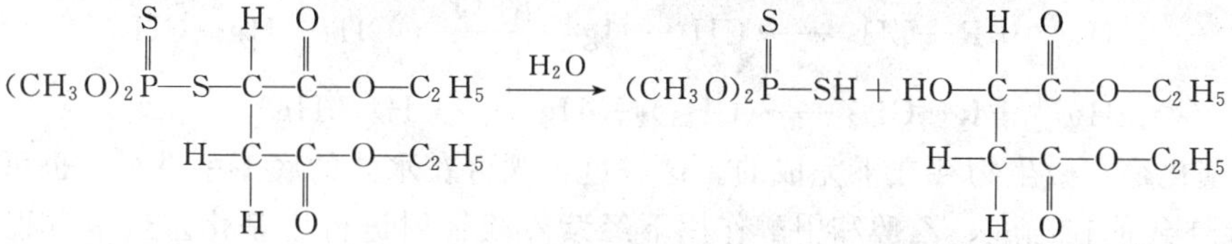

$$(CH_3O)_2P(=S)-S-CH(COOC_2H_5)-CH_2-COOC_2H_5 \xrightarrow{H_2O} (CH_3O)_2P(=S)-SH + HO-CH(COOC_2H_5)-CH_2-COOC_2H_5$$

④ 脱卤作用　主要是一些细菌参与的—OH 置换卤素原子的反应：

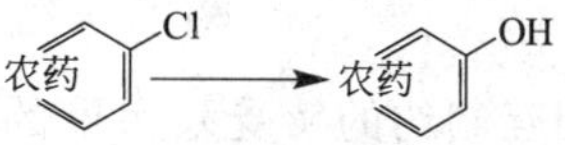

$$\text{农药}-C_6H_4-Cl \longrightarrow \text{农药}-C_6H_4-OH$$

⑤ 脱烃作用　脱烃反应可以去除与氧、硫或氮原子连着的烷基：

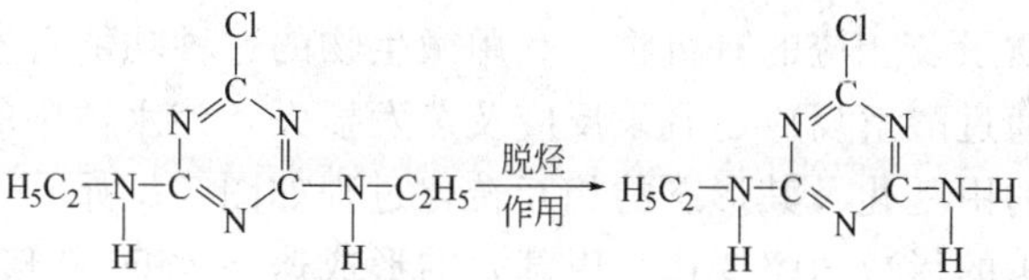

$$H_5C_2-NH-C_3N_3Cl-NH-C_2H_5 \xrightarrow[\text{作用}]{\text{脱烃}} H_5C_2-NH-C_3N_3Cl-NH-H$$

⑥ 环的断裂　首先是在单加氧酶催化作用下加上一个 —OH，再由二加氧酶的催化作用使环打开，其开环过程实质上是苯环及衍生物的开环过程。它是芳香烃农药最后降解的决定性步骤。

四、微生物对重金属元素的转化作用

环境中金属离子长期存在的结果，使自然界中形成了一些特殊微生物，它们对有毒金属离子具有抗性，可以使金属元素发生转化作用。汞、铅、锡、硒、砷等金属或类金属离子都能够在微生物的作用下发生转化，以汞为例说明微生物对重金属的转化作用。

汞在环境中的存在形态有金属汞、无机汞和有机汞化合物三种，各形态的汞一般具有毒性。但毒性大小不同，其毒性大小的顺序可以按无机汞、金属汞和有机汞的顺序递增。其中烷基汞是已知的毒性最大的汞化合物，其中甲基汞的毒性最大。甲基汞脂溶性大，化学性质稳定，容易被生物吸收，难以代谢消除，能在食物链中逐级传递放大，最后由鱼类等进入人体。汞的微生物转化的主要方式是生物甲基化和还原作用。

1. 汞的甲基化

汞的甲基化产物有一甲基汞和二甲基汞。甲基钴胺素（CH_3CoB_{12}）是金属甲基化过程中甲基基团的重要生物来源。当含汞污水排入水体后，无机汞被颗粒物吸着沉入水底，通过微生物体内的甲基钴胺素转移酶进行汞的甲基化转变。在微生物的作用下，甲基钴胺素中的

甲基能以 CH_3^- 的形式与 Hg^{2+} 作用生成甲基汞，反应式为：

$$CH_3CoB_{12} \nearrow CH_3^- + Hg^{2+} \longrightarrow CH_3Hg^+ \text{（一甲基汞）}$$

$$CH_3CoB_{12} \searrow 2CH_3^- + Hg^{2+} \longrightarrow CH_3—Hg—CH_3 \text{（二甲基汞）}$$

以上反应无论在好氧条件下还是在厌氧条件下，只要有甲基钴胺素存在，在微生物作用下反应就能实现。

汞的甲基化既可在厌氧条件下发生，也可在好氧条件下发生。在厌氧条件下，主要转化为二甲基汞。二甲基汞难溶于水，有挥发性，易散逸到大气中，但二甲基汞容易被光解为甲烷、乙烷和汞，故大气中二甲基汞存在量很少。在好氧条件下，主要转化为一甲基汞，在pH＝4～5 的弱酸性水中，二甲基汞也可以转化为一甲基汞。一甲基汞为水溶性物质，易被生物吸收而进入食物链。

例如，淡水底泥中厌氧转化有两种可能的反应式：

$$Hg^{2+} + R—CH_3 \longrightarrow CH_3—Hg^+ \xrightarrow{R—CH_3} CH_3—Hg—CH_3$$

$$Hg^{2+} + R—CH_3 \longrightarrow (CH_3)_2—Hg \xrightarrow{H^+} CH_3—Hg^+$$

汞甲基化是在微生物存在下完成的。这一过程既可在水体的底泥中进行，也可在鱼体内进行。Hg^{2+} 还能在乙醛、乙醇和甲醇作用下经紫外线辐射进行甲基化。这一过程比微生物的甲基化要快得多。但 Cl^- 对光化学过程有抑制作用，故可推知，在海水中上述过程进行缓慢。

自然界的生物是相互作用、相互制约的。受汞污染的底泥中还存在另一种抗汞微生物，它们具有反甲基化作用，能去除甲基汞的毒性。这些微生物能把 $HgCl_2$ 还原成单质汞，也可使有机汞转化成单质汞及相应的有机物。利用微生物的这种功能可发展生物治汞技术。此外，二甲基汞还可以通过酸解反应、脱汞反应及蒸发损失，使水体中的有机汞降解成为无机汞，减少其毒性，汞的甲基化及其形态的相互转化过程如图 5-8 所示。

据研究，一甲基汞的形成速率要比二甲基汞的形成速率大 6000 倍。但是在有 H_2S 存在的条件下，则容易转化为二甲基汞，其反应为：

$$2CH_3HgCl + H_2S \longrightarrow (CH_3Hg)_2S + 2HCl$$

$$(CH_3Hg)_2S \longrightarrow (CH_3)_2Hg + HgS$$

这一过程可使不饱和的甲基完全甲基化。例如，能使 $(CH_3)_3Pb^+$ 转化为 $(CH_3)_4Pb$。

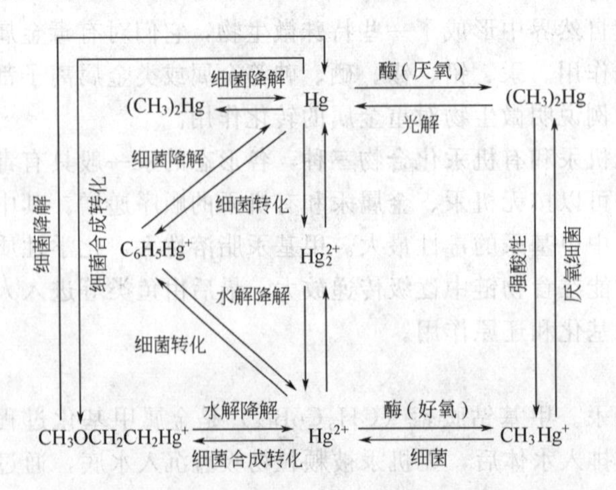

图 5-8 汞的甲基化及其形态的相互转化过程

一甲基汞可因氯化物浓度和 pH 不同而形成氯化甲基汞或氢氧化甲基汞。

$$CH_3Hg^+ + Cl^- \longrightarrow CH_3HgCl$$

$$CH_3HgCl + H_2O \longrightarrow CH_3HgOH + HCl$$

在中性和酸性条件下（pH<7），氯化甲基汞是主要形态。影响无机汞甲基化的因素有很多，主要有以下几方面。

① 无机汞的形态　研究表明，只有 Hg^{2+} 对甲基化是有效的，Hg^{2+} 浓度越高，对甲基化越有利。排入水体的其他各种形态的汞都要转化为 Hg^{2+} 才能甲

基化。单质汞和硫化汞的甲基化过程可表示如下。

$$Hg \xrightarrow{\text{I}} Hg^{2+} \xrightarrow{\text{II}} CH_3Hg^+$$

$$HgS \xrightarrow{\text{I}} Hg^{2+} \xrightarrow{\text{II}} CH_3Hg^+$$

实验结果表明：对单质汞来说，过程Ⅱ是甲基化速率的控制步骤。对硫化汞则由于过程Ⅰ的速率极慢，控制着硫化汞的甲基化速率。据测定单质汞和硫化汞甲基化的速率比为 $1:10^{-3}$。

② 微生物的数量和种类　参与发生甲基化过程的微生物越多，甲基汞合成的速率就越快，所以水环境中的甲基化往往在有机沉积物的最上层和悬浮的有机质部分。但是，有些微生物能把甲基汞分解成甲烷和单质汞等（反甲基化作用）。反甲基化微生物的数量则影响和控制着甲基汞的分解速率。

③ 温度、营养物及 pH　由于甲基化速率与反甲基化速率都与微生物的活动有关，所以在一定的 pH 条件下（一般为 pH 4.5～6.5），适当地提高温度，增加营养物质，必然促进和增加微生物的活动，因而有利于甲基化或反甲基化作用的进行。

④ 其他物质　如当水体中存在大量 Cl^- 或 H_2S 时，由于 Cl^- 对汞离子有强烈的配合作用，H_2S 与汞离子形成溶解度极小的硫化汞，降低了汞离子浓度而使甲基化速率减慢。

甲基汞与二甲基汞可以相互转化，主要决定于环境的 pH。据研究，不论是在实验室还是在自然界的沉积物中，合成甲基汞的最佳 pH 都是 4.5。在较高的 pH 下易生成二甲基汞，在较低的 pH 下二甲基汞可转变为甲基汞。

汞不仅可以在微生物的作用下进行甲基化，而且也能在乙醛、乙醇和甲醇的作用下进行甲基化。

2. 还原作用

在水体的底泥中还可能存在一类抗汞微生物，能使甲基汞或无机汞变成金属汞。这是微生物以还原作用转化汞的途径，如：

$$CH_3Hg^+ + 2[H] \longrightarrow Hg + CH_4 + H^+$$

$$HgCl_2 + 2[H] \longrightarrow Hg + 2HCl$$

汞的还原作用反应方向恰好与汞的生物甲基化方向相反，故又称为生物去甲基化。常见的抗汞微生物是假单胞菌属。

第五节　环境污染物质的毒性

一、毒物和毒性

毒物是指进入生物机体后能使其体液和组织发生生物化学反应的变化，干扰或破坏生物机体的正常生理功能，并引起暂时性或持久性的病理损害，甚至危及生命的物质。这一定义受到很多的限制性因素的影响，如进入机体的物质数量、生物种类、生物暴露于毒物的方式等。例如，钙是人及生物所必需的一种营养元素，但是它在人体血清中的最适宜营养浓度范围是 90～95mg/L，如果超出这一范围，便会引起生理病理的反应，当血清中钙的含量过高时，发生钙过多症，主要症状是肾功能失常；而钙在血清中的含量过低时，又会发生钙缺乏症，引起肌肉痉挛、局部麻痹等。其他一些物质或元素也存在同钙一样的情况。不同的毒物或同一种毒物在不同的条件下的毒性是有差别的。

毒性是指一种物质对生物体易感部位产生有害作用的性质和能力。毒性越强的化学物质，导致机体损伤所需的剂量就越小。多数化学物质对机体的毒性作用是具有一定的选择性的。一种化学物质可能只对某一种生物产生毒害，对其他种类的生物不具有损害作用；或者一种化学物质可能只对生物体内某一组织器官产生毒性，对其他组织器官无毒性作用。这种毒性称为选择毒性，受到损害的生物或组织器官称为靶生物或靶器官。人体的每一部位对于毒物的损害都是敏感的。例如，呼吸系统可因有毒气体（如氯气或二氧化氮等）的吸入而受到损害；有机磷酸酯杀虫剂和“神经毒气”能干扰中枢神经系统功能，急性中毒可以致死；肝脏和肾脏特别容易受有毒物质的损害，敏感的生殖系统受有毒物质损害后，会造成生殖能力丧失或新生儿畸形等后果。

毒物和非毒物没有绝对的界限。某种化学物质在某一特定条件下可能是有毒的，而在另一条件下却可能是无毒的。影响毒物毒性的因素比较复杂，主要有毒物的化学结构及理化性质、毒物所处的基体因素、机体暴露于毒物的状况、生物因素、生物所处的环境等。其中最重要的是毒物的剂量（深度）。

二、剂量

剂量是一种数量，从理论上说，应该指毒物在生物体的作用点上的总量。但实际上，这个“总量”是难以定量求得的。因此，往往采用生物体单位体重暴露的毒物的量表示。剂量的单位通常是以单位体重接触的化学物质的数量（以体重计，mg/kg）或机体生存环境的浓度（以空气计，mg/mol，以水计，mg/L）来表示。

同一种化学物质的剂量不同，对机体造成的损害作用的性质和程度也不同，因此，剂量的概念必须与损害作用的性质和程度相联系。毒理学中常用的剂量包括如下的概念。

（1）致死剂量　致死剂量（lethal dose，LD）是指以机体死亡为观察指标的化学物质的剂量。按照可引发的受试生物群体中死亡率的不同，致死剂量又分为不同的概念。绝对致死量（absolute lethal dose，LD_{100}）是指能引起观察个体全部死亡的最低剂量，或在实验中可引起实验动物全部死亡的最低剂量。半数致死量（half lethal dose，LD_{50}）是指能引起观察个体的50%死亡的最低剂量，LD_{50}数值越小，表示化学物质的毒性越强，LD_{50}数值越大，表示化学物质的毒性越弱。

与LD_{50}相似的概念还有半数致死浓度（half lethal concentration，LC_{50}），即能引起观察个体的50%死亡的最低浓度，一般以mg/kg或mg/L为单位来表示空气中或水中化学物质的浓度。在实际工作中，LC_{50}是指受试群体接触化学物质一定时间（2～4h）后，并在一定观察期限内（一般为14天）死亡50%个体所需的浓度。

最小致死量（minimum lethal dose，MLD）是指引起受试群体中个别个体死亡的化学物质最低剂量。

最大耐受量（maximal tolerance dose，MTD或LD_0）是指受试群体中不出现个体死亡的最高剂量，接触此剂量的个体可出现严重的中毒反应，但不发生死亡。

（2）半数效应剂量　半数效应剂量（median effective dose，ED_{50}）是指化学物质引起机体某项生物效应（常指非死亡效应）发生50%改变所需的剂量。

（3）最小有作用剂量　最小有作用剂量（minimal effectlevel，MEL）是指化学物质按一定方式或途径与机体接触时，在一定时间内，能使机体发生某种异常生理、生化或潜在病理学改变的最小剂量。

（4）最大无作用剂量　最大无作用剂量（maximal no-effect level，MNEL）是指化学物质在一定时间内按一定方式或途径与机体接触后，未能观察到对机体有任何损害作用的最高剂量。

(5) 安全浓度　安全浓度（safe concentration，SC）是指通过整个生活周期甚至持续数个世代的慢性实验，对受试生物确无影响的化学物质浓度。

三、剂量-效应（响应）关系

效应（effect）是指一定剂量化学物质与机体接触后所引起的生物学变化，如蛋白质浓度、体重、免疫功能、酶活性的变化等。此类变化大多数可以用计量单位表示。

依据生物体的功能层次，可以将化学物质对生物机体的直接毒性效应大致区分为致死效应、生长效应、生殖效应、形态结构效应、行为效应和致突变效应。当然，化学物质对机体的毒性效应往往是综合的。同一种化学物质在作用于机体时，可以产生多种毒性效应。不同类型的毒性效应可能同时发生，也可能相继发生。

响应（response）是指一定剂量化学物质与机体接触后，呈现某种效应并达到一定程度的比率，或产生效应的个体数在某一群体中所占的比例。一般以百分率或比值表示，如死亡率、发病率、反应率、肿瘤发生率等。

毒物对生物的毒性效应差异很大，这些差异包括能观察到的毒性发作的最低水平，有机体对毒物小增量的敏感度，对大多数生物体发生最终效应（特别是死亡）的水平等。生物体内的一些重要物质，如营养性的矿物质过高或过低都可能有害。以上提到的因素可以用剂量-效应关系来描述，该关系是毒物学最重要的概念之一。图 5-9 给出了一般化的剂量-效应曲线图。

用相同的方式把某一毒物给同一群实验动物投入不同剂量，用累计死亡的百分数对剂量的常用对数作图，就能得到剂量-效应曲线。效应是暴露某种毒物对有机体的反应。为了定义剂量-效应关系式，需要指定一种特别的效应，如生物体的死亡，还要指定效应被观察的条件，如承受剂量的时间长度。上图中的S形曲线的中间点对应的剂量是杀死 50% 的目标生物体的统计估计剂量。定义为 LD_{50}，称为半数致死剂量。试验生物体死亡 5%和 95%的估计剂量，通过在曲线上分别读 5%（LD_5）和 95%（LD_{95}）死亡的剂量水平得到。S形曲线较陡说明 LD_{50} 和 LD_{95} 的差别较小。

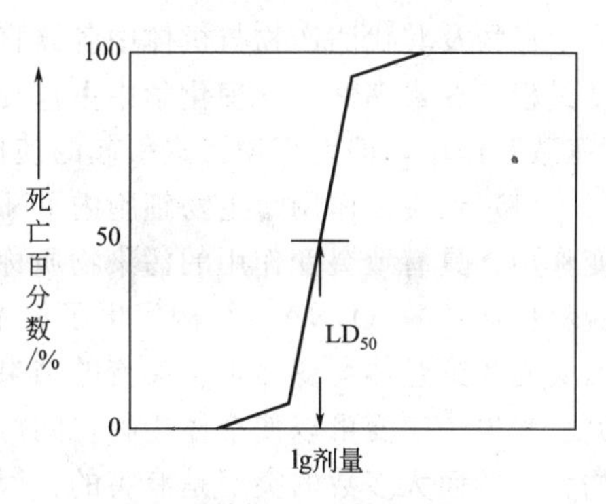

图 5-9　剂量-效应曲线
其中效应为死亡，纵坐标为生物累计死亡的百分数

根据一个平均大小的人致命剂量，尝试剧毒物质是致命的。而对于毒性很大的物质，一点毒物的量也许有相同的作用。然而，毒性小的物质也许需要很多才能达到相同的效果。当两种物质存在实质性的 LD_{50} 差异，就说具有较低 LD_{50} 的物质毒性更大。这样的比较必须假定进行比较的两种物质的剂量-效应曲线具有相似的斜率。到现在为止，毒性被描述为极端作用，即有机体的死亡。但是，大多数情况下，较低的毒害作用表现得更为明显。一种种毒物的剂量-效应能被建立，通过逐渐加大剂量，从无作用到有作用、有害，甚至致死量的水平。若该曲线的斜率低则表明该毒物具有较宽的有效剂量范围。

四、毒物的联合作用

在实际环境中往往同时存在着多种污染物质，该污染物对有机体同时产生的毒性，可能不同于其中任何一种毒物单独对生物体的毒害作用。两种或两种以上的毒物同时作用于机体所产生的综合毒性称为毒物的联合作用。毒物的联合作用主要包括协同作用、相加作用和拮抗作用。下面以死亡率作为毒性指标分别进行讨论，假设两种毒物单独作用的死亡率分别为 M_1 和 M_2，联合作用的死亡率为 M。

(1) 协同作用　毒物联合作用的毒性，大于其中各个毒物成分单独作用毒性的总和。在协同作用中，其中某一种毒物成分的存在能使机体对其他毒物成分的吸收加强、降解受阻、排泄延迟、蓄积增加或产生高毒代谢物等，使混合物的毒性增加。如四氯化碳和乙醇、臭氧和硫酸气溶胶等二者混合后，其混合物的毒性增加。协同作用的死亡率为 $M>M_1+M_2$。

(2) 相加作用　毒物联合作用的毒性，等于其中各毒物成分单独作用毒性的总和。任何相加作用中各毒物成分均可以按比例取代另一种毒物成分，而混合物毒性均无改变。当各毒物的化学结构相近、性质相似、对机体作用的部位及机理相同时，它们的联合作用结果往往呈现毒性相加作用。如丙烯腈和乙腈、稻瘟净和乐果等。相加作用的死亡率为 $M=M_1+M_2$。

(3) 拮抗作用　毒物联合作用的毒性低于其中各毒物成分单独作用毒性的总和。在拮抗作用中，其中某一种毒物成分的存在能使机体对其他毒物成分的降解加速、排泄加速、吸收减少或产生低毒代谢物等，使混合物毒性降低。如二氯乙烷和乙醇，亚硝酸和氰化物，硒和汞，硒和镉等。拮抗作用的死亡率为 $M<M_1+M_2$。

五、毒物的“三致”作用

毒物及其代谢产物与机体中各器官的受体之间的生物化学反应及其机制，是毒作用的启动过程，在毒理学和毒理化学中占重要的地位。毒作用的生化反应及机制内容很多，下面对“三致”作用，即因环境因素引起的使机体致突变、致畸和致癌作用加以简单介绍。

(1) 致突变作用　生物细胞内 DNA 发生改变从而引起的遗传特性突变的作用称为致突变作用。具有致突变作用的污染物质称为致突变物。致突变作用使父本或母本配子细胞中的脱氧核糖核酸（DNA）结构发生了根本变化，这种突变可遗传给后代。致突变作用分为基因突变和染色体突变两种。突变的结果不是产生了与意图不符的酶，就是导致酶的基本功能完全丧失。突变可以使个体生物之间产生差异，有利于自然选择和最终形成最适宜生存的新物种。然而大多数的突变是有害的，因此可以引起突变的致突变物受到了特殊的关注。

为了了解突变，可先来了解一些关于脱氧核糖核酸（DNA）的知识。DNA 是存在于细胞核中的基本遗传物质，DNA 分子是由单糖、胺类和磷酸组成的。单糖即脱氧核糖，其结构式如图 5-10 所示，DNA 包含的四种胺均呈环状，分别为腺嘌呤（用“A”表示）、鸟嘌呤（用“G”表示）、胞嘧啶（用“C”表示）和胸腺嘧啶（用“T”表示），其结构式如图 5-11 所示。

如果 DNA 中脱氧核糖被核糖所代替，胸腺嘧啶被尿嘧啶代替，可得到一种与 DNA 密切相关的物质即核糖核酸（RNA），其功能是协同 DNA 合成蛋白质。

基因突变是 DNA 碱基对的排列顺序发生改变，包括碱基对的转换、颠换、插入和缺失

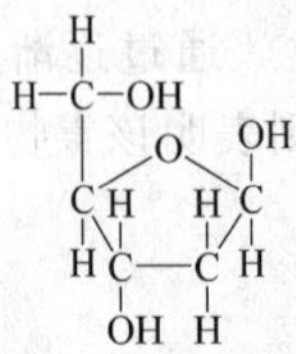

图 5-10　脱氧核糖结构

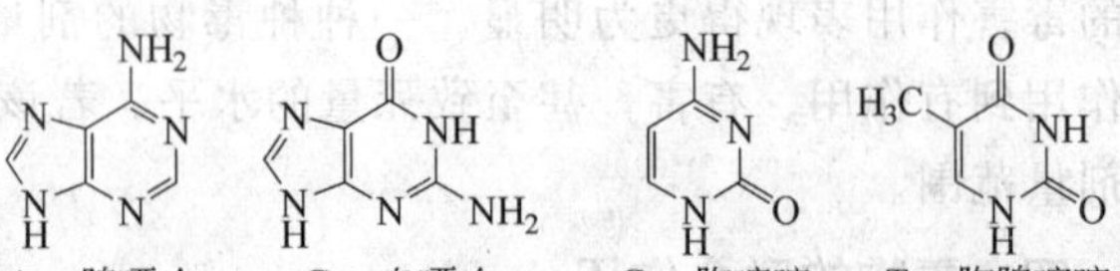

A—腺嘌呤　G—鸟嘌呤　C—胞嘧啶　T—胸腺嘧啶

图 5-11　DNA 所含四种胺结构

四种类型，如图 5-12 所示。

转换是指同种类型的碱基对之间的置换，即一种嘌呤碱被另一种嘌呤碱取代，一种嘧啶碱被另一种嘧啶碱取代。如亚硝酸可以使带氨基的碱基 A、G 和 C 脱氨而变成带酮基的碱基：

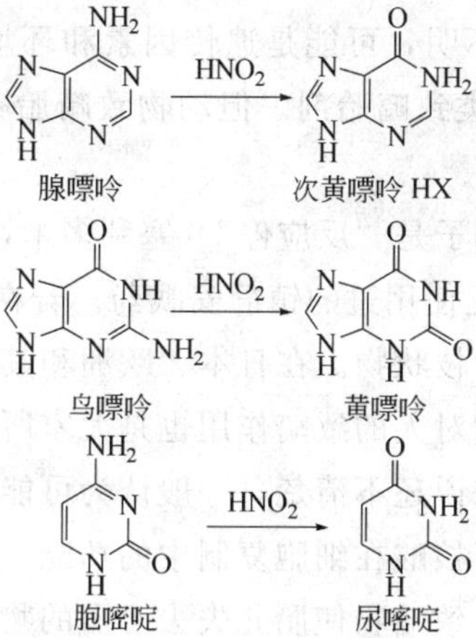

$$\text{腺嘌呤} \xrightarrow{HNO_2} \text{次黄嘌呤 HX}$$

$$\text{鸟嘌呤} \xrightarrow{HNO_2} \text{黄嘌呤}$$

$$\text{胞嘧啶} \xrightarrow{HNO_2} \text{尿嘧啶}$$

于是可以引起一种如图 5-13 所示的碱基对转换。其中，HX 为次黄嘌呤，A、G、T、C 同图 5-12。

颠换是异型碱基之间的置换，就是嘌呤碱基为嘧啶碱基取代，或反之。即图 5-12 中，野生型基因的顺数第四对碱基对由 A…T 转换为 T…A 碱基对。颠换和转换统称为碱基置换。

插入和缺失分别是 DNA 碱基对顺序中增加或减少一对碱基或几对碱基（见图 5-12 中插入和缺失的示意）。插入和缺失作用使遗传代码格式发生改变，并使自该突变点之后的一系列遗传密码都发生错误。插入和缺失突变统称为移码突变。

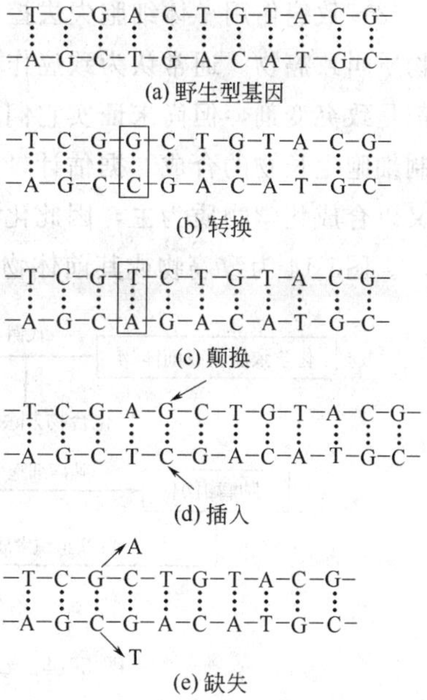

细胞内染色体是一种复杂的核蛋白结构，主要成分是 DNA。在染色体上排列着很多的基因。如果染色体的结构和数目发生改变，则称之为染色体畸变。

染色体畸变属于细胞水平的变化，这种改变可以用普通的光学显微镜直接观察。基因突变属分子水平的变化，不能用上述方法直接观察，要用其他方法来鉴定。一个常用的鉴定基因突变的实验，是鼠伤寒沙门杆菌-哺乳动物肝微粒体酶试验（艾姆斯试验）。

-T-C-G-A-C-T-G-T-A-C-G-
-A-G-C-T-G-A-C-A-T-G-C-

(a) 野生型基因

-T-C-G-G-C-T-G-T-A-C-G-
-A-G-C-C-G-A-C-A-T-G-C-

(b) 转换

-T-C-G-T-C-T-G-T-A-C-G-
-A-G-C-A-G-A-C-A-T-G-C-

(c) 颠换

-T-C-G-A-G-C-T-G-T-A-C-G-
-A-G-C-T-C-G-A-C-A-T-G-C-

(d) 插入

A
-T-C-G-C-T-G-T-A-C-G-
-A-G-C-G-A-C-A-T-G-C-
T

(e) 缺失

图 5-12　基因突变的类型

A—腺嘌呤；G—鸟嘌呤；
C—胞嘧啶；T—胸腺嘧啶

常见的具有致突变作用的有毒物质包括亚硝胺类、苯并［*a*］芘、甲醛、苯、砷、铅、烷基汞化物、甲基硫磷、敌敌畏、百草枯和黄曲霉素 B_1 等。

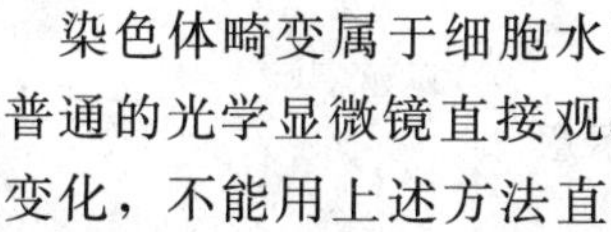

$$\begin{matrix}A\\ \vdots \\ T\end{matrix} \xrightarrow{HNO_2} \begin{matrix}HX\\ \vdots \\ T\end{matrix} \longrightarrow \begin{matrix}HX\\ \vdots \\ C\end{matrix} \longrightarrow \boxed{\begin{matrix}G\\ \vdots \\ C\end{matrix}}$$

图 5-13　碱基对转换示意

最典型的致突变物质是十几年前就进行过大量研究的一种诱变剂“三联体”，它是一种阻燃化学品，过去用于治疗小儿失眠。这个化合物的名称是三磷酸酯。它除能致突变外，还能引起癌变和实验动物不育症。

（2）致畸作用 人或动物胚胎发育过程中由于各种原因所形成的形态结构异常，称为先天性畸形或畸胎。遗传因素、物理因素、化学因素、生物因素、母体营养缺乏或内分泌障碍等引起的先天性畸形作用，称为致畸作用。具有致畸作用的有毒物质称为致畸物。虽然新生儿中有些具有先天性缺陷，但其中只有5%～10%是由致畸胎因素引起，25%左右是由遗传造成的，其他60%～65%原因不明，可能是遗传因素和环境因素相互作用的结果。目前已经确认，有25种化学物质是人类致畸胎剂。但动物致畸胎剂却有800多种，显然其中有许多可能是人类的致畸胎剂。

最典型的人类致畸胎剂的例子是“反应停”（塞利多米，α-苯太戊二酰亚胺）。反应停是1960～1961年在欧洲和日本广泛使用过的镇静安眠药。若在怀孕后35～50天之间服用反应停，会使未完全发育的胎儿长出枝状物。在日本、欧洲和其他地方因反应停引起的婴儿先天畸形约有一万例。另外，甲基汞对人的致畸作用也是大家所熟知的。

致畸作用的生化机制总的来说还不清楚，一般认为可能有以下几种：致畸物干扰生殖细胞遗传物质的合成，从而改变了核酸在细胞复制中的功能；致畸物引起粒染色体数目缺少或过多；致畸物抑制了酶的活性；致畸物使胎儿失去必需的物质，从而干扰了向胎儿的能量供给或改变了胎盘细胞壁膜的通透性。

（3）致癌作用 体细胞失去控制的生长现象称为癌症。在动物和人体中能引起癌症的化学物质叫致癌物。通常认为致癌作用与致突变作用之间有密切的关系。实际上，所有的致癌物都是致突变剂，但尚未证实它们之间能够互变。因此，致癌物作用于DNA，并可能组织控制细胞生长物的合成。据估计，人类癌症80%～90%与化学致癌物有关，在化学致癌物中又以合成化学物质为主，因此化学品与人类癌症的关系密切，受到多门学科和公众的极大关注。图5-14为致癌物或其前体物导致癌症的过程示意。

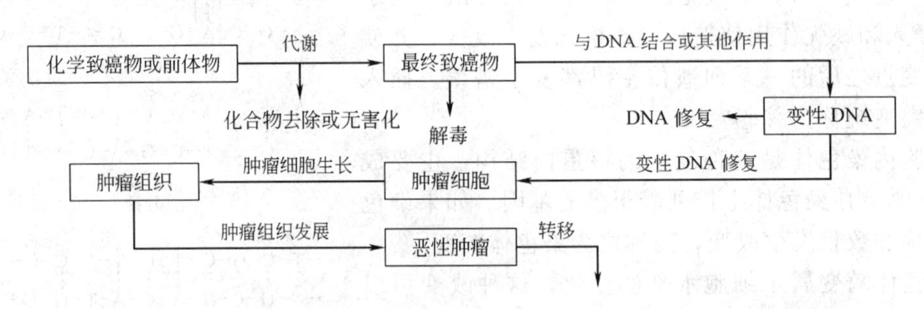

图5-14 致癌物或其前体物导致癌症的过程示意

致癌物的分类方法很多，根据性质划分可以分为化学(性)致癌物、物理(性)致癌物（如X射线、放射性核素氡）和生物(性)致癌物（如某些致癌病毒）。按照对人和动物致癌作用的不同，可以分为确证致癌物、可疑致癌物和潜在致癌物。

确证致癌物是经人群流行病调查和动物试验均已证实确有致癌作用的化学物质。

可疑致癌物是以确定对实验动物有致癌作用，而对人致癌性证据尚不充分的化学物质。

潜在致癌物是对实验动物致癌，但无任何资料表明对人有致癌作用的化学物质。目前确定为动物致癌的化学物质达到3000多种，确认为对人类有致癌作用的化学物质有20多种，如苯并［a］芘、二甲基亚硝胺等（见表5-1和表5-2）。

表 5-1　已确定的或高度可疑的人类致癌物

致癌物	致癌物	致癌物
2-乙酰氨基芴	7*H*-二苯并[*c*,*g*]茋	*N*-亚硝基-*N*-二乙基脲
丙烯腈	二苯并[*a*,*h*]芘	*N*-亚硝基-*N*-二甲基脲
黄曲霉毒素	二苯并[*a*,*j*]芘	*N*-亚硝基甲基乙烯胺
4-氨基联苯	1,2-二溴乙烷	*N*-亚硝基吗啉
氨三唑(杀草强)	1,2-二氯乙烷	*N*-亚硝基降烟碱
杀螨特	二氯联苯胺	*N*-亚硝基哌啶
砷及砷化合物	1,2-二溴-3-氯丙烷	*N*-亚硝基吡咯烷
石棉	乙烯雌酚	*N*-亚硝基肌氨酸
金胺及金胺制造	4-二甲胺偶氮苯	康复龙
苯并[*a*]蒽	*N*,*N*-二甲基氨基酰基氯	非那西汀
苯	二甲砜	苯基偶氮吡啶二胺盐酸盐
联苯胺	1,4-二氧杂环己烷	苯妥毒素
苯并[*a*]芘	甲醛	多氯联苯
苯并[*a*]荧蒽及苯并[*j*]荧蒽	赤铁矿(地下的赤铁矿藏)	原卡巴嗪盐酸盐
铍和铍的某些化合物	茚并[1,2,3-*cd*]芘	*β*-丙内酯
N,*N*-双(2-氯乙基)-2-萘胺	葡聚糖铁	利血平
双(氯甲基)醚和工业级氯甲基甲醚	异丙醇生产(强酸过程)	糖精
镉及某些镉化合物	开蓬(kepone)	黄樟脑
四氯化碳	醋酸铅和磷酸铅	煤烟、焦油和煤油
对苯丁酸氮芥	六氯化苯(林丹)等及异构体	链脲佐菌素
氯仿	苯丙氨酸氮芥	2,3,7,8-四氯-9,10 二氧杂蒽
铬及铬的某些化合物	灭蚁灵	二氧化钍
煤焦排放物	芥子气	邻甲苯胺盐酸盐
对甲酚啶	*α*-萘胺	毒杀芬
苏铁碱	镍及某些镍化合物、煤镍作业	三(1-吖丙啶基)硫化磷
环磷酰胺	*N*-亚硝基二乙胺	三(2,3-二溴丙基)磷酸酯
2,4-二氨基甲苯	*N*-亚硝基二乙醇胺	氯乙烯
二苯并[*a*,*h*]吖啶	*N*-亚硝基二丁胺	二苯肼
二苯并[*a*,*j*]吖啶	*N*-亚硝基二甲胺	
二苯并[*a*,*h*]蒽	*N*-亚硝基二丙胺	

表 5-2　具有流行病学证据的人类致癌物

名　称	用　途	危　害
4-氨基联苯	以前用作橡胶抗氧化剂	与之接触的工人的膀胱癌发生率高
石棉	在 5000 余种制品中使用,如用于绝缘	接触者易患肺癌、喉癌、胸膜和腹膜间皮瘤
联苯胺	制造染料、橡胶、塑料、印刷油墨,已禁止广泛使用	引起膀胱癌
N,*N*-双(2-氯乙基)-2-萘胺	以前用于治疗白血病和有关癌症	引起膀胱癌
双(氯甲基)醚	塑料和离子交换树脂制造的化学中间体	引起肺癌

续表

名称	用途	危害
对苯丁酸氮芥	用于某些癌症的化疗剂	引起白血病
煤焦排放物	用于煤焦的副产物	引起肺癌及泌尿道癌
己烯雌酚	用作牛和羊的生长促进剂，以前曾作为抗流产药物使用	引起女性子宫及阴道癌
2-萘胺	以前用作抗氧化剂及制造染料和彩色胶片，现仅用于科学研究	引起膀胱癌
三氯化钍	核反应堆，汽车白炽灯丝罩，曾作为 X 射线成像的射线不透性介质使用（现已不再使用）	引起血管内皮细胞癌症（一种肝癌）
氯乙烯	制造聚氯乙烯	引起血管肉瘤（一种罕见肝癌）

根据化学致癌物的作用机理可以分为遗传性致癌物和非遗传性致癌物。遗传性致癌物可细分为两种：一种是直接致癌物，即能直接与 DNA 反应引起 DNA 基因突变的致癌物，如双氯甲醚；另一种是间接致癌物，又称前致癌症物，它们不能与 DNA 反应，而需要机体代谢活化转变，经过近致癌物至终致癌物，才能与 DNA 反应导致遗传密码的修改。如苯并[a]芘、二甲基亚硝胺、砷及其化合物等。

非遗传致癌物不与 DNA 反应，而是通过其他机制，影响或呈现致癌作用，包括促癌物，可以使已经癌变的细胞不断增殖而形成瘤块，如巴豆油中的巴豆醇二酯、雌性激素己烯雌酚等；助致癌物可以加速细胞癌变和已癌变细胞增殖成瘤块，如二氧化硫、乙醇、十二烷、石棉、塑料、玻璃等。此外还有其他种类的化合物，如铬、镍、砷等若干种金属的单质及其无机化合物对动物是致癌的，有的对人也是致癌的。

化学致癌物的致癌机制非常复杂，仍在研讨之中。关于遗传性致癌物的致癌机制一般认为有两个阶段：第一是引发阶段，即致癌物与 DNA 反应，引起基因突变导致遗传密码改变；第二是促长阶段，主要是突变细胞改变了遗传信息的表达，增殖成为肿瘤，其中恶性肿瘤还会向机体其他部位扩展。

【阅读材料】

日本水俣病事件

水俣镇位于日本九州南部，隶属熊本县，全镇有 4 万人，周围村庄还住着 1 万多农民和渔民。由于西面就是产鱼的不知火海和水俣湾，因此这个小镇渔业很兴旺。然而，谁也没有想到多年后这里会成为“遗恨之地”、“恸哭之地”。

1925 年，日本氮肥公司在此建厂，1932 年又扩建了合成醋酸厂，1949 年开始生产氯乙烯，1956 年产量超过 6000t。这“繁荣”的背后正在酝酿着一场人类大灾难。因为工厂把没有经过任何处理的废水排放到水俣湾中。

1950 年，在水俣湾附近的小渔村中，发现一些猫步态不稳、抽筋麻痹，最后跳入水中溺死，当地人谓之“猫自杀”，也被称为“猫舞蹈症”，但没有人研究这事。1953 年，在水俣镇发现了一个生怪病的人，开始时只是口齿不清、步履蹒跚、面部痴呆、手足麻痹，进而耳聋眼瞎、全身麻木，最后精神失常，一会酣睡，一会兴奋异常，身体弯弓，直至死亡。由此，恐慌随即蔓延开来，然而，当地居民的这一噩梦其实才刚刚开始。

1956 年 5 月，又出现 4 个这种病人，后来得这种病的患者增加到 50 多人，这才引起本地熊本大学医学院一些人的注意。在调查中，把“猫死、人病”的各种现象联系起来分析，初步找到吃鱼中毒这个共同受害的根源。水俣湾的鱼虾不能再捕捞食用，当地渔民的生活失去了依赖，很多家庭陷于贫困之中。

1958 年春，日本氮肥公司为掩人耳目，把排入水俣湾的毒水延伸到水俣川的北部。六七个月之后，这个新的污染区出现了 18 个汞中毒的病人。于是引起广大渔民愤怒，几百名渔民攻占了新日本氮肥公司，捣毁了当地官方机构。但日本政府毫无作为，以至于资方仍拒不承认污水毒害的事实，肆无忌惮地继续排污。

1963 年，熊本大学“水俣病医学研究组”从该厂排出的汞渣和水俣湾的鱼、贝类中，分离并提取出氯化甲基汞（CH_3HgCl）结晶，用此结晶和从水俣湾捕获的鱼、贝作喂猫实验，结果 400 只实验猫均患上了典型的水俣病病症。用红外线吸收光谱分析，结果发现汞渣和鱼贝中的氯化甲基汞结晶同纯氯化甲基汞结晶的红外线吸收光谱完全一致。对水俣病死亡病例的脑组织进行病理学检查，在显微镜下也发现大脑、小脑细胞的病理变化，均与 CH_3HgCl 中毒的脑病理变化相同。

1968 年 9 月，日本政府确认水俣病是人们长期食用受含有汞和甲基汞废水污染的鱼、贝造成的。据 1972 年日本环境厅统计，水俣市的病患者有 180 多人，其中有 50 多人已经死亡，受害居民达 1 万人左右。

1979 年 3 月 23 日上午 10 时，在熊本地裁刑事二部对原氮肥公司经理吉冈喜一（时年 77 岁）和造成水俣病的工厂原厂长西田荣一（时年 69 岁）进行公判。裁判长右田实秀宣判：因企业活动引起的公害犯罪，必须严格追究组织的责任者，但根据两被告年事已高，分别判处他两人监禁 2 年缓期 3 年执行。这是日本历史上第一次追究公害犯罪者的刑事责任。

“水俣病”使日本政府和企业日后为此付出了极其昂贵的治理、治疗和赔偿的代价。因水俣病而提起的旷日持久的法庭诉讼时至今日仍然没完没了。

本章小结

本章主要讲解了污染物质在生物体内的迁移转化过程，包括有关生物学的基础知识，有机污染物质、重金属的生物迁移和转化过程以及有毒物质的作用机理及其危害。

1. 介绍了生物污染的概念，并讲解了植物、动物受污染的主要途径。

2. 讲述了环境污染物在植物、动物体内的分布情况，并以人体为例介绍了人体吸收、排泄等生理过程及污染物在动物体内的分布规律。

3. 介绍了生物积累、生物放大和生物富集等概念，以及它们对污染物在生物体内的迁移转化过程中起到的影响。

4. 从介绍微生物的生理特征和生物酶的基础知识入手，重点讲述了微生物对污染物的降解作用和微生物对重金属元素的转化作用。

5. 主要介绍了毒物、毒性、剂量、剂量-效应关系，毒物的协同作用、相加作用、拮抗作用等联合作用，阐述了毒物的三致作用。

复习思考题

1. 名词解释

生物浓缩系数　生物积累　生物放大　生物富集　酶　辅酶　底物　致突变作用　促致癌物　助致癌物

2. 剂量-效应曲线中 LD_{50} 的含义是什么?
3. 什么是毒物的联合作用，具体包括哪些内容?
4. 简述脂肪和油类的微生物降解过程。
5. 酶的哪两个特征既决定酶的功能又易为有毒物质改变?
6. DNA 是什么物质，有毒物质作用于 DNA 会产生什么严重后果?

第六章 典型污染物在环境各圈层中的转归与效应

【学习指南】

本章主要介绍了重金属汞、准金属砷和有机卤代物、多环芳烃、表面活性剂等有机污染物在各圈层中的转归与效应。要求了解这些典型污染物的来源、用途和基本性质，掌握它们在环境中的基本转化、归趋规律与效应。

第一节 重金属元素

环境中的重金属污染主要来自金属矿山的开采、金属冶炼厂、金属加工及其金属化合物的制造等人为源。

重金属对环境的污染有两个方面值得特别重视：第一，重金属容易在生物体内积累且毒性随形态而异；第二，重金属不能被降解而消除。

重金属的污染特点可归纳为以下几点：

① 天然水体中只要有微量浓度的重金属即可产生毒性效应；

② 某些重金属有可能在微生物作用下转化为金属有机化合物，产生更大的毒性；

③ 金属离子在水体中的转移和转化与水体的酸、碱条件有关，如六价铬在碱性条件下的转化能力强于酸性条件；二价镉离子在酸性条件下易于随水迁移，并易为植物吸收；

④ 水中的重金属可以通过食物链成千上万地富集，而达到相当高的浓度，这样重金属能够通过多种途径（食物、饮水、呼吸）进入人体，甚至遗传和母乳也是重金属侵入人体的途径；

⑤ 重金属进入人体后，能够和生理高分子物质如蛋白质和酶等发生强烈地相互作用而失去活性，也可能累积在人体的某些器官中，造成慢性累积性中毒；

⑥ 重金属一旦进入环境就不能被降解而消除。

进入环境中的重金属在环境中会发生一系列的迁移转化且过程相当复杂，可能进行的反应主要有溶解和沉淀、氧化与还原、配合及吸附和解吸等。

本节仅对汞、砷两种重金属的环境化学行为及循环做简要阐述。

一、汞

1. 环境中汞的来源、分布与迁移

汞在自然界的浓度不大、本底值不高，但分布很广。地球岩石圈内的汞的浓度为0.03μg/g，在森林土壤中为0.029～0.10μg/g，黏质土壤中为0.03～0.034μg/g；水体中汞的浓度更低，比如河水中浓度约为1.0μg/L，海水中约为0.3μg/L。

19世纪以来，随工业的发展，汞的用途越来越广，生产量急剧增加，从而大量汞由于人类活动而进入环境。据统计，目前全世界每年开采应用的汞量在1×10^4t以上，其中绝大部分最终以“三废”的形式进入环境，因而人为源是自然界中汞的主要来源。

由于汞具有很高的解离势，故转化为离子的倾向小于其他金属，因此它的特点在于能以零价形态存在于大气、土壤和水中。汞及其化合物特别容易挥发，其挥发程度与化合物的形态及在水中的溶解度、表面吸附、大气的相对湿度等因素密切相关。一般有机汞的挥发性大于无机汞，有机汞中又以甲基汞和苯基汞的挥发性最大；无机汞中以碘化汞挥发性最大，硫化汞最小。另外，在潮湿空气中汞的挥发性比干空气中大得多。由于汞化合物的高度挥发性，所以它可以通过土壤和植物的蒸腾作用而被释放到大气中去，而空气中的汞含量大部分吸附在颗粒物上。气相汞的最后归趋是进入土壤和海底沉积物、天然水体中，汞主要与水中存在的悬浮微粒结合，最后沉降进入水底沉积物，这也是汞在环境中自净的重要途径。

汞不是人体的必需元素。它的毒性很强，而且随其在环境中的存在形态不同，对生物的危害性也有较大差异。无机汞化合物在生物体内一般容易排泄。但当汞与生物体内的高分子结合，形成稳定的有机汞配合物，它们几乎不解离，一旦在体内形成这些有机汞化合物，就很难排出。

如果存在亲和力更强或者浓度很大的配位体，重金属就会转化为稳定性更高的配合物，这是一个普遍规律。例如，在 $Hg(OH)_2$ 与 HgS 溶液中，从计算可知，Hg^{2+} 的浓度仅为 0.039μg/g，但当环境中 Cl^- 含量为 0.001mol/L 时，$Hg(OH)_2$ 与 HgS 的溶解度可以分别增加 44 倍和 408 倍；如果 Cl^- 浓度为 1mol/L 时，则它们的溶解度分别增加 10^5 倍和 10^7 倍。这是由于高浓度的 Cl^- 与 Hg^{2+} 发生强的配位作用。因此，河流中悬浮物和沉积物中的汞，进入海洋后就会解吸出来，使河口沉积物中汞含量显著减少。

汞的污染、迁移和汞的甲基化，都与汞的吸附作用密切相关。沉积物中的有机汞和无机汞的吸附和解吸的量，可以控制汞污染的程度。正常情况下，液态汞和某些无机汞化合物，在水体中是非常稳定的。

2. 水俣病和汞的甲基化

1953 年在日本熊本县水俣湾附近的渔村，发现一种由于化工厂排放甲基汞废水而导致的中枢神经性疾患的公害病，称为水俣病，这是历史上首次出现的重金属污染重大事件。

烷基汞和苯基汞的化合物是亲脂性的。它们在脂肪中的溶解度可达水中的 100 倍，因而容易进入生物体的组织内，同时烷基汞与人体蛋白质中的巯基很容易结合，故在体内有很高的积累作用。其中甲基汞毒性最大，而且是汞化合物在生物体内的代谢产物。

甲基钴胺素是金属甲基化过程中甲基基团的重要生物来源。含汞废水排入水体后，无机汞被颗粒物吸着沉入水底，通过微生物体内的甲基钴胺素转移酶进行汞的甲基化转化：

$$CH_3CoB_{12} + Hg^{2+} + H_2O \longrightarrow H_2OCoB_{12}^+ + CH_3Hg^+$$

或

$$2CH_3CoB_{12} + Hg^{2+} + 2H_2O \longrightarrow 2H_2OCoB_{12}{}^+ + (CH_3)_2Hg \quad (6\text{-}1)$$

生成的产物是一甲基汞还是二甲基汞取决于环境的具体条件，主要因素是浓度，但形成 CH_3Hg^+ 的反应速率一般比形成 $(CH_3)_2Hg^+$ 快 6000 倍，所以多数情况下是形成一甲基汞。但在 H_2S 存在下，则容易转化为二甲基汞，反应为：

$$2CH_3HgCl + H_2S \longrightarrow (CH_3Hg)_2S + 2HCl \quad (6\text{-}2)$$

$$(CH_3Hg)_2S \longrightarrow (CH_3)_2Hg + HgS \quad (6\text{-}3)$$

这一过程可使不饱和甲基金属完全甲基化。

一甲基汞又因氯化物浓度和 pH 不同而形成氯化甲基汞或氢氧化甲基汞：

$$CH_3Hg^+ + Cl^- \longrightarrow CH_3HgCl \quad (6\text{-}4)$$

$$CH_3HgCl + H_2O \longrightarrow CH_3HgOH + Cl^- + H^+ \quad (6\text{-}5)$$

甲基汞在环境中的形态取决于 Cl^- 的浓度和 pH。在中性和酸性条件下，氯化甲基汞都是主要形态。在 pH=8，氯离子浓度低于 400mg/L 时，则氢氧化甲基汞占优势；在 pH=8，氯离子浓度低于 18000mg/L 的条件下，CH_3HgCl 约占 98%，而 CH_3HgOH 占 2%，CH_3Hg^+ 可忽略不计。

烷基汞中，只有甲基汞、乙基汞和丙基汞三种为水俣病的致病性物质。它们的存在形态主要是烷基汞氯化物。

汞的甲基化可在好氧条件下发生，也可在厌氧条件下发生。好氧条件下主要转化为一甲基汞，一甲基汞为水溶性物质，易被生物吸收而进入食物链；厌氧条件下主要转化为二甲基汞，二甲基汞难溶于水，有挥发性，在大气中易分解，危害小。

3. 甲基汞脱甲基化与汞离子还原

在某些细菌作用下，湖底沉积物中甲基汞可被某些细菌降解而转化为甲烷和汞，也可将 Hg^{2+} 还原为金属汞，发生如下反应：

$$CH_3Hg^+ + 2H\cdot \longrightarrow Hg + CH_4 + H^+$$
$$HgCl_2 + 2H\cdot \longrightarrow Hg + 2HCl \quad (6\text{-}6)$$

4. 汞的生物效应

甲基汞能与许多有机配位体基团结合，如—COOH、—NH_2、—SH 等。因此它非常容易和蛋白质、氨基酸类起作用。

烷基汞具有高脂溶性，在生物体内分解缓慢，比无机汞毒性大。肠道内只能吸收很少的与蛋白质结合的无机汞，但却能全部吸收甲基汞及其衍生物。

水生生物富集烷基汞比富集其他汞能力大得多。一般鱼类对氯化甲基汞的生物浓缩系数是 3000，甲壳类则是 100～100000。

汞在环境各圈层中的循环如图 6-1 和图 6-2 所示。

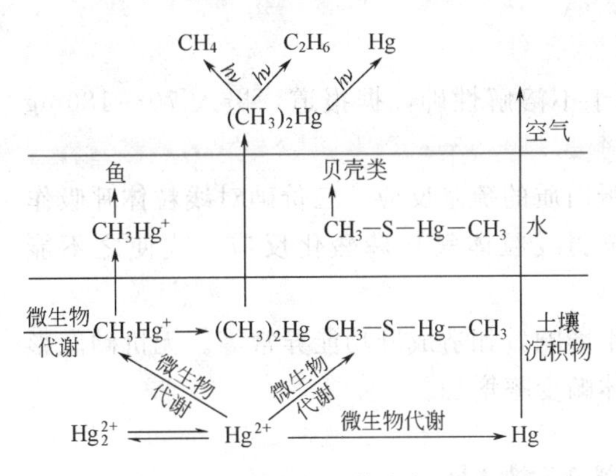

图 6-1　汞循环的可能途径（一）

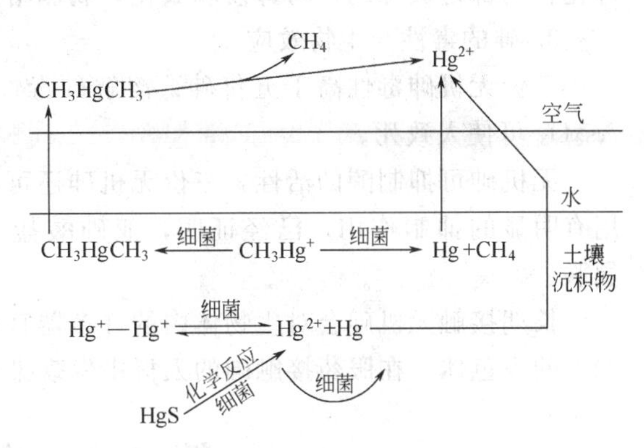

图 6-2　汞循环的可能途径（二）

二、砷

1. 砷的来源与分布

（1）天然源　砷是一个广泛存在并具有准金属特性的元素，它多以无机砷形态分布于许多矿物中，主要含砷矿物有砷黄铁矿、雄黄矿与雌黄矿。地壳中的砷的含量约为 1.5～2mg/kg，空气和清洁地表水的含砷量都很低。

（2）人为源　环境中的砷主要来源于化工、冶金、炼焦、发电、染料、造纸和电子工业中的“三废”。

2. 砷在环境中的迁移和转化

（1）砷的形态　在环境中，砷主要以四种不同价态的形式存在：+5、+3、0、−3。元素砷只有在很少的情况下存在，−3 价砷只有在还原性很强的条件下存在。砷的主要存在形态是+5、+3。在天然水体中，形态有 $H_2AsO_4^-$、$HAsO_4^{2-}$、H_3AsO_3 和 $H_2AsO_3^-$。在天然水表层中，由于 DO 浓度高，pE 高，pH 在 4～9 之间，砷主要以五价的 $H_2AsO_4^-$ 和 $HAsO_4^{2-}$ 形式存在；在 pH>12.5 的碱性水环境中，主要以 AsO_4^{3-} 存在；在 $pE<0.2$，pH>4的水环境中，主要以三价的 H_3AsO_3 和 $H_2AsO_3^-$ 存在。在水体深层，因缺氧常使砷酸盐被硫化氢还原为 H_2AsO_3 和 AsS_2^-，最后转化为难溶的硫化物沉淀。在底泥中，由于微生物的甲基化作用，又使砷再溶解而进入水中，并参与生物循环。

土壤环境中，砷主要与铁、铝以水合氧化物胶体结合态存在，水溶态含量极少。

土壤的氧化还原电位（E_h）和 pH 对土壤中砷的溶解度影响很大。E_h 降低，AsO_4^{3-} 逐渐被还原为 AsO_3^{3-}，砷的溶解度增大；同时 pH 升高，土壤胶体所带正电荷减少，对砷的吸附能力降低，所以砷的溶解度增大。

（2）砷的转化　砷的生物甲基化反应和生物还原反应是其转化的重要过程。砷的生物甲基化反应和汞的相似，水底沉积物中无机砷酸盐通过厌氧细菌的催化作用，转化成极毒的甲基化砷衍生物，其转化反应为：

$$H_3AsO_4 + 2H^+ + 2e^- \longrightarrow H_3AsO_3 + H_2O$$

$$H_3AsO_3 \xrightarrow{\text{甲基钴胺素}} CH_3AsO(OH)_2$$

$$CH_3AsO(OH)_2 \xrightarrow{\text{甲基钴胺素}} (CH_3)_2AsO(OH)$$

$$(CH_3)_2AsO(OH) + 4H^+ + 4e^- \longrightarrow (CH_3)_2AsH \cdot 2H_2O \tag{6-7}$$

二甲胂［$(CH_3)_2AsH \cdot 2H_2O$］经微生物进一步作用后，还可能生成三甲胂。所有上述有机砷化合物都是极毒的，易挥发和氧化，属脂溶性。

3. 砷的毒性与生物效应

三价无机砷毒性高于五价砷；溶解砷毒性高于不溶解性砷，据报道，摄入 70～180mg As_2O_3 可使人致死。

无机砷可抑制酶的活性，三价无机砷还可与蛋白质的巯基反应。三价砷对线粒体呼吸作用有明显的抑制作用，已经证明，亚砷酸盐可减弱线粒体氧化磷酸化反应，或使之不能偶联。

长期接触无机砷会对生物体内的许多器官产生影响，如造成肝功能异常等。无机砷能影响人的染色体，在服药接触砷的人群中发现染色体畸变率增加。

第二节　有机污染物

有机污染物有数万种，其中对生态环境和人类健康影响最大的是有毒有机物和持久性有机物，这类有机物一般难降解，在环境中残留时间长，有蓄积性，能促进慢性中毒，有致癌、致畸和致突变作用等，因而这些有机物在环境中的行为最受人们关注。本节仅对一些典型的有毒有机物和持久性有机物加以简要介绍。

一、有机卤化物

有机卤代物主要包括卤代烃、多氯联苯、多氯代二噁英、有机氯农药等，这里主要介绍卤代烃和多氯联苯。

1. 卤代烃

（1）卤代烃的来源　卤代烃的来源有天然源和人为源。人为排放是大气中卤代烃含量不断增加的原因，主要来源于其被大量合成用于工业制品等过程。例如一氯甲烷（CH_3Cl）主要来自城市汽车排放的废气和聚氯乙烯塑料、农作物等废物的燃烧；氟里昂主要来自于人类广泛使用作制冷剂、飞机推动剂和塑料发泡剂等；四氯化碳则来自于广泛使用的工业溶剂、灭火剂、干洗剂等。

对流层中有些卤代烃（如 CH_2Cl_2）在大气中的寿命非常短，容易被分解。被卤素完全取代的卤代烃（如 CFC-113）虽然占卤代烃总量的很小一部分，但由于它们具有相当长的寿命，所以它们对平流层氯的积累贡献不容忽视。

(2) 卤代烃在大气中的转化　主要介绍卤代烃在对流层和平流层中的转化。

① 对流层中的转化　含氢卤代烃与自由基 HO·反应是它们在对流层中消除的主要途径，如氯仿：

$$
\begin{aligned}
CHCl_3 + HO\cdot &\longrightarrow H_2O + CCl_3\cdot \\
CCl_3\cdot + O_2 &\longrightarrow COCl_2(\text{光气}) + ClO\cdot \\
ClO\cdot + NO &\longrightarrow Cl\cdot + NO_2 \\
Cl\cdot + CH_4 &\longrightarrow HCl + CH_3\cdot
\end{aligned} \tag{6-8}
$$

② 平流层中的转化　进入平流层的卤代烃，由于受到高能光子的攻击而被破坏，如四氯化碳：

$$
\begin{aligned}
CCl_4 &\xrightarrow{h\nu} CCl_3\cdot + Cl \\
CCl_3\cdot + O_2 &\longrightarrow COCl_2 + ClO\cdot \\
ClO\cdot + NO &\longrightarrow Cl\cdot + NO_2
\end{aligned} \tag{6-9}
$$

产生的 Cl·不直接生成 HCl，而是参与破坏臭氧的链式反应：

$$
\begin{aligned}
Cl\cdot + O_3 &\longrightarrow ClO\cdot + O_2 \\
O_3 &\xrightarrow{h\nu} O_2 + O\cdot \\
O\cdot + ClO\cdot &\longrightarrow Cl\cdot + O_2
\end{aligned} \tag{6-10}
$$

在上述链式反应中除去了两个臭氧分子后，又再次提供了除去另外两个臭氧分子的氯原子。此循环将继续下去，直到氯原子与甲烷或其他的含氢类化合物反应，全部变为 HCl 为止：

$$Cl\cdot + CH_4 \longrightarrow HCl + CH_3\cdot \tag{6-11}$$

HCl 可与 HO·反应重新生成 Cl·：

$$HO\cdot + HCl \longrightarrow H_2O + Cl\cdot \tag{6-12}$$

这个 Cl·是游离的，可以再次参与使臭氧破坏的链式反应。一个 Cl·进入链反应能破坏数以千计的臭氧分子，直至 HCl 到达对流层，并在降雨时被清除。

2. 多氯联苯（PCBs）

(1) PCBs 的结构与性质　PCBs 是一组由多个氯原子取代联苯分子中氢原子而形成的氯代芳烃类化合物。PCBs 理化性质稳定，用途广泛，已成为全球性环境污染物，引起人们的关注。

多氯联苯结构复杂，异构体多。按联苯分子中的氢原子被氯取代的位置和数目不同，一氯代物有 3 个异构体，二氯代物有 12 个异构体，三氯代物有 21 个异构体等。多氯联苯的全部异构体有 210 个。

多氯联苯的纯化合物为晶体，混合物则为油状液体。低氯代物呈液态，随着氯原子数增加，黏稠度相应增大，而呈糖浆或树脂状。多氯联苯的物理化学性质高度稳定，耐酸碱、耐腐蚀、抗氧化，对金属无腐蚀、耐热，绝缘性能好；多氯联苯难溶于水，氯原子数增加，溶解度降低；常温下 PCBs 的蒸气压很小，难挥发，氯含量越高，蒸气压越小，挥发量越小。

(2) PCBs 的来源与分布 由于 PCBs 被广泛用于工业和商业，比如它可作为变压器和电容器内的绝缘流体；在热传导体系和水力系统中作介质；在配制润滑油、切削油、农药、涂料、封闭剂中作添加剂；在塑料中作增塑剂。所以环境中多氯联苯的主要来源是人为源。

由于其挥发性和在水中溶解度小，故在大气和水中含量较少。另由于 PCBs 易被颗粒物所吸附，故在废水流入河口附近的沉积物中，其含量很高，可达 2000～5000μg/kg。

水生植物可从水中快速吸收 PCBs，且富集系数很高。通过食物链的传递，鱼和人体内也含有一定的 PCBs。

(3) PCBs 在环境中的迁移与转化 PCBs 在使用过程中，通过挥发进入大气，然后经干、湿沉降进入水体。转入水体的 PCBs 极易被颗粒物吸附，进而沉积于沉积物中。

PCBs 由于化学惰性而成为环境中的持久性污染物，其主要的转化途径是光化学分解和生物转化。

① 光化学分解 Safe 等人研究了多氯联苯在波长为 280～320nm 的紫外光激发下使碳氢键断裂而产生芳基自由基和氯自由基，自由基从介质中取得质子或者发生二聚反应。

PCBs 的光解反应与熔剂有关。如 PCBs 用甲醇作熔剂光解时，除生成脱氮产物外，还有氯原子被甲氧基取代的产物生成；而用环已烷作熔剂时，只有脱氯的产物。此外，PCBs 光降解时，还发现有氯化氧芴和脱氯偶联产物生成。

② 生物转化 从单氯代联苯到四氯代联苯均可被微生物降解。高取代的 PCBs 不易被生物降解，且含氯原子数量越少，越容易被生物降解。

PCBs 除了可在动物体内积累外，还可以通过代谢作用发生转化，其转化速率随分子中氯原子的增多而降低。

(4) PCBs 的毒性与效应 水中 PCBs 浓度会影响水生植物的生长和光合作用。PCBs 进入鱼、鸟类、哺乳动物体内可致癌、致畸，危害很大。

PCBs 很难降解，目前唯一的处理方法是焚烧。但由于焚烧 PCBs 可以产生多氯代二苯并二噁英（强致癌物），所以焚烧处理并非良策。

二、 多环芳烃

多环芳烃（PAH）是一大类广泛存在于环境中的有机污染物，也是最早被发现和研究的化学致癌物。

1. 多环芳烃的结构

多环芳烃是指两个以上苯环连在一起的化合物。一种是非稠环型，即苯环与苯环之间各由一个碳原子相连，如联苯、联三苯等；另一种是稠环型，即两个碳原子为两个苯环所共有，如萘、蒽等。

2. 多环芳烃的来源

(1) 天然源 来源于陆地和水生植物、微生物的生物合成，天然火灾以及火山活动，构成了多环芳烃（PAH）的天然本底值，在人类出现以前，自然界就已存在多环芳烃。

(2) 人为源 多环芳烃的污染源很多，主要是由各种矿物燃料（煤、石油、天然气等）、木材、纸以及其他烃类化合物的不完全燃烧或在还原气氛下热解形成的。另外，食品经过炸、炒、烘烤、熏等加工之后也会生成多环芳烃。

3. 多环芳烃在环境中的迁移和转化

由于多环芳烃主要来源于各种矿物燃料及其他有机物的不完全燃烧和热解过程，这些经过高温过程形成的多环芳烃随着烟尘、废气排放到大气中。进入大气的多环芳烃总是和各种固体颗粒物及气溶胶结合在一起。经过一段时间的滞留，大气中的多环芳烃通过干、湿沉降进入土壤和水体以及沉积物中，并进入生物圈，见图 6-3。

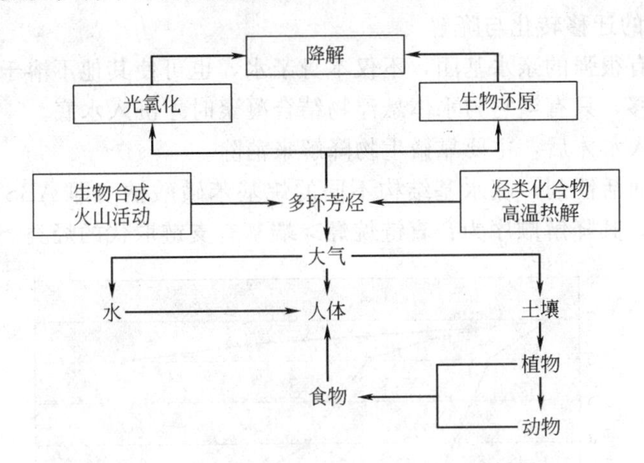

图 6-3 多环芳烃在环境中的迁移和转化

多环芳烃在紫外光照射下很易光解和氧化，如苯并[a]芘在光和氧的作用下可在大气中形成 1,6-醌苯并芘、3,6-醌苯并芘、6,12-醌苯并芘。

多环芳烃也可以被微生物降解。如苯并[a]芘被微生物氧化可以生成 7,8-二羟基-7,8-二氯-苯并[a]芘及 9,10-二羟基-9,10-二氯-苯并[a]芘。多环芳烃在沉积物中的消除途径主要靠微生物降解。

三、表面活性剂

表面活性剂是分子中同时具有亲水性和疏水性的物质。它能显著改变液体的表面张力或两相间界面的张力，具有良好乳化或破乳作用。

1. 表面活性剂的分类

表面活性剂的疏水基团主要是烷基，其性能差别较小，但亲水基团差别较大。按亲水基团结构可分为四种：阴离子、阳离子、两性和非离子表面活性剂。

① 阴离子表面活性剂　溶于水时，与疏水基相连的亲水基是阴离子，其类型如下。

羧酸盐：如肥皂 RCOONa；

硫酸酯盐：如硫酸月桂酯钠 $C_{12}H_{25}OSO_3Na$；

磺酸盐：如烷基苯磺酸钠；

磷酸酯盐：如烷基磷酸钠。

② 阳离子表面活性剂　溶于水时，与疏水基相连的亲水基是阳离子，其主要类型是有机胺的衍生物。常用的有季铵盐，如十六烷基三甲基溴化铵。阳离子表面活性剂有一与众不同的特点，即它的水溶液具有很强的杀菌能力，因此常用作消毒剂。

③ 两性表面活性剂　阴、阳两种离子组成的表面活性剂，结构与氨基酸相似，易形成内盐。其典型的化合物如 $RN^+H_2CH_2CH_2COO^-$、$RN^+(CH_3)_2CH_2COO^-$ 等，它们在水溶液中的性质随溶液 pH 值的改变而改变。

④ 非离子表面活性剂　亲水基团为醚基和羟基，主要类型有脂肪醇聚氧乙烯醚、脂肪

醇聚氧乙烯酯、聚氧乙烯烷基酰胺、多醇表面活性剂、烷基苯酚聚氧乙烯醚等。

表面活性剂具有显著改变液体和固体表面各种性质的能力，因而被广泛用于纤维、造纸、塑料、日用化工、医药、石油和煤炭等行业。仅合成洗涤剂一项，年产量已超过1500000t。表面活性剂通过各种废水进入水体，是造成水体污染的最普遍最大量的污染物之一。

2. 表面活性剂的迁移转化与降解

表面活性剂含有很强的亲水基团，不仅本身亲水，也可使其他不溶于水的物质长期分散于水体，随水流迁移，只有当它与水体悬浮物结合凝聚时才沉入水底。

表面活性剂进入水体后，主要靠微生物降解来消除。

（1）阴离子表面活性剂　疏水基结构不同的烷基苯磺酸钠（即 ABS）微生物对其降解性不同（见图 6-4），其降解顺序为：直链烷烃＞端基有支链取代的烃类＞三甲基的烃类。

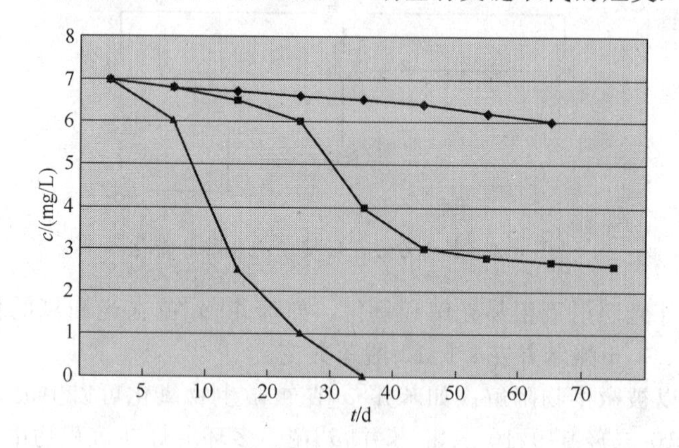

图 6-4　三种 ABS 的降解性（河水）

系列 1—◆—，$(CH_3)_3CCH_2(CH_2)_7C_6H_4SO_3Na$；系列 2—■—，$(CH_3)_3CCH(CH_2CH_3)C_6H_4SO_3Na$；系列 3—▲—，$CH_3(CH_2)_{11}C_6H_4SO_3Na$

（2）非离子表面活性剂　非离子表面活性剂可分为很硬、硬、软和很软四类。带有支链和直链的烷基酚、乙氧基化合物属于很硬和硬两类，而仲醇乙氧基化合物和伯醇乙氧基化合物则属于软和很软两类。生物降解证明：直链伯、仲醇乙氧基化合物在活性污泥中的微生物作用下能有效地进行代谢。

（3）阳离子和两性表面活性剂　由于阳离子表面活性剂具有杀菌能力，所以在研究这类表面活性剂的微生物降解时必须注意负荷量和微生物的驯化。据研究，十四烷基二甲基苄基氯化铵（TDBA）驯化后的平均降解率为 73%，TDBA 对未驯化污泥中的微生物的生长抑制作用很大，降解率很低，而对驯化的污泥中的微生物的生长抑制较小，说明驯化的作用很明显。除季铵类表面活性剂对微生物降解有明显影响外，其他胺类表面活性剂均未发现有明显影响。

表面活性剂的生物降解机理主要是烷基链上的甲基氧化、β-氧化、芳香环的氧化降解和脱磺化。

① 甲基氧化　表面活性剂的甲基氧化，主要是疏水基团末端的甲基氧化为羧基的过程。

$$RCH_2CH_2CH_3 \longrightarrow RCH_2CH_2OH \longrightarrow RCH_2CH_2CHO \longrightarrow RCH_2CH_2COOH$$

② β-氧化　它是表面活性剂分子中的羧酸在 HSCoA 作用下被氧化，使末端第二个碳键断裂的过程。

$$RCH_2(CH_2)_2CH_2COOH \xrightarrow{HSCoA(辅酶A)} \cdots\ RCH_2CH_2\overset{\overset{O}{\|}}{C}SCoA + CH_3\overset{\overset{O}{\|}}{C}SCoA$$

③ 芳香环的氧化降解　此过程一般是苯酚、水杨酸等化合物的开环反应。其机理是首先生成儿茶酚，然后在两个羟基中开裂，经过二羧酸，最后降解消失。

④ 脱磺化过程　无论是 ABS 还是 LAS，都是在烷基链氧化过程中伴随着脱磺酸基的反应过程。

3. 表面活性剂对环境的污染与效应

表面活性剂是合成洗涤剂的主要原料，特别是早期使用最多的烷基苯磺酸钠（ABS），由于它在水环境中难以降解，发泡问题十分突出，故造成地表水的严重污染。

① 表面活性剂污染使水的感观状况受到影响，产生大量泡沫。据调查研究，当水体中洗涤剂浓度达到 0.7～1.0mg/L 时，就可能出现持久性泡沫。洗涤剂污染水源后一般方法不易清除，所以水源受到洗涤剂严重污染的地方，自来水中也会出现大量泡沫。

② 因洗涤剂中含有大量的聚磷酸作为增净剂，所以使废水中含有大量的磷，是造成水体富营养化的重要原因。

③ 表面活性剂可以促进水体中石油和 PCBs 等不溶性有机物的乳化、分散，增加废水处理的难度。

④ 阳离子表面活性剂具有一定的杀菌能力，浓度高时，可能破坏水体微生物群落。据实验，烷基二甲基苄基氯化铵对鼹鼠一次经口的致死量为 340mg，而人经 24h 后和 7 天后的致死量分别为 640mg 和 550mg。由两年的慢性中毒试验表明，即使饮料中仅有 0.063%的烷基二甲基苄基氯化铵也能抑制发育；当其浓度为 0.5%时，出现食欲不振，并伴有死亡事例发生，但仅限于最初的 10 周以内，10 周以后未再出现。相同病理现象是腹部浮肿、消化道有褐色黏性物、盲肠充盈或胃出血性坏死等。

【阅读材料】

绿色食品及农药使用准则

当我们在超市采购时，经常会看到有些奶粉、茶叶、咖啡、果脯、饮料等的包装袋（盒）上都印有同样的图案——太阳底下的两片绿叶轻托着一枚绿芽，这就是“绿色食品”的标识图案，这些食品就是大名鼎鼎的“绿色食品”。

绿色食品是经专门机构认证、许可使用绿色食品标志的无污染的安全、优质、营养类食品。分 A 级和 AA 级，A 级指在生态环境质量符合规定标准的产地，生产过程中允许限量使用限定的化学合成物质，按特定的生产操作规程生产、加工，产品质量及包装经检测、检查符合特定标准，并经专门机构认定，许可使用 A 级绿色食品标志的产品。AA 级绿色食品指在生态环境质量符合规定标准的产地，生产过程中不使用任何有害化学合成物质，按特定的生产操作规程生产、加工，产品质量及包装经检测、检查符合特定标准，并经专门机构认定，许可使用 AA 级绿色食品标志的产品。

绿色食品与普通食品相比有以下三个显著特点：一是强调产品出自良好生态环境；二是对产品实行“从土地到餐桌”全程质量控制；三是对产品依法实行统一的标志与管理。

绿色食品所具备的条件：① 产品或产品原料产地必须符合绿色食品生态环境质量标准；② 农作物种植、畜禽饲养、水产养殖及食品加工必须符合绿色食品生产操作规程；③ 产品必须符合绿色食品标准；④ 产品的包装、储运必须符合绿色食品包装储运标准。

绿色食品的生产应从作物病虫草等整个生态系统出发，综合运用各种防治措施，创造不利于病虫草害发生和有利于天敌繁衍的环境条件，保持农业生态系统的平衡和生物多样化，减少各类病虫草害所造成的损失。优先采用农业措施，通过选用抗病虫品种，非化学药剂种子处理，培育壮苗，加强栽培管理，中耕除草，秋季深翻晒土，清洁田园，轮作倒茬、间作套种等一系列措施起到防治病虫草害的作用。还应尽量利用灯光、色彩诱杀害虫，机械捕捉害虫，机械和人工除草等措施，防治病虫草害。特殊情况下，必须使用农药时，应遵守以下准则。

生产AA级绿色食品的使用农药准则：

(1) 允许使用AA级绿色食品生产资料农药类产品。

(2) 在AA级绿色食品生产资料农药类不能满足植保工作需要的情况下，允许使用以下农药和方法：

① 中等毒性以下植物源杀虫剂、杀菌剂、拒避剂和增效剂。如除虫菊素、鱼藤根、烟草水、大蒜素、苦楝、川楝、印楝、芝麻素等。

② 释放寄生性、捕食性天敌动物，昆虫、捕食螨、蜘蛛及昆虫原线虫等。

③ 在害虫捕捉器中使用昆虫信息素及植物源引诱剂。

④ 使用矿物油和植物油制剂。

⑤ 使用矿物源农药中的硫制剂、铜制剂。

⑥ 经专门机构批准，允许有限度地使用活体微生物农药，如真菌制剂、细菌制剂、病毒制剂、放线菌、拮抗菌剂、昆虫病原线虫、原虫等。

⑦ 经专门机构批准，允许有限度地使用农用抗生素，如春雷霉素、多抗霉素、井冈霉素、农抗120、中生菌素、浏阳霉素等。

(3) 禁止使用有机合成的化学杀虫剂、杀螨剂、杀菌剂、杀线虫剂、除草剂和植物生长调节剂。

(4) 禁止使用生物源、矿物源农药中混配有机合成农药的各种制剂。

(5) 严禁使用基因工程品种（产品）及制剂。

生产A级绿色食品的使用农药准则：

(1) 允许使用A级和AA级绿色食品生产资料农药类产品。

(2) 在AA级和A级绿色食品生产资料农药类产品不能满足植保工作需要的情况下，允许使用以下农药及方法：

① 中等毒性以下植物源杀虫剂、动物源农药和微生物农药。

② 在矿物源农药中允许使用硫制剂、铜制剂。

③ 有限度地使用部分有机合成农药，但要求按国家有关技术要求执行，并需严格执行以下规定：

a. 应选用国家有关标准中列出的低毒农药和中等毒性农药。

b. 严禁使用剧毒、高毒、高残留或具有三致毒性（致癌、致畸、致突变）的农药。

c. 每种有机合成农药在一种作物的生长期内只允许使用一次。

④ 严格按照国家有关标准的要求控制施药量与安全间隔期。

⑤ 有机合成农药在农产品中的最终残留应符合国家有关标准的最高残留限量要求。

(3) 严禁使用高毒高残留农药防治储藏期病虫害。

(4) 严禁使用基因工程品种（产品）及制剂。

本章小结

本章主要讲述了典型重金属类污染物和有机污染物在环境各圈层中的循环，其主要内容如下。

1. 重金属类污染物。主要是汞、砷重金属类污染物的基本来源及分布、基本性质、在环境中的迁移转化和环境效应等。

2. 有机污染物。主要是有机卤代烃、多环芳烃和表面活性剂等的性质、种类和其在环境中的迁移转化、生物降解、毒性与生物效应等。

本章内容理论性和综合性较强，通过本章知识的学习要注意知识的灵活运用。

复习思考题

1. 为什么汞能以零价形式（Hg）存在于环境中？

2. 为什么 Hg^{2+} 和 CH_3Hg^+ 在人体内能长期滞留？举例说明它们可形成哪些化合物。

3. 砷在环境中存在的主要化学形态有哪些？其主要转化途径有哪些？

4. 简述多氯联苯在环境中的主要分布、迁移与转化规律。

5. 试述砷的甲基化过程。

6. 试述卤代烃的来源及其在大气中的转化。

7. 表面活性剂有哪些类型？对环境和人体健康的危害是什么？

第七章 有害废物及放射性固体废物

【学习指南】

本章在简介固体废物的基础上，着重阐述有害废物及具有特点的放射性固体废物的污染化学。有害废物部分：要求掌握它的判定原则和进入环境的途径；了解其中重要的有害化学成分。放射性固体废物部分：要求掌握放射性固体废物的类型与其所含的主要放射性核素；放射性核素的地下迁移及其对人体损害的类型和机制。

固体废物通常系指人类在生产建设、日常生活和其他活动产生的，在一定时间和地点无法利用而被丢弃的污染环境的固体、半固体废弃物质。《中华人民共和国固体废物污染环境防治法》（以下简称《固废法》）把固体废物分为三大类：工业固体废物、城市生活垃圾和危险废物。由于液态废物（排入水体的废水除外）和置于容器中的气态废物（排入大气的废物除外）的污染防治适用于《固废法》，所以有时也把这些废物称为固体废物。

第一节 固体废物及分类

所谓废物是人类在日常生活和生产活动中对自然界的原材料进行开采、加工、利用后，不再需要而废弃的东西，由于废物多数以固体或半固体状态存在，通常又称为固体废物。

根据《中华人民共和国固体废物污染环境防治办法》第八十八条规定："固体废物，是指在生产、生活和其他活动中产生的丧失原有利用价值或者虽未丧失利用价值但被抛弃或者放弃的固态、半固态和置于容器中的气态的物品、物质以及法律、行政法规规定纳入固体废物管理的物品、物质。"

装有废酸、废碱或有害气体的容器也归入固体废物管理体系中。

一、固体废物的产生

固体废物大部分来自人类生产活动的许多环节，其中也包括来自各种废物处理设施的排弃物，其余部分则来自人类的生活活动，主要为生活垃圾、粪便的排放。人们在资源开发和产品制造过程中，必然有废物产生，任何产品经过使用和消费后，都会变成废物。

固体废物的产生有其必然性。这一方面是由于人们在索取和利用自然资源从事生产和活动时，限于实际需要和技术条件，总要将其中一部分作为废物丢弃；另一个方面是由于各种产品本身有其使用寿命，超过了一定期限，就会成为废物。

二、固体废物的分类

固体废物分类的方法有多种，常见的分类方法如下。

（1）按照化学成分　固体废物可分为有机废物和无机废物。

（2）按照来源　固体废物可分为矿业固体废物、工业固体废物、城市垃圾、农业固体废物和放射性固体废物五类。

（3）按照污染特性　固体废物可分为危险废物和一般废物等。

（4）按照形状　固体废物可分为固体状的（块状、废物、粒状废物、粉状废物）和泥状的（污泥）。

（5）根据《中华人民共和国固体废物污染环境防治法》　固体废物可分为城市生活垃圾、工业固体废物和危险废物。

现以第五种分类方法对各种固体废物进行介绍。

（1）城市生活垃圾　城市生活垃圾又称为城市固体废物。它是指在城市居民日常生活中或为城市日常生活提供服务的活动中产生的固体废物，其主要成分包括厨余物、废纸、废塑料、废织物、废金属、废玻璃陶瓷碎片、砖瓦渣土、粪便以及废家用器具、废旧电器、庭院废物等。

它的主要特点是成分复杂，有机物含量高。影响城市生活垃圾成分的主要因素有居民生活水平、生活习惯、季节、气候等。

（2）工业固体废物　工业固体废物是指在工业、交通等生产过程中产生的固体废物。工业固体废物主要包括以下几类。

① 冶金工业固体废物　主要包括各种金属冶炼或加工过程中所产生的各种废渣，如高炉炼铁产生的高炉渣、平炉转炉电炉炼钢产生的钢渣、铜镍铅锌等有色金属冶炼过程产生的有色金属渣、铁合金渣及提炼氧化铝时产生的赤泥等。

② 能源工业固体废物　主要包括燃煤电厂产生的粉煤灰、炉渣、烟道灰、采煤及洗煤过程中产生的煤矸石等。

③ 石油化学工业固体废物　主要包括石油及加工工业产生的油泥、焦油页岩渣、废催化剂、废有机溶剂等，化学工业生产过程中产生的硫铁矿渣、酸渣、碱渣、盐泥、釜底泥、精(蒸)馏残渣以及医药和农药生产过程中产生的医药废物、废药品、废农药等。

④ 矿业固体废物　主要包括采矿废石和尾矿。废石是指各种金属、非金属矿山开采过程中从主矿上剥离下来的各种围岩，尾矿是指在选矿过程中提取精矿以后剩下的尾渣。

⑤ 轻工业固体废物　主要包括食品工业、造纸印刷工业、纺织印染工业、皮革工业等工业加工过程中产生的污泥、动物残物、废酸、废碱以及其他废物。

⑥ 其他工业固体废物　主要包括机加工过程产生的金属碎屑、电镀污泥、建筑废料以及其他工业加工过程产生的废渣等。

固体废物的产生量与人口、经济发展水平紧密相关，如图 7-1 所示。

（3）有害废物（见本章第二节）

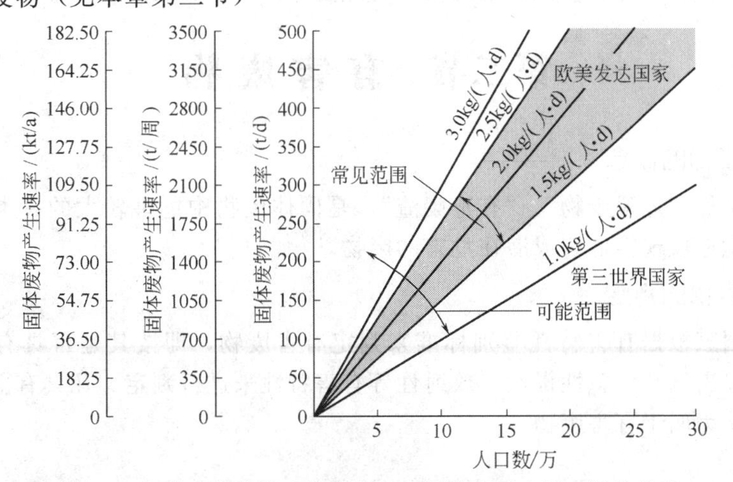

图 7-1　固体废物的产生量与人口、经济发展水平之间的关系

三、固体废物的时空特点

从时间方面讲，废物仅仅相对于当前科技水平和经济条件下尚难以利用而被丢弃的物质，但随着科学技术和社会经济的发展，昨天的废物正在变为今天的资源，今天的废物可能成为明天的宝藏。

从空间方面讲，废物仅仅相对于某一过程或某一方面没有使用价值，然而往往可以成为另一过程或方面的原料。

固体废物还具有“废物”和“资源”的二重特性。一方面是废物往往含有污染成分，排放量大、占地面积广，大量的长期堆放已对环境和人体环境构成威胁和危害；另一方面固体废物又含有许多有用物质，是“三废”之中最有可能资源化的废物。

四、固体废物污染的控制

1. 固体废物的特征

与废水和废气相比较，固体废物具有自己的固有特征。

① 固体废物直接占用土地并具有一定空间。

② 固体废物包括了有固体外形的危险液体及气体废物，品种繁多、数量巨大。

③ 固体废物是各种污染物的最终形态，特别是从污染控制设施排出的固体废物，浓集了许多成分，呈现出多组分混合物的复杂特性和不可稀释性，这是固体废物的重要特点。

④ 固体废物在自然条件的影响下，其中的一些有害成分会迁移进入大气、水体和土壤之中，参与生态系统的物质循环，造成对环境要素的污染和影响，给居民身体健康带来危害。因而，固体废物具有长期的、潜在的危害性。

鉴于前述特点，固体废物从其生产到运输、储存、处理和处置的每个环节都必须严格妥善地加以控制，使其不危害生态环境，固体废物具有全程管理的特点。

2. 固体废物污染控制的特点

具体来说，固体废物污染控制有以下特点。

① 需要从污染源头开始，改进或采用更新的清洁生产工艺，尽量少排或不排废物。

② 需要强化对危险废物污染的控制，实行从产生到最终无害化处置全过程的严格管理（即从“摇篮”到“坟墓”的全过程管理模式）。

③ 需要提高全民性对固体废物污染环境的认识，做好科学研究和宣传教育，当前这方面尤显重要，因而也成为有效控制其污染的特点之一。

第二节 有害废物

一、有害废物的概念

有害废物又称“危险废物”、“有毒废渣”，是固体废物中危害较大的一类废物，是能对人体健康和环境造成现实危害或潜在危害的废物。

二、有害废物的判定

目前多数国家根据有害特性鉴别标准来判定有害废物，即按其是否具有可燃性、反应性、腐蚀性、浸出毒性、急性毒性、放射性等有害特性来进行判定。凡具有上述一种或一种以上特性者均认为属于有害废物。

1. 可燃性

闪点较低的废物，或者经摩擦、吸湿或自发反应而易于发热进行剧烈、持续燃烧的废物，便认为具有可燃性。

2. 反应性

显示下述性质之一的废物，被认为具有反应性：在无引发下由于本身不稳定而易发生剧烈变化；与水猛烈反应；与水形成爆炸性混合物；与水产生有毒的气体、蒸汽、烟雾或臭气；在有引发源或受热下能爆震、爆炸；常温常压下容易发生爆炸；其他法规所定义的爆炸物质。

3. 腐蚀性

含水废物的浸出液或废物不含水但加入定量水后的浸出液，能使机体接触部位的细胞组织受到损害，或使接触物质发生质变，使容器泄漏，则认为该废物具有腐蚀性。

4. 浸出毒性

用规定方法对废物进行浸取，在浸取液中有一种或一种以上的有毒成分浓度超过限定标准，就认为该废物具有浸出毒性。

5. 急性毒性

一次投给试验动物的废物，半致死剂量（LD_{50}）小于规定值便具有急性毒性。

6. 放射性

有些原子核不稳定，能自发地、有规律地改变其结构转变为另一种原子核，这种现象称为核衰变。在核衰变过程中会放出具有一定动能的带电或不带电粒子，即 α、β 和 γ 射线，这种性质称为放射性。

根据这些性质，世界各国均制定了自己的鉴别标准和危险废物名录。我国最新的《国家危险废物名录》列出危险废物共 49 类（见附录），自 2008 年 8 月 1 日起施行。我国最新的《危险废物鉴别标准》于 2007 年 10 月 1 日起实施。国家规定危险废物是指列入国家危险废物名录或者根据国家规定的危险废物鉴别标准和鉴别方法认定的具有腐蚀性、毒性、易燃性、反应性和感染性等一种或一种以上危险特性，以及不排除具有以上危险特性的固体废物。

三、有害成分

美国环保局公布的美国有害废物共有 110 种，包含有害化合物共 361 种，其中大多数是有机化合物。

我国的有害危险废物及包含的有害成分见《中华人民共和国固体废物污染环境防治法》中的《国家危险废物名录》。有害废物中部分重要的有害成分见表 7-1。

表 7-1　有害废物中部分重要的有害成分

无　机　物	有　机　物
汞及其化合物 砷及其化合物 镉及其化合物 铬(Ⅵ)化合物 铅及其化合物 锌及其化合物 可溶性铜化合物 氯化物 氟化物 石棉 过氧化物、氟酸盐、高氯酸、叠氮化物	烃类：石油烃、苯、甲苯、多环芳烃 含氧化合物：甲醛、丙烯醛、烯丙基醇、醚类、酚类、羧酸酯、环氧乙烷 含氮化合物：丙烯腈、联苯胺、三硝基甲苯、吡啶、*N*-乙基-*N*-亚硝丁胺、二甲胺 含硫化合物：甲硫醇、二甲基硫醚、苯基硫醇、二苯并噻吩 卤代物：四氯化碳、氯仿、氯乙烷、1,2-二氯乙烷、氯乙烯、三氯乙烯、氯苯、1,4-二氯苯、1,2,4-三氯苯、多氯联苯、二噁英、2-氯酚、对氯苯胺、三氯乙酸、2-氯乙基乙烯基醚、双(2-氯甲基)醚 有机金属化合物：四乙基铅、三丁基锡化合物 有机农药：六六六、对硫磷、乙拌磷、涕灭威、氟乙酸钠

四、迁移途径和危害性

1. 进入土壤的途径及对土壤的污染

有害废物长期露天堆放，其有害成分在地表径流和雨水的淋溶、渗透作用下，通过土壤孔隙向四周和纵深方向迁移。

在此迁移过程中，有害成分要经受土壤的吸附和其他作用，对土壤造成污染。其中的有毒物质会杀死土壤中的微生物和原生动物，破坏土壤的微生态，反过来又会降低土壤对污染物的降解能力；其中的酸、碱和盐类等物质会改变土壤的性质和结构，导致土壤酸化、碱化、硬化，影响植物根系的发育和生长，破坏生态环境；同时许多有毒的有机物和重金属会在植物体内积累，当土壤中种有牧草和食用作物时，由于生物积累作用，上述有害物质会最终在人体内积累，对肝脏和神经系统造成严重损害，诱发癌症并使胎儿畸形。

2. 进入大气的途径及对大气的污染

有害废物一般通过以下途径进入大气，使之受到污染。

① 有害废物在堆放或填埋过程中，在温度、水分的作用下，某些有机物质发生分解，产生有害气体进入大气。

② 一些有害废物具有强烈的反应性和可燃性，在和其他物质反应过程中或自燃时会放出大量 CO_2、SO_2 等气体，污染环境，而火势一旦蔓延，则难以救护。

③ 以细粒状态存在的有害废物，在大风吹动下，随风扬散、扩散到远处，既污染环境，影响人体健康，又会沾污建筑物、花果树木，影响市容和卫生，扩大危害面积与范围。

④ 有害废物在运输与处理的过程中，产生的有害气体和粉尘也是十分严重的，不但会造成大气质量的恶化，一旦进入人体和其他生物群落，还会危害到人类健康和生态平衡。

3. 进入水体的途径及对水体的污染

有害废物可通过下述途径进入水体。

① 直接排入地表水。

② 被地表径流携带进入地表水。

③ 空中的细小颗粒，经过干湿沉降进入地表水。

④ 露天堆放和填埋的废物，其可溶性有害成分在降水淋溶、渗透作用下可经土壤达到地下水。

有害废物进入水体后，首先会导致水质恶化，对人类的饮用水安全造成威胁，危害人体健康；其次会影响水生生物正常生长，甚至会杀死水中生物，破坏水体生态平衡；有害废物往往含有大量的重金属和人工合成的有机物，这些物质大都稳定性极高，难以降解，水体一旦遭受污染就很难恢复；对于含有传染性病原菌的有害废物，如医院的医疗废物等，一旦进入水体，将会迅速引起传染性疾病的快速蔓延，后果不堪设想。

4. 进入人体的途径及对人体的危害

环境中的有害废物以大气、水、土壤为媒介，可以直接从呼吸道、消化道或皮肤进入人体，从而对人体健康造成威胁，甚至引起大规模的公害事件，给人类带来灾难性后果。如腊芙运河（Love canal）污染事件就是有害废物进入人体的一个典型事件。

该事件发生在美国腊芙运河地区，该运河位于纽约州尼加拉瓜瀑布附近，是一条废弃的运河，20 世纪 20 年代末，被霍克化学塑料公司买去作为废物填埋厂，共填埋了大约 200 多种化学废物和其他工业废物，其中相当一部分是剧毒物。这些化学废物可以导致畸形、肝病、精神失常、癌症等多种严重疾病。1953 年后，铺上表土的填埋厂经转手后建为居民区，

1976年，一场罕见的大雨冲走了地表上的土壤，使化学废物暴露出来。此后，花草坏死、腐蚀灼伤等现象时有发生，癌症发病率明显增高，引起当地居民的恐慌不安。1978年，美国国家环保总局调查证实为严重的有毒化学废物污染事件。纽约州政府采取了一系列紧急措施进行处理，如封闭学校、疏散居民、买下被化学废物污染的全部房屋等。

五、我国有害（危险）废物污染防治现状及防治技术

20世纪，国内外不乏因工业废渣处置不当，其中毒性物质在环境中扩散而引起祸及居民的公害事件。如含镉废渣排入土壤引起日本富山县“痛痛病”事件，美国纽约州腊芙运河河谷土壤污染事件，以及我国发生在50年代的锦州镉渣露天堆积污染井水事件等。

不难看出，这些公害事件已给人类带来灾难性后果。尽管近年来，严重的污染事件发生较少，但固体废物污染环境对人类健康将会遭受的潜在危害和影响是难以估量的。有害废物污染的防治必须引起全人类的高度重视。

我国是一个发展中国家，随着经济的迅速发展，危险废物的产生量越来越大、种类繁多、性质复杂，且产生源数量分布广泛，管理难度较大。据《中国环境状况公报》和《中国环境统计年报》数据显示，2009年和2010年我国工业危险废物产生量分别为1430万吨和1587万吨。

由于危险废物的管理起步晚，所以目前无论从管理法规、管理机构、处理技术的研究和处理处置设施的建设等方面都存在不足，对危险废物的管理和处理处置还处于低水平阶段，危险废物无害化利用和处置保障能力不强。大多数危险废物只是简单堆放或填埋，甚至有一部分危险废物未经处理就直接排入环境，对人体健康和环境造成严重的危害。

为给我国危险废物管理提供有力的技术支撑，国家环境保护总局组织有关部门起草了《危险废物污染防治技术政策》。

1. 我国危险废物污染防治的阶段性目标

2005年，重点区域和重点城市产生的危险废物得到妥善储存，有条件的实现安全处置；实现医院临床废物的环境无害化处理处置；将全国危险废物产生量控制在2000年末的水平；在全国实施危险废物申报登记制度、转移联单制度和许可证制度。到2010年，上海等重点城市的危险废物基本实现环境无害化处理处置。《危险废物污染防治技术政策》提出的目标是：到2015年，所有城市的危险废物基本实现环境无害化处理处置。

2. 危险废物污染防治的有效途径

解决危险废物污染的有效途径包括：采用清洁新工艺，防止危险废物产生；改进已有生产工艺，做到源头减量；对于已产生的危险废物，则首先通过资源的回收利用减少其需要进行无害化处理处置的量；对于无法利用的危险废物，则进行环境无害化处理处置，即要逐步实现危险废物的减量化、资源化和无害化。

3. 危险废物污染防治的技术路线

危险废物污染防治的技术路线是从危险废物产生、收集、储存、运输、综合利用、处理，到最终处置的全过程控制，重点废物进行特殊管理。

① 从源头控制危险废物污染，实现废物减量化　通过经济和政策措施鼓励企业进行清洁生产，尽可能防止和减少危险废物的产生。企业需根据经济和技术发展水平，采用低废、少废、无废工艺，实施清洁生产。

② 鼓励和促进危险废物交换，为废物回收利用创造条件　在环境保护主管部门的监督和管理下，产生危险废物的各地区、各企业要互通信息，充分利用危险废物，实现其资

源化。

③ 加强对危险废物收集运输的管理，降低环境风险　危险废物必须根据成分，采用专用容器进行分类收集，不得混合收集，并注意与综合利用和处理处置相结合。家庭产生的危险废物需同垃圾的分类收集相结合，通过分类收集提高家庭危险废物的回收利用和资源化。发展安全、高效的危险废物运输系统，鼓励发展各种形式的密闭车辆，淘汰敞开式危险废物运输车辆，减少运输过程中的二次污染和对环境的风险。

④ 鼓励危险废物综合利用，实现其资源化　通过优惠政策鼓励危险废物回收利用企业的发展和规模化，鼓励综合利用，避免处理和利用过程中的二次污染。对于大型危险废物焚烧设施，必须进行余热的回收利用。

⑤ 发展危险废物的焚烧处置，实现其减量化和资源化　危险废物的焚烧处置目的是危险废物的减量化和无害化，并回收利用其余热。焚烧处置适用于不能回收利用其有用组分、并具有一定热值的危险废物。危险废物焚烧处理设施要将烟气排放作为一项关键指标，采取先进的技术手段进行严格的处理，使其稳定达到污染物控制标准要求后排放。焚烧产生的残渣、烟气处理产生的飞灰，按危险废物进行安全填埋处置。

⑥ 建设危险废物填埋处置设施，实现安全处置　安全填埋是危险废物的最终处置方式。安全填埋处置适用于不能回收利用其有用组分、不能回收利用其能量的危险废物，包括焚烧过程的残渣和飞灰。安全填埋场的规划、选址、建设和运营管理，要严格按照国家有关标准的要求执行。

⑦ 有效控制特殊危险废物，减少环境污染　需建设专用医疗废物处理设施对医院临床废物进行处置。机动车用废铅酸电池必须进行回收利用，不允许利用其他办法进行处置。含多氯联苯废物因其毒性极大，需集中在专用焚烧设施中进行处置。废矿物油需首先进行回收利用，残渣进行焚烧处置。

⑧ 提高危险废物处理相关技术装备研究及开发水平，推进其国产化　鼓励引进、消化、吸收国外先进技术，同时自行开发、发展危险废物处理技术和装备。

第三节　放射性固体废物

一、放射性的概念及判定

某些物质的原子核能自发地放出看不见、摸不着的射线，物质所具有的这种特性，称为放射性。具有放射性的物质称为放射性物质。

1. 放射性核素

核素是具有特定的原子质量数、原子序数和核能态的一类原子，分为稳定核素和放射性核素。

2. 放射性衰变及其类型

放射性核素自发地改变核结构形成另一种核素的过程，称为核衰变。因同时伴有带电或不带电粒子的放出，故又称放射性衰变。每种放射性核素衰变都有其自身特有的方式，并且不受外界条件的影响，故核衰变是放射性核素的特征性质。

放射性衰变按其放出的粒子性质，分为 α 衰变、β 衰变、β^+ 衰变、电子俘获、γ 衰变等多种类型。

① α 衰变是放射性核素核放出 α 粒子的核衰变。α 粒子是带有 2 个单位正电荷的氦核。

$$^{A}_{Z}X \longrightarrow \alpha + ^{A-4}_{Z-2}Y$$

② β 衰变是放射性核素内一个中子转变成质子并放出 β 粒子和中微子的核衰变。β 粒子是电子。

$$^{A}_{Z}X \longrightarrow ^{A}_{Z+1}Y + \beta + \nu$$

③ γ 衰变是放射性核素从较高能态跃迁至较低能态时放出一种波长很短的电磁辐射（高能 γ 光子）的过程。

④ β^+ 衰变是放射性核素核内一个质子转变成中子并放出 β^+ 粒子和中微子的核衰变。β^+ 粒子是正电子。

$$^{A}_{Z}X \longrightarrow ^{A}_{Z-1}Y + \beta^+ + \nu$$

⑤ 电子俘获是放射性核素俘获核外绕行的一个电子，使核内一个质子转变成中子并放出中微子的过程。

$$^{A}_{Z}X + e^- \longrightarrow ^{A}_{Z-1}Y + \nu$$

3. 辐射量及其单位

（1）照射量与照射量率　照射量（X）是指 γ 射线或 X 射线在单位质量空气中引起的所有电子被完全阻留于空气中时，产生的电子或正离子的总电荷量。照射量是根据射线在空气中的解离能力，来度量辐射强度的物理量。照射量的法定单位是库仑每千克空气（C/kg），并用的专用单位是伦琴，简称伦（R）。

照射量率是单位时间内的照射量，单位是 C/(kg·s)、R/s 等。

（2）吸收剂量与吸收剂量率　吸收剂量（D）是指单位质量物质所吸收的辐射能量。D 可以用于任何类型的辐射，是反映被照射介质吸收辐射能量程度的物理量。它的法定单位是焦耳每千克（J/kg），专称戈瑞（Gray），符号 Gy。

吸收剂量率是单位时间内单位质量物质所吸收的辐射剂量，单位是 Gy/s 等。

（3）剂量当量与剂量当量率　用吸收剂量和其他影响危害的修正因数之乘积来度量各种辐射对生物的危害效应，此度量称为剂量当量（H）。单位时间内的剂量当量，称剂量当量率。

4. 环境放射性的来源

（1）天然辐射

① 来自地球外层空间的宇宙射线，包括初级宇宙射线和次级宇宙射线。

② 地球天然存在的放射性核素辐射，包括由初级宇宙射线与大气物质相互作用产生的放射性核素和地球形成时本来就有的放射性核素。

（2）人工辐射　来源主要有以诊断医疗为目的的所使用的辐射源设备和放射性药剂、核工业及核研究单位排放的三废，以及带有辐射的消费品。

二、放射性固体废物的分类

含有放射性核素或被其污染，没有或暂时没有重复利用价值，其放射性浓度比活度或污染水平超过规定下限值的废弃物称为放射性固体废物。

放射性固体废物是重要的辐射源和环境污染源，为了实现放射性废物的安全、经济、科学的管理，必须对放射性废物进行正确的分类。

根据国际原子能机构（IAEA）建议，放射性固体废物分为以下四类。

① $X \leqslant 0.2$R/h 的低水平放射性废物，不必采用特殊防护。主要是 β 放射体及 γ 放射体，所含 α 放射体可忽略不计。

② 0.2R/h$<X\leqslant$2R/h 的中水平放射性废物，需用薄层混凝土或铅屏蔽防护。主要是 β 放射体及 γ 放射体，所含 α 放射体可忽略不计。

③ $X>$2R/h 的高水平放射性废物，需要特殊防护装置。主要是 β 放射体及 γ 放射体，所含 α 放射体可忽略不计。

④ α 放射性要求不存在超临界问题，主要为 α 放射体。

三、核工业中放射性固体废物的主要类型及地下迁移速率

1. 核工业中放射性固体废物的主要类型

目前，放射性固体废物主要来自核工业。具有代表性的核工业是核发电站压水反应堆及其前、后处理系统。

其放射性固体废物的主要类型如下：

① 从含铀矿石提取铀的过程中产生的废矿石和尾矿；

② 铀精制厂、核燃料元件加工厂、反应堆、核燃料后处理厂以及使用放射性同位素研究、医疗等单位排出的沾有人工或天然放射性物质的各种器物，包括废弃的离子交换树脂、各种材料设备等；

③ 放射性废液经浓缩、固化处理形成的固体废弃物。

2. 放射性核素的地下迁移速率

放射性核素的地下迁移，是指其在土壤、岩石等地质介质中随地下水流动而至地表水系统的迁移过程。它是放射性固体废物地下处置的关键。所谓地下处置就是将放射性废物埋于地下处置场，利用多层屏障来阻止核素在很长时期内不以有害量迁入生物圈的方法。因此，在经过一定时期后固废核素从漏入地质开始的地下迁移的速率，是决定放射性固废地下处置实效的关键。

放射性核素地下迁移速率的室内研究表明，地质介质通过吸附、沉淀等作用对核素地下迁移具有延迟能力。

$$v=V/K$$

式中 v——核素地下迁移速率；

V——地质介质中地下水流带；

K——延迟系数。

K 显示地质介质对核素随水迁移的延迟能力，是用来判断地质介质屏障核素优劣的主要指标。它随着核素性质、地质介质特性和地下水的组成、pH 值、水文条件等许多因素的不同而变化。

四、辐射损坏类型和影响因素

1. 辐射损害的类型

放射性物质对人体的损害主要是由核辐射引起的。辐射对人体的损害可以分为躯体效应和遗传效应，还可分为随机性与非随机性效应。

(1) 躯体效应与遗传效应

① 躯体效应　躯体效应指辐射所致的显现在受照者本人身上的损害，包括急性和晚发效应。

② 遗传效应　遗传效应指出现在受照者后代身上的辐射损害效应。它主要是由于被辐照者体内生殖细胞受到辐射损伤，发生基因突变或染色体畸变。

(2) 随机性效应与非随机性效应

① 随机性效应　随机性效应指辐射损害发生率与剂量大小有关，严重程度与剂量无关，

可能不存在剂量阈值的生物效应。

② 非随机性效应　非随机性效应指辐射损害的严重程度随剂量变化，存在着剂量阈值的生物效应。

2. 影响辐射损害的因素

影响辐射损害的主要因素有以下几个方面：

(1) 辐射的类型　α 射线穿透力弱，主要危害是引起内照射；X 射线穿透力强，外照射危害大。

(2) 辐射的剂量　辐射剂量大，作用强。

(3) 照射的方式与部位　不同部位的敏感度不同，辐射高度敏感的组织或器官有淋巴组织、胸腺、骨髓、性腺、胚胎、肠胃上皮等；中度敏感的主要是感觉器官、内皮细胞、皮肤上皮、唾液腺、肾、肝等；轻度敏感的有中枢神经系统、内分泌腺、心脏；不敏感的如肌肉组织、软骨组织、结缔组织等。

辐射对人体的损害是由辐射的解离和激发能力造成的。其生化机制为：辐射先将辐照机体内的水分子解离和激发，产生性质活泼的自由基、强氧化剂等，与细胞的有机分子核酸、蛋白质、膜、酶等相互作用，使之化学键断裂、组成受到破坏，从而引起损害症状。

(1) 机体内水的辐照产物　体内水分子被激发为活化分子 H_2O^* 后，经过一系列变化，生成许多其他自由基。其中，超氧自由基 $O_2^- \cdot$、氢氧自由基 $HO\cdot$ 和 H_2O_2 化学性质活泼，统称为活化氧。

(2) 辐射致生物膜脂质过氧化　机体生物膜上的聚不饱和脂质在辐照下，变成有害的膜脂质氢过氧化物的过程称为辐射致膜脂质过氧化。

其生化机制是辐射使体内产生活化氧，$O_2^- \cdot$ 与体内过氧化氢形成 $HO\cdot$：

$$O_2^- \cdot + H_2O_2 \longrightarrow O_2 + OH^- + HO\cdot$$

$HO\cdot$ 是很强的亲电试剂，它造成链式反应，使膜脂质继续过氧化，不断生成脂质氢过氧化物。

(3) 辐射致癌　其生化机制如下：

① $O_2^- \cdot$ 反应变成 $HO\cdot$，$HO\cdot$ 加成于构成 DNA 的嘧啶或嘌呤碱基中电子密度较高的碳原子上，使 DNA 基因突变，受到损伤。

② $O_2^- \cdot$ 在体内还可发生歧化反应生成 H_2O_2：

$$O_2^- \cdot + O_2^- \cdot + 2H^+ \longrightarrow H_2O_2 + O_2$$

H_2O_2 可对机体中各种酶和膜蛋白上的巯基起氧化作用，使其组成受到破坏，功能失常，甚至可能致癌。

第四节　电磁辐射污染

一、电磁辐射污染的概念及特点

电磁辐射污染指人类使用产生电磁辐射的器具而泄漏的电磁能量传播到室内外空间中，其量超过了环境本底值，且其性质、频率、强度和持续时间等综合影响引起周围受辐射影响人群的不适感，并使健康和生态环境受到损害。

1. 电磁辐射的物理特性

任何交流电在其周围空间都会产生交变的电场，交变的电场又产生交变的磁场，交变的磁场又反过来会产生新的交变电场。这种交变的电场与交变的磁场相互垂直、以源为中心向周围空间交替的产生且以一定的速度传播的波，称为电磁辐射（也称电磁波）。确切地说，电磁辐射是一个包括广播频率（220～3600MHz）、电视频率（30～300MHz）和无线电频率（30MHz 以下）的广泛的波（见表 7-2）。

从波动学的观点来描述电磁辐射时其基本物理量有以下几个。

（1）波长（λ） 沿着波的传播方向，在波的图形中相对平衡位置的位移时刻相同的、相邻的两个质点之间的距离；单位为米（m）。

（2）周期（T） 物体完成一次全振动所需的时间；单位为秒（s）。

（3）频率（f） 单位时间内所完成的周期数；单位为赫兹（Hz）。

三者之间的关系为：$f=1/T=c/\lambda$。

表 7-2 部分电磁波谱

电 磁 波	波长/cm	频率/Hz
红外线	3×10^{-4}	10^{14}
微波	3×10^{-2}	10^{12}
雷达波	3×10^{0}	10^{10}
短波、无线电波、调幅波	3×10^{4}	10^{6}
长波、无线波	3×10^{6}	10^{4}

2. 电磁辐射污染源的分类

影响人类生活环境的电磁辐射根据其污染源大致可分为两大类：天然电磁辐射污染源和人为电磁辐射污染源。

（1）天然电磁辐射污染源 天然的电磁辐射污染是某些自然现象引起的（见表 7-3），最常见的是雷电，除了可能对电气设备、飞机、建筑物等直接造成危害外，还会在广大地区从几千赫到几百兆赫以上的极宽频率范围内产生严重的电磁干扰；火山喷发、地震和太阳黑子活动引起的磁暴等都会产生电磁干扰。天然的电磁污染对短波通信的干扰尤为严重。

表 7-3 天然电磁辐射污染源

分 类	来 源
大气与空气污染源	自然界的火花放电、雷电、台风、高寒地区飘雪、火山喷发等
太阳电磁场源	太阳黑子活动与黑体放射等
宇宙电磁场源	银河系恒星的爆发、宇宙间电子的移动等

（2）人为电磁辐射污染源 人为电磁辐射污染源产生于人工制造的若干系统，如电子设备、电气装置等，主要来自广播、电视、雷达、通讯基站及电磁能在工业、科学、医疗和生活中的应用设备，如表 7-4 所示。

在人为污染源所组成的电磁辐射中，对人类的健康危害最大的是微波辐射。现在环境中的电磁辐射主要来源于人为电磁辐射污染源。来自天然电磁辐射污染源的电磁辐射相对于人为电磁辐射污染源的危害已可忽略不计。而且随着科学技术的不断发展，人们受到的人为电磁辐射污染源的电磁危害还将会继续增大，因此我们应根据主要的电磁辐射污染源来有效地治理和防治来自电磁辐射的危害。

表 7-4　人为电磁辐射污染源

分　类		设备名称	污染来源与部件
放电所致场源	电晕放电	电力线	高电压、大电流而引起静电感应、电磁感应、大地泄漏电流
	辉光放电	放电管	白光灯、高压水银灯及其他放电管
	弧光放电	开关、电气铁道、放电管	点火系统、发电机、整流装置
	火花放电	电气设备、发动机、冷藏车	发电机、整流器、放电管、点火系统
工频感应场源		大功率输电线、电气设备、电气铁道	高电压、大电流的电力线场电气设备
射频辐射场源		无线电发射机、雷达	广播、电视与通风设备的振荡与发射系统
		高频加热设备、热合机、微波干燥机	工业用射频利用设备的工作电路与振荡系统
		理疗机、治疗机	医学用射频利用设备的工作电路与振荡系统
家用电器		微波炉、电脑、电磁灶、电热毯	功率源为主
移动通信设备		手机、对讲机	天线为主
建筑物反射		高层楼群以及大的金属构件	墙壁、钢筋、吊车

二、电磁污染的传播途径

通过了解主要的电磁辐射污染源，可将电磁污染的途径大致分为空间辐射、导线传播和复合污染三种。

1. 空间辐射

空间辐射是来自天空的辐射（高能粒子），其强度与太阳的活动密切相关。主要是天然的宇宙射线和地磁场捕获的带电粒子等，包含有以下几种射线：高能质子射线、高能电子射线、中子射线、X 射线、γ 射线等。

2. 导线传播

当射频设备与其他设备共用一个电源供电时，电磁能量（信号）就会通过导线进行传播。另外，信号的输出与输入电路、控制电路等也能在强电磁场中“拾取”信号，并将“拾取”的信号再进行传播。

3. 复合污染

当空间辐射与导线传播同时存在时所造成的电磁污染。

三、电磁辐射的危害

电磁辐射的危害可以通过以下几个主要方面来说明：电磁辐射对人体的影响、电磁辐射对人体影响的机理和电磁辐射对仪器设备的干扰和破坏。

1. 电磁辐射对人体的影响

(1) 电磁辐射对人体影响的因素

① 功率　设备输出功率越大，辐射强度越大，对人体的伤害越严重。例如，接触高场强的人员与接触低场强的人员，在神经衰弱的发生率方面有极明显的差别。

② 频率　辐射能的波长越短，频率越高，对人体的伤害越大。例如，对国内从事中波与短波工作的部分人员进行体检的资料表明，在血压方面，两臂血压收缩压差大于 10mmHg 的，中波组占 10.28%，短波组占 13.4%；舒张压差大于 10mmHg 的，中波组占 7.12%，短波组占 12.25%。

③ 距离　离辐射源越近，辐射强度越大，对人体的伤害越大。

振荡性质：脉冲波对机体的不良影响比连续波严重。

(2) 电磁辐射6大危害

① 它极可能是造成儿童患白血病的原因之一。医学研究证明，长期处于高电磁辐射的环境中，会使血液、淋巴液和细胞原生质发生改变。

② 能够诱发癌症并加速人体的癌细胞增殖。电磁辐射污染会影响人体的循环系统、免疫、生殖和代谢功能，严重的还会诱发癌症，并会加速人体的癌细胞增殖。

③ 影响人的生殖系统，主要表现为男子精子质量降低，孕妇发生自然流产和胎儿畸形等。

④ 可导致儿童智力残缺。据最新调查显示，我国每年出生的2000万儿童中，有35万为缺陷儿，其中25万为智力残缺，有专家认为电磁辐射也是影响因素之一。世界卫生组织认为，计算机、电视机、移动电话的电磁辐射对胎儿有不良影响。

⑤ 影响人们的心血管系统，表现为心悸、失眠，部分女性经期紊乱，心动过缓，心搏血量减少，窦性心律不齐，白细胞减少，免疫功能下降等。如果装有心脏起搏器的病人处于高电磁辐射的环境中，会影响心脏起搏器的正常使用。

⑥ 对人们的视觉系统有不良影响。由于眼睛属于人体对电磁辐射的敏感器官，过高的电磁辐射污染会引起视力下降，白内障等。高剂量的电磁辐射还会影响及破坏人体原有的生物电流和生物磁场，使人体内原有的电磁场发生异常。值得注意的是，不同的人或同一个人在不同年龄阶段对电磁辐射的承受能力是不一样的，老人、儿童、孕妇属于对电磁辐射的敏感人群。

2. 电磁辐射对人体影响的机理

电磁辐射作用于人体之后，一部分被体表反射，一部分被身体吸收，一般认为可分为热效应和非热效应。

(1) 热效应　生物体吸收电磁辐射能量并将其转换为热能后，当超过体温调节能力时，可使局部温度或整体体温升高，导致生理功能紊乱或组织结构改变等生物学效应，即电磁辐射的热效应。

(2) 非热效应　微波辐射对人体的危害，另一特点是累积效应。一般一次低功率照射之后会受到某些不明显的伤害，经过4～7天之后可以恢复。如果在恢复之前受到第二次照射，伤害就会累积，这样多次之后就会形成明显的伤害。长期从事微波工作，长期受到低功率照射的工作人员，在停止微波工作后4～6周才能恢复。但必须指出只有低功率照射受损的人体机能才能恢复。而功率很大，从事此项工作时间又长，损害将会是永久的。

3. 电磁辐射对仪器设备的干扰和破坏

人类社会进入了信息时代，环境中电磁辐射的污染也在与日俱增，有的地方已超过自然本底值的几千倍以上。实际上，电磁辐射作为一种能量流污染，人类无法直接感受到，但它却无时不在。电磁辐射污染不仅对人体健康有不良影响，而且对其他电器设备也会产生干扰和破坏。

电磁辐射对仪器设备的干扰：电磁辐射可直接影响到各个领域中的电子设备、仪器仪表的正常运行，造成对工作设备的电磁干扰。一旦产生电磁干扰，有可能引发灾难性的后果。如干扰广播、电视信号和通讯信号，使设备仪表的自控系统失灵，飞机飞行指示信号失误。

对电器设备的干扰这几年最突出的情况有三种：一是无线通信发展迅速，如发射台、站的建设缺乏合理的规划和布局，使航空通信受到干扰；二是一些企业使用高频工业设备对广播、电视信号造成干扰；三是一些原来位于郊区的广播台发射站，后来随着城市的发展，被市区所包围，电台发射的电磁辐射干扰了当地百姓收看电视。

电磁辐射的破坏：电磁辐射还可以引起火灾或爆炸事故。如在强电磁场中金属与金属等材料摩擦时会发生打火现象，若此时周围有可燃性物质，还会引起燃烧或爆炸造成严重损失。

四、电磁辐射污染的防治

根据电磁辐射的传播途径，我们知道其中大量的、主要的电磁污染是通过空间直接传播的。为了防止电磁辐射对周围环境的有害影响，必须将电磁辐射的强度减小到允许的程度或将有害影响限制在一定空间范围内。目前，关于电磁辐射的危害问题，世界各国都制定了相应的标准。

各国制定的这些标准（见表 7-5），对广播、电视发射台等的建设提出了预防性的防护、环保措施，对于加强电磁辐射污染的治理起到了规范与监督的作用。

表 7-5　世界各地电磁辐射职业安全标准限值

国家及来源	频率范围	标准限值	备　注
美国国家标准协会	10MHz～100GHz	$10mW/cm^2$	在任何 0.1h 之内
英国	30MHz～100GHz	$10mW/cm^2$	连续 8h 作用的平均值
北约组织	30MHz～100GHz	$0.5mW/cm^2$	
加拿大	10MHz～100GHz	$10mW/cm^2$	在任何 0.1h 之内
波兰	300MHz～300GHz	$10\mu W/cm^2$	辐射时间在 8h 之内
法国	10MHz～100GHz	$10mW/cm^2$	在任何 1h 之内
德国	30MHz～300GHz	$2.5mW/m^2$	
澳大利亚	30MHz～300GHz	$1mW/cm^2$	
中国	100kHz～30MHz	$10mW/cm^2$	20V/m,5A/m
捷克	30kHz～30MHz	50V/m	均值

一般对于电磁辐射的防护，我们应该注意以下几点。

1. 对于电磁辐射源的屏蔽与控制

屏蔽就是采用一定的技术手段，将电磁辐射的作用和影响限制在所规定的空间内，防止传播与扩散。屏蔽可分为主动场屏蔽和被动场屏蔽。通常可采用板状、片状或网状的金属组成的外壳来进行屏蔽。同时为了保证高效率的屏蔽作用，防止屏蔽体成为二次辐射源，屏蔽体应该有良好的接地。此外还可利用反射、吸收等减少辐射源的泄漏来加强防护。

控制电磁辐射污染源，还应采取综合性的防护措施，如工业的合理布局，使电磁辐射源远离居民区；改进电器设备，实行遥控、遥测。另外应注意个人防护措施，可以通过特制的保护物将人体与辐射波隔离开来。

2. 生活中对电磁辐射的防护

如不要把家用电器摆放得过于集中或经常一起使用，特别是电视、电脑、电冰箱不宜集中摆放在卧室里，以免使自己暴露在超剂量辐射的危险中。

各种家用电器、办公设备、移动电话等都应尽量避免长时间操作，如电视、电脑等电器需要较长时间使用时，应注意每一小时离开一次，采用眺望远方或闭上眼睛的方式，以减少眼睛的疲劳程度和所受辐射的影响。

当电器暂停使用时，最好不让它们处于待机状态，因为此时可产生较微弱的电磁场，长时间也会产生辐射累积。

对各种电器的使用，应保持一定的安全距离。如眼睛离电视荧光屏的距离，一般为荧光屏宽度的5倍左右；微波炉开启后要离开1m远，孕妇和小孩应尽量远离微波炉；手机在使用时，应尽量使头部与手机天线的距离远一些，最好使用分离耳机和话筒接听电话。

电视或电脑等有显示屏的电器设备可安装电磁辐射保护屏，使用者还可佩戴防辐射眼镜。显示屏产生的辐射可能导致皮肤干燥，加速皮肤老化甚至导致皮肤癌，因此在使用后应及时洗脸。还可以在电脑桌下摆放一盆植物如仙人掌或放一盆水，它们可以吸收一部分电磁辐射以减小电磁辐射对人体的伤害。

手机接通瞬间释放的电磁辐射最大，为此最好在手机响过一两秒或电话两次铃声间歇中接听电话。

多吃胡萝卜、西红柿、海带、瘦肉、动物肝脏等富含维生素A、维生素C和蛋白质的食物，加强肌体抵抗电磁辐射的能力。如绿茶中含有丰富的维生素C、维生素E，特别是茶多酚，具有很强的抗氧化活性，可以清除人体内的氧自由基，从而起到抗辐射、增强机体的免疫力作用，因此多喝绿茶可减小电磁辐射对人体的伤害。

【阅读材料】

我们一直生活在辐射环境中

我们生活的世界充满着各种各样的电磁辐射，从手机、电视机、微波炉直至高压线、广播信号塔。但一直被人们忽视的是，我们生存的自然环境，同样充满逃不掉的核辐射或解离辐射，从穿越星系而来的宇宙射线，到自然中无所不在的微量放射性同位素的衰变辐射，还有火力发电厂燃烧煤炭以及全球核试验带来的放射性沉降灰，人类其实一直以来都受着天然解离辐射源的照射。

天然辐射源包括宇宙辐射、地球γ辐射以及微量天然放射性核素，但主要部分还是空气中的氡。不过，这一自然背景辐射的量级是很低的。以其中的宇宙辐射部分为例，一般在中纬度海平面处为30nSv/h（纳希/小时，准确说单位是纳戈瑞，nGy），在西藏（4000～5000m）约为120～180nSv/h，乘民航机（10000m高空）约为770nSv/h。对一般在日常工作中不接触辐射性物质的人，每年因环境本底辐射正常摄取的量一般是每年2.4mSv（毫希）左右。

按照我国的《解离辐射防护与辐射源安全基本标准》（GB 18871—2002)，因职业而被照射者，年均剂量均值不能超过20mSv［国际原子能机构（IAEA）制定的标准是50mSv］，例如平均每年工作300天，每天8小时，那么平均剂量率不能超过8.3μSv/h。

生活中，还有一个常见的解离辐射源就是阴极管射线显示器，也就是上一代的电脑显示屏和传统电视，按瑞典显示器环保标准TCO 99中对辐射规定的强制标准限值为5000nSv/h，推荐标准限值为300nSv/h。如每天在显示器前工作按照8小时计算，则分别约相当于年有效剂量5mSv和0.31mSv。

所以说，我们并不需要“谈辐色变”，因为我们一直生活在一个有辐射的环境中，每年几个毫希的辐射，对人体是非常正常而无损害的。人类在进化和适应的过程中也适应了一个天然辐射本底的环境，人体对辐射是有一定适应性和恢复能力的。

本章小结

本章主要从三个方面讲解了有机废物以及放射性固体废物。

1. 主要阐述了固体废物的产生、分类、时空特点、固体废物污染的控制。

2. 讲述了有害废物的概念和判定、有害成分、进入途径以及迁移途径和危害性、我国有害废物污染防治现状及防治技术。

3. 内容包括放射性的概念和判定、放射性固体废物的分类、主要类型及地下迁移速率、辐射损坏类型和影响因素。

复习思考题

一、名词解释

固体废物　有害废物　放射性核素　照射量　吸收剂量率　剂量当量　放射性核素的地下迁移　躯体效应　非随机性效应

二、填空题

1. 固体废物具有______、______、______的特点。

2. 根据《固体废物污染环境防治法》，固体废物可分为______、______、和______。

3. 闪点较低的废物，或者经______、______或______而易于发热进行剧烈、持续燃烧的废物，便认为具有可燃性。

4. 一次投给试验动物的废物，______小于规定值便具有急性毒性。

5. 有害废物按其是否具有______、______、______、______、______、______等有害特性来进行判定。

6. β^+衰变是放射性核素核内一个质子转变成中子并放出______和______的核衰变。

7. $X \leqslant$______的低水平放射性废物，不必采用特殊防护。

8. 遗传效应是指出现在______身上的辐射损害效应。

9. 影响辐射损害的主要因素有______、______和______。

三、问答题

1. 简述固体污染物的时空特点。

2. 简述固体污染物的特征及固体废物污染控制的特点。

3. 简述有害废物进入土壤的途径及对土壤的污染。

4. 简述有害废物进入大气的途径及对大气的污染。

5. 简述有害废物进入水体的途径及对水体的污染。

6. 以实际案例说明有害废物进入人体的途径及对人体的危害。

7. 简述我国有害（危险）废物污染防治现状及防治技术。

8. 简述环境放射性的来源。

9. 根据国际原子能机构（IAEA）建议，放射性固体废物可分为哪四类？

10. 简述核工业中放射性固体废物的主要类型。

11. 简述放射性物质对人体的损害类型。

四、计算题

放射性核素${}^{226}_{86}$Ra的半衰期为1620年，试计算：^{226}Ra的衰变常数（λ）；求此核素100年后剩余的百分数，那时，它的放射性水平实际上有无变化？

第八章　环境化学研究方法与实验

【学习指南】

环境化学是一门综合性的专业基础学科，它涉及环境化学的理论知识，也包含了环境化学的实验技能，掌握必要的环境化学的实验技能对于我们理解和认识环境化学的有关理论，从事环境化学的研究工作有着非常重要的意义。

本章的实验内容主要包括环境化学的研究方法和污染物在大气、水、土壤以及生物中的迁移转化规律的实验研究。学习过程中要求了解环境化学的研究方法，掌握各项实验的原理和方法，培养和锻炼学生的基本实验技能。

第一节　环境化学的研究方法

一、环境化学实验室模拟方法

一般来说，野外现场调查是区域环境化学研究中最基本和最重要的工作。但是，也必须指出，通过现场调查，只能了解该区域环境中各种物理、化学和生物化学作用的结果，而不能确切地了解这些反应发生的过程，由于发生在自然界中的过程十分复杂，受控于多方面的因素，且多种作用交织在一起进行，因此，在较深入的环境化学研究中，单一的现场调查是远远不够的，必须在现场或实验室内辅以简单的或复杂的模拟实验，才能揭示其内在的规律性。

在环境化学工作中，人们十分重视模拟实验。模拟实验就是在现场模拟观测某一过程，或在实验室内模仿建造某种特定的经过简化的自然环境，并在人工控制的条件下，通过改变某些环境参数理想地再现自然界中某些变化的过程，从而得以研究环境因素间的相互作用及其定量关系。

环境化学研究中的模拟实验，按进行实验的场合可分为“现场实验模拟”与“实验室实验模拟”；按所研究问题的性质可分为“过程模拟”、“影响因素模拟”、“形态分布模拟”、“动力学模拟”及“生态影响模拟”等；按模拟的精确性可分为“比例性模拟”和“形态分布模拟”；按实验的规模和复杂程度可分为“简单模拟”和“复杂模拟”（或称“综合模拟”）；还可以做出其他一些划分。模拟实验研究在推动科学发展和揭示客观世界规律性方面有巨大的作用。

1. 模拟实验研究的设计及条件控制

模拟实验研究能否获得良好的结果与模拟研究的设计是否合理密切相关。经验表明，合理周密的设计应紧紧为研究目的服务。下面举一简单实例予以说明。

一些学者做了酚、腈污水自净机制的模拟实验研究。在进行模拟研究之前，通过现场调查（河道水团追踪测量），查明某焦化厂排出的酚、腈污水在河道中有很强的自净能力，其自净过程符合负指数函数关系：

$$c_B=c_A e^{-kt} \text{或} c_B=c_A e^{-kd} \quad (8\text{-}1)$$

式中 c_A——某水团在 A 点的酚（或腈）的浓度；

c_B——水团流到 B 点的酚（或腈）的浓度；

t——水团自 A 点流至 B 点的时间；

d——A、B 两点间的距离；

k——自净系数。

按一般原理分析，含酚废水的自净途径可能有微生物分解、化学氧化、挥发作用及底泥吸附等。鉴于所研究河段终年排放同类污水，且无其他污水或河流支流汇入，故假定底泥已经对酚饱和吸附。

实验的目的在于查明微生物分解、化学氧化和挥发作用在不同条件下所进行的强度，即明确这三种机制的净化量在总净化量中所占的比例。实验设计必须为这个目的服务。

这一实验装置中的关键问题是能否保证分别测量出通过这三种机制各自净化掉的酚的量。采用如图 8-1 所示实验装置进行实验。

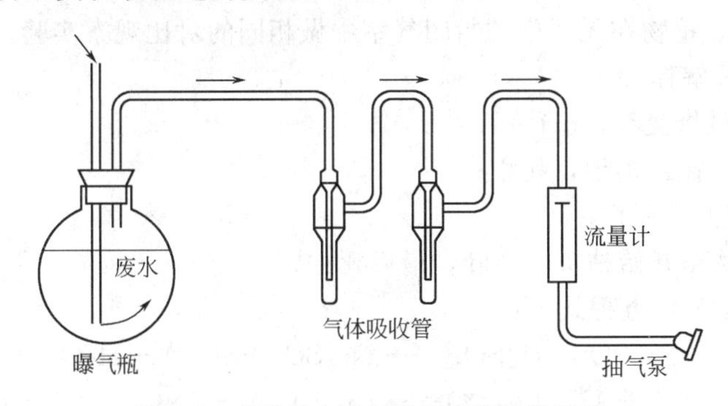

图 8-1　含酚废水降解曝气实验装置示意

将从焦化厂排水口取回的含酚废水分别置入两套实验装置中的曝气瓶中，一组加入 $HgCl_2$ 进行灭菌，另一组保持原废水中的微生物。然后在接近河流温度的条件下，按照一定的气流量（模拟水流过程中与空气接触）进行曝气实验。

按照一定的时间间隔分别取曝气瓶中的水测定其酚的减少量。

在曝气过程中挥发出的酚可用一定浓度的 Na_2CO_3 溶液吸收，然后按照相同的时间间隔测定 Na_2CO_3 溶液所吸收的酚的量。

在这一实验装置和实验步骤中，经一定时间的曝气作用以后，未灭菌曝气瓶废水中酚的减少量减去灭菌曝气瓶废水中酚的减少量即可视为是由微生物分解引起的酚的自净量。这部分酚的自净量约占未灭菌废水（原废水）中酚的自净量的 60%。

吸收于 Na_2CO_3 溶液中的酚量可视为是由挥发作用引起的酚的自净量。这部分酚的自净量占未灭菌废水中酚减少量的 40%，几乎占灭菌废水中酚减少量的 100%。灭菌废水中酚的减少量减去吸收于 Na_2CO_3 溶液中的酚量可视为是由化学氧化作用引起的酚的自净量。这部分酚的自净量接近于零。本模拟实验充分说明在酚的自净过程中单纯的化学氧化作用十分微弱，而生物化学氧化过程和挥发作用在酚的自净过程中具有十分重要的意义。

2. 酸雨的形成及危害模拟实验

（1）实验目的　了解酸性大气污染和酸雨的形成及它们的危害。

（2）实验用品　玻璃水槽、玻璃钟罩、喷头、小型水泵、小烧杯、胶头滴管、浓硫酸、浓硝酸、亚硫酸钠、稀盐酸、碳酸钠、铜片、昆虫、绿色植物、小草鱼和 pH 试纸。

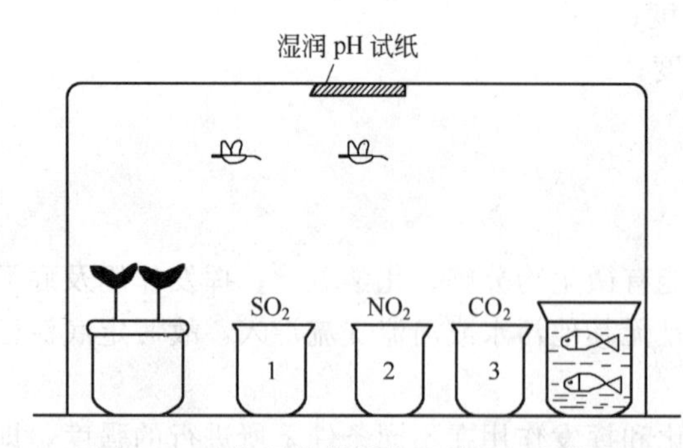

图 8-2 大气污染模拟实验封闭气室装置

(3) 酸性大气污染的形成及危害模拟实验步骤

按图 8-2 所示做成封闭气室。

① 取少量 Na_2SO_3 于杯 1 中，加 2 滴水，加 1mL 浓硫酸。

② 取少量铜片于杯 2 中，加 1mL 浓硝酸。

③ 取少量 Na_2CO_3 粉末于杯 3 中，加 2mL 稀盐酸。

④ 迅速将贴有湿润 pH 试纸的玻璃水槽罩在反应器上，做成封闭气室。观察气室中动、植物的变化。

⑤ 实验完毕后，用吸有 NaOH 溶液的棉花处理余气。

⑥ 利用上述动、植物在无污染的封闭气室中做相同的对比观察实验。

(4) 观察现象及解释

① 湿润的 pH 试纸变红，pH=4；

② 10min 后，小昆虫落地，死亡；

③ 3h 后，小鱼开始死亡；

④ 2 天后，植物苗开始枯黄、卷叶，最后死亡。

以上现象的化学反应方程式为：

$$Na_2SO_3 + H_2SO_4 \longrightarrow Na_2SO_4 + SO_2\uparrow + H_2O$$

$$Cu + 4HNO_3(浓) \longrightarrow Cu(NO_3)_2 + 2NO_2\uparrow + 2H_2O$$

$$Na_2CO_3 + 2HCl \longrightarrow 2NaCl + CO_2\uparrow + H_2O$$

以上反应产生的 SO_2、NO_2 及 CO_2 均为酸性气体，使 pH 试纸呈红色。在受污染的环境中，动、植物难以存活。在无 SO_2、NO_2 及 CO_2 酸性气体存在的封闭气室的对照实验中，同样的动、植物一星期后仍存活。

(5) 酸雨及危害模拟实验步骤与现象解释

① 实验步骤（见图 8-3） 在小烧杯中放入少量 Na_2SO_3，滴加 1 滴水后，加入 2mL 浓硫酸，立即罩上玻璃钟罩，同时罩住植物苗和小鱼（底部一瓷盘内）。少许几分钟后，经钟罩顶端加水使形成喷淋状，观察现象，最后测水、土的 pH 值。

② 现象及解释

a. 酸雨过后，约 1h 小鱼死亡；

b. 植物苗经酸雨淋后 3 天死亡，水 pH=4；土壤 pH=4。

以上现象的化学反应方程式为：

$$Na_2SO_3 + H_2SO_4 \longrightarrow Na_2SO_4 + SO_2\uparrow + H_2O$$

玻璃钟罩内的 SO_2 气体经降水形成酸雨，使动、植物受到危害。表明酸雨使水、土壤酸化，危害生态环境。

在无酸雨的对照实验环境中生长的动、植物一星期后仍存活。

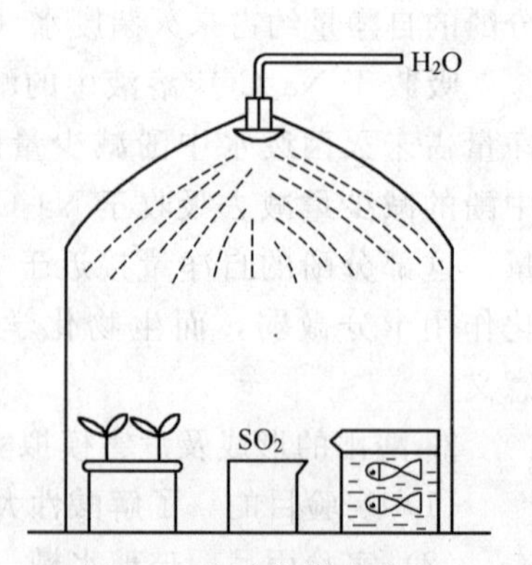

图 8-3 实验室模拟酸雨及其危害实验装置

3. 同位素示踪技术在模拟实验中的应用

在环境化学模拟实验研究中，经常采用同位素示踪技术。因为此项技术可以确切地表明某元素或某污染物在环境各部分之间的具体迁移过程和归宿。

例如，国外学者应用此技术研究了汞、镉、硒由陆地向水生生态系统的迁移过程。该实验是在模拟实验装置中进行的，实验装置由一内垫有薄塑料板的金属池子（0.3m×0.3m×0.3m）构成。实验装置内包括陆生生态系统和水生生态系统两部分，前者为模拟的河滩地，由土壤、枯枝落叶层、高等植物和苔藓组成；后者为模拟的河流，由水(60L)、沉积物和水生生物（鱼、蜗牛、水芹）构成。河滩地上接受的降水可以径流的方式汇入河流。在模拟实验装置内保持一定的光照（长日照），温度为18～21℃，湿度为70%～100%。

使用1.05×10^6Bq（贝可，为放射性同位素衰变过程中放射性强弱的单位，每秒内有1个原子核发生衰变为1Bq）的^{115}Cd、含4.07×10^6Bq的^{203}Hg的煤烟尘和3.7×10^6Bq的^{75}Se作示踪剂，将其配于人工降水中。模拟降水的速率为2.5cm/周。

此实验的持续时间为：^{115}Cd的实验3周，在3周中，每周采集土壤、植物、水和鱼的样品各2次，供分析用；^{203}Hg的实验139天，前5周，每周取样1次，以后每月取样1次；^{75}Se的实验56天，取样安排与^{203}Hg的实验相同。

实验结束后用物质平衡法计算这三种示踪剂在陆生生态系统和水生生态系统中各部分的分布。

实验结果表明，这三种元素在生态系统中的迁移和分布是有区别的。^{115}Cd的绝大部分(94%～96%）残留于陆生生态系统中，其中70%的^{115}Cd存在于土壤中。^{115}Cd在植物中的积累是缓慢的。降水中的^{115}Cd有4%经陆地转移到水生生态系统中，其中3%的^{115}Cd保留在沉积物中。^{115}Cd进入鱼体比进入蜗牛慢得多。

实验证明，煤烟尘中^{203}Hg是能被淋溶的，对生物群落有影响。^{203}Hg总量的50%左右被淋溶到水生生态系统中，而进入水生生态系统中的99%的^{203}Hg则保留在沉积物中。^{203}Hg在鱼体中的积累比在蜗牛中的积累要高。

^{75}Se的行为更接近于^{115}Cd，加入的^{75}Se有75%残留在土壤中，9%保留在沉积物中（占进入水生生态系统的绝大部分）。^{75}Se从陆生生态系统转入水生生态系统的速率与^{115}Cd相似，比^{203}Hg慢一些。

二、环境化学的化学分析和仪器分析研究方法

化学分析和仪器分析是研究环境化学的重要方法，是进行环境化学监测的重要手段，随着分析精度的提高和分析技术的现代化，这两种方法的作用越来越大。

1. 化学分析研究

化学分析的对象是水、气、土壤、生物等各环境要素，化学元素及污染物的分析是环境化学研究的基础。工作目的与要求不同，分析项目与精度也不相同。在一般环境化学调查中，区分为简分析和全分析，为了配合专门任务，则进行专项分析或细菌分析，下面以水为例进行简要说明。

（1）简分析　简分析用于了解区域环境化学成分的概貌。例如，水质分析，可在野外利用专门的水质分析箱就地进行，简分析项目少，精度要求低，简便快速，成本不高，技术上容易掌握。分析项目除物理性质（温度、颜色、透明度、嗅味、味道等）外，还应定量分析以下各项：HCO_3^-、SO_4^{2-}、Cl^-、Ca^{2+}、总硬度、pH值等。通过计算可求得各主要离子含量及溶解性总固体（总矿化度）。定性分析的项目则不固定，较经常的有NO_3^-、NO_2^-、NH_4^+、Fe^{2+}、Fe^{3+}、H_2S、耗氧量等。分析这些项目是为了初步了

解水质是否适于饮用。

（2）全分析 全分析项目较多，要求精度高。通常在简分析的基础上选择有代表性的水样进行全分析，比较全面地了解水化学成分，并对简分析结果进行检验，全分析并非分析水中的全部成分，一般定量分析以下各项：HCO_3^-、SO_4^{2-}、Cl^-、CO_3^{2-}、NO_2^-、NO_3^-、Ca^{2+}、Mg^{2+}、K^+、Na^+、NH_4^+、Fe^{2+}、Fe^{3+}、H_2S、CO_2、耗氧量、pH 值及干涸残余物等。

（3）专项分析 根据专门的目的任务，针对性地分析环境中的某些组分。例如，在水质中，分析水中重金属离子（Hg、Pb、Cr、Cd 和 As 等的离子），以确定水的污染状况。

（4）细菌分析 为了解水的污染状况及水质是否符合饮用水标准，一般需进行细菌分析，通常主要分析细菌总数和大肠杆菌。

在进行环境化学分析时，对环境要素取样必须有代表性。例如，在进行水质分析时，必须注意对地表水和地下水取样分析。因为地表水体可能是地下水的补给来源，或者是排泄去路。前一种情况下，地表水的成分将影响地下水。后一种情况下，地表水反映了地下水化学变化的最终结果。对于作为地下水主要补给来源的大气降水的化学成分，至今一直很少注意，原因是它所含物质数量很少。但是，必须看到，在某些情况下，不考虑大气降水的成分，就不能正确地阐明水化学成分的形成。因此要注意“三水”（地表水、地下水、大气降水）的分析研究。

化学分析一般包括滴定分析和称量分析两大类，这里不再赘述。

2. 仪器分析研究

仪器分析是根据物质的物理性质或物质的物理化学性质来测定物质的组成及相对含量。仪器分析需要精密仪器来完成最后的测定，它具有快速、灵敏、准确的特点。一般认为，化学分析是基础，仪器分析是目前的发展方向。目前分析仪器开始进入微机化和自动化，能自动扫描，自动处理数据，自动、快速、准确打印分析结果，且新的先进仪器、新的仪器分析方法不断涌现。

根据测定的方法原理不同，仪器分析方法可分为光化学分析法、电化学分析法、色谱法及其他分析方法等。

（1）光化学分析法 光化学分析法包括吸收光谱、发射光谱两类。它是基于物质对光的选择性吸收或被测物质能激发产生一定波长的光谱线来进行定性、定量分析，主要包括以下方法。

① 比色法 比较溶液颜色深浅来确定物质含量的分析方法，主要有目视比色法、光电比色法。

② 分光光度法 又称吸光光度法。它是基于物质的分子或原子对光产生选择性吸收，根据对光的吸收程度来确定物质的含量的方法，主要有紫外可见分光光度法、红外分光光度法、原子吸收分光光度法。

③ 原子发射光谱法 即物质中的原子能被激发产生特征光谱，根据光谱的波长及强度进行定性定量分析。

（2）电化学分析法 电化学分析法即根据物质的电化学性质，产生的物理量与浓度关系来测定被测物质的含量，主要包括以下方法。

① 电位分析法 直接电位法、电位滴定法。

② 电导分析法 直接电导法、电导滴定法。

③ 库仑分析法 库仑滴定法、控制电位库仑法。

④ 极谱分析法　经典极谱法、示波极谱法、溶出伏安法。

(3) 色谱分析法　根据物质在两相中分配系数不同而将混合物分离，然后用各种检测器测定各组分含量的分析方法。目前应用最广泛的方法有以下四种。

① 气相色谱分析　流动相为气体，固定相为固体或液体者。

② 高效液相色谱法　流动相为液体，固定相为固体或液体者。

③ 薄层色谱法　将载体均匀涂在一块玻璃板上形成薄层，被测组分在此板上进行色谱分离，用双波长薄层扫描仪自动扫描测定其含量。

④ 纸色谱　以色谱纸作载体，以水或有机溶剂浸析斑点在纸上的被测样品，达到被测组分与其他组分彼此分离。

以上三种分析法是目前最常见的分析方法。

(4) 其他分析法　其他分析法如差热分析法、质谱分析法、放射分析法、核磁共振波谱法、X射线荧光分析法等。

实际工作中，化学分析和仪器分析各有优缺点，应取长补短，合理应用。在环境化学监测中，仪器分析主要用于分析水、空气中的有毒物质、土壤中的金属及有机氯农药含量、农作物中的农药残毒等。

对不同类型的环境要素，化学分析和仪器分析的内容和方法不尽相同。例如，地面水水质指标及选配分析方法见表8-1。一般而言，金属类化合物，通常用比色法（或称分光光度法，下同）、原子吸收分光光度法；非金属类化合物，常用比色法、离子选择电极法、容量法；有机化合物一般用比色法、容量法等。

表8-1　地面水水质指标及选配分析方法

序号	参　数	测　定　方　法		检测范围/(mg/L)
1	水温	水温计法		−6～41①
2	pH	玻璃电极法		1～14②
3	硫酸盐	硫酸钡重量法		10以上
		铬酸钠比色法		5～200
		硫酸钡比浊法		1～40
4	氯化物	硝酸银容量法		10以上
		硝酸汞容量法		可测至10以下
5	总铁	邻二氮菲比色法		检出下限0.05
		原子吸收分光光度法		检出下限0.3
6	总锰	过硫酸铵比色法		检出下限0.05
		原子吸收分光光度法		0.1
7	总铜	原子吸收分光光度法	直接法	0.05～5
			螯合萃取法	0.001～0.05
		二乙基二硫化氨基甲酸钠(铜试剂)分光光度法		检出下限0.003(3cm比色皿) 0.02～0.7(1cm比色皿)
		2,9-二甲基-1,10-二氮杂菲(新铜试剂)分光光度法		

续表

序号	参数	测定方法	检测范围/(mg/L)
8	硒(四价)	二氨基联苯胺比色法	检出下限 0.01
		荧光分光光度法	检出下限 0.001
9	总砷	二乙基二硫代氨基甲酸银分光光度法	0.007～0.5
10	总汞	冷原子吸收分光光度法　高锰酸钾-过硫酸钾消解法	28
		冷原子吸收分光光度法　溴酸钾-溴化钾消解法	
		高锰酸钾-过硫酸钾消解-双硫腙比色法	0.002～0.04
11	总镉	原子吸收分光光度法(螯合萃取法)	0.001～0.05
		双硫腙分光光度法	0.001～0.05
12	铬(六价)	二苯碳酰二肼分光光度法	0.004～1
13	总锌	双硫腙分光光度法	0.005～0.05
14	硝酸盐	酚二磺酸分光光度法	0.02～1
15	亚硝酸盐	分子吸收分光光度法	0.003～0.20
16	非离子氨(NH_3)	纳氏试剂比色法	0.05～2(分光光度法) 0.02～2(目视比色法)
		水杨酸分光光度法	0.01～1
17	凯氏氮	纳氏试剂比色法	0.05～2(分光光度法) 0.02～2(目视比色法)
18	总磷	钼蓝比色法	0.025～0.6
19	高锰酸钾指数	酸性高锰酸钾法	0.5～4.5
		碱性高锰酸钾法	0.5～4.5
20	溶解氧	碘量法	0.02～20
21	化学需氧量(COD)	重铬酸钾法	10～800
22	生化需氧量(BOD)	稀释与接种法	3 以上
23	氟化物	氟试剂比色法	0.05～1.8
		茜素磺酸锆目视比色法	0.05～2.5
		离子选择电极法	0.05～1900
24	总铅	原子吸收分光光度法　直接法	0.2～10
		原子吸收分光光度法　螯合萃取法	0.01～0.2
		双硫腙分光光度法	0.01～0.3
25	总氰化物	异烟酸-吡啶啉酮比色法	0.004～0.25
		吡啶-巴比妥酸比色法	0.002～0.45
26	挥发酚	蒸馏后 4-氨基安替比林分光光度法(氯仿萃取法)	0.002～6
27	石油类	紫外分光光度法	0.05～50
28	阴离子表面活性剂	亚甲基蓝分光光度法	0.05～2
29	总大肠菌群	多管发酵法	
		滤膜法	
30	苯并[a]芘	纸色谱-荧光分光光度法	2.5μg/L

① 数值单位为℃。

② 无单位。

三、环境化学图示研究方法

环境化学的图示法（图形表示法）就是根据化学分析结果和有关资料把化学成分和有关内容用图示、图解的方法表现出来。这种方法有助于对分析结果进行比较，表示其规律性，并发现异同点，更好地显示各种环境要素的化学特性，具有直观性、简明性。图示与文字配合能很好地说明问题。一般来说，大多数图示法是为了同步（或同时）地表示溶质总浓度或某个环境化学样品分析结果中每个离子所占的比例或随时空的变化规律。下面对几种比较常用的方法进行简要的阐述。

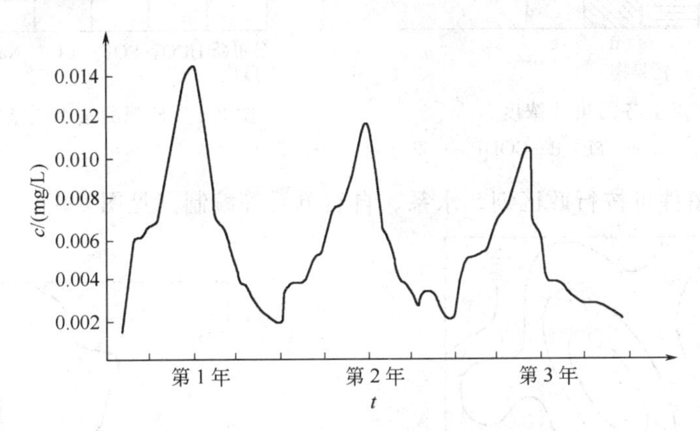

图 8-4 某水域酚浓度变化曲线

1. 曲线图

曲线图是比较简单、常用的一种图示。它以直角坐标为基础，用纵、横两个坐标轴，表示两相关事物的关系，即将研究的两种组分或两个因素或两项内容分别以纵、横坐标表示，做出关系曲线，如污染物浓度随时间变化曲线（见图 8-4）、矿化度-离子含量关系曲线、离子含量-深度关系曲线等。还可以对某一河流在各个地段某些水质指标用图示法表示，横坐标可表示流域中各采集水的地点距源头的距离，纵坐标表示某水质指标的数值。例如，黄河沿程含砷量与含砂量变化示意（见图 8-5）。还可以对同一采样点各水质指标含量作图。通过绘制曲线图，可以寻找化学成分变化的规律性。

2. 直方图

直方图是用一组直方柱表示某环境要素中污染物含量（浓度）或其他指标在时间或空间上的差异和变化规律（见图 8-6 和图 8-7）。

3. 等值线图

等值线图是利用一定密度的观测点资料，用一定方法内插出等值线（即浓度相等点的连线），以表示水质、大气、土壤或污染物在空间上的变化规律（见图 8-8）。

4. 平面图

环境化学平面图主要包括化学成分类型分区图、采样点布置图、环境质量

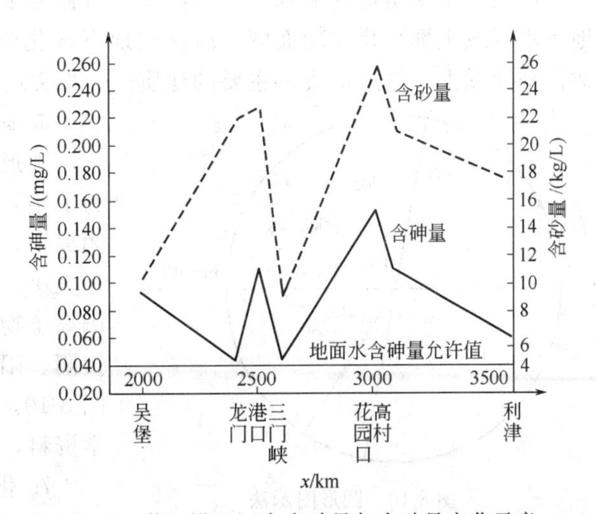

图 8-5 黄河沿程河水含砷量与含砂量变化示意

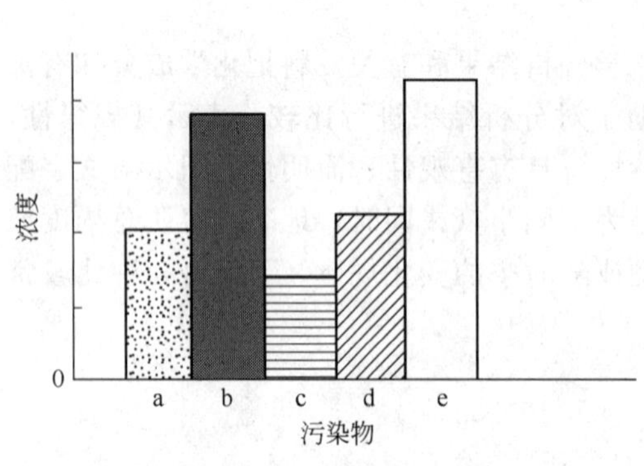

图 8-6 测点上各污染物浓度

a—NO_3^--N；b—NH_4^+-N；c—TP；d—COD；e—SS

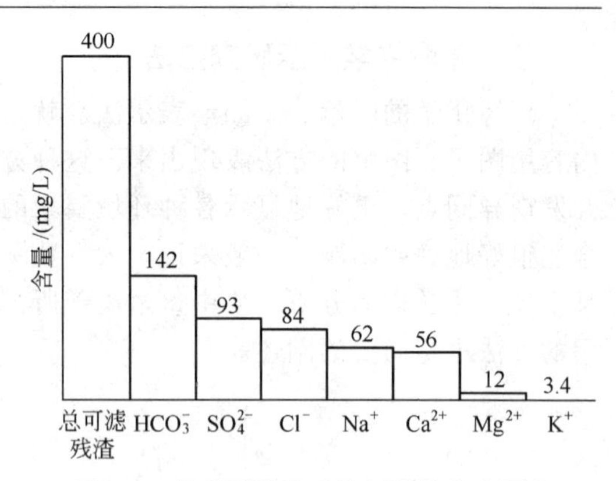

图 8-7 某观测站水质指标数量大小顺序

评价图等，这些图件可按行政区划、水系、自然单元等编制（见图 8-9）。

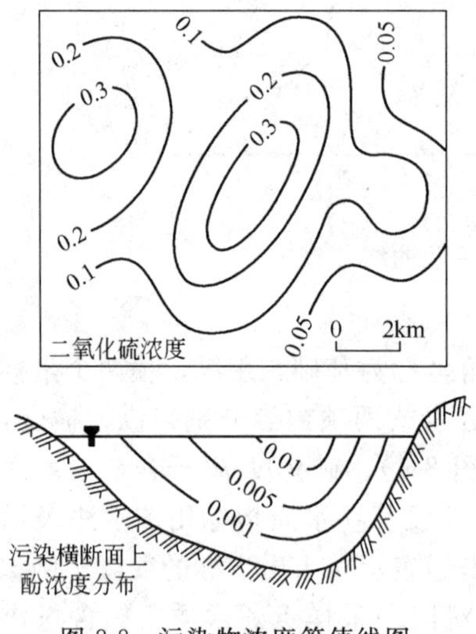

图 8-8 污染物浓度等值线图

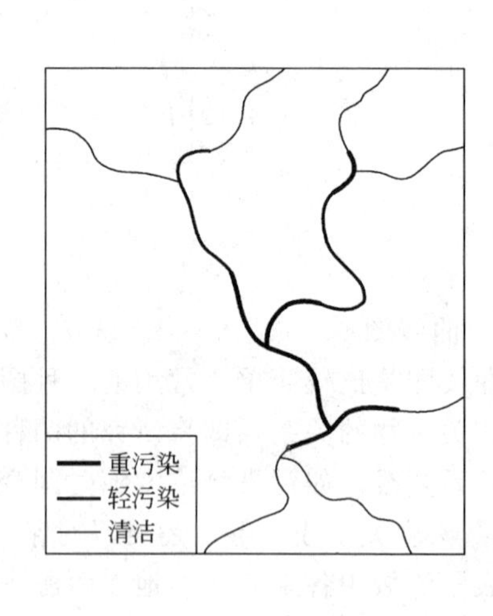

图 8-9 河流水质图

5. 剖面图

剖面图主要是对地下水和土壤而言。当有足够的分层或分段取样的分析资料时，可编制地下水（或土壤）化学剖面图，以反映地下水化学成分（或土壤成分）在垂向上的变化规律。剖面图上一般还应表示主要的地质——水文地质内容。

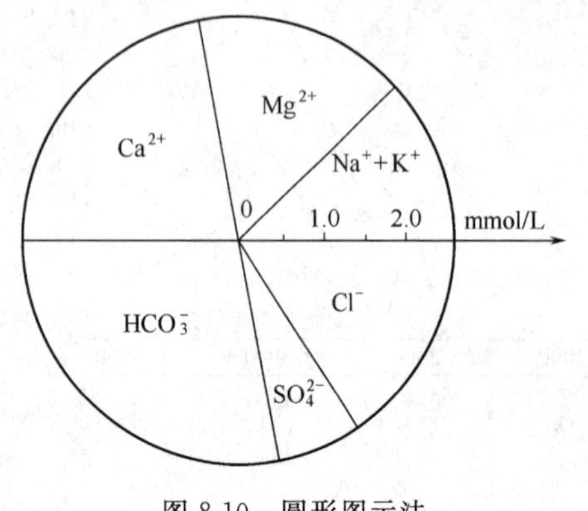

图 8-10 圆形图示法

6. 圆形图示法

圆形图示法是把图形分为两半，一半（一般为上半）表示阳离子，一半（一般为下半）表示阴离子，其浓度单位为 mmol/L。某离子所占的图形大小，按该离子物质的量（mmol）占阴离子或阳离子物质的量（mmol）的比例而定。圆的大小按阴、阳离子总物质的量（mmol）大小而定，见图 8-10。这种图示法可以用于表示一个水点的化学资料，也可以在化学平面图或剖面上表示。

7. 化学玫瑰图

化学玫瑰图（见图 8-11）是用圆的 6 条半径

（圆心角均为 60°）表示 6 种主要阴阳离子（K^+ 合并到 Na^+ 中）的毫摩尔分数，离子浓度单位：mmol%/L（毫摩尔分数每升）。每条半径称为离子的标量轴，圆心为零，至周边代表 100%。把各离子含量点绘在对应的半径上，用直线连接各点，即为化学玫瑰图。化学玫瑰图可以清晰地表示某环境要素中各组分的分布优势及其关系。

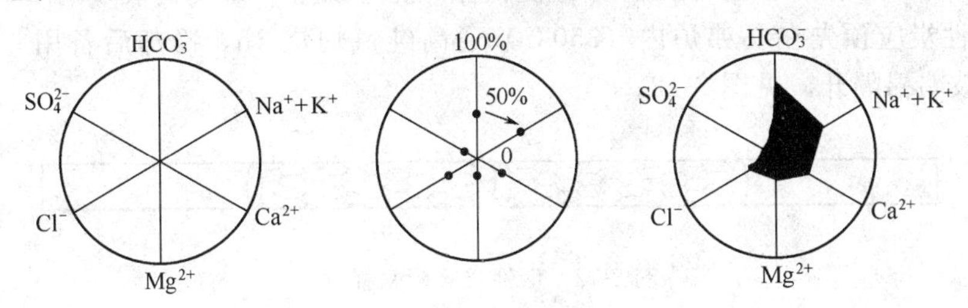

图 8-11　水化学玫瑰图画法的三个步骤

第二节　环境化学实验

实验一　环境空气中挥发性有机物的污染

挥发性有机化合物（volatile organic compounds，简称 VOCs）是指沸点在 50～260℃室温下饱和蒸气压超过 133.322Pa 的易挥发性化合物，是室内外空气中普遍存在且组成复杂的一类有机污染物。它主要来自有机化工原料的加工和使用过程，木材、烟草等有机物的不完全燃烧过程，汽车尾气的排放。此外，植物的自然排放物也会产生 VOCs。

随着工业迅速发展，建筑物结构发生了较大变化，使得新型建材、保温材料及室内装潢材料被广泛使用；同时各种化妆品、除臭剂、杀虫剂和品种繁多的洗涤剂也大量应用于家庭。其中有的有机化合物可直接挥发，有的则可在长期降解过程中释放出低分子有机化合物，由此造成环境空气有机物的污染极其普遍。由于 VOCs 的成分复杂，其毒性、刺激性、致癌作用等对人体健康造成较大的影响。因此，研究环境中 VOCs 的存在、来源、分布规律、迁移转化及其对人体健康的影响一直受到人们的重视，并成为国内外研究的热点之一。

一、实验目的

1. 了解 VOCs 的成分、特点。

2. 以苯系物为代表了解气相色谱法测定环境中 VOCs 的原理，掌握其基本操作。

二、实验原理

活性炭对有机物具有较强的吸附能力，而二硫化碳能将其有效地洗脱下来。本实验将空气中苯、甲苯、乙苯、二甲苯等挥发性有机化合物吸附在活性炭采样管上，用二硫化碳洗脱后，经气相色谱火焰离子化检测器测定，以保留时间定性，峰高（或峰面积）外标法定量。

本法检出限：苯 1.25mg；甲苯 1.00mg；二甲苯（包括邻、间、对）及乙苯均为 2.50mg。当采样体积为 100L 时，最低检出浓度：苯为 0.005mg/m^3；甲苯为 0.004mg/m^3；二甲苯（包括邻、间、对）及乙苯均为 0.010mg/m^3。

三、仪器和试剂

1. 仪器

（1）容量瓶　5mL，100mL。

（2）移液管　1mL，5mL，10mL，15mL 及 20mL。

（3）微量注射器 10μL。

（4）气相色谱仪 氢火焰离子化检测器（FID）。

（5）空气采样器 流量范围 0.0～1.0L/min。

（6）采样管 取长 10cm、内径 6mm 玻璃管，洗净烘干，每支内装 20～50 目粒状活性炭 0.5g［活性炭应预先在马弗炉内（350℃）通高纯氮灼烧 3h，冷却后备用］分 A、B 两段，中间用玻璃棉隔开，见图 8-12。

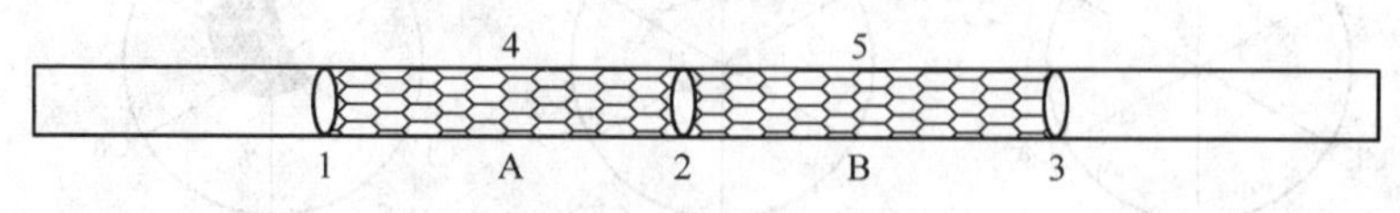

图 8-12 活性炭吸附采样管

1～3—玻璃棉；4,5—粒状活性炭

2. 试剂

（1）苯、甲苯、乙苯、邻二甲苯、对二甲苯、间二甲苯（均为色谱纯试剂）。

（2）二硫化碳：使用前需纯化，并经色谱检验。进样 5μL，在苯与甲苯峰之间不出峰方可使用。

（3）苯系物标准储备液：分别吸取苯、甲苯、乙苯和邻二甲苯、间二甲苯、对二甲苯各 10.0μL 至装有 90mL 二硫化碳的 100mL 容量瓶中，用二硫化碳稀释至标线，再取上述标液 10.0mL 至装有 80mL 二硫化碳的 100mL 容量瓶中，并稀释至标线，摇匀。此储备液含苯 8.8μg/mL、乙苯 8.7μg/mL、甲苯 8.7μg/mL、对二甲苯 8.6μg/mL、间二甲苯 8.7μg/mL、邻二甲苯 8.8μg/mL，在 4℃可保存一个月。

储备液中苯系物含量计算公式如下：

$$\rho_{苯系物}=\frac{10}{10^5}\times\frac{10}{100}\times\rho\times10^6 \tag{8-2}$$

式中 $\rho_{苯系物}$——苯系物的浓度，μg/mL；

ρ——苯系物的密度，μg/mL。

四、实验步骤

1. 采样

用乳胶管连接采样管 B 端与空气采样器的进气口。A 端垂直向上，处于采样位置。以 0.5L/min 流量采样 100～400min。采样后，用乳胶管将采样管两端套封，样品放置不能超过 10 天。

2. 标准曲线的绘制

分别取苯系物储备液 0、5.0mL、10.0mL、15.0mL、20.0mL、25.0mL 于 100mL 容量瓶中，用纯化过的二硫化碳稀释至标线，摇匀，其浓度见表 8-2。另取 6 支 5mL 容量瓶，各加入 0.25g 粒状活性炭及 1～6 号的苯系物标液 2.00mL，振荡 2min，放置 20min 后，进行色谱分析。色谱条件如下。

色谱柱：长 2m，内径 3mm 不锈钢柱，柱内填充涂附 2.5% DNP 及 2.5% Bentane 的 Chromosorb W HP DMCS。

柱温：64℃；汽化室温度：150℃；检测室温度：150℃。

载气（氮气）流量：50mL/min；燃气（氢气）流量：46mL/min；助燃气（空气）流量：320mL/min。

进样量：5.0μL。测定标样的保留时间及峰高（或峰面积），以峰高（或峰面积）对含量绘制标准曲线。

表 8-2　苯系物标准溶液的配制

编　　号	1	2	3	4	5	6	样品
苯系物标准储备液体积/mL	0	5.0	10.0	15.0	20.0	25.0	
稀释至体积/mL	100	100	100	100	100	100	
苯、邻二甲苯的浓度/(μg/mL)	0	0.44	0.88	1.32	1.76	2.20	
甲苯、乙苯、间二甲苯的浓度/(μg/mL)	0	0.44	0.87	1.31	1.74	2.18	
对二甲苯溶液的浓度/(μg/mL)	0	0.43	0.86	1.29	1.72	2.15	

3. 样品测定

将采样管A段和B段活性炭，分别移入两支5mL容量瓶中，加入纯化过的二硫化碳2.00mL，振荡2min。放置20min后，吸取5.0μL解吸液注入色谱仪，记录保留时间和峰高（或峰面积），以保留时间定性，峰高（或峰面积）定量。

五、数据处理

按下式计算苯系物各成分的浓度：

$$\rho_{苯系物}=\frac{W_1+W_2}{V_n} \tag{8-3}$$

式中　$\rho_{苯系物}$——苯系物的浓度，mg/m^3；

W_1——A段活性炭解吸液中苯系物的含量，μg；

W_2——B段活性炭解吸液中苯系物的含量，μg；

V_n——标准状态下的采样体积，L。

六、思考题

1. 根据测定的结果，评价环境空气中VOCs（苯系物）的污染状况。
2. 采样管为何用A、B两段活性炭并分别测定？如何据此评价采样效率？
3. 除气相色谱外，还有哪些方法可以测定VOCs，它们各有哪些特点？

实验二　天然水的净化

一、实验目的

练习利用简易方法净化天然水。

二、仪器和试剂

小烧杯、试管、玻璃棒、铁架台、胶头滴管、研钵、自制简易水过滤器、浑浊的天然水、明矾、新制的漂白粉溶液。

三、实验步骤

（1）浑浊天然水的澄清　在两个小烧杯中，各加入100mL浑浊的河水（或湖水、江水、井水等）。向一份水样中加入少量经研磨的明矾粉末，搅拌，静置。观察现象，与另一份水样进行比较。

（2）过滤　将烧杯中上层澄清的天然水倒入自制的简易水过滤器中过滤，将滤液收集到小烧杯中。

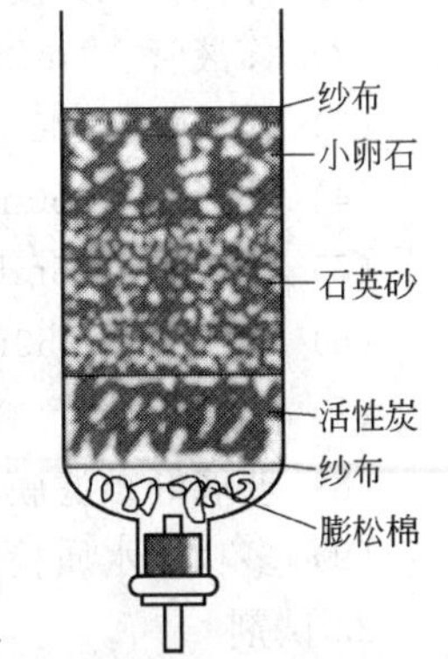

图 8-13　简易水过滤器

简易过滤器的制作：取一个塑料质地的空饮料瓶，剪去底部，瓶口用带导管的单孔橡胶塞塞住，将瓶子倒置，瓶内由下向上分层放置洗净的蓬松棉、活性炭、石英砂、小卵石四层，每层间可用双层纱布分隔（见图 8-13）。

(3) 消毒　向过滤后的水中滴加几滴新配制的漂白粉溶液，进行消毒。

四、思考题

1. 如果没有漂白粉，是否能用新配制的饱和氯水消毒？

2. 该简易过滤器净化污水的机理是什么？

实验三　水体富营养化程度的评价

富营养化（eutrophication）是指在人类活动的影响下，生物所需的氮、磷等营养物质大量进入湖泊、河口、海湾等缓流水体，引起藻类及其他浮游生物迅速繁殖，水体溶解氧量下降，水质恶化，鱼类及其他生物大量死亡的现象。在自然条件下，湖泊也会从贫营养状态过渡到富营养状态，沉积物不断增多，逐渐变为沼泽，最后演变为陆地。这种自然过程非常缓慢，常需几千年甚至上万年，而人为排放含营养物质的工业废水和生活污水所引起的水体富营养化现象，可以在短期内出现。水体富营养化后，即使切断外界营养物质的来源，也很难自净和恢复到正常水平。局部海区可变成“死海”，或出现“赤潮”现象。

许多参数可作为水体富营养化的指标，常用的是总磷、叶绿素 a 含量和初级生产率的大小（见表 8-3）。

表 8-3　水体富营养化程度划分

富营养化程度	初级生产率(O_2)/[mg/(m² · d)]	总磷/(mg/L)	无机氮/(mg/L)
极贫	0～136	<0.005	<0.200
贫-中	—	0.005～0.010	0.200～0.400
中	137～409	0.010～0.030	0.400～0.600
中-富	—	0.030～0.100	0.600～1.500
富	410～547	>0.100	>1.500

一、实验目的

1. 掌握总磷、叶绿素 a 及初级生产率的测定原理及方法。

2. 评价水体的富营养化状况。

二、仪器和试剂

1. 仪器

(1) 可见分光光度计。

(2) 移液管　1mL，2mL，10mL。

(3) 容量瓶　100mL，250mL。

(4) 锥形瓶　250mL。

(5) 比色管　25mL。

(6) BOD 瓶　250mL。

(7) 具塞小试管　10mL。

(8) 玻璃纤维滤膜、剪刀、玻璃棒、夹子。

(9) 多功能水质检测仪。

2. 试剂

(1) 过硫酸铵（固体）。

（2）浓硫酸。

（3）硫酸溶液　1mol/L。

（4）盐酸溶液　2mol/L。

（5）氢氧化钠溶液　6mol/L。

（6）1%酚酞　1g 酚酞溶于 90mL 乙醇中，加水至 100mL。

（7）丙酮液　丙酮：水=9：1。

（8）酒石酸锑钾溶液　将 4.4g $K(SbO)C_4H_4O_6 \cdot \frac{1}{2}H_2O$ 溶于 200mL 蒸馏水中，用棕色瓶在 4℃时保存。

（9）钼酸铵溶液　将 20g $(NH_4)_6Mo_7O_{24} \cdot 4H_2O$ 溶于 500mL 蒸馏水中，用塑料瓶在 4℃时保存。

（10）抗坏血酸溶液（0.1mol/L）　溶解 1.76g 抗坏血酸于 100mL 蒸馏水中，转入棕色瓶。若在 4℃以下保存，可维持 1 个星期不变。

（11）混合试剂　50mL 2mol/L 硫酸、5mL 酒石酸锑钾溶液、15mL 钼酸铵溶液和 30mL 抗坏血酸溶液。混合前，先让上述溶液达到室温，并按上述顺序混合。在加入酒石酸锑钾或钼酸铵后，如混合试剂有浑浊，必须摇动混合试剂，并放置几分钟，至澄清为止。若在 4℃下保存，可维持 1 个星期不变。

（12）磷酸盐储备液（1.00mg/mL 磷）　称取 1.098g KH_2PO_4，溶解后转入 250mL 容量瓶中，稀释至刻度，即得 1.00mg/mL 磷溶液。

（13）磷酸盐标准溶液　量取 1.00mL 储备液于 100mL 容量瓶中，稀释至刻度，即得磷含量为 10μg/mL 的标准溶液。

三、实验过程

（一）磷的测定

1. 实验原理

在酸性溶液中，将各种形态的磷转化成磷酸根离子（PO_4^{3-}）。随之用钼酸铵和酒石酸锑钾与之反应，生成磷钼锑杂多酸，再用抗坏血酸把它还原为深色钼蓝。

砷酸盐与磷酸盐一样也能生成钼蓝，0.1μg/mL 的砷就会干扰测定。六价铬、二价铜和亚硝酸盐能氧化钼蓝，使测定结果偏低。

2. 实验步骤

（1）水样处理　水样中如有大的微粒，可用搅拌器搅拌 2～3min，以至混合均匀。量取 100mL 水样（或经稀释的水样）两份，分别放入两只 250mL 锥形瓶中，另取 100mL 蒸馏水于 250mL 锥形瓶中作为对照，分别加入 1mL 2mol/L H_2SO_4、3g $(NH_4)_2S_2O_8$，微沸约 1h，补加蒸馏水使体积为 25～50mL（如锥形瓶壁上有白色凝聚物，须用蒸馏水将其冲入溶液中），再加热数分钟。冷却后，加 1 滴酚酞，并用 6mol/L NaOH 将溶液中和至微红色。再滴入 2mol/L HCl 使粉红色恰好褪去，转入 100mL 容量瓶中，加水稀释至刻度，移取 25mL 至 50mL 比色管中，加 1mL 混合试剂，摇匀后放置 10min，加水稀释至刻度，再摇匀，放置 10min，以试剂空白作参比，用 1cm 比色皿，于波长 880nm 处测定吸光度（若分光光度计不能测定 880nm 处的吸光度，可选择 710nm 波长）。

（2）标准曲线的绘制　分别吸取 10μg/mL 磷的标准溶液 0.00、0.50mL、1.00mL、1.50mL、2.00mL、2.50mL、3.00mL 于 50mL 比色管中，加水稀释至约 25mL，加入 1mL 混合试剂，摇匀后放置 10min，加水稀释至刻度，再摇匀，10min 后，以试剂空白作参比，用1cm比色皿，于波长880nm（或710nm）处测定吸光度。根据吸光度与浓度的关系，绘制标准曲线。

3. 结果处理

由标准曲线查得磷的含量，按下式计算水中磷的含量：

$$\rho_P = \frac{W_P}{V} \tag{8-4}$$

式中 ρ_P——水中磷的含量，mg/L；

W_P——由标准曲线上查得磷的含量，μg；

V——测定时吸取水样的体积（本实验 V=25.00mL）。

（二）生产率的测定

1. 实验原理

绿色植物的生产率是光合作用的结果，与氧的产生量成比例。因此，测定水体中的氧可看作对生产率的测量。然而植物在任何水体中都有呼吸作用产生，要消耗一部分氧。因此在计算生产率时，还必须测量因呼吸作用所损失的氧。本实验采用测定两只无色瓶和两只深色瓶中相同样品内溶解氧变化量的方法测定生产率。此外，测定无色瓶中氧的减少量，提供校正呼吸作用的数据。

2. 实验步骤

(1) 取样　取4只BOD瓶，其中2只用铝箔包裹使之不透光，分别记作“亮”和“暗”瓶。从一水体上半部的中间取出水样，测量水温和溶解氧。本实验中溶解氧采用多功能水质检测仪测定。如果此水体的溶解氧未过饱和，则记录此值为 ρ_{Oi}，然后将水样分别注入一对“亮”和“暗”的瓶中。若水样中溶解氧过饱和，则缓缓地给水样通气，以除去过剩的氧。重新测定溶解氧并记作 ρ_{Oi}。按上法将水样分别注入一对“亮”和“暗”的瓶中。

从水体下半部的中间取出水样，按上述方法同样处理。

将两对“亮”和“暗”瓶分别悬挂在与取样相同的水深位置，调整这些瓶子，使阳光能充分照射。一般将瓶子暴露几个小时，暴露期为清晨至中午，或中午至黄昏，也可为清晨到黄昏。为方便起见，可选择较短的时间。

(2) 测定　暴露期结束即取出瓶子，逐一测定溶解氧，分别将“亮”和“暗”瓶的数值记为 ρ_{Oi} 和 ρ_{Od}。

3. 结果处理

(1) 呼吸作用　氧在暗瓶中的减少量：

$$R = \rho_{Oi} - \rho_{Od}$$

① 净光合作用　氧在亮瓶中的增加量：

$$P_n = \rho_{O1} - \rho_{Oi}$$

② 总光合作用　P_g = 呼吸作用+净光合作用，即：

$$P_g = (\rho_{Oi} - \rho_{Od}) + (\rho_{O1} - \rho_{Oi}) = \rho_{O1} - \rho_{Od} \tag{8-5}$$

(2) 计算水体上下两部分值的平均值。

(3) 通过以下公式的计算来判断每单位水域总光合作用和净光合作用的日生产率。

① 把暴露时间修改为日周期：

$$P'_g[\text{mgO}_2/(\text{L}\cdot\text{d})] = P_g \times \text{每日光周期时间/暴露时间} \tag{8-6}$$

② 将氧生产率单位从 mg/L 改为 mg/m²，这表示 1m² 水面下水柱的总产生率。为此必须知道产生区的水深：

$$P''_g[mgO_2/(m^2 \cdot d)] = P_g \times 每日光周期时间/暴露时间 \times 10^3 \times 水深\ (m) \quad (8\text{-}7)$$

10^3 是体积浓度 mg/L 换算为 mg/m^3 的系数。

③ 假设全日 24h 呼吸作用保持不变，计算日呼吸作用：

$$R[mgO_2/(m^2 \cdot d)] = R \times 24/暴露时间(h) \times 10^3 \times 水深(m) \quad (8\text{-}8)$$

④ 计算日净光合作用：

$$P_n[mgO_2/(L \cdot d)] = P_g - R \quad (8\text{-}9)$$

(4) 假设符合光合作用的理想方程（$CO_2 + H_2O \longrightarrow CH_2O + O_2$），将生产率的单位转换成固定碳的单位：

$$P_m[mgC/(m^2 \cdot d)] = P_n[mgO_2/(m^2 \cdot d)] \times 12/32 \quad (8\text{-}10)$$

（三）叶绿素 a 的测定

1. 实验原理

通过测定水体中的叶绿素 a 的含量，可估计该水体的绿色植物的存在量。将色素用丙酮萃取，测量其吸光度值，便可以测得叶绿素 a 的含量。

2. 实验过程

① 将 100～500mL 水样经玻璃纤维滤膜过滤，记录过滤水样的体积。将滤纸卷成香烟状，放入小瓶或离心管中。加 10mL 或足以使滤纸淹没的 90%丙酮液，记录体积，塞住瓶塞，并在 4℃下暗处放置 4h。如有浑浊，可离心萃取液。将一些萃取液倒入 1cm 玻璃比色皿，加比色皿盖，以试剂空白为参比，分别在波长为 665nm 和 750nm 处测其吸光度。

② 加 1 滴 2mol/L 盐酸于上述两只比色皿中，混匀并放置 1min，再在波长为 665nm 和 750nm 处测定吸光度。

3. 结果处理

酸化前：$A = A_{665} - A_{750}$

酸化后：$A_a = A_{665a} - A_{750a}$

在 665nm 一处测得吸光度减去 750nm 处测得值是为了校正浑浊液。

用下式计算叶绿素 a 的浓度（μg/L）：

$$叶绿素\ a = \frac{29(A - A_a)V_{萃取液}}{V_{样品}} \quad (8\text{-}11)$$

式中　$V_{萃取液}$——萃取液体积，mL；

　　$V_{样品}$——样品体积，mL。

根据测定结果，并查阅有关资料，评价水体富营养化状况。

四、思考题

1. 水体中氮、磷的主要来源有哪些？

2. 在计算日生产率时，有几个主要假设？

3. 被测水体的富营养化状况如何？

实验四　废水中有机污染综合指标评价与分析

水体中有机物的种类繁多，不易逐个辨认，因此也难以进行全面的分析。通常采用一种近似的间接处理方法，即利用有机物容易被氧化分解的特性，用某种氧化剂消耗量来间接反映水中有机物的总含量。氧化过程中消耗的氧化剂与有机物的数量呈一定的比例关系。氧化剂的消耗量可换算成水中溶解氧量来表示。因而评价水中有机物的污染状况的常用指标有化学需氧量（COD）、生化需氧量（BOD）和总需氧量（TOD）等。

COD 只是一种碳素需氧量，它的氧化范围只包括不含氮的有机物和含氮的有机物中的碳素部分，不包括含氮有机物（如蛋白质）中的氮。对长链有机物也只能部分氧化。对许多芳烃和吡啶则完全不能氧化。水体中许多还原态的无机物却能包括在化学需氧量之中，例如 Cl^- 就有严重的干扰。COD 指标的主要缺点是它不能区分有机物的品种和可被生物氧化的和难被生物氧化的有机物，也不能提供氧化速率大小的任何信息。根据所用氧化剂的不同，COD 的测定可分为高锰酸钾法和重铬酸钾法，前者适用于污染程度较轻的水样，而后者适用于各种水样。BOD 包含的内容一般也是不含氮有机物和含氮有机物中的碳素部分，因为硝化细菌在一般污水里存在的数量很少，而且在 20℃时繁殖速率较慢，对常规生化耗氧量影响不大。

一、实验目的

了解水体化学需氧量和生化需氧量的意义及测定原理，熟练掌握两者的测定方法。

二、实验原理

化学需氧量是指用强氧化剂（如重铬酸钾）在强酸和加热回流条件下对有机物进行氧化，并加入银离子作催化剂，把反应中氧化剂的消耗量换算成氧气量即为化学需氧量，单位为 mg/L。

本实验原理为，在强酸性溶液中，用重铬酸钾将水样中的还原性物质（主要是有机物）氧化，过量的重铬酸钾以试亚铁灵作指示剂，用硫酸亚铁铵溶液回滴。根据所消耗的重铬酸钾计算出水样的化学需氧量，单位为 mg/L。

生化需氧量是指在好氧条件下，水中有机物由于微生物的作用被氧化分解，在一定期间内所消耗溶解氧的量，单位为 mg/L。因为微生物的活动与温度和时间有关，所以测定生化需氧量时必须固定温度和时间，一般以 20℃作为测定的标准温度，以 5 天作为生化氧化的时间。这样测得的结果，称为 5 日生化需氧量，以 BOD_5 表示。

在实际测定时，只有某些天然水中溶解氧接近饱和，BOD 小于 4mg/L，才可以直接培养测定。大部分污水和严重污染的天然水要稀释后才能培养测定。稀释的目的是降低水样中有机物的浓度，使整个分解过程在有足够溶解氧的条件下进行。稀释程度一般以经过 5 天培养后，消耗溶解氧至少 2mg/L，剩余溶解氧至少 1mg/L 为宜。为了保证培养水样中有足够的溶解氧，稀释水要充氧至饱和或接近饱和。稀释水中应加入一定量的无机营养物质（磷酸盐、钙盐、镁盐和铁盐等），以保证微生物生长时的需要。

对于某些含有不易被一般微生物所分解的有机物的工业废水，需进行微生物的驯化。这种驯化的微生物种群最好从接受该种废水的水体中取得。为此，可以在排水口以下 3～8cm 处取得水样，经培养接种到稀释水中；也可以人工方法驯化，即采用一定量的生活污水，每天加入一定量待测废水，连续曝气培养，直至培养成含有可分解废水中有机物的微生物种群为止。培养后的菌液用相同方法接种到稀释水中。

在 BOD 的测定过程中需测定水体溶解氧（DO）的含量，本实验采用碘量法测定水中的 DO 值。碘量法是基于溶解氧的氧化性能，于水样中加入硫酸锰和氢氧化钠-碘化钾溶液生成三价锰的氢氧化物棕色沉淀。加酸溶解后生成高价锰的氧化物，在碘离子存在下即释放出与溶解氧量相当的游离碘。然后用硫代硫酸钠滴定游离碘，换算出溶解氧量。当溶液溶解氧充足时，其反应式如下：

$$Mn^{2+} + 2OH^- \longrightarrow Mn(OH)_2\downarrow\text{（肉色）}$$

$$Mn(OH)_2+\frac{1}{2}O_2 \longrightarrow MnO(OH)_2\downarrow（棕色）$$

或

$$Mn(OH)_2+\frac{1}{2}O_2+\frac{1}{2}H_2O \longrightarrow Mn(OH)_3\downarrow（棕色）$$

$$MnO(OH)_2+2I^-+4H^+ \longrightarrow Mn^{2+}+I_2+3H_2O$$

或

$$2Mn(OH)_3+2I^-+6H^+ \longrightarrow 2Mn^{2+}+I_2+6H_2O$$

$$I_2+2S_2O_3^{2-} \longrightarrow 2I^-+S_4O_6^{2-}$$

三、仪器和试剂

1. 仪器

(1) 回流装置　24mm 或 29mm 标准磨口 500mL 全玻璃回流装置。球形冷凝管长度为 30cm。

(2) 加热装置　功率大于 $1.4W/cm^2$ 的电热板或电炉，以保证回流液充分沸腾。

(3) 酸式滴定管　25mL。

(4) 恒温培养箱　20℃±1℃。

(5) 溶解氧瓶　250mL。

(6) 细口玻璃瓶　20L。

(7) 量筒　1000mL。

2. 试剂

(1) 0.04mol/L 重铬酸钾标准溶液　准确称取 11.7600g 重铬酸钾（预先在 105～110℃ 烘箱中干燥 2h，并储存于干燥器中冷却至室温）溶于水中，移至 1000mL 容量瓶中，用水稀释至标线，摇匀。

(2) 试亚铁灵指示剂　称取 1.49g 邻二氮菲（$C_{12}H_8N_2 \cdot H_2O$，1,10-菲咯啉），0.695g 硫酸亚铁（$FeSO_4 \cdot 7H_2O$）溶于水中，稀释至 100mL，储于棕色试剂瓶中。

(3) 0.25mol/L 硫酸亚铁铵标准溶液　称取 98.00g 硫酸亚铁铵［$FeSO_4(NH_4)_2SO_4 \cdot H_2O$］溶于水中，加入 20mL 浓硫酸，冷却后稀释至 1000mL，摇匀。临用前用重铬酸钾标准溶液标定。

标定方法：吸取 25.00mL 重铬酸钾标准溶液于 500mL 锥形瓶中，用水稀释至 250mL，加 20mL 浓硫酸，冷却后加 2～3 滴试亚铁灵指示剂，用硫酸亚铁铵标准溶液滴定到溶液由黄色经蓝绿色刚变为红褐色为止。

硫酸亚铁铵的浓度（mol/L）可由下式计算：

$$c=\frac{c_1V_1}{6V} \tag{8-12}$$

式中　c_1——重铬酸钾标准溶液的浓度，mol/L；

V_1——吸取的重铬酸钾标准溶液的体积，mL；

V——消耗的硫酸亚铁铵标准溶液的体积，mL。

(4) 硫酸银-硫酸溶液　于 250mL 浓硫酸中加入 33.3g 硫酸银，放置 1～2 天，不时摇动使其溶解（每 75mL 硫酸中含 1g 硫酸银）。

(5) 硫酸汞　硫酸汞为结晶状。

(6) 硫酸锰溶液　取 18.2g $MnSO_4 \cdot H_2O$ 溶解于蒸馏水中，用水稀释至 500mL。此溶液在酸性时，加入碘化钾后，不得析出黄色游离碘。

（7）碱性碘化钾溶液　称取25.0g氢氧化钠溶解于100～200mL水中，另称取7.5g碘化钾于100mL蒸馏水中，待氢氧化钠溶液冷却后，将两种溶液合并，混合均匀，用水稀释至500mL。若有沉淀，则放置过夜后倾出上层清液，储存于塑料瓶中并用黑纸包裹避光。

（8）0.5%淀粉溶液　称取0.5g可溶性淀粉，用少量水调成糊状，再用刚煮沸的水冲到100mL。冷却后，加入0.1g水杨酸防腐。

（9）0.1mol/L硫代硫酸钠标准溶液　取12.5g硫代硫酸钠（$Na_2S_2O_3 \cdot 5H_2O$）溶于500mL煮沸放冷的蒸馏水中，浓度约为0.1mol/L。加0.2g氢氧化钠，储存于棕色瓶中。

标定方法：称约0.15g碘酸钾（105℃烘干），放入250mL碘量瓶中，加入100mL蒸馏水，加热使其溶解，再加3g碘化钾及110mL冰醋酸，静置5min，用0.1mol/L硫代硫酸钠溶液滴定释放出的碘，至溶液变为浅黄色，加1mL 0.5%淀粉指示剂，继续滴定至刚好无色为止。

将此溶液稀释8倍配成0.0125mol/L的硫代硫酸钠溶液。

$$\text{硫代硫酸钠浓度（mg/L）}=\frac{\text{碘酸钾用量（g）}\times 1000}{\text{硫代硫酸钠用量（mL）}\times 35.669} \tag{8-13}$$

（10）氯化钙溶液　称取27.5g无水氯化钙，溶于水中，稀释至1000mL。

（11）三氯化铁溶液　称取0.25g三氯化铁（$FeCl_3 \cdot 6H_2O$）溶于水中，稀释到1000mL。

（12）硫酸镁溶液　称取22.5g硫酸镁（$MgSO_4 \cdot 7H_2O$），溶于水中，稀释到1000mL。

（13）磷酸盐缓冲液　称取8.5g磷酸二氢钾（KH_2PO_4）、21.75g磷酸氢二钾（K_2HPO_4）、33.4g磷酸氢二钠（$Na_2HPO_4 \cdot 7H_2O$）和1.7g氯化铵，溶于500mL水中，稀释到1000mL。此溶液pH值应为7.2。

（14）稀释水　向20L细口玻璃瓶中装入一定量的蒸馏水，加入一定体积的氯化钙、三氯化铁、硫酸镁和磷酸盐缓冲液，使每升蒸馏水中含有加入上述四种试剂各1mL。稀释水的溶解氧要求达到8mg/L以上，如尚未达到，需将稀释水充氧使之溶解氧接近饱和，然后密闭静置4h后使用。稀释水BOD必须小于0.2mg/L。

（15）接种稀释水　可利用生活污水20℃放置24～36h后的上层清液作为接种液，于每升稀释水中加入1～3mL接种液为接种稀释水，对某种特殊工业废水最好加入专门培养驯化过的菌种。

四、实验步骤

1. COD的测定

① 吸取50mL的均匀水样（或吸取适量水样用水稀释至50mL，其中COD值为50～400mg/L），置于500mL磨口锥形瓶中，加入25.00mL重铬酸钾标准溶液，慢慢加入75mL硫酸银-硫酸溶液和数粒玻璃珠（以防暴沸），轻轻摇动锥形瓶，使溶液混匀，加热回流2h。

若水样中氯离子浓度大于30mg/L时，取水样50.00mL，加0.4g硫酸汞和5mL浓硫酸，摇匀，待硫酸汞溶解后，再依次加入25.00mL重铬酸钾标准溶液，75mL硫酸银-硫酸溶液和数粒玻璃珠，加热回流2h。

② 冷却后，先用少许水冲洗冷凝管壁，然后取下锥形瓶，再用水稀释至350mL（溶液体积不应小于350mL，否则因酸度太大终点不明显）。

③ 加2～3滴（约0.10～0.15mL）试亚铁灵指示剂，用硫酸亚铁铵标准溶液滴定到溶液由黄色经蓝绿色刚变为红褐色为止。记录消耗的硫酸亚铁铵标准溶液的体积（V_1）。

④ 同时以50mL水作空白，其操作步骤与水样相同，记录消耗的硫酸亚铁铵溶液的体积（V_0）。

在上述操作过程中应注意下列事项。

① 用本法测定时，0.4g硫酸汞可与40mg氯离子结合，如果氯离子浓度更高，应补加硫酸汞以使其与氯离子的质量比为10∶1，如果产生轻微沉淀也不影响测定。如水样中氯离子的含量超过1000mg/L时，则需按其他方法处理。

② 回流过程中若溶液颜色变绿，说明水样的化学需氧量太高，应将水样适当稀释后重新测定。

③ 水样加热回流后，溶液中重铬酸钾剩余量为原加入量的1/5～4/5为宜。

④ 若水样中含易挥发有机物，在加硫酸银-硫酸溶液时，应在冰浴或冷水浴中进行，或从冷凝管顶端慢慢加入，以防易挥发性物质损失，使结果偏低。

⑤ 水样中的亚硝酸盐对测定有干扰，每毫克亚硝酸盐氮相当于1.14mg化学需氧量，可按每毫克亚硝酸盐氮加入10mg氨基磺酸消除。蒸馏水空白中也应加入等量的氨基磺酸。

⑥ 在某些情况下，如所取水样在10～50mL时，试剂的体积、浓度等应按表8-4所示进行相应调整。

表8-4 重铬酸钾法测定COD的条件

水样体积/mL	0.04mol/L重铬酸钾标准溶液/mL	硫酸银-硫酸标准溶液/mL	硫酸汞/g	硫酸亚铁铵标准溶液的浓度/(mol/L)	滴定前的体积/mL
10.00	5.00	15	0.2	0.0500	70
20.00	10.00	30	0.4	0.1000	140
30.00	15.00	45	0.6	0.1500	210
40.00	20.00	60	0.8	0.2000	280
50.00	25.00	75	1.0	0.2500	350

2. BOD的测定

(1) 水样的稀释　首先要根据水样中有机物含量来选择适当的稀释倍数。清洁的天然水和地面水的溶解氧接近饱和，无需稀释，可以直接培养测定。一般水样的稀释比例为：污染严重的水样0.1%～1.0%（10000～100倍），普通和沉淀过的污水1%～5%（100～20倍），受污染较轻的河水25%～100%（4～0倍）。如果对水样性质不了解，需要做三个以上稀释倍数。稀释倍数可介于将酸性高锰酸钾法测得的COD值除以4的商（x），与将重铬酸钾法测得的COD值除以5的商（y）之间，即$x<$稀释的倍数$<y$。此法对大部分水样选择稀释倍数有较好的参考意义。稀释水应保持在20℃左右，冬季低于20℃应预热，夏季高于20℃

应冷却。

按照选定的污水和稀释水（接种稀释水）的比例，用虹吸法先把一定量污水引入1000mL量筒中，再引入所需要量的稀释水（接种稀释水），用特制的搅拌棒在水面下缓慢搅匀（不应产生气泡）。然后用虹吸管将此溶液引入两个预先编好号的溶解氧瓶中，到充满后溢流出少许，盖上瓶盖并加水封。注意瓶内不应有气泡，如有气泡必须轻轻敲击瓶体，使气泡溢出。

另取两个同一编号的溶解氧瓶加入稀释水（接种稀释水）作为空白。

（2）DO的测定　水样采集后，为防止溶解氧变动，立即固定样品，方法是用虹吸法把水样转移到溶解氧瓶内，并使水样从瓶口溢流出10s左右，然后用1mL定量移液管插入液面下加入1mL硫酸锰溶液，用同样方法再加入2mL碱性碘化钾溶液，盖好瓶塞，勿使瓶内有气泡，颠倒混合15次后静置，待棕色絮状沉淀降到瓶的一半时，再颠倒混合几次。轻轻打开溶解氧瓶塞，立即用移液管加入2mL浓硫酸，小心盖好瓶塞，颠倒混合摇匀至沉淀物全部溶解为止，若溶解不完全，可继续加入少量浓硫酸，但此时不可溢出溶液，然后放置暗处5min，用移液管取100mL上述溶液，注入250mL锥形瓶中，用0.0125mol/L硫代硫酸钠标准溶液滴定到溶液呈微黄色，加入1mL淀粉溶液，用硫代硫酸钠继续滴定使蓝色褪去为止，记录用量。

① 对每个稀释比的水样，各取一瓶测定当天的溶解氧，另一瓶放入培养箱中，在20℃培养5天，在培养过程中需要每天添加封口水。

② 从开始放入培养箱算起，经过5昼夜后，取出水样测定剩余的溶解氧。

五、数据处理

1. COD的含量

$$\mathrm{COD(mg/L)}=\frac{(V_0-V_1)c\times8\times1000}{V_2} \tag{8-14}$$

式中　c——硫酸亚铁铵标准溶液的浓度，mol/L；

V_1——滴定水样消耗的硫酸亚铁铵标准溶液的体积，mL；

V_0——滴定空白消耗的硫酸亚铁铵标准溶液的体积，mL；

V_2——水样体积，mL。

2. DO的含量

$$\mathrm{DO(mg/L)}=\frac{Vc\times8\times1000}{100} \tag{8-15}$$

式中　c——硫代硫酸钠标准溶液的浓度，mol/L；

V——滴定时消耗硫代硫酸钠标准溶液的体积，mL；

100——所取的水样体积，mL。

3. BOD的含量

（1）不经过稀释而直接培养的水样

$$\mathrm{BOD_5(mg/L)}=D_1-D_2 \tag{8-16}$$

式中　D_1——培养液在培养前的溶解氧含量，mg/L；

D_2——培养液在培养5天后的溶解氧含量，mg/mL。

（2）稀释后培养的水样

$$\mathrm{BOD_5(mg/L)}=\frac{(D_1-D_2)-(B_1-B_2)f_1}{f_2} \tag{8-17}$$

式中　B_1——稀释水（接种稀释水）在培养前的溶解氧含量，mg/L；

B_2——稀释水（接种稀释水）在培养后的溶解氧含量，mg/L；

f_1——稀释水（接种稀释水）在培养液中所占比例；

f_2——水样在培养液中所占比例。

f_1、f_2 的计算：如果培养液的稀释比为 3%，即 3 份水样，97 份稀释水，则 $f_1=0.97$，$f_2=0.03$。如果 2 个或 3 个稀释比培养水样均消耗溶解氧至少 2mg/L，剩余的溶解氧至少 1mg/L，则取其计算结果的平均值为 BOD 数值。如果 3 个稀释比均在上述范围之外，则应调节稀释倍数后重做。

六、思考题

1. 构成水体 COD 的物质有哪些？

2. 测定溶解氧时为什么采用虹吸法取水样？若用一般的方法取水样，所测溶解氧值增大还是减小？

3. 采用碘量法测定溶解氧受哪些因素的影响？如果水样中含有氧化物、藻类、悬浮物，会产生什么干扰？还原性物质会产生什么干扰？如水样中含有大量游离氯，碘量法应怎样进行修正？请提出简单设想。

4. 根据所测定的 COD 和 BOD 的数值，结合国家有关环境标准对所测水样的有机物污染状况进行评价。

实验五　生物样品中氟的测定

一、实验目的

1. 学会测定生物样品中氟的生物样品前处理方法。

2. 熟悉离子选择电极法。

二、实验原理

含氟生物样品中氟在（大量）氯化钠存在的条件下，于强碱性溶液中，通过加温、加压的方式，分解游离出来（以 F^- 的形式）。样品中分解游离出来的 F^- 借助氟离子选择电极对氟的选择性响应而得以定量。

三、仪器

(1) 医用压力灭菌锅。

(2) 电磁搅拌器。

(3) 离子计或精密酸度计。

(4) 饱和甘汞电极。

(5) 氟离子选择电极。

(6) 比色管　50mL。

(7) 容量瓶　50mL。

(8) 塑料烧杯　50mL。

(9) 容量瓶　100mL。

四、试剂

1. 实验室准备部分

(1) 氢氧化钠（固体）。

(2) 氯化钠（固体）。

(3) 冰醋酸。

(4) 浓盐酸。

(5) 二水柠檬酸钠。

(6) 1%酚酞指示剂。

(7) 氟标准储备液　称取(于120℃烘箱中干燥3h)氟化钠1.1050g于100mL烧杯中，用去离子水溶解，转入1000mL容量瓶中，用去离子水洗涤烧杯数次，并入容量瓶中，定容至刻度，此溶液为500.0μg/mL氟标准储备液。

2. 学生准备部分(用量自己设计)

(1) 25.00μg/mL氟标准使用液。

(2) 10mmol/L氢氧化钠溶液。

(3) 20%氯化钠溶液。

(4) 1∶1盐酸。

(5) 总离子强度缓冲液　取14mL冰醋酸和3g含2个结晶水的柠檬酸钠，加入60mL去离子水。搅拌溶解后，用10mol/L氢氧化钠溶液调节pH=5.2，冷却后稀释至100mL。

五、实验步骤

1. 工作曲线绘制

将氟化钠标准储备液稀释成含氟25.00μg/mL的标准溶液，于6支50mL比色管中分别加入氟标准使用液0.00、0.20mL、0.50mL、1.00mL、2.00mL、5.00mL，加入10mol/L氢氧化钠2mL、20%氯化钠2mL，松松盖上塞子，外用纱布块和棉线包扎塞子(防止加热后塞子冲出)。置于压力灭菌锅内，于120℃、15kg/cm^{2}压力下，消解40min。放置0.5h，放气后取出比色管，冷却，加入1%酚酞指示剂3滴，比色管置于冷水浴内，滴加1∶1盐酸溶液并不断搅拌至溶液红色褪去，并过量3滴(此时用广泛pH试纸测得pH值为5～5.5)。用经30mL去离子水洗涤干净的慢速定性滤纸过滤溶液至50mL容量瓶中，用少量水分数次洗涤比色管和滤纸，并入容量瓶中，使总体积不超过40mL，加入10mL总离子强度缓冲液，并用水稀释至刻度。转入50mL烧杯中，将电极插入溶液中，开动电磁搅拌器，搅拌2～3min，电位稳定后读数，在(半)对数坐标纸上绘制工作曲线。

2. 样品测定

取生物样品2～3g于50mL比色管内，加入10mol/L氢氧化钠溶液2mL和20%氯化钠溶液2mL，使样品位于比色管底部，松松盖上塞子，外用纱布和棉线包扎塞子，置于压力灭菌锅内进行消解，余下操作同工作曲线的绘制(加1∶1盐酸前，先加入去离子水至总体积约为15mL，滴入盐酸时会产生大量白色有机物沉淀)。测定电位值后，由工作曲线查得氟含量。

3. 结果计算

$$\text{生物样品中含氟量(mg/kg)}=\frac{\text{测得值}(\mu g)}{\text{取样值(g)}} \tag{8-18}$$

六、注意事项

1. 消解液应为棕色，不应有絮状碎肉物。

2. 消解液中加入盐酸时析出大量白色有机物沉淀，最终pH值要达到5～5.5，pH值不宜过高，否则，在加入总离子强度缓冲液时，会出现沉淀物。

3. 消解时要松松盖上塞子，以免结束时，不易取下塞子。

七、思考题

1. 总离子强度缓冲液在分析中起什么作用?

2. 使用氟电极时应注意哪些问题?

实验六　土壤中农药的残留

农药主要包括杀虫剂、杀菌剂及除草剂，常见的农药可分为有机氯、有机磷、有机汞和有机砷农药等。农业生产中大量而持续地使用农药，可导致其在土壤中不断累积，造成土壤农药污染。农药可通过土壤淋溶等途径污染地下水，通过土壤-作物系统迁移积累影响农作物的产量和质量，乃至农产品的安全，最终经由食物链直接或间接影响人类健康。土壤农药污染的程度可用残留性来描述。土壤中农药的残留量与其理化性质、药剂用量、植被以及土壤类型、结构、酸碱度、含水量、有机质含量及金属离子、微生物种类、数量等有关。从环境保护的角度看，各种化学农药的残留期越短越好；但从植物保护角度，如果残留期太短，就难以达到理想的杀虫、治病、灭草的效果。因此，评价农药残留性，对防治土壤农药污染及研制新型农药均具有重要的参考价值。

一、实验目的

1. 掌握农药残留量的测定原理及方法。

2. 理解农药残留性评价的环境化学意义。

二、实验原理

用极性有机溶剂分三次萃取土壤中有机磷农药，用带火焰光度检测器（FPD）的气相色谱法测定有机磷农药的含量。火焰光度检测器对含硫、磷的物质有较高的选择性，当含硫、磷的化合物进入燃烧的火焰中时，将发生一定波长的光，用适当的滤光片，滤去其他波长的光，然后由光电倍增管将光转变为电信号，放大后记录之。当所用仪器不同时，方法的检出范围不同。通常的最小检出浓度为：乐果 0.02μg/mL；甲基对硫磷 0.01μg/mL；马拉硫磷 0.02μg/mL；乙基对硫磷 0.01μg/mL。

三、仪器和试剂

1. 仪器

（1）气相色谱仪　带火焰光度检测器。

（2）旋转蒸发仪。

（3）振荡器。

（4）分液漏斗　1000mL。

（5）Celite 545 布氏漏斗。

（6）量筒　100mL，50mL。

2. 试剂

（1）丙酮　分析纯。

（2）二氯甲烷　分析纯。

（3）氯化钠　分析纯。

（4）色谱固定液　OV-101，OV-210。

（5）载体　Chomosorb W HP（80～100 目）。

（6）有机磷农药标准储备溶液　将色谱纯乐果、甲基对硫磷、马拉硫磷、乙基对硫磷用丙酮配制成 300μg/mL 的单标储备液（冰箱内 4℃保存 6 个月），再分别稀释 30～300 倍，配成适当浓度的标准使用溶液（冰箱内 4℃保存 1～2 个月）。

四、实验步骤

1. 样品的采集与制备

用金属器械采集样品，将其装入玻璃瓶，并在到达实验室前使它不至变质或受到污染。

样品到达实验室之后应尽快进行风干处理。

将采回的样品全部倒在玻璃板上，铺成薄层，经常翻动，在阴凉处使其慢慢风干。风干后的样品，用玻璃棒碾碎后，过 2mm 筛（铜网筛），除去 2mm 以上的砂砾和植物残体。将上述样品反复按四分法缩分，最后留下足够分析的样品，再进一步用玻璃研钵予以磨细，全部通过 60 目金属筛。过筛的样品，充分摇匀，装瓶备分析用。在制备样品时，必须注意不要使土壤样品受到污染。

2. 样品的提取

称取 60 目土壤样品 20g，加入 60mL 丙酮，振荡提取 30min，在铺有 Celite545 的布氏漏斗中抽滤，用少量丙酮洗涤容器与残渣后，倾入漏斗中过滤，合并滤液。

将合并后的滤液转入分液漏斗中，加入 400mL 10%氯化钠水溶液，用 100mL、50mL 二氯甲烷萃取两次，每次 5min。萃取液合并后，在旋转蒸发器上蒸发至干（<35℃），用二氯甲烷定容，测定有机磷农药残留量。

3. 标准曲线的绘制和样品的测定

将有机磷农药储备液用丙酮稀释配制成混合标准使用溶液（见表 8-5），并用气相色谱仪测定，以确定氮磷检测器的线性范围。

表 8-5 有机磷农药标准使用溶液的配制

农药名称	浓度/(μg/mL)				
	1	2	3	4	5
乐果	1.8	3.6	5.4	7.2	9.0
甲基对硫磷	0.6	1.2	1.8	2.4	3.0
马拉硫磷	1.5	3.0	4.5	6.0	7.5
乙基对硫磷	0.9	1.8	2.7	3.6	4.5

将定容后的样品萃取液用气相色谱仪进行分析，记录峰高。根据样品溶液的峰高，选择接近样品浓度的标准使用溶液，在相同色谱条件下分析，记录峰高。以峰高对浓度作图，绘制标准曲线。

色谱条件：色谱柱为 3.5% OV-101+3.25% OV-210/Chomosorb W HP（80～100 目）玻璃柱，长 2m，内径 3mm，也可以用性能相似的其他色谱柱；气体流速为氮气 50mL/min；氢气 60mL/min；空气 60mL/min；柱温为 190℃；汽化室温度为 220℃；检测器温度为 220℃；进样量为 2μL。

五、数据处理

四种农药的残留量计算公式如下：

$$\text{有机磷农药的残留量(mg/g)}=\frac{\rho_{测}V}{W} \tag{8-19}$$

式中 $\rho_{测}$——从标准曲线上查出的有机磷农药测定浓度，mg/L；

V——有机磷农药提取液的定容体积，L；

W——土壤样品的质量，g。

六、思考题

1. 有机农药的提取和分析方法有哪些？
2. 影响有机农药残留性的因素有哪些？对其环境化学行为有何影响？

实验七　重金属在水生环境鱼体中的累积及分布

随着工业的迅速发展，每年排放的大量含有重金属的工业废水通过各种途径进入水体，有毒的重金属物质在水生生物体中经富集作用而蓄积，达到一定浓度，使本来为人们提供丰富食用蛋白的鱼、贝类等可能成为浓缩毒物的载体，进而危及人类的健康。对经济贝类及鱼类重金属残留量的调查和研究工作已有报道，但迄今为止，对市售的经济贝类及食用淡水鱼类中重金属含量的研究则少见报道。

一、实验目的

1. 通过本实验使学生了解重金属在水生环境鱼体中的迁移、积累和分布特征，加深对环境污染物在生态环境中迁移转化的理解。

2. 学习生物样品的重金属测定方法（样品的制备，消化前处理，火焰原子吸收分光光度计的原理和使用方法等）。

二、实验内容和要求

重金属是一类典型的积累性污染物，可通过食物链逐渐传递富集，在某些条件下可以转化为毒性更大的金属有机化合物，过高的重金属浓度对植物及鱼类影响显著。重金属进入大气、水体或土壤环境，被动植物吸收后，有一个不断积累和逐渐放大的过程。生物积累包含两个过程：(1) 生物浓缩，指生物直接从环境中摄取毒物；(2) 生物放大，指从食物中摄取毒物，生物积累造成某些毒物的浓缩。因此，重金属在生物组织中的浓度要比其周围环境中的浓度高出许多倍。在农业生态系统中，植物吸收、积累水或土壤中的重金属，使其迁移分布于植株体的各个部位，当动物或人体取食植株的根、茎、叶、花或果时，重金属就在食物链中积累起来，达到较高的浓度，从而直接危害人体健康。

本试验购买一些菜市场的不同鱼类，通过室内自己培养，着重考察重金属 Cr 在不同种类鱼，在鱼的不同部位的含量，评价不同种类鱼及同种鱼不同部位对重金属的富集规律。旨在评价其食用卫生质量，分析重金属在鱼体不同组织器官中的分布情况，同时也为渔业环境政策和水产品重金属含量食品卫生标准的制定提供有益的资料。

本次实验的主要内容有以下几个方面：

(1) 掌握生物样品的培养与制备；

(2) 掌握生物样品的化学前处理；

(3) 掌握火焰原子吸收分光光度计的工作原理与实际操作；

(4) 熟练对数据进行计算机处理和计算重金属 Cr 在鱼体中的富集指数。

三、主要仪器、试剂和材料

1. 主要仪器

火焰原子吸收分光光度计（AAS），微波消解仪。

2. 主要试剂

铬标准储备溶液（外加重金属），浓度分别为：0.001 mg/L（福寿鱼），0.005mg/L（鲈鱼），0.01 mg/L（白鲫鱼），0.03mg/L（草鱼），0.05mg/L（大头鱼）。浓硝酸（分析纯），高氯酸（分析纯），重铬酸钾（分析纯）。

3. 主要材料

鱼缸，不锈钢解剖刀，勺子，卷尺，天平，大小不同的鱼，不同种类的鱼，水银温度计（测定水温），采样容器（瓶、桶等），移液器（1000～5000μL），量筒（100～1000mL），塑料切板，烧杯（100～1000mL），50mL 具塞（磨口）比色管，25mL 具玻璃磨口比色管，标签，记录本，手套，刀板，曝气装置（2台），匀浆机（2台），玻璃棒（10支）等。

四、实验方法及步骤

1. 样品的培养

（1）购买30条新鲜活鱼（2个班级共100人，每5个人一条鱼进行实验，要求大小不一样、种类不一样），放在鱼缸（5个鱼缸，每个鱼缸6条）进行培养，使其生长良好（大约需要一周）。

（2）向不同鱼缸添加同体积不同浓度的含Cr溶液：不能致死，分别为0.005 mg/L（福寿鱼），0.01mg/L（鲈鱼），0.02 mg/L（白鲫鱼），0.04mg/L（草鱼），0.08mg/L（大头鱼），观看添加含Cr溶液后鱼的活动状态。

（3）周期性(隔24h)　添加含Cr溶液后，使鱼生长一周。

2. 实验步骤和测试

（1）测定鱼的体重（湿重）和体长，洗净（去离子水冲洗3次），除去表面附着的水分（使用吸水纸），再用不锈钢刀作解剖（避免污染）。

（2）鱼类取肌肉食用部分（鱼肉）、内脏、鱼头、鱼鳞和皮（解剖不同部位要把小刀擦干净）。记标签如下：鱼肉（SRx），鱼鳞（SLx），内脏（SZx），鱼头（STx），鱼皮（SPx）。再将同类解剖部分用剪刀切碎或者用匀浆机作匀浆（或者用手捣碎）。

（3）每一个小组准备好5个小烧杯，洗干净，擦干，称重。匀浆样品或者捣碎样品保存在小烧杯（要称重量$G_{湿}$）中，在-20℃冰柜中冷冻24h，然后置于冰冻干燥机，冰冻干燥48～72h后称重为（$G_{干}$），计算含水率。

$$含水量(\%)=(G_{湿}-G_{干})/(G_{湿}-G_{杯})\times100\%$$

（4）准确称取1g干样于50mL高型烧杯中，加10mL硝酸，盖上表面皿，于电热板上低温加热至泡沫基本消失，取下烧杯；冷却后加10mL硝酸，盖上表面皿，于电热板上加热至溶液澄清，移去表面皿，蒸至近干，冷却后，加5mL高氯酸，加热高氯酸，移去表面皿，加热并蒸至白烟冒尽，冷却后，加少量1%硝酸微热溶解，全量转入25mL（或者50mL）比色管中，用1%硝酸定容，混匀，贴上标签。实验样品送原子吸收测定。

3. 实验报告要求

（1）每一个同学独立完成资料的查找和实验的全过程操作；

（2）要详细记录实验现象和数据，并对数据进行计算机Excel计算和画图（数据要列表，计算要有详细的公式，见表8-6）；

（3）实验步骤要按照自己当时操作的步骤来写；

（4）要对数据结果进行总结和分析。

表8-6　实验数据记录及计算

组序号	鱼类	鱼长/cm	鱼重/g	含水量/%	Cr含量/(mg/kg)			
					肉	鳞	皮	内脏
1								
2								
3								
4								
5								

五、实验结论

1. 试利用本次实验数据分析重金属 Cr 在鱼体不同部位的积累系数和分布的异同。

2. 试利用本次实验数据分析大小不同鱼对重金属的积累特征并解释其原因。

3. 试利用本次实验数据分析不同鱼种对重金属 Cr 的积累规律并解释其原因。

六、思考题

1. 举例说明重金属对动植物的危害（自己举例 1～3 种重金属）。

2. 如何理解重金属在生态环境中的迁移和转化?

3. 举例说明水生动植物的采样及保存方法?

4. 利用原子吸收分光光度计测定鱼肉中的 Pb 时，化学前处理是如何操作的?

实验八　人体头发中汞的污染分析与评价

汞是一种可以在生物体内积累的毒物，它很容易被皮肤以及呼吸道和消化道吸收。水俣病是汞中毒的一种。汞破坏中枢神经组织，对口、黏膜和牙齿有不利影响。长时间暴露在高汞环境中可以导致脑损伤和死亡。汞的毒性位居“五毒”之首，容易在动植物体内富集，进入人体的汞主要来自食物，特别是鱼类、贝类。进到人体的汞，有 10%出现在毛发内，并在那里保存下来。在头发生长的过程中，如果人体对汞的摄取量不同，那么头发中的含汞量也会有所不同。因此，把头发从根部剪下，并按一定的长度切成小段，逐段进行测定，可以了解人体受汞污染的情况。本实验要求学生掌握冷原子吸收法测定汞的原理和方法，了解自己头发中汞的含量。

一、实验目的

1. 掌握冷原子吸收光度仪测定汞的原理和操作方法。

2. 了解人体头发中汞的评价方法。

二、实验原理

在硫酸介质及加热条件下，用高锰酸钾等氧化剂将头发中各种形态的汞化合物消解，使所含的汞全部转化为二价无机汞。用盐酸羟胺将过量的氧化剂还原，在酸性条件下，再用氯化亚锡将二价汞还原成金属汞，在室温下通入空气或氮气，使金属汞汽化，通入冷原子吸收测汞仪，汞蒸气对汞光源发射的 253.7nm 谱线具有特征吸收，且吸光度与汞浓度成正比。

三、仪器和试剂

1. 仪器

(1) 测汞仪。

(2) 汞还原瓶、汞吸收瓶，容积分别有 10mL、15mL、25mL，具有磨口，带有莲蓬形多孔吹气头的翻气瓶。

(3) 容量瓶（25mL）、烧杯（50mL，配表面皿）、刻度吸管（1mL、5mL）、锥形瓶（100mL）。

2. 试剂

(1) 硫酸（H_2SO_4），ρ=1.84g/mL，优级纯。

(2) 硝酸（HNO_3），ρ=1.42g/mL，优级纯。

(3) 重铬酸钾（$K_2Cr_2O_7$），优级纯。

(4) 高锰酸钾（$KMnO_4$）溶液（5%）　将 50g $KMnO_4$（优级纯，若纯度达不到优级纯，要求重结晶提纯）用水溶解后，定容至 1000mL，储于棕色瓶中。

(5) 硝酸重铬酸钾稀释液　称取 0.05g 重铬酸钾，溶于无汞去离子水中，加入 5mL 优级纯硝酸，再用去离子水稀释至 100mL。

(6) 10%的盐酸羟胺　称 10g 盐酸羟胺（$NH_2OH \cdot 2H_2O$）溶于水中并稀释至 100mL，以 2.5L/min 的流量通氮气或干净空气 30min，以驱除微量汞。该溶液不可久储。

(7) 10%的氯化亚锡　称 10g 氯化亚锡（$SnCl_2 \cdot H_2O$）溶于 10mL 浓硝酸中，加蒸馏水至 100mL。同上法通氮气或干净空气驱除微量汞，加几粒金属锡，密闭保存。

(8) 汞标准储备液（1mg/mL）　准确称取氯化汞（分析纯）0.1354g 溶于硝酸重铬酸钾溶液中，并稀释至 100mL。

(9) 汞标准溶液（0.10μg/mL）　取一定量的汞标准储备液（1mg/mL），用硝酸重铬酸钾稀释至 0.01μg/mL。

四、实验步骤

1. 发样预处理

将发样用 50℃中性洗涤剂水溶液洗 15min，然后用乙醚浸洗 5min。上述过程的目的是去除油脂污染物。将洗净的发样在空气中晾干，用不锈钢剪剪成 3mm 长，保存备用。

2. 发样消化

准确称取 30mg 洗净的干燥发样于 50mL 烧杯中，加入 5%的 $KMnO_4$ 溶液 8mL，小心加浓硫酸 5mL，盖上表面皿。小心加热至发样完全消化，如消化过程中紫红色消失应立即滴加 $KMnO_4$。冷却后，滴加盐酸羟胺至紫红色刚好消失，以除去过量的 $KMnO_4$，所得溶液不应具有黑色残留物或发样。稍静置（去氯气），转移到 25mL 容量瓶，用硝酸重铬酸钾稀释液稀释至刻度线。同时制作一份空白样品。

3. 标准曲线绘制

取 50mL 比色管 6 个，并分别加入浓度为 0.10μg/mL 汞标准溶液 0.00、1.00mL、2.00mL、3.00mL、4.00mL、5.00mL，再补加硝酸重铬酸钾稀释液至总体积为 50mL，摇匀。待仪器稳定后，用 5%的硝酸或 5%的高锰酸钾作吸收剂，调节仪器 0 点及满刻度后，再将三通阀旋至“测量位”，取出汞还原瓶吹气头，吸取 10.00mL 标准液注入汞还原瓶中，加入氯化亚锡 1mL，迅速插入吹气头，按下鼓气按钮，使载气通入汞还原瓶中，记下检测表头的最大读数或记录仪上的峰高，待读数开始下降后，将三通阀旋至“吸收位”，当读数小于 20 后，取出吹气头，弃去废液，用水冲洗还原瓶两次，再用硝酸重铬酸钾稀释液洗涤几次（氧化可能残留的 Sn^{2+}），仪器读数恢复到零，然后进行另一份样品的测定。以经过空白校正的各测量值为纵坐标，以相应标准溶液的汞浓度（μg/L）为横坐标绘制标准曲线。

4. 样品测定

取出汞还原瓶吹气头，逐个吸取 10.00mL 经处理后的试样或空白溶液，同标准曲线测定吸收值。

五、数据分析

头发中汞的浓度 c：

$$c(\mu g/g)=c_1\frac{V}{w} \tag{8-20}$$

式中　c_1——被测试样中汞的浓度，μg/mL；

V——制样时定容体积，mL；

w——发样质量，g。

六、注意事项

1. 各种型号测汞仪的操作方法和特点不同，使用前应详细阅读仪器说明书。
2. 由于方法灵敏度很高，因此实验室环境和试剂纯度要求很高，应予注意。

3. 消化是本实验的重要步骤，也是容易出错的步骤，必须仔细操作。

七、思考题

1. 简述测汞仪的组成部分和测定原理。

2. 保证测定具有较好的重复性，应注意哪些环节？

实验九　有机物的正辛醇-水分配系数的测定

有机化合物的正辛醇-水分配系数（K_{ow}）是指平衡状态下化合物在正辛醇和水相中浓度的比值。它反映了化合物在水相和有机相之间的迁移能力，是描述有机化合物在环境中行为的重要物理化学参数，它与化合物的水溶性、土壤吸附常数和生物浓缩因子密切相关。通过对某一化合物分配系数的测定，可提供该化合物在环境行为方面许多重要的信息，特别是对于评价有机物在环境中的危险性起着重要作用。测定分配系数的方法有振荡法、产生柱法和高效液相色谱法。

一、实验目的

1. 掌握有机物的正辛醇-水分配系数的测定方法；

2. 学习使用紫外分光光度计。

二、实验原理

正辛醇-水分配系数是平衡状态下化合物在正辛醇相和水相中浓度的比值，即：

$$K_{ow}=\frac{c_o}{c_w} \tag{8-21}$$

式中　K_{ow}——分配系数；

c_o——平衡时有机化合物在正辛醇相中的浓度；

c_w——平衡时有机化合物在水相中的浓度。

本实验采用振荡法使对二甲苯在正辛醇相和水相中达平衡后，进行离心，测定水相中对二甲苯的浓度，由此求得分配系数：

$$K_{ow}=\frac{c_oV_o-c_wV_w}{c_wV_w} \tag{8-22}$$

式中　c_o，c_w——分别为平衡时有机化合物在正辛醇相和水相中的浓度；

V_o，V_w——分别为正辛醇相和水相的体积。

三、仪器和试剂

1. 仪器

紫外分光光度计；恒温振荡器；离心机；具塞比色管：10mL；玻璃注射器：5mL；容量瓶：5mL，10mL。

2. 试剂

正辛醇：分析纯；乙醇：95%，分析纯；对二甲苯：分析纯。

四、实验内容及步骤

1. 标准曲线的绘制

移取1.00mL对二甲苯于10mL容量瓶中，用乙醇稀释至刻度，摇匀。取该溶液0.10mL于25mL容量瓶中，再用乙醇稀释至刻度，摇匀，此时浓度为400μL/L。在5只25mL容量瓶中各加入该溶液1.00 mL、2.00 mL、3.00 mL、4.00 mL和5.00mL，用水稀释至刻度，摇匀。在紫外分光光度计上于波长227nm处，以水为参比，测定吸光度值。利用所测得的标准系列的吸光度值对浓度作图，绘制标准曲线。

2. 溶剂的预饱和

将 20mL 正辛醇与 200mL 二次蒸馏水在振荡器上振荡 24h，使二者相互饱和，静置分层后，两相分离，分别保存备用。

3. 平衡时间的确定及分配系数的测定

(1) 移取 0.40mL 对二甲苯于 10mL 容量瓶中，用上述处理过的被水饱和的正辛醇稀释至刻度，该溶液浓度为 $4\times10^4\mu L/L$。

(2) 分别移取 1.00mL 上述溶液于 6 个 10mL 具塞比色管中，用上述处理过的被正辛醇饱和的二次水稀释至刻度。盖紧塞子，置于恒温振荡器上，分别振荡 0.5 h、1.0 h、1.5 h、2.0 h、2.5h 和 3.0h，离心分离，用紫外分光光度计测定水相吸光度。取水样时，为避免正辛醇的污染，可利用带针头的玻璃注射器移取水样。首先在玻璃注射器内吸入部分空气，当注射器通过正辛醇相时，轻轻排出空气，在水相中已吸取足够的溶液时，迅速抽出注射器，卸下针头后，即可获得无正辛醇污染的水相。

五、实验数据处理

1. 根据不同时间化合物在水相中的浓度，绘制化合物平衡浓度随时间的变化曲线，由此确定实验所需要的平衡时间。

2. 利用达到平衡时化合物在水相中的浓度，计算化合物正辛醇-水的分配系数。

六、思考题

1. 正辛醇-水分配系数的测定有何意义？

2. 振荡法测定化合物正辛醇-水的分配系数有哪些优缺点？

实验十　重金属在土壤-植物体系中的迁移转化

人体内的微量元素不仅参与机体的组成，而且担负着不同的生理功能。如铁、铜、锌是组成酶和蛋白质的重要成分，钒、铬、镍、铁、铜、锌等元素能影响核酸的代谢作用，部分微量元素还与心血管疾病、衰老、智力甚至癌症有密切关系。这些微量元素在人体组织中都有一个相当恒定的浓度范围，它们之间互相抑制、互相拮抗，过量或缺乏都会破坏人体内部的生理平衡，引起机体疾病，使健康受到不同程度的影响。

在农业生态环境中，土壤是连接有机界与无机界的重要枢纽，土壤无机污染物中，重金属的污染问题比较突出。这是因为重金属一般不易随水淋滤，不能被土壤微生物所分解，但能被土壤胶体吸附，被土壤微生物富集或植物所吸收，有时甚至可能转化为毒性更强的物质。有时通过食物链以有害浓度在人体内蓄积，严重危害人体健康。重金属元素可通过土壤积累于植物体内，最终危害人类。因此，测量土壤中及植物中的重金属浓度，可以掌握重金属在土壤-植物体系中的迁移转化能力。

一、实验目的

1. 掌握用原子吸收法测定土壤及植物中 Pb、Zn、Cu、Cd 浓度的原理及方法。

2. 掌握土壤-植物体系中重金属的迁移、转化规律及评价方法。

3. 了解原子吸收分光光度计仪器的性能、结构及其基本使用方法。

二、实验原理

在同一地点采集植物和土壤样品，经风干处理后，用酸消解体系，将样品中各种形态的重金属转化为同一高价态，在原子吸收分光光度计上测定其浓度；通过比较分析土壤和植物中重金属的浓度，探讨重金属在植物-土壤体系中的迁移能力。将处理好的试样直接喷入空气-乙炔火焰，火焰中形成的原子蒸气对光源发射的特征电磁辐射产生吸收，测得试液吸光度扣除空白吸光度，从标准曲线查得Pb、Zn、Cu、Cd的浓度，从而计算土壤和植物中Pb、Zn、Cu、Cd的浓度。

三、仪器和试剂

1. 仪器

原子吸收分光光度计；空气-乙炔火焰原子化器；Pb、Zn、Cu、Cd空心阴极灯；尼龙筛（100目）；电热板；量筒（100mL）；高型烧杯（100mL）；容量瓶（25mL，100mL）；锥形瓶（100mL）；小三角漏斗；表面皿。

2. 试剂

（1）硝酸、硫酸，优级纯。

（2）氧化剂　空气、乙炔，用气体压缩机供给，经过必要的过滤和净化。

（3）金属标准储备液（1.00mg/mL）　准确称取0.5000g光谱纯金属，用适量的1∶1硝酸溶解，必要时加热直至溶解完全，用水稀释至500mL。

（4）混合标准溶液　用0.2%的硝酸稀释金属标准储备溶液配制而成，使配成的混合标准溶液中镉、铜、铅和锌浓度分别为10.00mg/L、50.0mg/L、100.0mg/L和10.0mg/L。

四、实验步骤

1. 土壤样品的制备

在植物生长季节，从田间取回土样，倒在塑料薄膜上，晒至半干状态，将土块压碎，除去残根、杂物，铺成薄层，经常翻动，在阴凉处使其慢慢风干。风干土样用有机玻璃棒或木棒敲碎后，过2mm尼龙筛，去掉2mm以上的砂砾和植物残体。将上述风干细土反复按四分法弃取，最后约留下100g土样，再进一步磨细，过100目筛，105℃烘干（2～4h），装于玻璃瓶中（注意在制备过程中不要被沾污），保存于干燥器中。

2. 土样的消解

准确称取烘干土样0.5g两份，分别置于高型烧杯中，加水少许润湿，再加入1∶1的硫酸4mL，浓硝酸1mL，盖上表面皿，在电热板上加热至冒白烟。如消解液呈黄色，可取下稍冷，滴加硝酸后再加热至冒白烟，直到土壤变白。取下洗涤残渣2～3次，将清液过滤至容量瓶中，用水稀释至刻度，摇匀备用。同时做2份空白实验。

3. 植物样品的制备

（1）植物样品的采集　取与土壤样品同一地点的植物，105℃烘干，再经粉碎，研磨成粉，装入样品瓶，保存于干燥器中。

（2）植物消解　准确称取1g经烘干的植物样品两份，分别置于100mL的锥形瓶中，加10mL浓硝酸，在烧杯口放置一个小漏斗，在电热板上加热（在通风橱中进行，开始低温，逐渐提高温度，但不宜过高，以防样品溅出），加热至冒白烟、溶液透明为止，过滤至25mL容量瓶中，用水洗涤滤渣2～3次后，用水稀释至刻度，摇匀备用。同时做2份空白实验。

4. 标准曲线的绘制

在6个50mL比色管中，分别加入0.00、0.50mL、1.00mL、3.00mL、5.00mL、10.00mL混合标准溶液，用0.2%的硝酸稀释至50mL刻度，测定标准溶液的吸光度。用经空白校正的各标准溶液的吸光度为纵坐标，标准溶液浓度为横坐标，绘制标准曲线。

5. 土壤及植物中Pb、Zn、Cu、Cd的测定

按照与标准溶液相同的步骤测定空白样和试样的吸光度，记录数据。扣除空白值后，从标准曲线上查出试样中的金属浓度。由于仪器灵敏度的差别，土壤及植物样品中重金属浓度

不同，必要时应对试液稀释后再测定。

五、数据分析

由测定所得吸光度，分别从标准曲线上查得被测试液中各金属的浓度，根据下式计算出样品中被测元素的含量：

$$被测元素的含量(\mu g/g)=\frac{\rho V}{w} \tag{8-23}$$

式中 ρ——被测试液的浓度，$\mu g/mL$；

V——试液的体积，mL；

w——样品的质量，g。

六、注意事项

1. 土样消解过程中，防止溶液蒸干。不慎蒸干时，Fe、Al 盐可能形成难溶的氧化物而包藏镉、铜，使结果偏低。

2. 镉的测定波长为 228.8nm，该分析处于紫外光区，易受光散射和分子吸收的干扰，特别是在 220.0～270.0nm 之间，NaCl 有强烈的分子吸收，覆盖了 228.8nm 线。另外，Ca、Mg 的分子吸收和光散射也十分强。这些因素皆可造成镉的表观吸光度增加。为消除基体的干扰，可在测量体系中加入适量的基本改进剂，如在标准系列溶液和试样中分别加入 0.5g $La(NO_3)_3 \cdot 6H_2O$。此法适用于测定土壤中含镉量较高和受镉污染土壤中的镉含量。

七、思考题

1. 粮食的前处理有干法及湿法两种，各有什么优缺点？

2. 比较铜、锌、铅、镉在土壤及粮食中的含量，描述土壤-粮食体系中 Cu、Zn、Pb、Cd 的迁移情况，分析重金属富集的情况及影响因素。

【阅读材料】

太湖蓝藻事件

太湖美，美就美在太湖水。

太湖位于江苏省南部，长江三角洲中部，它是中国东部近海区域最大的湖泊，也是中国第三大淡水湖，太湖烟波浩渺、风景秀丽，是中国著名的风景名胜区。太湖具有饮水、工农业用水、航运、旅游、流域防洪调蓄等多种功能，是长江三角洲地区社会经济发展的重要水资源。

可是，这几年的太湖水质逐年下降，2007 年 5 月，一场突如其来的饮用水危机降临到无锡市，导致无锡部分地区自来水水质恶化，气味发臭，无法饮用，造成了极大的社会影响，也颠覆了太湖在人们心目中的形象。这次饮水危机的罪魁祸首就是太湖蓝藻。小小蓝藻在一夜之间打乱了数百万群众的正常生活，也触动了中国经济发展和环境保护的敏感神经。

蓝藻是一种最原始、最古老的藻类原核生物。在营养丰富的水体中，蓝藻常于夏季大量繁殖，腐败死亡后在水面形成一层蓝绿色而有腥臭味的浮沫，称为“水华”，甚至有些种类还会产生一些毒素，加剧了水质恶化，对鱼类等水生动物，以及人、畜均有很大危害。

从自然因素上来讲，太湖广阔湖区周边的凹槽水湾，水体流动性差且富营养化，为蓝藻多发地带。2007 年前，太湖经常会在 5 月底 6 月初暴发蓝藻，一般都是一两天就过去了。但 2007 年却突如其来地提前了，而且持续时间长。因为 2007 年太湖水位比往年要低，也就是说水少。另外一个因素就是暖冬，2007 年 4 月，无锡的气温偏高，4 月平均气温都在

20℃左右，这样的气温适合于蓝藻的生长。蓝藻爆发后，湖面上到处漂浮着厚厚的一层蓝藻，腥臭的气味四处弥漫，蓝藻就像一层厚厚的棉被覆盖着水体。

除了以上自然因素外，人为因素在这里却起到了重要作用。

太湖流域内经济快速发展过程中基础环境设施建设滞后。太湖地处苏、浙、沪两省一市经济发达地区，经济持续快速增长，工业化、城市化进程日益加快，工业生产、城市建设不断向湖边发展，而配套的基础环境设施建设相对滞后，城市污水收集管网不配套，污水处理设施建设远远赶不上污水增加的速率，甚至流域内个别污水处理厂接纳超出其日处理能力的污水而成为污染源。

太湖流域工业污染、生活污染负荷高，污染物排放总量大，远远超过了环境承载能力。就无锡市而言，2005 年，排放废水 58000 万吨，排放 COD 9 万吨，其中，排放工业废水 39600 万吨，COD 4 万吨；生活污水 18400 万吨，COD 5 万吨。2006 年，全市排放 COD 削减了 3%，但仍达 8.73 万吨，而无锡市水环境容量 COD 最大允许排放量仅为 5.96 万吨/年。地跨苏、浙、沪、皖三省一市、总面积 36895 平方公里的太湖流域是中国经济较发达的地区之一，也是世界人口密度最高的地区之一，而太湖却日益成为工业文明的牺牲品。

“太湖今后 5～10 年不发生蓝藻是相对的，发生蓝藻是绝对的。”这是国家环境保护部部长周生贤先生表达的担忧。

本章小结

本章内容主要分为两个部分。

1. 环境化学的研究方法。主要有环境化学实验室模拟方法、环境化学的化学分析和仪器分析研究方法以及环境化学图示研究方法。

2. 污染物在大气、水、土壤以及生物中迁移转化规律的实验研究。主要包括以下一些实验：用气相色谱法测定空气环境中挥发性有机物的污染；用简易方法净化天然水；通过测定水体的总磷、叶绿素 A 及初级生产率等指标进行水体富营养化程度的评价；通过测定水中的溶解氧、化学需氧量和生化需氧量来评价废水中有机污染状况；利用氟离子选择电极法测定生物样品中的氟含量；用气相色谱法测定有机磷农药的含量；重金属在水生环境鱼体中的累积及分布；人体头发中汞的污染分析与评价；有机物的正辛醇-水分配系数的测定；重金属在土壤-植物体系中的迁移转化。

附录 《国家危险废物名录》

废物类别	行业来源	废物代码	危险废物	危险特性
HW01 医疗废物	卫生	851-001-01	医疗废物	In
	非特定行业	900-001-01	为防治动物传染病而需要收集和处置的废物	In
HW02 医药废物	化学药品原药制造	271-001-02	化学药品原料药生产过程中的蒸馏及反应残渣	T
		271-002-02	化学药品原料药生产过程中的母液及反应基或培养基废物	T
		271-003-02	化学药品原料药生产过程中的脱色过滤(包括载体)物	T
		271-004-02	化学药品原料药生产过程中废弃的吸附剂、催化剂和溶剂	T
		271-005-02	化学药品原料药生产过程中的报废药品及过期原料	T
	化学药品制剂制造	272-001-02	化学药品制剂生产过程中的蒸馏及反应残渣	T
		272-002-02	化学药品制剂生产过程中的母液及反应基或培养基废物	T
		272-003-02	化学药品制剂生产过程中的脱色过滤(包括载体)物	T
		272-004-02	化学药品制剂生产过程中废弃的吸附剂、催化剂和溶剂	T
		272-005-02	化学药品制剂生产过程中的报废药品及过期原料	T
	兽用药品制造	275-001-02 *	使用砷或有机砷化合物生产兽药过程中产生的废水处理污泥	T
		275-002-02	使用砷或有机砷化合物生产兽药过程中苯胺化合物蒸馏工艺产生的蒸馏残渣	T
		275-003-02	使用砷或有机砷化合物生产兽药过程中使用活性炭脱色产生的残渣	T
		275-004-02	其他兽药生产过程中的蒸馏及反应残渣	T
		275-005-02	其他兽药生产过程中的脱色过滤(包括载体)物	T
		275-006-02	兽药生产过程中的母液、反应基和培养基废物	T
		275-007-02	兽药生产过程中废弃的吸附剂、催化剂和溶剂	T
		275-008-02	兽药生产过程中的报废药品及过期原料	T
	生物、生化制品制造	276-001-02	利用生物技术生产生物化学药品、基因工程药物过程中的蒸馏及反应残渣	T
		276-002-02	利用生物技术生产生物化学药品、基因工程药物过程中的母液、反应基和培养基废物	T
		276-003-02	利用生物技术生产生物化学药品、基因工程药物过程中的脱色过滤(包括载体)物与滤饼	T
		276-004-02	利用生物技术生产生物化学药品、基因工程药物过程中废弃的吸附剂、催化剂和溶剂	T
		276-005-02	利用生物技术生产生物化学药品、基因工程药物过程中的报废药品及过期原料	T
HW03 废药物、药品	非特定行业	900-002-03	生产、销售及使用过程中产生的失效、变质、不合格、淘汰、伪劣的药物和药品(不包括 HW01、HW02、900-999-49 类)	T

续表

废物类别	行业来源	废物代码	危险废物	危险特性
HW04 农药废物	农药制造	263-001-04	氯丹生产过程中六氯环戊二烯过滤产生的残渣；氯丹氯化反应器的真空气提器排放的废物	T
		263-002-04	乙拌磷生产过程中甲苯回收工艺产生的蒸馏残渣	T
		263-003-04	甲拌磷生产过程中二乙基二硫代磷酸过滤产生的滤饼	T
		263-004-04	2,4,5-三氯苯氧乙酸(2,4,5-T)生产过程中四氯苯蒸馏产生的重馏分及蒸馏残渣	T
		263-005-04	2,4-二氯苯氧乙酸(2,4-D)生产过程中产生的含2,6-二氯苯酚残渣	T
		263-006-04	乙烯基双二硫代氨基甲酸及其盐类生产过程中产生的过滤、蒸发和离心分离残渣及废水处理污泥；产品研磨和包装工序产生的布袋除尘器粉尘和地面清扫废渣	T
		263-007-04	溴甲烷生产过程中反应器产生的废水和酸干燥器产生的废硫酸；生产过程中产生的废吸附剂和废水分离器产生的固体废物	T
		263-008-04	其他农药生产过程中产生的蒸馏及反应残渣	T
		263-009-04	农药生产过程中产生的母液及(反应罐及容器)清洗液	T
		263-010-04	农药生产过程中产生的吸附过滤物(包括载体、吸附剂、催化剂)	T
		263-011-04 *	农药生产过程中的废水处理污泥	T
		263-012-04	农药生产、配制过程中产生的过期原料及报废药品	T
	非特定行业	900-003-04	销售及使用过程中产生的失效、变质、不合格、淘汰、伪劣的农药产品	T
HW05 木材防腐剂废物	锯材、木片加工	201-001-05	使用五氯酚进行木材防腐过程中产生的废水处理污泥，以及木材保存过程中产生的沾染防腐剂的废弃木材残片	T
		201-002-05	使用杂芬油进行木材防腐过程中产生的废水处理污泥，以及木材保存过程中产生的沾染防腐剂的废弃木材残片	T
		201-003-05	使用含砷、铬等无机防腐剂进行木材防腐过程中产生的废水处理污泥，以及木材保存过程中产生的沾染防腐剂的废弃木材残片	T
	专用化学产品制造	266-001-05	木材防腐化学品生产过程中产生的反应残余物、吸附过滤物及载体	T
		266-002-05 *	木材防腐化学品生产过程中产生的废水处理污泥	T
		266-003-05	木材防腐化学品生产、配制过程中产生的报废产品及过期原料	T
	非特定行业	900-004-05	销售及使用过程中产生的失效、变质、不合格、淘汰、伪劣的木材防腐剂产品	T
HW06 有机溶剂废物	基础化学原料制造	261-001-06	硝基苯-苯胺生产过程中产生的废液	T
		261-002-06	羧酸肼法生产1,1-二甲基肼过程中产品分离和冷凝反应器排气产生的塔顶流出物	T
		261-003-06	羧酸肼法生产1,1-二甲基肼过程中产品精制产生的废过滤器滤芯	T
		261-004-06	甲苯硝化法生产二硝基甲苯过程中产生的洗涤废液	T
		261-005-06	有机溶剂的合成、裂解、分离、脱色、催化、沉淀、精馏等过程中产生的反应残余物、废催化剂、吸附过滤物及载体	I,T
		261-006-06	有机溶剂的生产、配制、使用过程中产生的含有机溶剂的清洗杂物	I,T

续表

废物类别	行业来源	废物代码	危险废物	危险特性
HW07 热处理含氰废物	金属表面处理及热处理加工	346-001-07	使用氰化物进行金属热处理产生的淬火池残渣	T
		346-002-07 *	使用氰化物进行金属热处理产生的淬火废水处理污泥	T
		346-003-07	含氰热处理炉维修过程中产生的废内衬	T
		346-004-07	热处理渗碳炉产生的热处理渗碳氰渣	T
		346-005-07	金属热处理过程中的盐浴槽釜清洗工艺产生的废氰化物残渣	R,T
		346-049-07 *	其他热处理和退火作业中产生的含氰废物	T
HW08 废矿物油	天然原油和天然气开采	071-001-08	石油开采和炼制产生的油泥和油脚	T,I
		071-002-08	废弃钻井液处理产生的污泥	T
	精炼石油产品制造	251-001-08	清洗油罐(池)或油件过程中产生的油/水和烃/水混合物	T
		251-002-08	石油初炼过程中产生的废水处理污泥,以及储存设施、油-水-固态物质分离器、积水槽、沟渠及其他输送管道、污水池、雨水收集管道产生的污泥	T
		251-003-08	石油炼制过程中 API 分离器产生的污泥,以及汽油提炼工艺废水和冷却废水处理污泥	T
		251-004-08	石油炼制过程中溶气浮选法产生的浮渣	T,I
		251-005-08	石油炼制过程中的溢出废油或乳剂	T,I
		251-006-08	石油炼制过程中的换热器管束清洗污泥	T
		251-007-08	石油炼制过程中隔油设施的污泥	T
		251-008-08	石油炼制过程中储存设施底部的沉渣	T,I
		251-009-08	石油炼制过程中原油储存设施的沉积物	T,I
		251-010-08	石油炼制过程中澄清油浆槽底的沉积物	T,I
		251-011-08	石油炼制过程中进油管路过滤或分离装置产生的残渣	T,I
		251-012-08	石油炼制过程中产生的废弃过滤黏土	T
	涂料、油墨、颜料及相关产品制造	264-001-08	油墨的生产、配制产生的废分散油	T
	专用化学产品制造	266-004-08	黏合剂和密封剂生产、配制过程产生的废弃松香油	T
	船舶及浮动装置制造	375-001-08	拆船过程中产生的废油和油泥	T,I
	非特定行业	900-200-08	珩磨、研磨、打磨过程产生的废矿物油及其含油污泥	T
		900-201-08	使用煤油、柴油清洗金属零件或引擎产生的废矿物油	T,I
		900-202-08	使用切削油和切削液进行机械加工过程中产生的废矿物油	T
		900-203-08	使用淬火油进行表面硬化产生的废矿物油	T
		900-204-08	使用轧制油、冷却剂及酸进行金属轧制产生的废矿物油	T
		900-205-08	使用镀锡油进行焊锡产生的废矿物油	T
		900-206-08	锡及焊锡回收过程中产生的废矿物油	T
		900-207-08	使用镀锡油进行蒸气除油产生的废矿物油	T
		900-208-08	使用镀锡油(防氧化)进行热风整平(喷锡)产生的废矿物油	T
		900-209-08	废弃的石蜡和油脂	T,I
		900-210-08	油/水分离设施产生的废油、污泥	T,I
		900-249-08	其他生产、销售、使用过程中产生的废矿物油	T,I

续表

废物类别	行业来源	废物代码	危险废物	危险特性
HW09 油/水、烃/水混合物或乳化液	非特定行业	900-005-09	来自于水压机定期更换的油/水、烃/水混合物或乳化液	T
		900-006-09	使用切削油和切削液进行机械加工过程中产生的油/水、烃/水混合物或乳化液	T
		900-007-09	其他工艺过程中产生的废弃的油/水、烃/水混合物或乳化液	T
HW10 多氯(溴)联苯类废物	非特定行业	900-008-10	含多氯联苯(PCBs)、多氯三联苯(PCTs)、多溴联苯(PBBs)的废线路板、电容、变压器	T
		900-009-10	含有PCBs、PCTs和PBBs的电力设备的清洗液	T
		900-010-10	含有PCBs、PCTs和PBBs的电力设备中倾倒出的介质油、绝缘油、冷却油及传热油	T
		900-011-10	含有或直接沾染PCBs、PCTs和PBBs的废弃包装物及容器	T
		900-012-10	含有或沾染PCBs、PCT$_S$、PBB$_S$和多氯(溴)萘，且含量≥50mg/kg的废物、物质和物品	T
HW11 精(蒸)馏残渣	精炼石油产品的制造	251-013-11	石油精炼过程中产生的酸焦油和其他焦油	T
	炼焦制造	252-001-11	炼焦过程中蒸氨塔产生的压滤污泥	T
		252-002-11	炼焦过程中澄清设施底部的焦油状污泥	T
		252-003-11	炼焦副产品回收过程中萘回收及再生产生的残渣	T
		252-004-11	炼焦和炼焦副产品回收过程中焦油储存设施中的残渣	T
		252-005-11	煤焦油精炼过程中焦油储存设施中的残渣	T
		252-006-11	煤焦油蒸馏残渣，包括蒸馏釜底物	T
		252-007-11	煤焦油回收过程中产生的残渣，包括炼焦副产品回收过程中的污水池残渣	T
		252-008-11	轻油回收过程中产生的残渣，包括炼焦副产品回收过程中的蒸馏器、澄清设施、洗涤油回收单元产生的残渣	T
		252-009-11	轻油精炼过程中的污水池残渣	T
		252-010-11	煤气及煤化工生产行业分离煤油过程中产生的煤焦油渣	T
		252-011-11	焦炭生产过程中产生的其他酸焦油和焦油	T
	基础化学原料制造	261-007-11	乙烯法制乙醛生产过程中产生的蒸馏底渣	T
		261-008-11	乙烯法制乙醛生产过程中产生的蒸馏次要馏分	T
		261-009-11	苄基氯生产过程中苄基氯蒸馏产生的蒸馏釜底物	T
		261-010-11	四氯化碳生产过程中产生的蒸馏残渣	T
		261-011-11	表氯醇生产过程中精制塔产生的蒸馏釜底物	T
		261-012-11	异丙苯法生产苯酚和丙酮过程中蒸馏塔底焦油	T
		261-013-11	萘法生产邻苯二甲酸酐过程中蒸馏塔底残渣和轻馏分	T
		261-014-11	邻二甲苯法生产邻苯二甲酸酐过程中蒸馏塔底残渣和轻馏分	T
		261-015-11	苯硝化法生产硝基苯过程中产生的蒸馏釜底物	T
		261-016-11	甲苯二异氰酸酯生产过程中产生的蒸馏残渣和离心分离残渣	T
		261-017-11	1,1,1-三氯乙烷生产过程中产生的蒸馏底渣	T
		261-018-11	三氯乙烯和全氯乙烯联合生产过程中产生的蒸馏塔底渣	T

续表

废物类别	行业来源	废物代码	危险废物	危险特性
HW11 精(蒸)馏残渣	基础化学原料制造	261-019-11	苯胺生产过程中产生的蒸馏底渣	T
		261-020-11	苯胺生产过程中苯胺萃取工序产生的工艺残渣	T
		261-021-11	二硝基甲苯加氢法生产甲苯二胺过程中干燥塔产生的反应废液	T
		261-022-11	二硝基甲苯加氢法生产甲苯二胺过程中产品精制产生的冷凝液体轻馏分	T
		261-023-11	二硝基甲苯加氢法生产甲苯二胺过程中产品精制产生的废液	T
		261-024-11	二硝基甲苯加氢法生产甲苯二胺过程中产品精制产生的重馏分	T
		261-025-11	甲苯二胺光气化法生产甲苯二异氰酸酯过程中溶剂回收塔产生的有机冷凝物	T
		261-026-11	氯苯生产过程中的蒸馏及分馏塔底物	T
		261-027-11	使用羧酸肼生产1,1-二甲基肼过程中产品分离产生的塔底渣	T
		261-028-11	乙烯溴化法生产二溴化乙烯过程中产品精制产生的蒸馏釜底物	T
		261-029-11	α-氯甲苯、苯甲酰氯和含此类官能团的化学品生产过程中产生的蒸馏底渣	T
		261-030-11	四氯化碳生产过程中的重馏分	T
		261-031-11	二氯化乙烯生产过程中二氯化乙烯蒸馏产生的重馏分	T
		261-032-11	氯乙烯单体生产过程中氯乙烯蒸馏产生的重馏分	T
		261-033-11	1,1,1-三氯乙烷生产过程中产品蒸汽汽提塔产生的废物	T
		261-034-11	1,1,1-三氯乙烷生产过程中重馏分塔产生的重馏分	T
		261-035-11	三氯乙烯和全氯乙烯联合生产过程中产生的重馏分	T
	常用有色金属冶炼	331-001-11	有色金属火法冶炼产生的焦油状废物	T
	环境管理业	802-001-11	废油再生过程中产生的酸焦油	T
	非特定行业	900-013-11	其他精炼、蒸馏和任何热解处理中产生的废焦油状残留物	T
HW12 染料、涂料废物	涂料、油墨、颜料及相关产品制造	264-002-12	铬黄和铬橙颜料生产过程中产生的废水处理污泥	T
		264-003-12	钼酸橙颜料生产过程中产生的废水处理污泥	T
		264-004-12	锌黄颜料生产过程中产生的废水处理污泥	T
		264-005-12	铬绿颜料生产过程中产生的废水处理污泥	T
		264-006-12	氧化铬绿颜料生产过程中产生的废水处理污泥	T
		264-007-12	氧化铬绿颜料生产过程中产生的烘干炉残渣	T
		264-008-12	铁蓝颜料生产过程中产生的废水处理污泥	T
		264-009-12	使用色素、干燥剂、肥皂以及含铬和铅的稳定剂配制油墨过程中,清洗池槽和设备产生的洗涤废液和污泥	T
		264-010-12	油墨的生产、配制过程中产生的废蚀刻液	T
		264-011-12	其他油墨、染料、颜料、涂料、真漆、罩光漆生产过程中产生的废母液、残渣、中间体废物	T
		264-012-12	其他油墨、染料、颜料、涂料、真漆、罩光漆生产过程中产生的废水处理污泥、废吸附剂	T

续表

废物类别	行业来源	废物代码	危险废物	危险特性
HW12 染料、涂料废物	涂料、油墨、颜料及相关产品制造	264-013-12	涂料、油墨生产、配制和使用过程中产生的含颜料、油墨的有机溶剂废物	T
	纸浆制造	221-001-12	废纸回收利用处理过程中产生的脱墨渣	T
	非特定行业	900-250-12	使用溶剂、光漆进行光漆涂布、喷漆工艺过程中产生的染料和涂料废物	T,I
		900-251-12	使用涂料、有机溶剂进行阻挡层涂覆过程中产生的染料和涂料废物	T,I
		900-252-12	使用涂料、有机溶剂进行喷漆、上漆过程中产生的染料和涂料废物	T,I
		900-253-12	使用油墨和有机溶剂进行丝网印刷过程中产生的染料和涂料废物	T,I
		900-254-12	使用遮盖油、有机溶剂进行遮盖油的涂覆过程中产生的染料和涂料废物	T,I
		900-255-12	使用各种颜料进行着色过程中产生的染料和涂料废物	T
		900-256-12	使用酸、碱或有机溶剂清洗容器设备的涂料、染料、涂料等过程中产生的剥离物	T
		900-299-12	生产、销售及使用过程中产生的失效、变质、不合格、淘汰、伪劣的油墨、染料、颜料、涂料、真漆、罩光漆产品	T,I
HW13 有机树脂类废物	基础化学原料制造	261-036-13	树脂、乳胶、增塑剂、胶水/胶合剂生产过程中产生的不合格产品、废副产物	T
		261-037-13	树脂、乳胶、增塑剂、胶水/胶合剂生产过程中合成、酯化、缩合等工序产生的废催化剂、母液	T
		261-038-13	树脂、乳胶、增塑剂、胶水/胶合剂生产过程中精馏、分离、精制等工序产生的釜残液、过滤介质和残渣	T
		261-039-13	树脂、乳胶、增塑剂、胶水/胶合剂生产过程中产生的废水处理污泥	T
	非特定行业	900-014-13	废弃黏合剂和密封剂	T
		900-015-13	饱和或者废弃的离子交换树脂	T
		900-016-13	使用酸、碱或溶剂清洗容器设备剥离下的树脂状、黏稠杂物	T
HW14 新化学药品废物	非特定行业	900-017-14	研究、开发和教学活动中产生的对人类或环境影响不明的化学废物	T/C/In/I/R
HW15 爆炸性废物	炸药及火工产品制造	266-005-15	炸药生产和加工过程中产生的废水处理污泥	R
		266-006-15	含爆炸品废水处理过程中产生的废炭	R
		266-007-15	生产、配制和装填铅基起爆药剂过程中产生的废水处理污泥	T,R
		266-008-15	三硝基甲苯(TNT)生产过程中产生的粉红水、红水以及废水处理污泥	R
	非特定行业	900-018-15	拆解后收集的尚未引爆的安全气囊	R
HW16 感光材料废物	专用化学产品制造	266-009-16	显影液、定影液、正负胶片、相纸、感光原料及药品生产过程中产生的不合格产品和过期产品	T
		266-010-16	显影液、定影液、正负胶片、相纸、感光原料及药品生产过程中产生的残渣及废水处理污泥	T
	印刷	231-001-16	使用显影剂进行胶卷显影，定影剂进行胶卷定影，以及使用铁氰化钾、硫代硫酸盐进行影像减薄(漂白)产生的废显(定)影液、胶片及废相纸	T

续表

废物类别	行业来源	废物代码	危险废物	危险特性
HW16 感光材料废物	印刷	231-002-16	使用显影剂进行印刷显影、抗蚀图形显影，以及凸版印刷产生的废显（定）影液、胶片及废相纸	T
	电子元件制造	406-001-16	使用显影剂、氢氧化物、偏亚硫酸氢盐、醋酸进行胶卷显影产生的废显（定）影液、胶片及废相纸	T
	电影	893-001-16	电影厂在使用和经营活动中产生的废显（定）影液、胶片及废相纸	T
	摄影扩印服务	828-001-16	摄影扩印服务行业在使用和经营活动中产生的废显（定）影液、胶片及废相纸	T
	非特定行业	900-019-16	其他行业在使用和经营活动中产生的废显（定）影液、胶片及废相纸等感光材料废物	T
HW17 表面处理废物	金属表面处理及热处理加工	346-050-17	使用氯化亚锡进行敏化产生的废渣和废水处理污泥	T
		346-051-17	使用氯化锌、氯化铵进行敏化产生的废渣和废水处理污泥	T
		346-052-17 *	使用锌和电镀化学品进行镀锌产生的槽液、槽渣和废水处理污泥	T
		346-053-17	使用镉和电镀化学品进行镀镉产生的槽液、槽渣和废水处理污泥	T
		346-054-17 *	使用镍和电镀化学品进行镀镍产生的槽液、槽渣和废水处理污泥	T
		346-055-17 *	使用镀镍液进行镀镍产生的槽液、槽渣和废水处理污泥	T
		346-056-17	硝酸银、碱、甲醛进行敷金属法镀银产生的槽液、槽渣和废水处理污泥	T
		346-057-17	使用金和电镀化学品进行镀金产生的槽液、槽渣和废水处理污泥	T
		346-058-17 *	使用镀铜液进行化学镀铜产生的槽液、槽渣和废水处理污泥	T
		346-059-17	使用钯和锡盐进行活化处理产生的废渣和废水处理污泥	T
		346-060-17	使用铬和电镀化学品进行镀黑铬产生的槽液、槽渣和废水处理污泥	T
		346-061-17	使用高锰酸钾进行钻孔除胶处理产生的废渣和废水处理污泥	T
		346-062-17 *	使用铜和电镀化学品进行镀铜产生的槽液、槽渣和废水处理污泥	T
		346-063-17 *	其他电镀工艺产生的槽液、槽渣和废水处理污泥	T
		346-064-17	金属和塑料表面酸（碱）洗、除油、除锈、洗涤工艺产生的废腐蚀液、洗涤液和污泥	T
		346-065-17	金属和塑料表面磷化、出光、化抛过程中产生的残渣（液）及污泥	T
		346-066-17	镀层剥除过程中产生的废液及残渣	T
		346-099-17	其他工艺过程中产生的表面处理废物	T
HW18 焚烧处置残渣	环境治理	802-002-18	生活垃圾焚烧飞灰	T
		802-003-18	危险废物焚烧、热解等处置过程产生的底渣和飞灰（医疗废物焚烧处置产生的底渣除外）	T
		802-004-18	危险废物等离子体、高温熔融等处置后产生的非玻璃态物质及飞灰	T
		802-005-18	固体废物及液态废物焚烧过程中废气处理产生的废活性炭、滤饼	T
	电力生产	441-001-18	电力生产过程产生的油状飞灰、烟尘	T

续表

废物类别	行业来源	废物代码	危险废物	危险特性
HW19 含金属羰基化合物废物	非特定行业	900-020-19	在金属羰基化合物生产以及使用过程中产生的含有羰基化合物成分的废物	T
HW20 含铍废物	基础化学原料制造	261-040-20	铍及其化合物生产过程中产生的熔渣、集(除)尘装置收集的粉尘和废水处理污泥	T
HW21 含铬废物	毛皮鞣制及制品加工	193-001-21 *	使用铬鞣剂进行铬鞣、再鞣工艺产生的废水处理污泥	T
		193-002-21	皮革切削工艺产生的含铬皮革碎料	T
	印刷	231-003-21 *	使用含重铬酸盐的胶体有机溶剂、黏合剂进行旋流式抗蚀涂布(抗蚀及光敏抗蚀层等)产生的废渣及废水处理污泥	T
		231-004-21 *	使用铬化合物进行抗蚀层化学硬化产生的废渣及废水处理污泥	T
		231-005-21 *	使用铬酸镀铬产生的槽渣、槽液和废水处理污泥	T
	基础化学原料制造	261-041-21	有钙焙烧法生产铬盐产生的铬浸出渣(铬渣)	T
		261-042-21	有钙焙烧法生产铬盐过程中,中和去铝工艺产生的含铬氢氧化铝湿渣(铝泥)	T
		261-043-21	有钙焙烧法生产铬盐过程中,铬酐生产中产生的副产废渣(含铬硫酸氢钠)	T
		261-044-21 *	有钙焙烧法生产铬盐过程中产生的废水处理污泥	T
	铁合金冶炼	324-001-21	铬铁硅合金生产过程中尾气控制设施产生的飞灰与污泥	T
		324-002-21	铁铬合金生产过程中尾气控制设施产生的飞灰与污泥	T
		324-003-21	铁铬合金生产过程中金属铬冶炼产生的铬浸出渣	T
	金属表面处理及热处理加工	346-100-21 *	使用铬酸进行阳极氧化产生的槽渣、槽液及废水处理污泥	T
		346-101-21	使用铬酸进行塑料表面粗化产生的废物	T
	电子元件制造	406-002-21	使用铬酸进行钻孔除胶处理产生的废物	T
HW22 含铜废物	常用有色金属矿采选	091-001-22	硫化铜矿、氧化铜矿等铜矿物采选过程中集(除)尘装置收集的粉尘	T
	印刷	231-006-22 *	使用酸或三氯化铁进行铜板蚀刻产生的废蚀刻液及废水处理污泥	. T
	玻璃及玻璃制品制造	314-001-22 *	使用硫酸铜还原剂进行覆金属法镀铜产生的槽渣、槽液及废水处理污泥	T
	电子元件制造	406-003-22	使用蚀铜剂进行蚀铜产生的废蚀铜液	T
		406-004-22 *	使用酸进行铜氧化处理产生的废液及废水处理污泥	T
HW23 含锌废物	金属表面处理及热处理加工	346-102-23	热镀锌工艺尾气处理产生的固体废物	T
		346-103-23	热镀锌工艺过程产生的废弃熔剂、助熔剂、焊剂	T
	电池制造	394-001-23	碱性锌锰电池生产过程中产生的废锌浆	T
	非特定行业	900-021-23 *	使用氢氧化钠、锌粉进行贵金属沉淀过程中产生的废液及废水处理污泥	T
HW24 含砷废物	常用有色金属矿采选	091-002-24	硫砷化合物(雌黄、雄黄及砷硫铁矿)或其他含砷化合物的金属矿石采选过程中集(除)尘装置收集的粉尘	T
HW25 含硒废物	基础化学原料制造	261-045-25	硒化合物生产过程中产生的熔渣、集(除)尘装置收集的粉尘和废水处理污泥	T

续表

废物类别	行业来源	废物代码	危险废物	危险特性
HW26 含镉废物	电池制造	394-002-26	镍镉电池生产过程中产生的废渣和废水处理污泥	T
HW27 含锑废物	基础化学原料制造	261-046-27	氧化锑生产过程中除尘器收集的灰尘	T
		261-047-27	锑金属及粗氧化锑生产过程中除尘器收集的灰尘	T
		261-048-27	氧化锑生产过程中产生的熔渣	T
		261-049-27	锑金属及粗氧化锑生产过程中产生的熔渣	T
HW28 含碲废物	基础化学原料制造	261-050-28	碲化合物生产过程中产生的熔渣、集(除)尘装置收集的粉尘和废水处理污泥	T
HW29 含汞废物	天然原油和天然气开采	071-003-29	天然气净化过程中产生的含汞废物	T
	贵金属矿采选	092-001-29	“全泥氰化-炭浆提金”黄金选矿生产工艺产生的含汞粉尘、残渣	T
		092-002-29	汞矿采选过程中产生的废渣和集(除)尘装置收集的粉尘	T
	印刷	231-007-29	使用显影剂、汞化合物进行影像加厚(物理沉淀)以及使用显影剂、氨氯化汞进行影像加厚(氧化)产生的废液及残渣	T
	基础化学原料制造	261-051-29	水银电解槽法生产氯气过程中盐水精制产生的盐水提纯污泥	T
		261-052-29	水银电解槽法生产氯气过程中产生的废水处理污泥	T
		261-053-29	氯气生产过程中产生的废活性炭	T
	合成材料制造	265-001-29	氯乙烯精制过程中使用活性炭吸附法处理含汞废水过程中产生的废活性炭	T,C
		265-002-29	氯乙烯精制过程中产生的吸附微量氯化汞的废活性炭	T,C
	电池制造	394-003-29	含汞电池生产过程中产生的废渣和废水处理污泥	T
	照明器具制造	397-001-29	含汞光源生产过程中产生的荧光粉、废活性炭吸收剂	T
	通用仪器仪表制造	411-001-29	含汞温度计生产过程中产生的废渣	T
	基础化学原料制造	261-054-29	卤素和卤素化学品生产过程产生中的含汞硫酸钡污泥	T
	多种来源	900-022-29	废弃的含汞催化剂	T
		900-023-29	生产、销售及使用过程中产生的废含汞荧光灯管	T
		900-024-29	生产、销售及使用过程中产生的废汞温度计、含汞废血压计	T
HW30 含铊废物	基础化学原料制造	261-055-30	金属铊及铊化合物生产过程中产生的熔渣、集(除)尘装置收集的粉尘和废水处理污泥	T
HW31 含铅废物	玻璃及玻璃制品制造	314-002-31	使用铅盐和铅氧化物进行显像管玻璃熔炼产生的废渣	T
	印刷	231-008-31	印刷线路板制造过程中镀铅锡合金产生的废液	T
	炼钢	322-001-31	电炉粗炼钢过程中尾气控制设施产生的飞灰与污泥	T
	电池制造	394-004-31	铅酸蓄电池生产过程中产生的废渣和废水处理污泥	T
	工艺美术品制造	421-001-31	使用铅箔进行烤钵试金法工艺产生的废烤钵	T
	废弃资源和废旧材料回收加工业	431-001-31	铅酸蓄电池回收工业产生的废渣、铅酸污泥	T
	非特定行业	900-025-31	使用硬脂酸铅进行抗黏涂层产生的废物	T

续表

废物类别	行业来源	废物代码	危险废物	危险特性
HW32 无机氟化物废物	非特定行业	900-026-32 *	使用氢氟酸进行玻璃蚀刻产生的废蚀刻液、废渣和废水处理污泥	T
HW33 无机氰化物废物	贵金属矿采选	092-003-33 *	"全泥氰化-炭浆提金"黄金选矿生产工艺中含氰废水的处理污泥	T
	金属表面处理及热处理加工	346-104-33	使用氰化物进行浸洗产生的废液	R,T
	非特定行业	900-027-33	使用氰化物进行表面硬化、碱性除油、电解除油产生的废物	R,T
		900-028-33	使用氰化物剥落金属镀层产生的废物	R,T
		900-029-33	使用氰化物和双氧水进行化学抛光产生的废物	R,T
HW34 废酸	精炼石油产品的制造	251-014-34	石油炼制过程产生的废酸及酸泥	C,T
	基础化学原料制造	261-056-34	硫酸法生产钛白粉(二氧化钛)过程中产生的废酸和酸泥	C,T
		261-057-34	硫酸和亚硫酸、盐酸、氢氟酸、磷酸和亚磷酸、硝酸和亚硝酸等的生产、配制过程中产生的废酸液、固态酸及酸渣	C
		261-058-34	卤素和卤素化学品生产过程产生的废液和废酸	C
	钢压延加工	323-001-34	钢的精加工过程中产生的废酸性洗液	C,T
	金属表面处理及热处理加工	346-105-34	青铜生产过程中浸酸工序产生的废酸液	C
	电子元件制造	406-005-34	使用酸溶液进行电解除油、酸蚀、活化前表面敏化、催化、锡浸亮产生的废酸液	C
		406-006-34	使用硝酸进行钻孔蚀胶处理产生的废酸液	C
		406-007-34	液晶显示板或集成电路板的生产过程中使用酸浸蚀剂进行氧化物浸蚀产生的废酸液	C
	非特定行业	900-300-34	使用酸清洗产生的废酸液	C
		900-301-34	使用硫酸进行酸性碳化产生的废酸液	C
		900-302-34	使用硫酸进行酸蚀产生的废酸液	C
		900-303-34	使用磷酸进行磷化产生的废酸液	C
		900-304-34	使用酸进行电解除油、金属表面敏化产生的废酸液	C
		900-305-34	使用硝酸剥落不合格镀层及挂架金属镀层产生的废酸液	C
		900-306-34	使用硝酸进行钝化产生的废酸液	C
		900-307-34	使用酸进行电解抛光处理产生的废酸液	C
		900-308-34	使用酸进行催化(化学镀)产生的废酸液	C
		900-349-34 *	其他生产、销售及使用过程中产生的失效、变质、不合格、淘汰、伪劣的强酸性擦洗粉、清洁剂、污迹去除剂以及其他废酸液、固态酸及酸渣	C
HW35 废碱	精炼石油产品的制造	251-015-35	石油炼制过程产生的碱渣	C,T
	基础化学原料制造	261-059-35	氢氧化钙、氨水、氢氧化钠、氢氧化钾等的生产、配制中产生的废碱液、固态碱及碱渣	C
	毛皮鞣制及制品加工	193-003-35	使用氢氧化钙、硫化钙进行灰浸产生的废碱液	C
	纸浆制造	221-002-35	碱法制浆过程中蒸煮制浆产生的废液、废渣	C

续表

废物类别	行业来源	废物代码	危险废物	危险特性
HW35 废碱	非特定行业	900-350-35	使用氢氧化钠进行煮炼过程中产生的废碱液	C
		900-351-35	使用氢氧化钠进行丝光处理过程中产生的废碱液	C
		900-352-35	使用碱清洗产生的废碱液	C
		900-353-35	使用碱进行清洗除蜡、碱性除油、电解除油产生的废碱液	C
		900-354-35	使用碱进行电镀阻挡层或抗蚀层的脱除产生的废碱液	C
		900-355-35	使用碱进行氧化膜浸蚀产生的废碱液	C
		900-356-35	使用碱溶液进行碱性清洗、图形显影产生的废碱液	C
		900-399-35 *	其他生产、销售及使用过程中产生的失效、变质、不合格、淘汰、伪劣的强碱性擦洗粉、清洁剂、污迹去除剂以及其他废碱液、固态碱及碱渣	C
HW36 石棉废物	石棉采选	109-001-36	石棉矿采选过程产生的石棉渣	T
	基础化学原料制造	261-060-36	卤素和卤素化学品生产过程中电解装置拆换产生的含石棉废物	T
	水泥及石膏制品制造	312-001-36	石棉建材生产过程中产生的石棉尘、废纤维、废石棉绒	T
	耐火材料制品制造	316-001-36	石棉制品生产过程中产生的石棉尘、废纤维、废石棉绒	T
	汽车制造	372-001-36	车辆制动器衬片生产过程中产生的石棉废物	T
	船舶及浮动装置制造	375-002-36	拆船过程中产生的废石棉	T
	非特定行业	900-030-36	其他生产工艺过程中产生的石棉废物	T
		900-031-36	含有石棉的废弃电子电器设备、绝缘材料、建筑材料等	T
		900-032-36	石棉隔膜、热绝缘体等含石棉设施的保养拆换、车辆制动器衬片的更换产生的石棉废物	T
HW37 有机磷化合物废物	基础化学原料制造	261-061-37	除农药以外其他有机磷化合物生产、配制过程中产生的反应残余物	T
		261-062-37	除农药以外其他有机磷化合物生产、配制过程中产生的过滤物、催化剂(包括载体)及废弃的吸附剂	T
		261-063-37 *	除农药以外其他有机磷化合物生产、配制过程中产生的废水处理污泥	T
	非特定行业	900-033-37	生产、销售及使用过程中产生的废弃磷酸酯抗燃油	T
HW38 有机氰化物废物	基础化学原料制造	261-064-38	丙烯腈生产过程中废水汽提器塔底的流出物	R,T
		261-065-38	丙烯腈生产过程中乙腈蒸馏塔底的流出物	R,T
		261-066-38	丙烯腈生产过程中乙腈精制塔底的残渣	T
		261-067-38	有机氰化物生产过程中,合成、缩合等反应中产生的母液及反应残余物	T
		261-068-38	有机氰化物生产过程中,催化、精馏和过滤过程中产生的废催化剂、釜底残渣和过滤介质	T
		261-069-38	有机氰化物生产过程中的废水处理污泥	T
HW39 含酚废物	炼焦	252-012-39	炼焦行业酚氰生产过程中的废水处理污泥	T
		252-013-39	煤气生产过程中的废水处理污泥	T
	基础化学原料制造	261-070-39	酚及酚化合物生产过程中产生的反应残渣、母液	T
		261-071-39	酚及酚化合物生产过程中产生的吸附过滤物、废催化剂、精馏釜残液	T

续表

废物类别	行业来源	废物代码	危险废物	危险特性
HW40 含醚废物	基础化学原料制造	261-072-40	生产、配制过程中产生的醚类残液、反应残余物、废水处理污泥及过滤渣	T
HW41 废卤化有机溶剂	印刷	231-009-41	使用有机溶剂进行橡皮版印刷，以及清洗印刷工具产生的废卤化有机溶剂	I,T
	基础化学原料制造	261-073-41	氯苯生产过程中产品洗涤工序从反应器分离出的废液	T
		261-074-41	卤化有机溶剂生产、配制过程中产生的残液、吸附过滤物、反应残渣、废水处理污泥及废载体	T
		261-075-41	卤化有机溶剂生产、配制过程中产生的报废产品	T
	电子元件制造	406-008-41	使用聚酰亚胺有机溶剂进行液晶显示板的涂覆、液晶体的填充产生的废卤化有机溶剂	I,T
	非特定行业	900-400-41	塑料板管棒生产中织品应用工艺使用有机溶剂黏合剂产生的废卤化有机溶剂	I,T
		900-401-41	使用有机溶剂进行干洗、清洗、涂料剥落、溶剂除油和光漆涂布产生的废卤化有机溶剂	I,T
		900-402-41	使用有机溶剂进行火漆剥落产生的废卤化有机溶剂	I,T
		900-403-41	使用有机溶剂进行图形显影、电镀阻挡层或抗蚀层的脱除、阻焊层涂覆、上助焊剂（松香）、蒸气除油及光敏物料涂覆产生的废卤化有机溶剂	I,T
		900-449-41	其他生产、销售及使用过程中产生的废卤化有机溶剂、水洗液、母液、污泥	T
HW42 废有机溶剂	印刷	231-010-42	使用有机溶剂进行橡皮版印刷，以及清洗印刷工具产生的废有机溶剂	I,T
	基础化学原料制造	261-076-42	有机溶剂生产、配制过程中产生的残液、吸附过滤物、反应残渣、水处理污泥及废载体	T
		261-077-42	有机溶剂生产、配制过程中产生的报废产品	T
	电子元件制造	406-009-42	使用聚酰亚胺有机溶剂进行液晶显示板的涂覆、液晶体的填充产生的废有机溶剂	I,T
	皮革鞣制加工	191-001-42	皮革工业中含有有机溶剂的除油废物	T
	毛纺织和染整精加工	172-001-42	纺织工业中染整过程中含有有机溶剂的废物	T
	非特定行业	900-450-42	塑料板管棒生产中织品应用工艺使用有机溶剂黏合剂产生的废有机溶剂	I,T
		900-451-42	使用有机溶剂进行脱碳、干洗、清洗、涂料剥落、溶剂除油和光漆涂布产生的废有机溶剂	I,T
		900-452-42	使用有机溶剂进行图形显影、电镀阻挡层或抗蚀层的脱除、阻焊层涂覆、上助焊剂（松香）、蒸气除油及光敏物料涂覆产生的废有机溶剂	I,T
		900-499-42	其他生产、销售及使用过程中产生的废有机溶剂、水洗液、母液、废水处理污泥	T
HW43 含多氯苯并呋喃类废物	非特定行业	900-034-43 *	含任何多氯苯并呋喃同系物的废物	T
HW44 含多氯苯并二噁英废物	非特定行业	900-035-44 *	含任何多氯苯并二噁英同系物的废物	T

续表

废物类别	行业来源	废物代码	危险废物	危险特性
HW45 含有机卤化物废物	基础化学原料制造	261-078-45	乙烯溴化法生产二溴化乙烯过程中反应器排气洗涤器产生的洗涤废液	T
		261-079-45	乙烯溴化法生产二溴化乙烯过程中产品精制过程产生的废吸附剂	T
		261-080-45	α-氯甲苯、苯甲酰氯和含此类官能团的化学品生产过程中氯气和盐酸回收工艺产生的废有机溶剂和吸附剂	T
		261-081-45	α-氯甲苯、苯甲酰氯和含此类官能团的化学品生产过程中产生的废水处理污泥	T
		261-082-45	氯乙烷生产过程中的分馏塔重馏分	T
		261-083-45	电石乙炔生产氯乙烯单体过程中产生的废水处理污泥	T
		261-084-45	其他有机卤化物的生产、配制过程中产生的高浓度残液、吸附过滤物、反应残渣、废水处理污泥、废催化剂(不包括上述HW39、HW41、HW42类别的废物)	T
		261-085-45	其他有机卤化物的生产、配制过程中产生的报废产品(不包括上述HW39、HW41、HW42类别的废物)	T
		261-086-45	石墨作阳极隔膜法生产氯气和烧碱过程中产生的污泥	T
	非特定行业	900-036-45	其他生产、销售及使用过程中产生的含有机卤化物废物(不包括HW41类)	T
HW46 含镍废物	基础化学原料制造	261-087-46	镍化合物生产过程中产生的反应残余物及废品	T
	电池制造	394-005-46 *	镍镉电池和镍氢电池生产过程中产生的废渣和废水处理污泥	T
	非特定行业	900-037-46	报废的镍催化剂	T
HW47 含钡废物	基础化学原料制造	261-088-47	钡化合物(不包括硫酸钡)生产过程中产生的熔渣、集(除)尘装置收集的粉尘、反应残余物、废水处理污泥	T
	金属表面处理及热处理加工	346-106-47	热处理工艺中的盐浴渣	T
HW48 有色金属冶炼废物	常用有色金属冶炼	331-002-48 *	铜火法冶炼过程中尾气控制设施产生的飞灰和污泥	T
		331-003-48 *	粗锌精炼加工过程中产生的废水处理污泥	T
		331-004-48	铅锌冶炼过程中,锌焙烧矿常规浸出法产生的浸出渣	T
		331-005-48	铅锌冶炼过程中,锌焙烧矿热酸浸出黄钾铁矾法产生的铁矾渣	T
		331-006-48	铅锌冶炼过程中,锌焙烧矿热酸浸出针铁矿法产生的硫渣	T
		331-007-48	铅锌冶炼过程中,锌焙烧矿热酸浸出针铁矿法产生的针铁矿渣	T
		331-008-48	铅锌冶炼过程中,锌浸出液净化产生的净化渣,包括锌粉-黄药法、砷盐法、反向锑盐法、铅锑合金锌粉法等工艺除铜、锑、镉、钴、镍等杂质产生的废渣	T
		331-009-48	铅锌冶炼过程中,阴极锌熔铸产生的熔铸浮渣	T
		331-010-48	铅锌冶炼过程中,氧化锌浸出处理产生的氧化锌浸出渣	T
		331-011-48	铅锌冶炼过程中,鼓风炉炼锌锌蒸气冷凝分离系统产生的鼓风炉浮渣	T
		331-012-48	铅锌冶炼过程中,锌精馏炉产生的锌渣	T
		331-013-48	铅锌冶炼过程中,铅冶炼、湿法炼锌和火法炼锌时,金、银、铋、镉、钴、铟、锗、铊、碲等有价金属的综合回收产生的回收渣	T
		331-014-48	铅锌冶炼过程中,各干式除尘器收集的各类烟尘	T
		331-015-48	铜锌冶炼过程中烟气制酸产生的废甘汞	T

续表

废物类别	行业来源	废物代码	危险废物	危险特性
HW48 有色金属冶炼废物	常用有色金属冶炼	331-016-48	粗铅熔炼过程中产生的浮渣和底泥	T
		331-017-48	铅锌冶炼过程中，炼铅鼓风炉产生的黄渣	T
		331-018-48	铅锌冶炼过程中，粗铅火法精炼产生的精炼渣	T
		331-019-48	铅锌冶炼过程中，铅电解产生的阳极泥	T
		331-020-48	铅锌冶炼过程中，阴极铅精炼产生的氧化铅渣及碱渣	T
		331-021-48	铅锌冶炼过程中，锌焙烧矿热酸浸出黄钾铁矾法、热酸浸出针铁矿法产生的铅银渣	T
		331-022-48	铅锌冶炼过程中产生的废水处理污泥	T
		331-023-48	粗铝精炼加工过程中产生的废弃电解电池列	T
		331-024-48	铝火法冶炼过程中产生的初炼炉渣	T
		331-025-48	粗铝精炼加工过程中产生的盐渣、浮渣	T
		331-026-48	铝火法冶炼过程中产生的易燃性撇渣	R
		331-027-48 *	铜再生过程中产生的飞灰和废水处理污泥	T
		331-028-48 *	锌再生过程中产生的飞灰和废水处理污泥	T
		331-029-48	铅再生过程中产生的飞灰和残渣	T
	贵金属冶炼	332-001-48	汞金属回收工业产生的废渣及废水处理污泥	T
HW49 其他废物	环境治理	802-006-49	危险废物物化处理过程中产生的废水处理污泥和残渣	T
	非特定行业	900-038-49	液态废催化剂	T
		900-039-49	其他无机化工行业生产过程产生的废活性炭	T
		900-040-49	其他无机化工行业生产过程收集的烟尘	T
		900-041-49	含有或直接沾染危险废物的废弃包装物、容器、清洗杂物	T/C/In/I/R
		900-042-49	突发性污染事故产生的废弃危险化学品及清理产生的废物	T/C/In/I/R
		900-043-49 *	突发性污染事故产生的危险废物污染土壤	T/C/In/I/R
		900-044-49	在工业生产、生活和其他活动中产生的废电子电器产品、电子电气设备，经拆散、破碎、砸碎后分类收集的铅酸电池、镉镍电池、氧化汞电池、汞开关、阴极射线管和多氯联苯电容器等部件	T
		900-045-49	废弃的印刷电路板	T
		900-046-49	离子交换装置再生过程产生的废液和污泥	T
		900-047-49	研究、开发和教学活动中，化学和生物实验室产生的废物（不包括 HW03、900-999-49）	T/C/In/I/R
		900-999-49	未经使用而被所有人抛弃或者放弃的；淘汰、伪劣、过期、失效的；有关部门依法收缴以及接收的公众上交的危险化学品（优先管理类废弃危险化学品见附录 A）	T

注：1. 对来源复杂，其危险特性存在例外的可能性，且国家具有明确鉴别标准的危险废物，本《名录》标注以“*”。所列此类危险废物的产生单位确有充分证据证明，所产生的废物不具有危险特性的，该特定废物可不按照危险废物进行管理。

2. “废物类别”是按照《控制危险废物越境转移及其处置巴塞尔公约》划定的类别进行的归类；“行业来源”是某种危险废物的产生源；“废物代码”是危险废物的唯一代码，为 8 位数字。其中，第 1～3 位为危险废物产生行业代码，第 4～6 位为废物顺序代码，第 7、8 位为废物类别代码；“危险特性”是指腐蚀性（Corrosivity，C）、毒性（Toxicity，T）、易燃性（Ignitability，I）、反应性（Reactivity，R）和感染性（Infectivity，In）。

参考文献

[1] 张瑾．环境化学导论．北京：化学工业出版社，2008.

[2] 何燧源．环境化学．上海：华东理工大学出版社，2006.

[3] 汪群慧．环境化学．哈尔滨：哈尔滨工业大学出版社，2004.

[4] 戴树桂．环境化学．北京：高等教育出版社，1997.

[5] 王晓蓉．环境化学．南京：南京大学出版社，1993.

[6] 蒋建国．固体废物处置与资源化．北京：化学工业出版社，2008.

[7] 卜全民．我国固体废物综合处理技术的现状与对策．江苏农业科学，2008，6：3-5.

[8] 梅其岳．城市固体废物处置技术研究．南京理工大学学报，2006，2：248-252.

[9] 王振成．固体废弃物处理及利用．西安：西安交通大学出版社，1987.

[10] 孙英杰．危险废物处理技术．北京：化学工业出版社，2006.

[11] 蒋江波．港口环境放射性污染监测与防治．北京：化学工业出版社，2009.

[12] 郑成法．核化学及核技术应用．北京：原子能出版社，1990.

[13] 吴成祥．环境放射学．北京：中国环境科学出版社，1991.

[14] 王红云等．环境化学．北京：化学工业出版社，2004.

[15] 王麟生等．环境化学导论．第 2 版．上海：华东师范大学出版社，2006.

[16] Third K A et al. The effect of dissolved oxygen on PHB accumulation in activated sludge cultures. Biotechnol. Bioeng.，2003，82：238-250.

[17] Cross R A et al. Biodegradation polymers for the environment. Science，2002，297：804-807.

[18] Gupta S S et al. Rapid total destruction of chlorophenols by activated hydrogen peroxide. Science，2002，296：326-328.

[19] Manahan S E. Environmental Chemistry，seventh edition. CRC Press，1999.

[20] 董德明等．环境化学实验．北京：高等教育出版社，2002.

[21] W Stumm，J J Morgan. 水化学——天然水体化学平衡导论．汤鸿霄等译．北京：科学出版社，1987.

[22] 王凯雄．水化学．北京：化学工业出版社，2001.

[23] 汤鸿霄．环境水化学纲要．环境科学丛刊，1986，9（2）：1-74.

[24] 陈静生．水环境化学．北京：高等教育出版社，1987.

[25] W Stumm. Chemistry of the solid-water interface. John Wiley& Son. Inc.，1992.

[26] 汤鸿霄等．水体颗粒物和难降解有机物的特性与控制技术原理（上卷）．北京：中国环境科学出版社，2000.

[27] 王晓蓉等．金沙江颗粒物对重金属的吸附．环境化学，1983，2（1）：23-32.

[28] 汤鸿霄．微界面水质过程的理论与模式应用．环境科学学报，2000，20（1）：32-35.

[29] 陈静生等．论小于 63mm 粒级作为水体颗粒物重金属研究介质的合理性及有关粒级转换模型的研究．环境科学学报，1994，14（4）：419-425.

[30] 王毅力，李大鹏，解明曙．絮凝形态学研究进展．环境污染治理技术与设备，2003，(10)：1-9.

[31] Dalang F et al. Study of the influence of fulvic substances on the adsorption of copper（Ⅱ）ions at the kaolinite surface. Envion. Sci. Technol，1984，18：135-141.

[32] Chiou C T et al. A physical concept of soil-water equilibria for noninonic organic compounds. Science，1979，206：831-832.

[33] Chiou C T et al. Partition and adsorption of organic contaminates in environmental systems. Hoboken，New Jersey：John Wiley& Son. Inc.，2002.

[34] 寥自基．环境中微量重金属元素的污染危害与迁移转化．北京：科学出版社，1989.

[35] 夏增禄．土壤环境容量及其应用．北京：气象出版社，1988.

[36] 张瑾．环境化学导论．北京：化学工业出版社，2008.

[37] 陈怀满．我国土壤污染现状、发展趋势及其对策建议．土壤学进展，1990，18（1）：53-565.

[38] 夏荣基．土壤的重金属污染问题．农业环境保护，1985，1：5-9.

[39] 黄国强．农药在土壤中迁移转化及模型方法研究进展．农业环境保护，2002，21（4）：375-377.

[40] Xu S, Sheng G, Boyd S A. Use of organoclays in pollution abatement. Advance in Agronomy, 1997, 59: 25-62.
[41] Chiou C T. Soil sorption of organgic pollutants and pesticides, in encyclopedia of environmental analysis and remediation. New York: John wiley & Sons, Inc, 1998.
[42] 王俊生．化学污染物与生态效应．北京：中国环境科学出版社，1993.
[43] 张毓琪等．环境生物毒理学．天津：天津大学出版社，1993.
[44] 汪玉庭等．环境有机化学．香港：香港中华科技（国际）出版社，1992.
[45] 王连生．有机污染化学（下）．北京：科学出版社，1991.
[46] 樊邦棠．环境化学．杭州：浙江大学出版社，1991.
[47] 周明耀．环境有机污染物与致癌物质．成都：四川大学出版社，1992.
[48] Probstein R F et al. Removal of contaminants from soil by electric fields. Science, 1993, 260: 498-503.
[49] Zhang P C et al. In vitro soil Pb solubility in the presence of hydroxyapatite. Envion. Sci. Technol., 1998, 32: 2763-2768.
[50] Raghunathan K et al. Role of sulfur in reducing PCCD and PCDF formation. Envion. Sci. Technol., 1996, 30: 1827-1834.
[51] Moffat A S. Plant proving their worth in toxic metal clean up. Science, 1995, (269): 302-303.
[52] 陈同斌等．砷超富集植物蜈蚣草及其对砷的富集特征．科学通报，2002，47（3）：207-210.
[53] Hughes J B et al. Transformation of TNT by aquatic plants and plant tissue cultures. Envion. Sci. Technol., 1997, 31: 266-271.
[54] 沈同．生物化学．北京：人民教育出版社，1980.
[55] 王凯雄等．环境化学．北京：化学工业出版社，2006.
[56] 刘绮．环境化学．北京：化学工业出版社，2004.
[57] 王家玲．环境微生物学．北京：高等教育出版社，1988.
[58] 刘兆荣，谢曙光，王雪松．北京：化学工业出版社，2010.
[59] 前瞻产业研究．《2013—2017年中国农药行业产销需求与投资预测分析报告》：前瞻产业研究院，2013.

[illegible] A review of [illegible] in soil [illegible]. [illegible]
[illegible] Chao [illegible] organic [illegible] pollutants [illegible] encyclopedia of environmental [illegible]. New York: John Wiley & Sons, Inc. [illegible]
[illegible]
[illegible] 1998.
[illegible]
[illegible]
[illegible]
[illegible] Removal of contaminants from soil by electric fields. Science [illegible]
[illegible] Zhang [illegible] In vitro [illegible] in the presence of [illegible] 2788.
[illegible] Nowsheen [illegible] in soils by [illegible] and their [illegible] Environmental [illegible]
[illegible] Science, [illegible]
[illegible]
[illegible] Zhang [illegible] by aquatic plants and plant cell cultures. Environmental [illegible]
[illegible]
[illegible]
[illegible] 2006.
[illegible]
[illegible] 1998.
[illegible] 2010.
[illegible]